관측 천문학 첫걸음

밤하늘의 비밀에 다가가는 관측의 세계

관측 천문학 첫걸음

1판 1쇄 발행 2025년 4월 30일

지은이 지명근
펴낸이 한기호
책임편집 여문주
편집 서정원, 박예슬, 송원빈, 이선진
마케팅 윤병일, 신세빈
경영지원 김윤아
디자인 토가 김선태
인쇄 예림인쇄

펴낸곳 (주)학교도서관저널
출판등록 제2009-000231호(2009년 10월 15일)
주소 04029 서울시 마포구 동교로 12안길 14(서교동) 삼성빌딩 A동 3층
전화 02-322-9677 팩스 02-6918-0818
전자우편 slj9677@gmail.com
홈페이지 www.slj.co.kr

ISBN 978-89-6915-181-0 03440

- 책값은 뒤표지에 있습니다.

밤하늘의 비밀에 다가가는 관측의 세계

관측 천문학 첫걸음

지명근 지음

학교도서관저널

들어가며

지금으로부터 17년 전 저는 지구의 크기를 직접 측정하고 싶은 생각에 기원전 253년경 에라토스테네스가 서로 떨어진 두 지역에서 수직으로 세운 막대의 그림자를 이용하여 지구의 크기를 측정한 방법을 조사하였고, 이 방법을 학교 현장에서 재현 가능한지 살펴보았습니다. 에라토스테네스의 방법으로 지구의 크기를 측정하려면 관측자는 1년 중 태양의 남중고도가 90°인 지역에 있어야 하는데, 이는 북위 23.5°~남위 23.5°에 해당하므로 북위 38°에 위치한 우리나라에서는 불가능하였습니다. 그래서 다른 방법을 찾기 위해 한국천문연구원, 선생님, 대학 교수 등에게 자문을 구하였지만 방법을 찾아내지 못했습니다.

이렇게 잊혀지는 듯했던 이 주제는 5년 전 문득 대학 물리학 책에서 '저녁 노을이 지는 해변에 누워 수평선 밑으로 태양 윗부분이 완전히 사라지는 순간 자리에서 일어나 아직 지지 않은 태양이 수평선 밑으로 완전히 사라질 때까지의 시간을 측정하면 지구의 크기를 계산할 수 있다.'라는 문구를 발견하였습니다. 그래서 이것이 가능한지 이론식을 유도하고 지구의 반지름을 입력하여 계산한 결과, 이론적으로 가능하다고 판단하였습니다.

그 당시 울릉도 여행이 계획되어 있었는데, 이를 시도할 절호의 기회라 생각하여 관측에 필요한 스마트폰과 삼각대 2대를 준비하여 사전에 모의 관측하며 만반의 준비를 하였습니다. 그리고 울릉도 여행 기간 날씨가 좋은 날을 선택하여 일몰을 관측한 후 관측 자료를 꼼꼼히 분석하였습니다. 하지만 계산 결과 실망스럽게도 너무 많은 오차가 발생하였습니다. 이후 문제의 원인을 찾기 위해 이론적 배경, 관측 과정, 관측 자료 해석 등 일련의 과정을 꼼꼼히 살펴본 결과 두 카메라의 높이차가 사람 키 정도가 아니라 최소 50m 이상 차이가 나야 한다는 결론에 도달하였습니다.

다시 이를 관측할 수 있는 장소를 찾기 위해 우리나라의 동해, 서해, 남해 해변에 있는 고층 콘도를 조사하였고, 콘도 옥상에서 사진 촬영이 가능한지, 콘도 앞바다에 있는 섬에 태양이 가려지지 않는지 살펴보았습니다. 그리고 집에서 왕복 가능한 거리를 고려하여 최종적으로 서해안의 어느 콘도로 결정하였습니다. 집에서 스마트폰으로 태양을 촬영하는 방법을 충분히 연습한 후, 날씨가 맑은 날을 선택하여 콘도로 출발하였습니다. 집에서 출발할 때는 하늘이 무척 맑아도 바닷가에 도착하면 수평선 부근에 구름이 잔뜩 있어 헛수고도 하였지만, 3번의 도전 끝에 최종적으로 성공할 수 있었습니다. 건물 옥상과 해수욕장 바닥에서 관측한 자료를 분석한 후 관측자료로 계산한 결과 우리가 알고 있는 지구의 반지름을 마침내 얻게 되었습니다. 그때의 기쁨은 이루 말할 수 없었고, 지금도 그 흥분된 마음이 남아 있습니다.

저는 고등학교에서 지구과학을 가르치는 교사입니다. 학교 현장에서는 학생들이 대학수학능력시험에서 좋은 성적을 거두어 우수한 대학에 진학할 수 있도록 많은 노력을 기울이는 것이 현실입니다. 그런데 어느 순간 '내가 학교에서 가르치는 지식이 과거의 어느 학자가 현재 학교에 있는 천체망원경보다 성능이 떨어진 것을 이용하여 발견한 것이라면, 우리도 가능하지 않을까?'라는 생각이 들었습니다. 그래서 당시 판매되고 있는 전공 서적을 살펴보았지만 교사와 학생들이 과학을 탐구할 수 있도록 안내하는 책은 많지 않았습니다. 특히, 중고등학교 학생들에게 적절한 실험 책은 거의 없었으며, 출판된 대학 실험 책에는 많은 실험 주제와 문제가 포함되어 있었지만 문제에 대한 설명과 정답, 실제 실험 과정을 서술한 내용은 거의 찾지 못했습니다. 이를 계기로 중고등학교 학생들이 흥미를 갖고 있고, 활발한 동아리 활동이 이루어지는 천문학 분야에 교사와 학생이 함께 할 수 있는 책을 만들어야겠다고 생각하게 되었습니다. 그리고 효과적인 성취를 위해서는 몇 가지 선행조건이 필요하다고 생각하였습니다.

첫째, 일반 중고등학교에 있는 저렴한 천체망원경으로도 탐구할 수 있어야 한다.
둘째, 학생들이 생활하는 도시에서도 관측 가능하여야 한다.
셋째, 사진 촬영은 DSLR 카메라뿐만 아니라 스마트폰으로도 가능해야 한다.
넷째, 관측 자료 분석은 천문학자들이 사용하는 전문 프로그램이 아니라 누구든지 쉽게 사용할 수 있는 엑셀을 사용하여야 한다.
다섯째, 계산할 때 필요한 수학 지식은 대학 과정이 아니라 고등학교 2학년 수준을 넘지 않아야 한다.

이 책에 수록된 많은 탐구활동은 천문학의 역사에서 중요한 역사적 발견을 학교 현장에서 학생들과 함께 관측을 통해 알아보고자 도전한 과정의 산물입니다. 제가 생각하는 과학의 배움이란 정확한 결과를 얻는 것도 중요하지만, 그보다는 학생들 스스로 탐구 주제를 고민하고 브레인스토밍 과정을 거쳐 실험 과정을 설계하며 실험 자료를 분석하여 결과를 알아내는 활동입니다. 실험에 실패하더라도 많은 시간 고민하고 노력한 학생들의 경험은 너무나도 소중하며, 이러한 실패의 경험을 통해 뛰어난 과학자로 성장할 수 있을 것입니다. 그리고 연구를 하다 보면 자신이 무엇을 잘못 알고 있는지 알게 될 것이며, 실험 자료를 해석하기 위해 학교에서 배운 수학 지식이 어떻게 활용되는지, 실험 결과를 해석하기 위해 과학 지식뿐만 아니라 스스로 검색하거나 전공 서적을 통해 공부해야 할 내용이 얼마나 많은지 알게 될 것입니다.

그리고 이 책을 읽는 독자들이 탐구활동을 진행하며 어려움을 겪을 때 이를 도와주기 위해 다음 사항을 준비하였습니다.

첫째, 독자의 이해력을 고려하여 난이도를 별(★) 1개~5개로 표시하였습니다. 별 1개는 쉽고, 별의 개수가 늘어날수록 어렵습니다. 자신의 수준에 맞추어 도전할 수 있도록 하였습니다.

둘째, 천체 사진 촬영, 엑셀 사용, 탐구활동을 진행할 때 어려울 것으로 예상되는 활동에 대해 별도의 학습 동영상을 만들었습니다. 책 곳곳에 QR 코드로 표시하였으니 동영상을 따라하면 어렵지 않게 해결할 수 있을 것입니다. 해당 모든 영상은 유튜브 채널 '관측 천문학 첫걸음'에 올려 놓았습니다.

셋째, 독자 여러분이 탐구활동 과정 중 궁금하거나 이해가 되지 않는 경우 질문할 수 있는 패들렛 공간을 만들었습니다. 질문을 하면 빠르게 답변할 수 있도록 노력하겠습니다.

넷째, 이 책에 사용된 관측 사진 자료, 엑셀 자료, 소프트웨어는 모두 무료로 다운로드할 수 있습니다.

책과 관측 자료를 디딤돌 삼아 독자 여러분도 관측천문학의 세계에 입문하여 천문학의 참맛을 느끼고 성취의 기쁨을 경험하길 기원합니다. 여러분들의 도전에 박수를 보내며 응원하겠습니다.

이 책이 완성되기까지 많은 분들의 지원과 도움이 있었습니다. 먼저 긴 시간 동안 부족한 원고를 교사와 학생의 입장에서 꼼꼼하게 살펴보고, 오류와 개선점을 찾아주신 서혜정, 김정란, 강주은, 손정아 선생님 너무 감사합니다. 선생님들의 의견과 조언으로 이해하기 쉽고 학생들이 편하게 다가갈 수 있는 책으로 탈바꿈할 수 있었습니다. 경기과학고등학교에서 우수한 학생들에게 필요한 관측천문학 자료를 개발하기 위해 함께 고민하고, 탐구 주제에 대한 아이디어뿐만 아니라 원고도 검토해준 영재학교 경기과학고등학교 김혁 교장선생님께도 감사드립니다. 그리고 세마고등학교 천체 관측 동아리 별바라기 학생들에게도 감사합니다. 개기월식이 발생하던 날, 옥상에서 함께 사진을 촬영하여 달까지의 거리를 계산하던 경험과, 추운 날씨에도 목성을 촬영한 후 위성의 식 현상을 이용하여 목성의 질량을 계산하던 경험은 저에게도 너무 소중하고 멋진 추억으로 남아 있습니다. 재미없는 원고를 꼼꼼히 살펴보고 부족한 원고를 출판해주신 학교도서관저널 출판사에도 감사드립니다. 마지막으로, 춤을 좋아하는 민환과 작약을 좋아하는 자기에게 이 책을 헌정(Widmung from Myrthen Op. 25 by Robert Schumann)합니다.

동탄의 아름다운 저녁노을을 바라보며

지명근

추천사

고등학생부터 지구과학 교사까지 천문학에 관심 있는 사람들에게 추천하고 싶은 책! 태양, 달, 목성과 같은 태양계의 천체뿐만 아니라 별, 성단, 은하에 관한 관측 자료를 토대로 천문 현상을 해석해 봄으로써 관측 천문학에 대한 이해를 넓힐 수 있다. 이 책의 순서를 차근차근 따라가다 보면 어느새 천문학자들의 연구 과정과 방법에 대해 알게 되며, 천문학을 깊이 이해하게 될 것이다.

_ 양지고등학교 강주은 선생님

천문학은 지구과학 교사에게도 '흥미는 있으나 쉽지 않은 학문'이다. 천문학을 지도할 때마다 느끼는 부담감, 천문학자들의 연구 과정을 안내하면서도 직접 해보지 못한 데서 오는 자신 없는 마음은 어쩔 수 없다.

이 책은 이러한 답답함을 해결해 주고, 나도 할 수 있겠다는 자신감을 심어 준다. 중고등학교 교육과정에 포함되어 있어 이론은 잘 알지만, 직접 관측하고 실행하려고 하면 무엇부터 시작해야 할지 몰라 막막했던 탐구활동을 자세히 다루고 있다.

우리나라에서는 적용할 수 없는 에라토스테네스의 지구 반지름 측정 방법을 일몰 관측으로 바꿔 실제 실천해 보고, 많은 이들을 설레게 했던 개기 월식을 촬영하여 달까지의 거리를 직접 계산해 본다. 이렇게 저자는 멀리 있는 천문학이 아닌, 우리 삶 속에 있는 천문학을 만나게 해주며, '탐구한다는 것'이 얼마나 짜릿한 지적 만족감을 가져오는지 보여 준다.

탐구 상황에 맞는 최적의 조건을 찾기 위해 수년간 고민하고 실행과 수정을 반복하며 탐구활동을 개발한 저자의 꾸준함과 실천력에 감탄하면서 탐구활동을 따라가다 보면 천문학이 한걸음 더 가까워져 있을 것이다.

_ 진건고등학교 서혜정 선생님

수업 시간에 학생으로부터 많은 질문을 받고, 교사는 이에 답한다. 단순한 질문은 누구나 할 수 있지만 좋은 질문은 결코 쉽지 않으며, 학생의 좋은 질문에 대해 좋은 답을 제시하기 위해 교사가 끊임없이 노력하는 것도 결코 쉽지 않다. 이 책은 그 노력의 결과이다. '달이 타원 운동한다는 사실을 어떻게 확인할 수 있을까?'와 같은 질문의 답을 구하기 위해 한 달 동안 달을 관측한 후 관측 자료를 분석하여 달의 공전궤도 이심률을 스스로 찾아낸다면, 그 학생은 얼마나 깊이 성장하겠는가. 이 책에서는 학교 수업에서 배우지만 많은 관심을 두지 않았던 수많은 질문에 대해 답을 찾아가는 방법을 알려 준다. 교사와 학생이 함께 배운다면 모두 함께 성장하는 기회가 될 것이다.

_ 평촌고등학교 김정란 선생님

천문학과 관련된 실험 및 연구 활동은 전문 지식이 풍부한 과학자들만이 할 수 있는 활동이라 생각하고, 위대한 천문학자들이 발견한 여러 법칙에 대해서도 '그렇구나' 하고 당연하게 받아들일 뿐, '왜 그럴까?' '정말 그럴까?' '어떻게 알아낸 것일까?' '나도 증명해볼 수 있을까?'라고 질문하고 이에 대한 실천 방법을 찾기란 쉽지 않다.
그러나 이 책에 있는 탐구활동을 하나씩 따라 하다 보면 막연하고 어렵게만 느껴졌던 질문의 답을 찾을 수 있고, 마치 자신이 천문학자가 된 것처럼 천문 현상을 탐구하게 된다. 간단한 천체 사진 촬영 방법부터 엑셀을 이용한 데이터 분석까지 기본적인 내용을 자세히 소개하는 데 그치지 않고, 이론으로만 배웠던 천체의 공전 주기, 물리 법칙, 물리량 등을 직접 계산하고 증명하도록 이끌어 준다. 천문학자가 되어 경이로운 우주 세계를 스스로 찾고 싶은 사람들에게 이 책을 적극 추천한다.

_ 세마고등학교 손정아 선생님

차례

제1장

천체 사진 촬영

천체 사진은 사람들을 매혹시키는 그 무엇이 있다. 별과 은하수가 드리워진 밤하늘을 보면 아름다움에 감탄사가 절로 나온다. 천문학자에게 천체 사진은 별과 은하 그리고 우주의 모습을 있는 그대로 담을 수 있어 체계적인 천문학 연구를 가능하게 했던 밑바탕이었다. 이 장에서는 천체 관측에 필요한 관측 장비, 사용법 그리고 이를 이용한 다양한 천체 사진 촬영 방법에 대해 알아본다.

1

천체망원경과 친해지기

천체망원경 구매

천체망원경을 구매할 때 많은 고민이 뒤따른다. 고가이기도 하지만 종류가 다양하여 선택하기가 쉽지 않다. 필자는 굴절망원경과 반사망원경 중 굴절망원경을 추천하고 싶다. 굴절망원경은 사용이 편리하고 가볍고 부피가 작아 가지고 다니기 쉽기 때문이다. 굴절망원경의

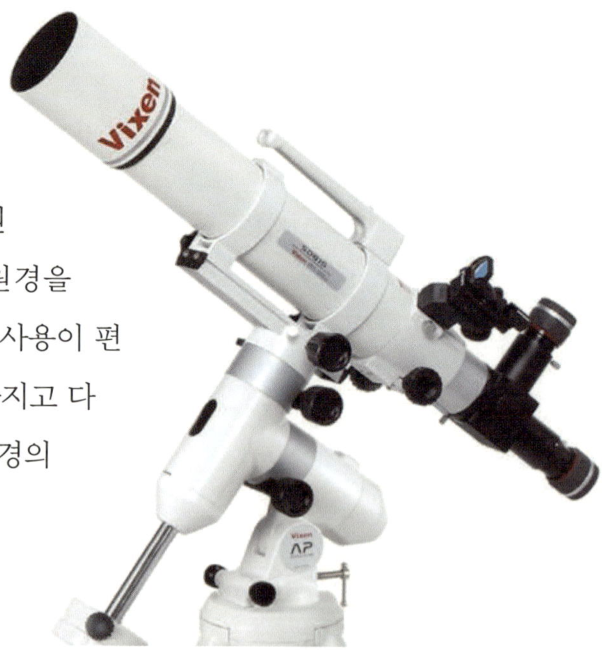

Vixen SD81S2 - AP 굴절망원경
(선두과학사 제공)

초점 거리는 900~1,100mm 정도를 추천한다. 이 정도의 초점 거리를 지닌 천체망원경이 우리가 주로 관측하고자 하는 달, 태양, 행성 촬영에 적합하다.

그리고 별을 추적할 수 있는 '적도의식 가대'가 탑재된 천체망원경을 추천한다. 가대는 삼각대 위에서 망원경을 고정시키는 장치로, 적도의식 가대의 경우 지구 자전축과 가대의 회전축을 일치시킨 후 축을 따라 망원경을 회전시키면 천체를 쉽게 찾을 수 있다. 적도의식 가대가 없는 천체망원경의 경우, 천체 사진 촬영을 하는 것이 거의 불가능하다. 천체망원경은 가급적 전문가와 상담을 통하여 본인이 사용하고자 하는 목적과 예산을 고려하여 구매하도록 한다.

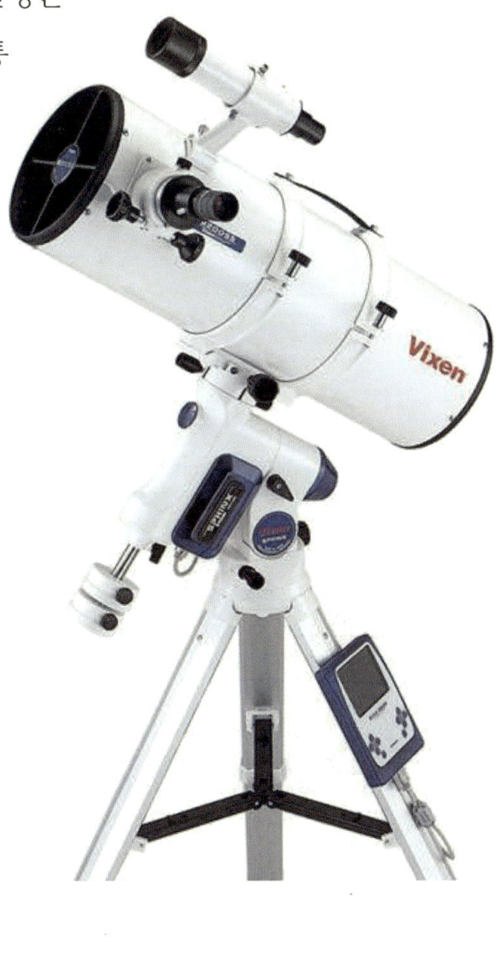

Vixen R200SS-SXW 반사망원경
(선두과학사 제공)

천체망원경 사용법

천체망원경을 사용하기 위해서는 가장 먼저 망원경을 설치해야 한다. 그 과정은 망원경 제조사마다 다소 차이가 있을 수 있지만 대체로 비슷하다. 처음에는 익숙하지 않아 어렵더라도 여러 번 반복하다 보면 쉽게 설치할 수 있을 것이다. 이 과정에는 왕도가 따로 없다. 노력이 최선이다.

① 평평한 곳에 삼각대를 놓는다.

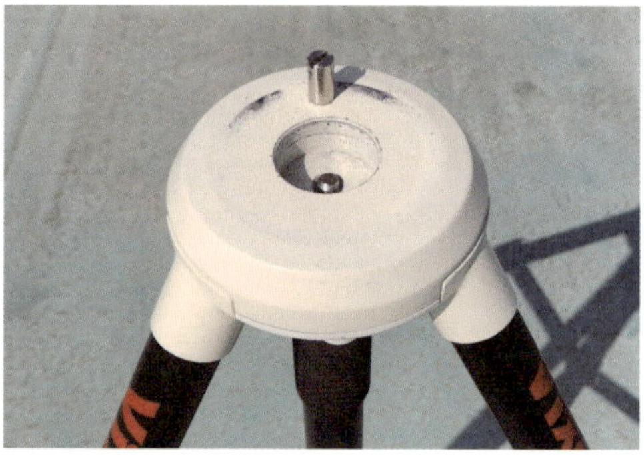

② 삼각대 윗부분에 볼록 튀어나온 부분이 북쪽을 향하도록 설치한다.

③ 삼각대에 적도의 가대를 고정시킨다.

④ 경통의 무게를 분산시키는 추봉과 추를 적도의 아래쪽에 설치한다.

⑤ 추를 연결한 후 안전을 위하여 반드시 추봉 끝에 있는 안전 나사 연결 상태를 확인한다.

⑥ 적도의 상부에 경통을 올린 후 나사를 돌려 고정시킨다.

⑦ 파인더를 연결한다.

⑧ 적경, 적위 클램프를 고정시키지 않은 상태에서 경통을 수평으로 놓고 추의 위치를 적당히 조절하여 경통과 추가 균형을 이루도록 한다.

⑨ 컨트롤러와 전원 장치를 연결한다.

⑩ 극축 망원경을 이용하여 극축을 맞춘다. 망원경의 극축을 지구 자전축과 평행하게 하는 과정이다.

※ 천체망원경 설치 과정에서 초보자들이 가장 어려워하는 것이 극축을 맞추는 과정으로, 필자에게도 어려운 단계이다. 그러나 장시간 노출하여 사진을 촬영하는 것이 아니라면 극축을 대략 북극성 방향으로 맞추어 놓더라도 사진 촬영과 육안 관측에 큰 문제가 없다.

⑪ 파인더 정렬을 한다. 먼저 망원경을 멀리 있는 건물 옥상의 피뢰침으로 향한 후 접안렌즈를 통해 피뢰침이 정확히 망원경 시야의 가운데에 오도록 한다.

그리고 파인더의 2~3개 나사를 조절하여 피뢰침이 파인더의 십자선 중앙에 오도록 한다.

파인더 정렬은 천체 관측에서 매우 중요하며, 처음 시도할 때에는 다소 어려울 수 있으므로 낮에 여유를 두고 천천히 연습한다.

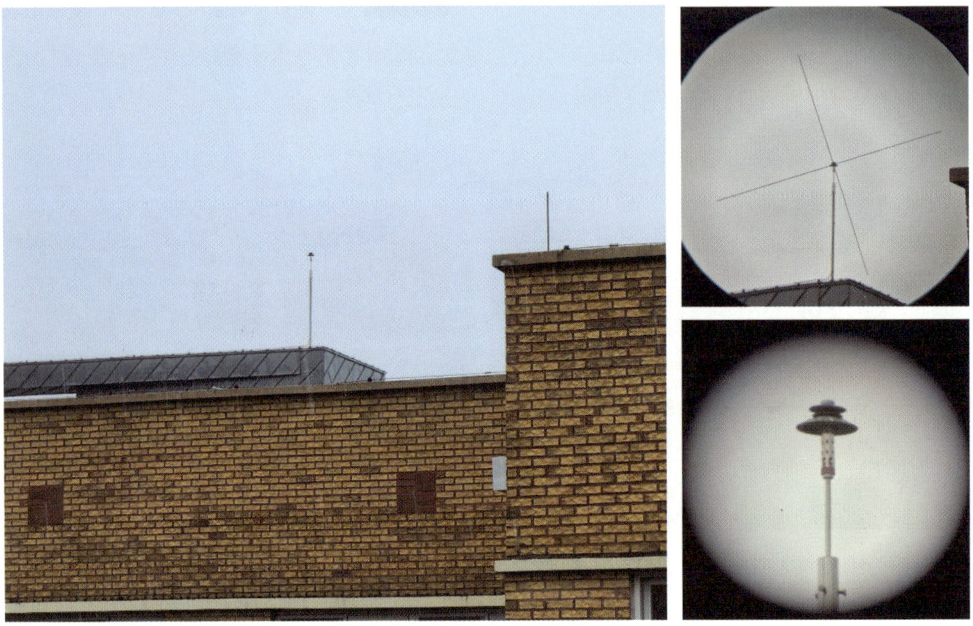

눈으로 본 모습(왼쪽)과 파인더(오른쪽 위), 망원경(오른쪽 아래)으로 본 모습

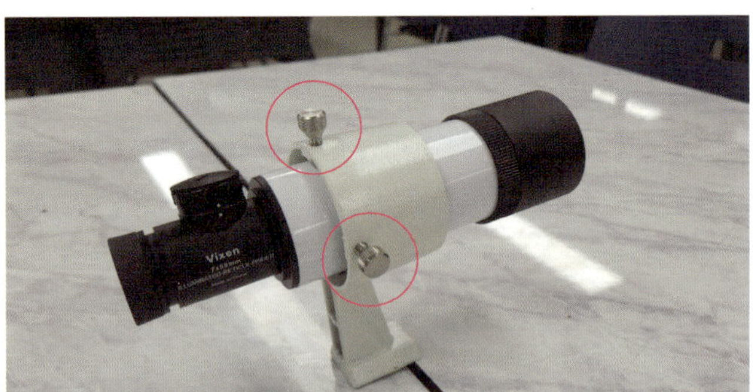

파인더와 나사

⑫ 이제 망원경 조립이 완료되었다. 컨트롤러를 이용하여 관찰하고자 하는 천체를 파인더의 중심에 위치시키고, 접안렌즈를 통해 천체를 관측한다.

2

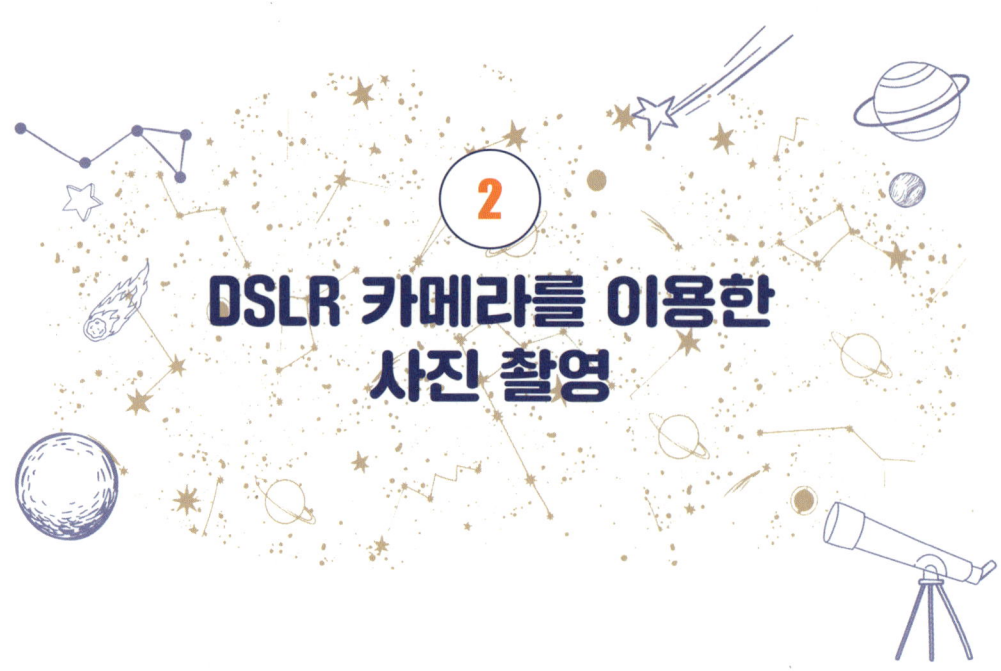

DSLR 카메라를 이용한 사진 촬영

DSLR 카메라와 친해지기

준비물

카메라와 렌즈

천체 사진 촬영을 위해 카메라를 구입하고자 하는 경우, 다양한 종류의 카메라와 렌즈가 있어 어떤 것을 선택해야 할지 고민할 수밖에 없다. 필자는 천체 관측을 위한 목적이라면 저렴한 DSLR(Digital Single Lens Reflex, 디지털 일안 반사식 카메라) 카메라를 추천한다. 최근 판매되는 카메라는 성능이 뛰어나 천체를 촬영하는 데 전혀 문제가 없기 때문이다. 렌즈는 여러 개가 있으면 좋겠지만 초점 거리가 17~200mm인 줌 렌즈를 구입하면 다양한 용도로 사용할 수 있다.

삼각대와 볼 헤드

삼각대는 장시간 노출에도 흔들리지 않고 안정적으로 촬영할 수 있는 튼튼한 것을 구매한다. 볼 헤드는 카메라를 상하좌우로 움직여 카메라의 구도 및 세팅을 편하게 도와주는 장비로, 카메라 중량을 고려하여 구매한다.

Leofoto LX-224CT 삼각대

Leofoto XB-32Q 볼 헤드

릴리즈

사진을 촬영할 때 손가락으로 셔터를 누르면 미세한 떨림이 생겨 선명한 사진을 찍을 수 없다. 이를 해결하기 위해 고안된 장치가 바로 릴리즈이다. '인터벌 타이머 릴리즈(Interval timer release)'는 일주 운동(지구 자전으로 별들이 회전하는 것처럼 보이는 현상)을 촬영할 때 여러 장의 사진을 연속적으로 촬영하기 위해 필요하다. 촬영 간격, 노출 시간, 촬영 매수를 본인의 희망대로 입

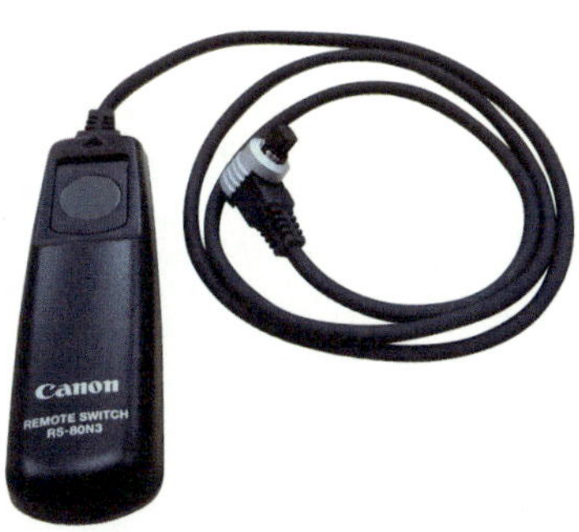

캐논 유선릴리즈 RS-60E3

SMDV 인터벌 타이머 릴리즈 T813

력할 때 적합한 장치이며 여러 장의 사진을 촬영할 때 노출 시간, 촬영 간격, 촬영 매수를 제어한다.

T링

카메라를 천체망원경에 연결하려면 특별한 장치가 필요한데, 바로 T링이다. T링의 규격은 카메라 제조사마다 다르므로 천체망원경을 판매하는 곳에서 자신의 카메라에 맞는 T링을 구매하자.

T링

사용법

천체 사진 촬영에 필요한 카메라는 제조사에 상관없이 거의 비슷한 성능과 기능을 제공한다. 필자는 학교에 있는 캐논사의 제품을 중심으로 설명하고자 한다. 타 회사의 카메라도 대부분 비슷한 기능을 제공하므로 제품 사용 설명서를 참고하면 쉽게 사용법을 익힐 수 있다.

촬영 모드

카메라를 이용하여 밤하늘의 천체를 촬영할 때, 천체는 상대적으로 어둡기 때문에 카메라의 자동 노출(auto exposure)이 적절하게 작동하지 않는다. 따라서 카메

라 상단의 다이얼을 돌려 촬영 모드를 M으로 설정한다.

조리개

조리개는 빛의 양을 조절해 주는 장치로, 우리 눈의 동공과 같은 역할을 한다. 아래 그림과 같이 f/1.4~f/16으로 표시하거나, 1.4~16으로 표시한다. f/1.4일 때는 조리개가 최대로 개방되어 가장 많은 빛을 받아들이고, f/16일 때는 조리개가 최소로 개방되어 가장 적게 빛을 받아들인다. 즉, 조리개값이 클수록 들어오는 빛의 양은 적고, 조리개값이 작을수록 들어오는 빛의 양은 많다.

조리개

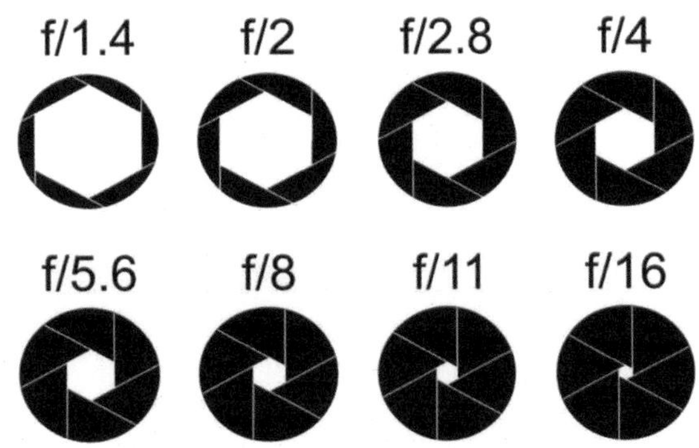

조리개 값

조리개값은 무엇을 의미할까? 조리개값은 각 단계마다 $\sqrt{2}=1.4$배 차이가 난다. f/1.4는 f/2보다 $\sqrt{2}$배 많고, f/2는 f/2.8보다 $\sqrt{2}$배 많다. $\sqrt{2}=1.4$, $(\sqrt{2})^2=2$, $(\sqrt{2})^3=2.8$, $(\sqrt{2})^4=4$, $(\sqrt{2})^5=5.6$, $(\sqrt{2})^6=8$, $(\sqrt{2})^7=11$, $(\sqrt{2})^8=16$이 된다. 여기에서 우리는 조리개값이 조리개를 통해 들어오는 빛의 양을 $\sqrt{2}$배 순으로 나열한 수치, 조리

개가 닫히는 정도를 나타낸 것임을 알 수 있다.

밤하늘은 어둡기 때문에 빛을 최대한 많이 받아들일 수 있도록 조리개를 최대한 개방하는 것이 좋다. 하지만 조리개를 개방할수록 렌즈 가장자리의 별들이 점으로 나타나지 않고 번지거나 일그러지며, 어둡게 보인다. 이를 방지하기 위해 보통 최대 개방 조리개에서 1단계 줄여 준다.

※ 조리개 설정 방법

조리개는 다이얼을 돌려 조정하며, 액정에 나타나는 숫자를 보며 값을 확인한다. 동그라미 표시된 부분은 조리개값이 5.6임을 의미한다.

셔터 속도

셔터 속도(shutter speed)는 조리개가 열린 후 닫히는 데 걸리는 시간을 의미하며, 125, 250, 500, 1000과 같이 표시한다. 아래 이미지에서 알 수 있듯 셔터 속도가 빠르면 어둡게 보이고, 셔터 속도가 느리면 밝게 보인다.

셔터 속도에서 숫자는 무엇을 의미할까? 셔터 속도 1000은 조리개가 열린 후 닫히는 데 걸리는 시간이 1/1000초임을 의미한다. 즉, 500은 1/500=0.002초, 250은 1/250=0.004초, 125는 1/125=0.008초를 의미하며, 각 단계마다 빛이 들어오는 양은 2배 차이가 난다. 따라서 셔터 속도 125는 1000보다 8배 밝다.

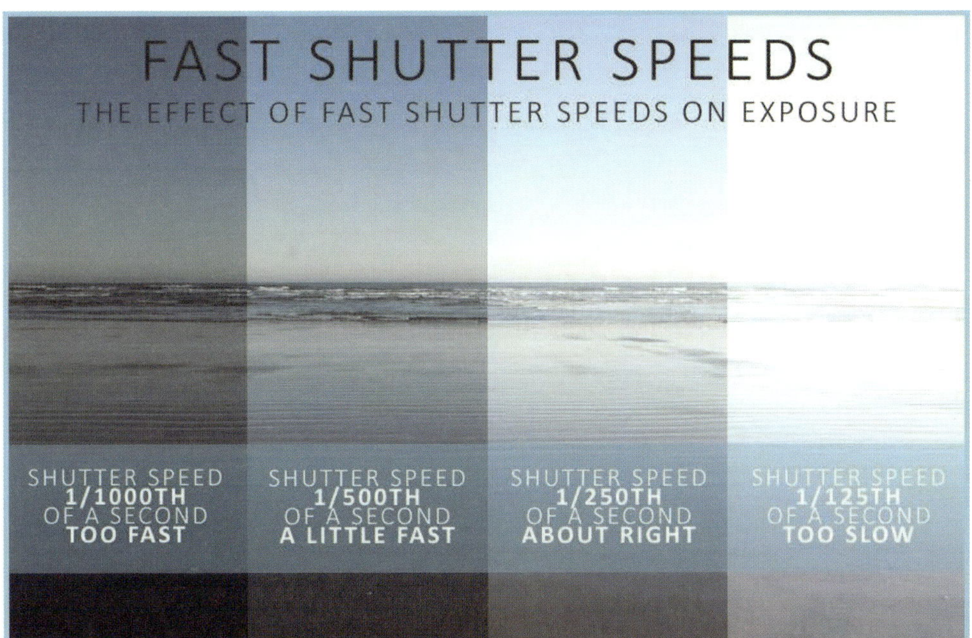

셔터 속도 1/1000초, 1/500초, 1/250초, 1/125초에서의 사진 밝기

※ 셔터 속도 설정 방법

카메라 윗부분에 있는 다이얼을 이용하여 셔터 속도 변경

※ 조리개와 셔터 속도의 관계

조리개를 2, 셔터 속도를 500으로 설정하여 사진을 촬영했다고 가정하자. 이 사진과 같은 밝기의 사진을 찍고자 할 때, 조리개를 4로 설정한다면 셔터 속도는 얼마로 설정해야 할까?
조리개 4는 2보다 2배 어두우므로 같은 밝기의 사진을 촬영하려면 셔터 속도는 2배 밝아야 한다. 셔터 속도 500보다 2배 밝은 것은 250이므로 250에 맞추고 촬영해야 한다.

감도

ISO(International Standard Organization)는 국제 표준화 기구에서 제정한 일반 촬영용 필름의 감도로, 디지털카메라는 필름 대신 CCD를 사용하며 감도는 보통 ISO 100~1600 중에서 선택 가능하다. 감도를 높게 설정하면 적은 양의 빛으로도 천체를 촬영할 수 있지만, 잡음(노이즈)이 증가해 선명한 사진을 얻지 못하고, 감도를 낮추면 반대가 된다. 밤하늘의 천체를 촬영하고자 할 때 일반적으로는 ISO를 400~1600 정도에 맞춘다. 다음 사진에서 볼 수 있듯이 감도를 높일수록 별은 많이 나타나지만, 그만큼 잡음도 증가한다.

ISO 800, 1600, 3200, 6400, 12800, 25600에서의 사진 밝기

※ ISO 설정 방법

카메라에서 ISO 버튼 누르기 → 다이얼을 이용하여 ISO 값 변경

색온도

색온도(화이트 밸런스, White Balance)는 물체의 색을 정확히 재현하도록 카메라의 적색, 녹색, 청색(RGB) 신호를 적절히 조정하는 것을 말한다. 밤하늘은 어둡기 때문에 우리 눈으로는 잘 보이지 않지만 고유의 색깔이 있다. 하늘의 색은 시간에 따라 달라지고, 날씨에 따라 조금씩 달라진다. 맑은 날 해가 진 후 밤하늘은 검푸르게 보이고, 황사가 날아오는 날에는 황토색이 되기도 한다. 카메라의 색온도에는 자동 색온도(Auto White Balance, 3,000K~7,000K, AWB), 태양광(Daylight, 5,600K,), 그늘(Shade, 7,000K,), 흐림(Cloudy, 6,000K,), 플래시(Flash, 5,500K,), 형광등(Fluorescent, 4,000K,), 텅스텐(Tungsten, 3,200K,) 등이 있다. 여기에서 K는 절대온도(Kelvin 온도)를 나타낸다. [그늘(Shade)]과 같이 색온도를 높

색온도에 따른 사진의 색 변화

이면 하늘이 붉게 보이고, [형광등(Fluorescent)]과 같이 색온도를 낮추면 하늘이 푸르게 보인다. 그럼 천체 사진을 촬영할 때 어떤 색온도를 선택해야 할까? 색온도를 달리하여 천체 사진을 촬영한 결과 많은 사람들은 청명한 하늘색을 좋아한다. 따라서 색온도는 [, 텅스텐]으로 설정하는 것을 추천한다. 그리고 Auto 또한 자연스럽게 색을 표현하므로 고민하지 말고 Auto로 설정해도 무방하다.

※ 색온도 설정 방법

Menu → 2→ 화이트 밸런스(WB) → (텅스텐)

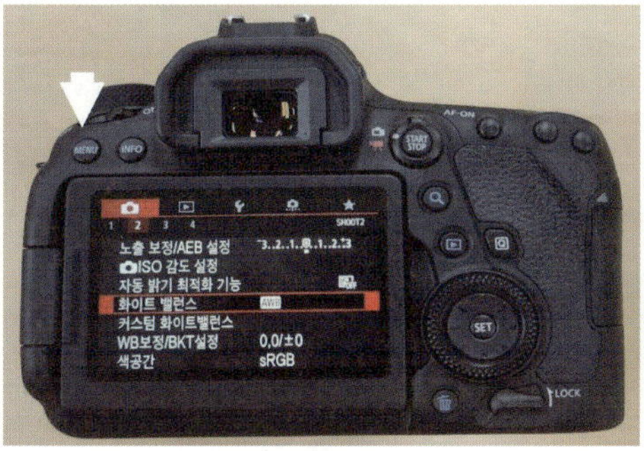

DSLR 카메라와 삼각대를 이용한 사진 촬영

삼각대 위에 카메라를 설치한 후 천체를 촬영하는 방식을 고정촬영법이라 한다. 고정촬영법은 간단한 장비를 이용하여 사진을 촬영하기 때문에 평상시 혹은 여행 중에 멋진 풍경을 촬영할 때 많이 사용하는 방식이다.

준비물

DSLR 카메라, 삼각대, 볼 헤드, 릴리즈

고정촬영법 익히기

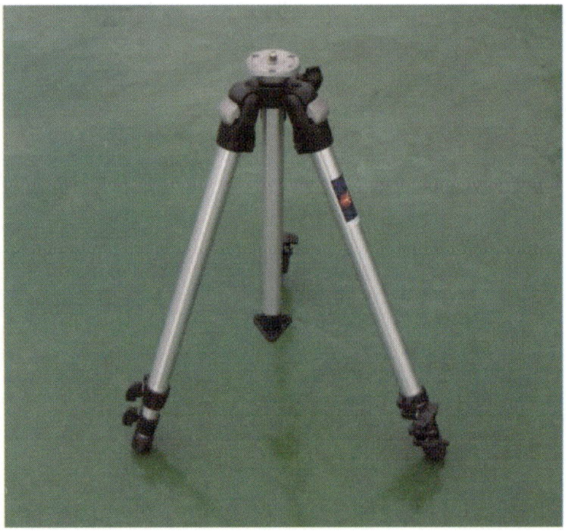

❶ 삼각대를 설치한다.

❷ 삼각대 위에 볼 헤드를 설치한다.

❸ 볼 헤드에 카메라를 장착한다.

❹ 카메라에 릴리즈를 연결한다.

❺ 카메라 촬영 모드를 [M], 색온도(화이트 밸런스)를 [, Tungsten]에 맞추고 ISO를 400~1600 중에서 선택한다.

❻ 렌즈 초점 모드를 [AF(Auto Focus), 자동 초점]와 [MF(Manual Focus), 수동 초점] 중 [MF]로 설정한다.

※ 어두운 밤하늘에 렌즈의 초점을 AF(자동 초점)로 설정하면 천체를 인식하지 못해 앞뒤로 계속 움직이며 천체의 초점을 찾으려 한다.
따라서 천체 사진을 촬영하기 위해서는 항상 MF(수동 초점)로 설정하여야 한다.

❼ 렌즈의 조리개를 최대로 개방한 후 1단계 줄여 준다.

❽ 밝은 별을 화면의 중심에 오도록 조정한 후 적절한 화각(렌즈의 촬영 범위)을 고려하여 렌즈의 초점 거리를 선택한다.

※ 렌즈의 초점 거리

렌즈에서 24-105mm는 무엇을 의미할까? 바로 렌즈의 초점 거리이다. 아래 사진에서는 초점 거리를 24mm로 선택한 상태이다.

초점 거리가 짧으면 렌즈에서 센서까지 거리가 짧아 화각이 넓고, 초점 거리가 길면 렌즈에서 센서까지 거리가 길어져 화각이 좁다. 렌즈의 초점 거리를 변경하여 자신이 촬영하고자 하는 전체 사진의 구도를 찾도록 한다.

❾ 밝은 별이 있는 곳으로 카메라를 향한 후, 카메라 메뉴를 이미지 뷰 설정으로 전환하고, [Start/Stop] 버튼을 누른다.

❿ 확대 버튼을 눌러 화면을 최대로 확대한다.

⓫ 별이 가장 선명하게 보일 때(별의 크기가 가장 작을 때)까지 렌즈의 초점을 조절하여 가급적 정확하게 맞춘다.

⓬ 셔터 속도를 바꾸며 별을 촬영한다.

⑬ 촬영된 별 사진을 관찰한 후 선명한 사진을 얻을 때까지 ⑪~⑫ 과정을 반복한다.
처음부터 멋진 사진을 촬영하는 것은 결코 쉬운 일이 아니다.
많은 시행착오를 겪으며 어떤 값을 설정하였을 때 좋은 사진이 나오는지 여러 번 연습을 하자. 다른 사람이 촬영한 사진도 많이 보면 도움이 된다.

DSLR 카메라를 이용하여 나만의 사진 촬영하기

[도전하기 1] 별자리 촬영하기

도시에서는 인공적인 빛이 강해 별자리를 촬영하기 쉽지 않다. 천체 사진을 촬영하기 위해서는 불빛이 없는 곳으로 가는 것이 좋지만 천체를 담기에 열악한 환경인 도시에서도 멋진 사진을 찍을 수 있는 방법이 있다. 도시의 열악한 환경에서 멋진 별자리 사진을 촬영해 보자.

[카메라 기본 설정]

❶ 촬영 모드 : M
❷ 초점 모드 : MF
❸ 조리개 : f/4.0
❹ 노출 시간 : 1sec
❺ 렌즈 초점 거리 : 28mm
❻ 피사체와의 거리 : 무한대(∞)
❼ 화이트 밸런스 : Auto
❽ ISO : 400

2012년 1월 31일 하와이 마우나케아산 중턱에서 촬영

[도전하기 2] 행성 촬영하기

200mm 미만의 렌즈로 행성을 촬영하는 경우 렌즈의 초점 거리가 짧아 행성이 거의 점으로 보인다. 그런데 오히려 50mm 미만으로 초점 거리가 짧은 렌즈를 선택하면 화각이 넓어 멋진 풍경과 여러 행성이 함께 어우러진 사진을 얻을 수 있다.

[카메라 기본 설정]

❶ 촬영 모드 : M

❷ 초점 모드 : MF

❸ 조리개 : f/4.0

❹ 노출 시간 : 1sec

❺ 렌즈 초점 거리 : 55mm

❻ 피사체와의 거리 : 무한대(∞)

❼ 화이트 밸런스 : Auto

❽ ISO : 400

2022년 5월 6일 강릉 강문 해수욕장, 왼쪽부터 금성, 목성 순

[도전하기 3] 달 촬영하기

행성과 같이 초점 거리가 50*mm* 미만의 렌즈를 사용하여 달과 주변 경관이 함께 담긴 멋진 사진을 촬영해 보자.

【카메라 기본 설정】

❶ 촬영 모드 : M

❷ 초점 모드 : MF

❸ 조리개 : f/2.2

❹ 노출 시간 : 1/20sec

❺ 렌즈 초점 거리 : 13mm

❻ 피사체와의 거리 : 무한대(∞)

❼ 화이트 밸런스 : Auto

❽ ISO : 640

강릉 안목해변에서
촬영한 초승달

[도전하기 4] 태양 촬영하기

태양 빛은 매우 강하므로 카메라로 직접 태양을 촬영하면 실명할 위험이 있으니 반드시 조심하여야 한다. 태양을 관측하기 위해서는 카메라 렌즈에 맞는 렌즈 전용 태양 필터를 사용해야 하나, 시중에서는 찾아보기 어렵다. 따라서 일반적으로 천체망원경에 사용하는 태양 필터를 카메라 렌즈 앞에 놓고 촬영한다. 태양 필터는 안전을 위해 천체망원경 전문 매장에서 망원경에 맞는 것을 구매하도록 하자. 셀로판지 등 다른 도구를 사용하는 것은 매우 위험하니 꼭 태양 필터를 사용한다.

[카메라 기본 설정]

❶ 촬영 모드 : M

❷ 초점 모드 : MF

❸ 조리개 : f/11

❹ 노출시간 : 1/40sec

❺ 렌즈 초점 거리 : 100mm

❻ 피사체와의 거리 : 무한대(∞)

❼ 화이트 밸런스 : Auto

❽ ISO : 100

[도전하기 5] 별의 일주 운동 촬영하기

밤하늘의 별은 북극성을 중심으로 하루에 한 바퀴씩 일주 운동을 한다. 노출 시간을 일반적으로 10초 이상 길게 설정하여 별을 촬영하면 이동 궤적을 알 수 있다.

도시에서 천체 사진을 촬영할 때 가장 먼저 고려해야 할 것이 광해(도시의 빛 공해)이다. 노출 시간이 길수록 별에서 들어오는 빛의 양이 증가하여 밝게 보이지만 동시에 도시의 광해도 함께 증가하여 사진이 전체적으로 하얗게 되며 별이 보이지 않게 된다. 따라서 적절한 노출 시간을 찾으려면 사전에 여러 번 촬영하여 확인해야 한다. 필자의 경험상 도시에서 일주 운동을 찍는 경우 노출 시간은 10~30초가 적절하였다. 자신이 사는 환경과 날씨에 따라 달라지므로 사전에 테스트하여 적절한 노출 시간을 찾도록 하자.

[인터벌 타이머 릴리즈와 친해지기]

만일 노출 시간이 50초인 사진을 100장 촬영하고 이를 1장의 사진으로 합성하여
별의 일주 운동 사진을 촬영하고자 할 때, 필요한 장치가 바로 인터벌 타이머 릴리즈이다.
시중에 판매되는 인터벌 타이머 릴리즈는 여러 종류가 있지만,
여기에서는 'SMDV 인터벌 타이머 릴리즈 T813'을 이용하여 설명하고자 한다.
먼저 카메라에서 촬영 모드를 벌브[B, Bulb]로 설정한다. 그리고 인터벌 타이머 릴리즈는
[벌브 시간(노출 시간)]을 50초, [촬영 간격]을 1초, [컷트 수 설정]을 100으로 설정한다.
설정이 완료되면 '타이머 시작/정지'를 클릭하여 촬영한다.

[사진 합성 소프트웨어 'Startrail'과 친해지기]

여러 사진을 1장의 사진으로 합성할 수 있는 소프트웨어가 바로 Startrail이다.
무료이고 사용이 무척 간편하며, 여러 용도로 활용 가능해 매우 유용하다.

❶ 검색 사이트에서 'startrail'을 입력하거나, 웹사이트 startrails.de에서 프로그램을 다운로드한다.

❷ 다운로드한 파일의 압축을 푼 후, 폴더 내에서 Startrails.exe를 실행한다.

❸ File→Open Images를 클릭한 후 합성하고자 하는 모든 파일을 불러온다.

❹ Build→Startrails를 클릭하면 하나의 사진으로 합성된다.

❺ File→Save Images를 이용하여 원하는 형식으로 이미지를 저장한다.

[연습하기]

관측자료 다운로드 사이트에서 아래 사진을 다운로드한 후 별의 일주 운동 사진을 만들어 보자.

개별 사진(왼쪽)들을 합성하면 일주 운동 사진(오른쪽)을 얻을 수 있다.

DSLR 카메라와 천체망원경을 이용한 촬영

천체망원경에서 접안렌즈를 빼고, 접안렌즈 대신에 카메라 본체를 연결하여 천체를 촬영하는 방식을 직초점 방식이라 한다. 일반 카메라 렌즈는 초점 거리가 보통 200*mm*보다 짧기 때문에 화각이 넓어 별과 행성을 촬영할 경우 매우 작게 보인다. 이 문제를 해결하기 위해 초점 거리가 1,000~3,000*mm*인 천체망원경을 카메라 렌즈 대신 사용하여 사진을 촬영하는 방식이 바로 직초점 방식이다. 초점 거리가 길면 화각은 좁지만 확대되어 보이므로 행성이나 천체를 크게 확대하여 볼 수 있다. 따라서 직초점 방식으로 주로 달, 태양, 행성을 촬영한다.

준비물

천체망원경, T링, DSLR 카메라, 릴리즈

촬영법 익히기

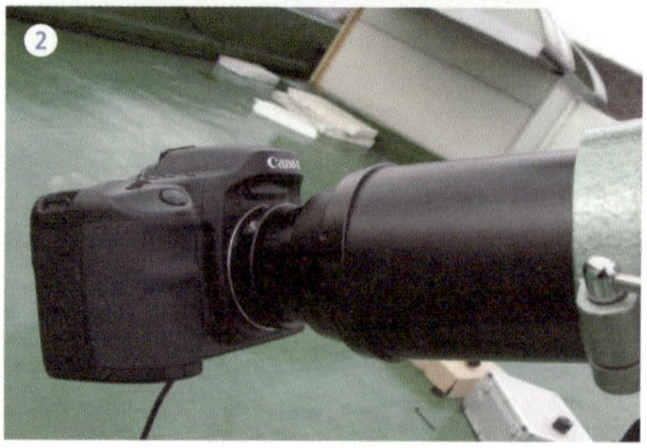

1. DSLR 카메라에서 렌즈를 분리한 후 T링을 연결한다.

2. 이를 천체망원경에 연결한다.

③ 카메라에 릴리즈를 연결한다.

④ 달이나 행성이 파인더의 중앙에 오도록 천체망원경의 컨트롤러를 이용하여 조정한다.

⑤ 카메라 촬영모드를 [M], 화이트 밸런스를 [, 텅스텐], ISO를 400~1600 중에서 선택한다.

⑥ 밝은 별이 있는 곳으로 카메라를 향한 후, 이미지 뷰 설정으로 전환하고, [Start/Stop] 버튼을 누른다.

⑦ 확대 버튼을 눌러 화면을 최대로 확대한다.

⑧ 별이 가장 선명하게 보일 때(별의 크기가 가장 작을 때)까지 망원경의 초점 조절 나사를 조금씩 조절한다.

⑨ 셔터 속도를 3초 정도로 설정한 후 별을 촬영한다.

⑩ 촬영된 별 사진을 관찰한 후 선명한 사진을 얻을 때까지 ⑧~⑨ 과정을 반복한다.

⑪ 관측하고자 하는 천체를 찾아 사진을 촬영한다.

DSLR 카메라와 천체망원경을 이용하여 나만의 사진 만들기

[도전하기 1] 달 촬영하기

달은 초보자도 어렵지 않게 멋진 사진을 촬영할 수 있는 천체이다. 어두운 밤하늘에서도 찾기 쉽고, 매일 모양도 변하여 다양한 모습을 담을 수 있으며, 크레이터의 그림자도 매우 흥미롭다.

f=700mm, 1/15sec, WB Auto, ISO 100으로 맞추고 찍은 달 사진

[도전하기 2] 태양 촬영하기

천체망원경에 카메라를 연결하여 태양을 바로 보면 태양 빛이 매우 강하여 실명할 위험이 있으니 조심하여야 한다는 점을 반드시 기억하자. 안전하게 태양 사진을 촬영하기 위해서는 반드시 태양 빛을 줄여 주는 태양 필터를 망원경 앞에 설치한 후 촬영하도록 한다. 앞서 말했지만 태양 필터는 안전을 위해 천체망원경 전문 매장에서 망원경에 맞는 것을 구매한다.

f=700mm, 1/30sec, WB Auto, ISO 100으로 맞추고 찍은 태양의 모습

[도전하기 3] 목성 촬영하기

목성은 태양계 행성 중 금성 다음으로 밝은 천체라서 쉽게 찾을 수 있고, 이오, 유로파, 가니메데, 칼리스토 등의 위성도 관찰 가능한 무척 매력적인 천체이다. 그리고 목성을 유심히 관찰하면 줄무늬를 관찰할 수 있어 더욱 흥미를 끈다.

f=3,000mm, 1sec, WB Auto, ISO 400으로 카메라를 놓고 찍은 목성 사진. 2000년 1월 1일에 촬영했으며 왼쪽부터 칼리스토, 유로파, 가니메데, 목성, 이오의 모습을 볼 수 있다.

[도전하기 4] 토성 촬영하기

토성은 태양계 행성 중 유일하게 천체망원경으로 고리를 관찰할 수 있는 천체이다. 아마 천체망원경을 이용하여 처음 토성을 관찰했다면 예쁜 고리를 보고 감탄하게 될 것이다.

f=3,000mm, 2X 바로우렌즈, 6sec, WB Auto, ISO 200으로 놓고 찍은 토성의 모습.
토성 주위를 둘러싼 고리가 보인다.

[도전하기 5] 오리온 성운(M42) 촬영하기

오리온 성운은 아마추어 사진가들이 겨울철에 가장 먼저 촬영하고 싶어 하는 무척 아름다운 천체이다. 또한 맑은 날 맨눈으로 관측 가능한 밝은 천체이며, 노출 시간이 길지 않아도 쉽게 촬영할 수 있어 많은 사람들이 매력적이라고 생각한다.

f=700mm, 1/15sec, WB Auto, ISO 100으로 설정하고 촬영한 오리온 성운(M42)의 모습

3 스마트폰을 이용한 사진 촬영

스마트폰 카메라와 친해지기

천체 사진을 촬영하기 위해 많이 사용하는 것이 DSLR 카메라이지만 별도로 구매해야 하고 가격이 비싸다는 단점이 있다. '누구나 쉽게 천체 사진을 찍을 수 없을까?'라는 질문에 대한 해답으로 스마트폰을 이용한 촬영이 대안으로 떠오르고 있다.

준비물

스마트폰

카메라를 이용하여 어두운 천체를 촬영하기 위해서는 수동 초점(MF), 감도(ISO), 색온도(White Balance), 셔터 속도(10s 이상), 조리개 조절 등 DSLR 카메라에서 제공하는 기능이 필수적이다. 현재 판매되는 높은 사양의 갤럭시 시리즈와 아이폰 시리즈는 대부분 이러한 기능을 제공하고 있다.

삼각대와 스마트폰 홀더

흔들리지 않고 천체 사진을 찍기 위해서는 스마트폰용 삼각대와 스마트폰 홀더가 필요하다.

스마트폰용 삼각대(왼쪽)와 홀더(오른쪽)

스마트폰 카메라 사용법

갤럭시 시리즈 스마트폰

갤럭시 시리즈 스마트폰으로 야간 천체 사진을 촬영하기 위해서는 '프로 모드'가 제공되어야 한다. 모든 갤럭시 스마트폰에서 이 기능이 제공되는 것은 아니므로 '카메라 – 더보기 – 프로 모드'가 있는지 확인한다. '프로 모드'에는 유용한 여러 기능이 있다.

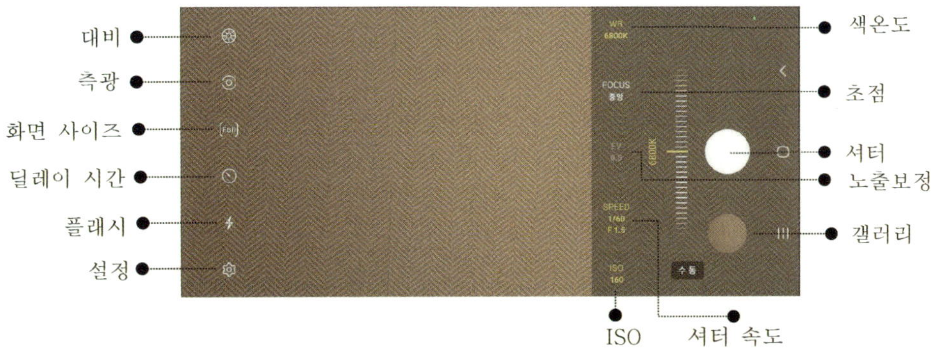

갤럭시 시리즈 카메라는 DSLR 카메라에서 제공하는 고급 기능을 대부분 갖추어 원하는 사진을 얻을 수 있다는 장점이 있지만, 초보자는 사용하기 다소 어렵다는 부분이 단점으로 꼽힌다.

아이폰 시리즈 카메라

아이폰 시리즈 카메라를 이용하여 야간 천체 사진을 촬영하기 위해서는 '야간 모드' 기능이 제공되는 카메라를 사용하여야 한다. 아이폰 카메라에서 모두 사용 가능한 것은 아니므로, 사전에 확인해 보자.

1. 아이폰 카메라에 '야간 모드' 기능이 있는 경우 [카메라]를 실행했을 때 주변이 빛이 없는 어두운 상태가 되면 자동으로 화면의 왼쪽 위에 셔터 속도가 '초'로 표시된다. 만일 카메라를 손으로 완전히 가린 상태에서 셔터 속도가 나타나지 않으면 야간 모드가 지원되지 않는 카메라이다.
2. 야간 모드에서 시간을 조절하려면 상단의 '위로 올림 버튼'을 클릭한다.

3 왼쪽 아래에 노란색 야간 모드가 나타난다.

4 슬라이더를 이용하여 노출 시간을 설정한다.

**※ 아이폰의 야간 모드에서 노출 시간은 최대 30초까지 설정할 수 있다.
그런데 왜 2~3초만 표시될까?**

첫째, 스마트폰의 흔들림 때문이다. 삼각대와 스마트폰 홀더를 이용하여 단단하게 고정되어 있으면 최대 시간이 길게 나타난다.
둘째, 관측 대상의 밝기 때문이다. 관측 대상이 밝은 경우 최대 시간이 짧게 나타나고, 관측 대상이 어두운 경우 최대 시간이 길게 나타난다.
삼각대에 스마트폰을 단단하게 고정한 상태에서 어두운 밤하늘을 관측한 경우 최대 시간은 30초로 나타난다.

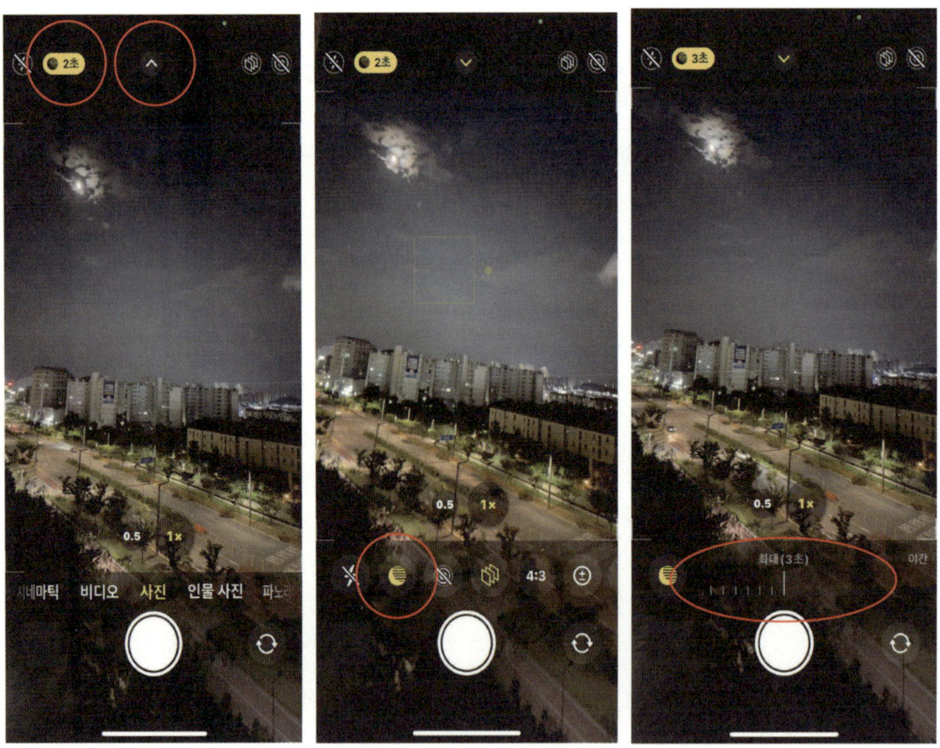

아이폰 카메라의 경우 DSLR 카메라에서 제공하는 고급 기능이 없기 때문에 원하는 사진을 얻기 어렵기는 하지만, 초보자에게는 자동으로 설정된 기능들이 주는 편리함이 있다.

스마트폰 카메라를 이용한 고정촬영법

천체 사진 촬영을 위한 준비물

스마트폰, 스마트폰 홀더, 삼각대

별자리 사진 촬영하기(점상 촬영법)

노출 시간을 10초 이내로 설정하여 밤하늘을 촬영한 경우, 별이 흐르지 않고 점으로 보인다. 보통 별자리를 촬영할 때 사용하는 이 방법을 점상 촬영법이라 한다. 만일 10초 이상 노출할 경우 별이 점이 아니라 직선으로 나타나거나, 도시의 경우 도시 광해로 인해 과다 노출되어 사진 전체가 하얗게 된다.

도시에서 멋진 별자리 사진을 얻기는 쉽지 않지만 도시가 아닌 곳, 불빛이 드문 곳이나 밝은 별이 많은 겨울철에 도전해 보기 바란다. 그리고 사진을 촬영하기 전에 자신의 환경에서 테스트하여 적절한 노출 시간을 찾아보자.

갤럭시 카메라

1. 삼각대에 스마트폰 홀더를 연결한다.
2. 스마트폰 홀더에 스마트폰을 연결한다.

3. 프로 모드를 선택한 후 ISO는 50~200, 초점은 수동, 색온도는 3,000~4,000K를 선택한다.
4. 카메라를 촬영하고자 하는 방향으로 향한 후 줌 기능을 이용하여 구도를 결정한다.
5. 초점을 조정하여 가급적 선명하게 맞춘다.
6. 셔터 속도를 바꾸며 자신이 원하는 사진을 촬영한다.

아이폰 카메라

1. 삼각대에 스마트폰 홀더를 연결한다.
2. 스마트폰 홀더에 스마트폰을 연결한다.
3. 야간 모드에서 노출 시간을 변경하며 사진을 촬영한다.
(아이폰 카메라는 ISO, 초점, 색온도가 자동으로 설정된다.)

일주 운동 사진 촬영하기

별의 일주 운동을 담을 때에는 보통 1~2시간 이상을 노출하여야 멋진 사진을 얻을 수 있다. 그런데 도시에서는 밤에도 불이 꺼지지 않는 곳이 많아 1분 이상 노출할 경우 과다 노출로 사진이 하얗게 된다. 도시에서 멋진 일주 운동을 촬영하기 위해 사람들은 카메라의 노출 시간을 짧게 설정하여 여러 장의 사진을 촬영한 후 이를 1장의 사진으로 합성하는 방법을 사용한다. 필자가 테스트해 본 결과 도시의 경우 노출 시간은 10~30초가 적절하였다. 본격적으로 사진을 촬영하기 전에 설정을 다양하게 놓고 찍어 가며 시행착오를 겪는 인내심도 필요하다.

앞에서 설명했듯이, 일주 운동을 촬영하기 위해서는 노출 시간, 촬영 매수, 촬영 간격을 조절하는 인터벌 타이머 릴리즈가 필수적이다. 그런데 인터벌 타이머 릴리즈는 DSLR 카메라에 연결할 수 있지만, 스마트폰에는 연결하지 못한다. 이 문제를 어떻게 해결할 수 있을까?

갤럭시 시리즈 카메라

이에 대한 해답이 바로 '오토매틱 클리커'라는 앱이다. 설치한 후에는 먼저 기초를 설정해 보자.

1. Play 스토어에서 '오토매틱 클리커' 앱을 설치한다.
2. 오토매틱 클리커 실행 - 오버레이 권한 '승인' - '오토매틱 클리커' 활성화 - 뒤로 이동 - 접근성 서비스 '시작' - 설치된 앱 - 오토매틱 클리커 - '사용함' - 제어권한 '허용' - 뒤로 이동 - 뒤로 이동 - '단일 타깃 모드' 설정 - 클릭 간 시간 - 딜레이 '1초' - 클릭 지속 시간 '0.5초' - 다음 이후 중지 - 실행 회수 이후 중지 '100회' - 뒤로 이동 - '시작: 단일 타깃 모드' - 매크로 시작 화면 생성

오토매틱 클리커를 이용하여 일주 운동 사진을 촬영하는 과정은 다음과 같다.

1. 삼각대에 스마트폰 홀더를 연결한다.
2. 스마트폰 홀더에 스마트폰을 연결한다.
3. 프로 모드를 선택한 후 ISO는 50~200, 초점은 수동, 색온도는 3,000~4,000K를 선택한다.
4. 카메라를 촬영하고자 하는 방향으로 향한 후 줌 기능을 이용하여 구도를 결정한다.
5. 초점을 가급적 선명하게 맞춘다.
6. 셔터 속도를 바꾸며 가장 적절한 값을 찾는다.
7. 카메라를 열어 둔 상태에서 오토매틱 클리커를 실행한다.
8. '시작: 단일 타깃 모드'를 클릭하면 컨트롤 박스 창이 활성화된다.

9. 오토매틱 클리커를 닫지 않고 그대로 둔 상태에서 카메라 모드로 이동한다.
10. 오토매틱 클리커에서 활성화된 컨트롤 박스 창의 검은색 모서리를 카메라 실행 화면의 셔터 위로 이동한다.
11. 모든 준비가 완료되면 ▶을 클릭한다. 이제 촬영이 완료될 때까지 기다리면 된다.
12. 사진 촬영이 마무리되면 카메라에 있는 사진을 컴퓨터로 옮긴다.
13. Startrail을 이용하여 사진을 한 장의 사진으로 합성한다.

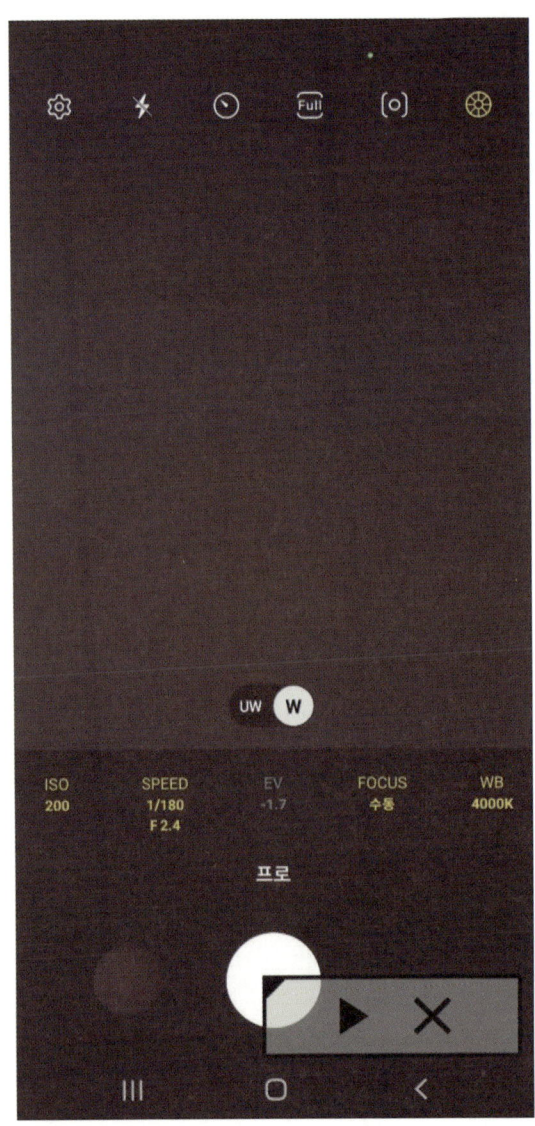

오토매틱 클리커의 컨트롤 박스 창을 카메라 실행 화면의 셔터로 가져간 모습

아이폰 시리즈 카메라

오토매틱 클리커는 무료로 사용할 수 있다는 점에서 간편성을 높이지만 아이폰 시리즈에서는 사용할 수 없다는 단점이 있다. 아이폰으로 일주 운동을 촬영하기 위해서는 'Night Cap'이라는 유료 어플을 사용해야 한다.

1. App 스토어에서 'Night Cap' 앱을 설치한다.(유료)
2. Night Cap을 실행한다.
3. 먼저 초기 설정을 위해 아래 화면에서 왼쪽 두 번째 상단의 톱니바퀴 아이콘(설정)을 클릭한다.

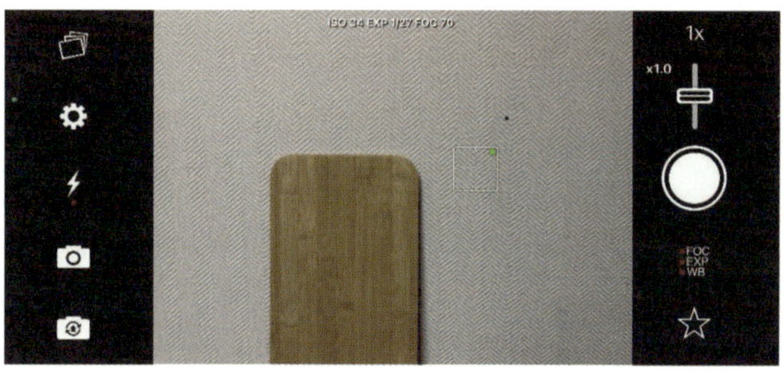

4. 먼저 '지리 정보( )'를 활성화하고, '화면 격자( )표시'를 활성화한다. 그리고 '인위적인 밝기 조절( )'은 최소화하고, '노이즈 감소( )'는 최대로 설정한다. 화질은 'HQ JPEG'를 선택하고, 시작할 때 '흔들림 방지를 위한 타이머( )'를 '3s'로 설정하자.

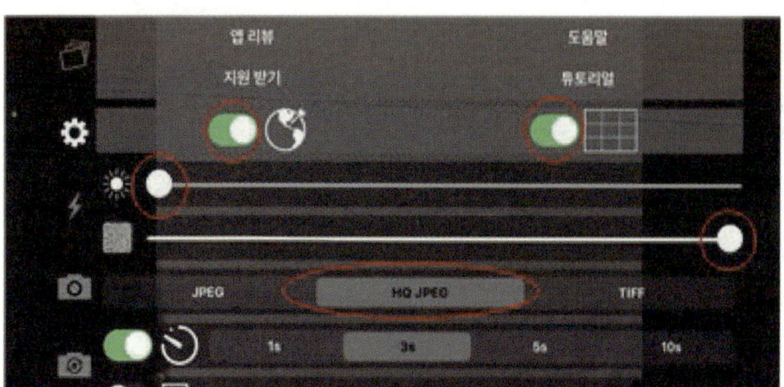

5 스마트폰 홀더에 스마트폰을 연결한다.

6 카메라를 촬영하고자 하는 방향으로 향한 후 줌 기능을 이용하여 구도를 결정한다.

7 이제 ☆을 클릭한 후 '스타 트레일 모드'를 클릭한다.

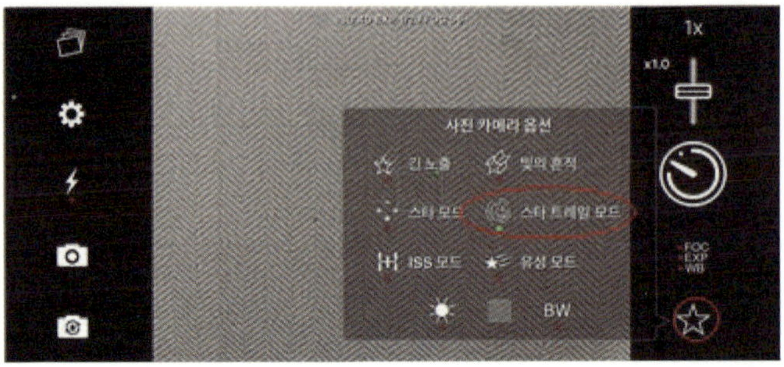

8 화면을 터치하면 상하좌우로 감도(ISO), 색온도(White Balance), 노출시간(EXP), 초점 거리(FOC)를 조절하는 선이 나타난다. 화면 중앙의 왼쪽을 터치한 상태에서 상하로 움직여 감도(ISO)를 설정하고, 화면 중앙의 오른쪽을 터치한 상태에서 상하로 움직여 노출시간(EXP)을 설정하고, 화면 중앙의 위쪽을 터치한 상태에서 좌우로 움직여 색온도(White Balance)를 설정하고, 화면 중앙의 아래쪽을 터치한 상태에서 좌우로 움직여 초점 거리(FOC)를 설정한다. 이때 우리가 관측하고자 하는 별의 초점을 가급적 정확히 맞추도록 한다. 설정된 값은 화면 위쪽에 표시된다.

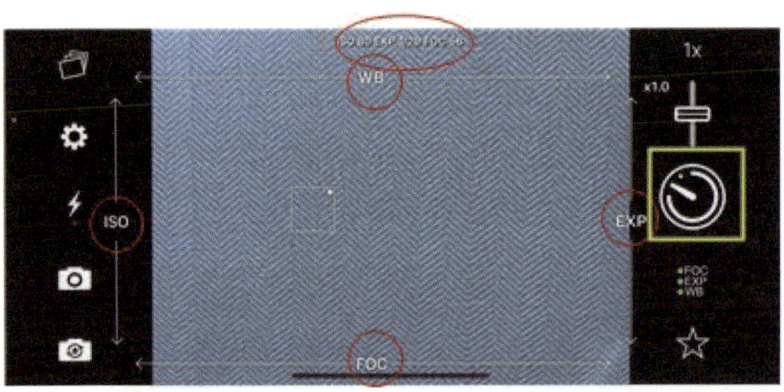

9 설정이 완료되면 를 클릭하여 촬영을 시작한다. 이때 시간이 지날수록 소요된 시간과 그때까지 촬영된 별의 일주 운동 결과를 볼 수 있다.

10 자신이 촬영하고자 하는 시간이 경과된 후 를 클릭하여 사진 촬영을 마무리한다.

스마트폰을 이용하여 나만의 사진 만들기

[도전하기 1] 별자리 사진 촬영하기

[도전하기 2] 별의 일주 운동 촬영하기

스마트폰과 천체망원경을 이용한 촬영

디지털 카메라에서 필름처럼 쓰이는 센서를 CCD(Charge Coupled Device, 전하결합소자)라고 한다. 천체망원경 렌즈가 포착한 상을 스마트폰의 CCD에서 만들어내기 위해서는 천체망원경과 스마트폰을 연결해 주는 어댑터가 필요하다. 그런데 현재 시중에는 그러한 어댑터가 판매되고 있지 않다. 즉, 천체망원경에 스마트폰을 이용하여 직초점 방식으로 사진을 촬영할 수 없는 것이다. 그럼 스마트폰을 이용하여 어떻게 천체 사진을 촬영할 수 있을까?
우리가 밤하늘의 천체를 관측하는 원리는 천체망원경 렌즈로 맺힌 상이 접안렌즈에 다시 맺힌 후 이를 우리 눈이 관찰하는 것이다. 이와 같은 원리로 천체 사진을 촬영하려면 천체망원경 렌즈로 맺힌 상을 접안렌즈로 다시 맺히게 한 후 이를 스마트폰으로 촬영해야 한다. 이러한 방식을 어포컬(Afocal) 방식이라 한다. 접안렌즈와 스마트폰을 연결해 줄 어댑터가 필수적이다. 이 방식은 스마트폰이 있는 사람이라면 누구나 가능해 많은 사람이 선호한다.

준비물

천체망원경, 스마트폰, 스마트폰 연결 어댑터,
'E프랑티스'의 울트라 와이드 8~24 줌(1.25") 렌즈

스마트폰 어댑터

어포컬 방식으로 사진을 촬영할 때 스마트폰과 접안렌즈를 연결하는 다양한 어댑터가 시중에 판매되고 있지만 필자가 테스트해 본 결과 초보자들이 사용하기 어렵고 안정적이지 못하다. 그 이유는 접안렌즈의 외경과 모양이 달라 견고하게 고정하는 데 어려움이 있고 스마트폰 카메라의 위치와 모양이 달라 정확히 고정하기가 쉽지 않기 때문이다.
필자는 이에 대한 대안으로 새로운 접안렌즈와 어댑터를 사용할 것

을 제안한다. 이 과정이 처음에는 번거롭게 느껴지겠지만 한번 제작하면 초보자도 안정적으로 쉽게 천체 사진을 촬영할 수 있어 무척 편리하다.

1 접안렌즈 구입

천체망원경의 접안렌즈는 제조사마다 외경의 크기가 다르고 다각형으로 되어 있어 선택하기가 쉽지 않다. 그래서 초점 거리가 8~20mm로 줌 기능이 있고, 둥근 모양의 외경, 가성비 등을 고려하여 천체망원경 전문 매장에서 구매하는 접안렌즈를 추천한다. 줌 기능이 있는 접안렌즈는 사진을 촬영할 때 배율을 간단하게 조정할 수 있어 매우 편리하다. 필자는 E프랑티스의 '울트라 와이드 8-24 줌(1.25")'을 사용한다. 성능도 좋고 가성비도 뛰어나기 때문이다.

혹시 해당 줌 렌즈가 판매되지 않는 경우 다른 제조사의 줌 렌즈를 사용하기 바란다. 줌 렌즈의 경우 대부분 구경, 초점 거리가 비슷하기 때문이다.

2 천체망원경의 접안렌즈와 스마트폰을 연결할 어댑터를 구매한다. 어댑터는 '울트라 와이드 8-24 줌(1.25")'의 외경과 꼭 맞아야 하고, 스마트폰의 기종에 상관없이 모든 스마트폰과 연결할 수 있어야 한다.

※ [추천 판매처] 에코 버드 투어

3. 촬영하고자 하는 스마트폰에 맞는 젤리 케이스를 구매한다.
4. 어댑터와 스마트폰을 연결한다.
5. 먼저 접안렌즈와 둥근 어댑터 사이의 틈을 밸크로(찍찍이)로 붙인다.
6. 어댑터와 스마트폰의 젤리 케이스는 양면 테이프를 이용하여 붙인다.

(왼쪽부터) 어댑터, 밸크로와 양면테이프를 부착한 모습, 완성된 모습

※ 접안렌즈와 스마트폰을 연결하는 방법은 다음 사이트에서
자세하게 학습할 수 있다.

어포컬 방식으로 사진 촬영하기

1. 천체망원경을 설치한다.
2. 파인더를 이용하여 천체망원경의 중심에 우리가 촬영하고자 하는 천체를 위치시킨다.

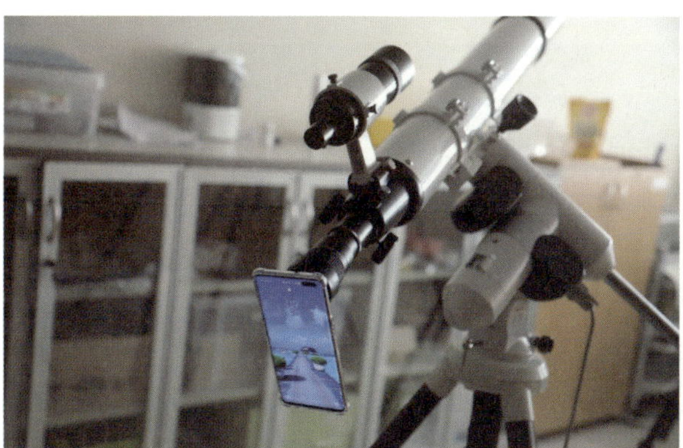

3. 초점을 가급적 선명하게 맞춘다.
4. 천체망원경의 접안렌즈에 스마트폰이 연결된 어댑터를 연결한다.

5. 카메라를 촬영하고자 하는 방향으로 향한 후 줌 기능을 이용하여 구도를 결정한다.
6. 카메라에서 '프로 모드'를 선택한 후 ISO는 50~200, 초점은 수동, 색온도는 3,000K~4,000K를 선택한다.
7. 셔터 속도를 바꾸며 가장 적절한 노출값을 찾는다.
8. 사진을 촬영한다.

스마트폰과 천체망원경을 이용하여 나만의 사진 만들기

[도전하기 1] 목성 촬영하기

[도전하기 2] 토성 촬영하기

[도전하기 3] 개기 월식 촬영하기

개기 월식때 지구 대기에서 굴절된 붉은 빛이 달에서 반사되어 붉게 보인다.

[도전하기 4] 달 사진 촬영하기

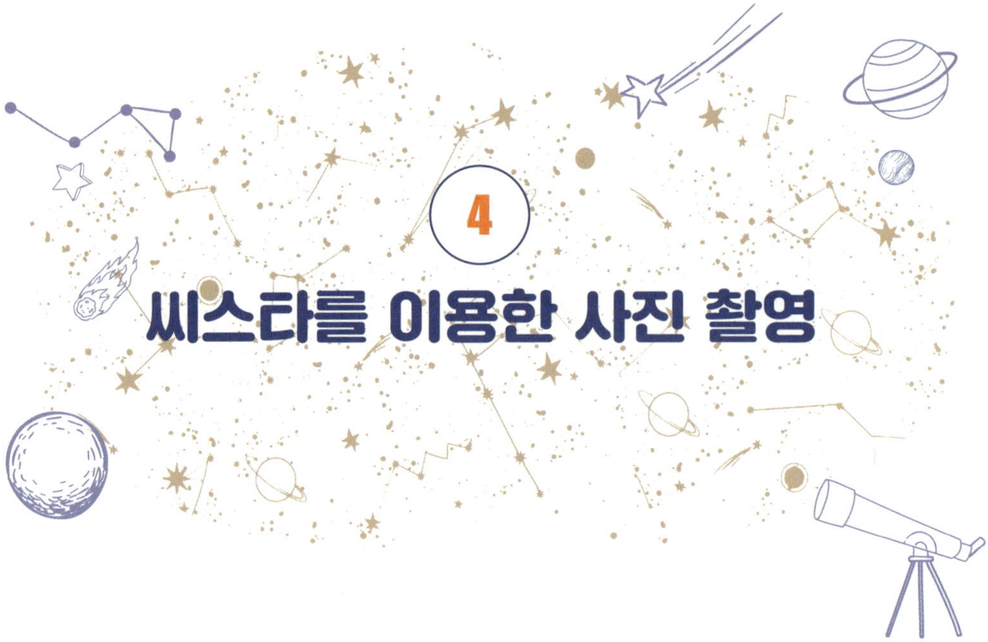

4 씨스타를 이용한 사진 촬영

요즘 복잡한 천체망원경과 카메라를 이용하는 방법 대신 초보자들도 쉽게 천체 사진을 촬영할 수 있는 장치가 판매 중인데, 이 장비가 바로 '씨스타(Seestar S50)'이다. 별도의 천체망원경 없이 저렴한 비용으로 전문가 못지않은 멋진 천체 사진을 촬영할 수 있어 천체 사진 촬영의 초보자들에게 적극 권장한다.

씨스타 구동하기

1. Appstore나 Playstore에서 Seestar로 검색하여 앱을 설치한다.
2. 본체의 옆면에 파워 버튼을 2초 이상 꾹 누르면 멘트와 함께 전원이 켜진다.
3. 앱을 실행한 후 여러 기본값을 설정한다.
4. 'Connect'를 클릭한 후, '연결하다'를 클릭한다.
5. 'WLAN 설정 열기'를 클릭한다.

6. Wifi 설정에서 'S50_XXXXXXX'을 클릭한다. 패스워드는 '12345678'이다.
7. 'Open Arm'을 클릭하면 Seestar가 작동한다.

태양 사진 촬영하기

1. 'Open Arm'을 클릭하여 망원경을 활성화한다.
2. '태양계'를 클릭한다.
3. 'Sun'을 클릭한다.
4. '관측하기'를 클릭한다.
5. 만일 망원경의 수평 조정이 필요한 경우 수평 조정 메시지가 뜬다. 삼각대의 높이를 조절하여 녹색이 나타날 때까지 수평을 조정한 후 '교정 완료'를 클릭한다.

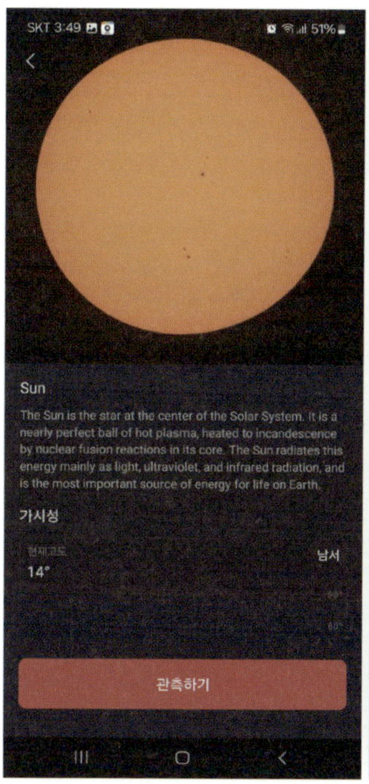

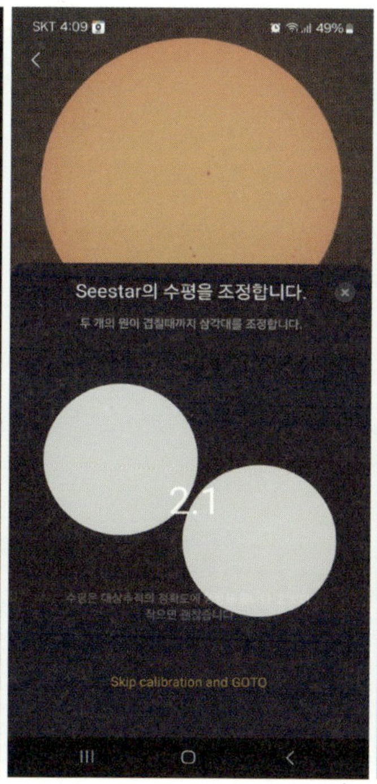

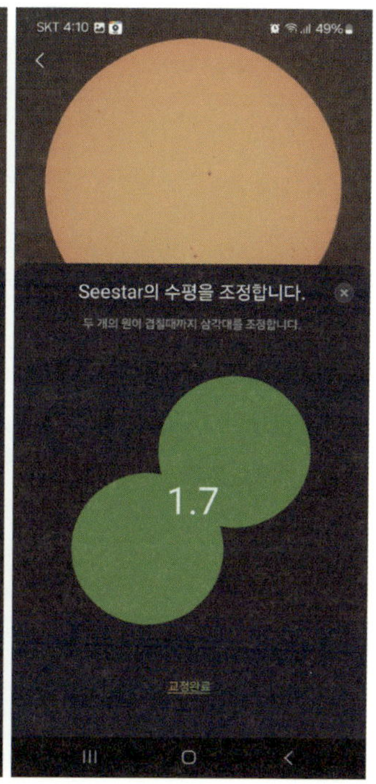

6. '태양 필터 장착 완료 및 사진 촬영' 메시지가 나타나면 태양 필터를 장착한다. 태양 필터를 장착한 후 '태양 필터 장착 완료 및 사진 촬영'을 클릭한다.
7. 태양을 향해 이동한 후 정확한 설정이 완료되었다면 중심에 태양이 나타난다.
8. 화면에서 AF, ±를 클릭하여 초점과 밝기를 변화시킨다. 모든 것이 완료되면 버튼을 눌러 사진을 촬영한다.

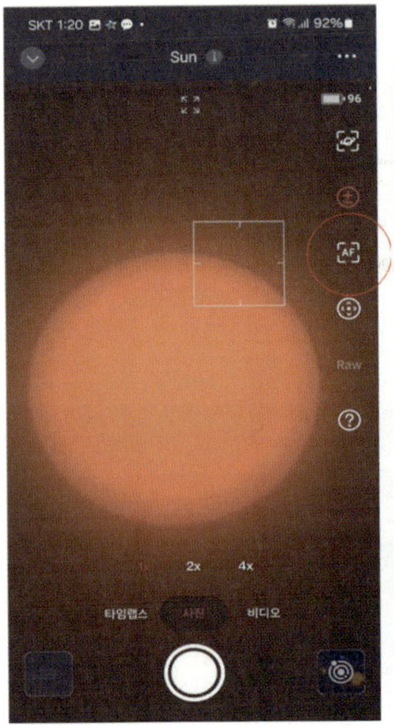

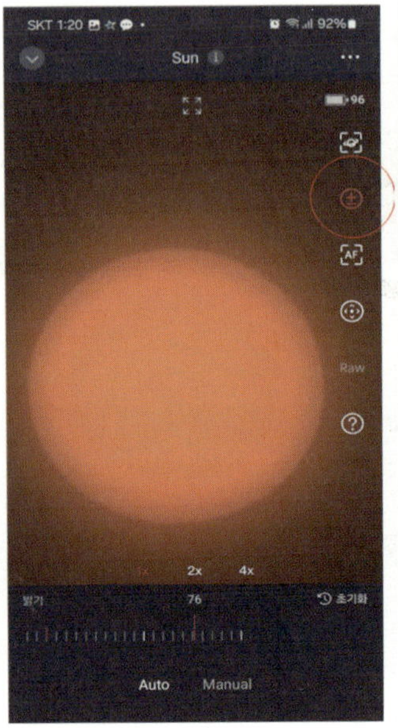

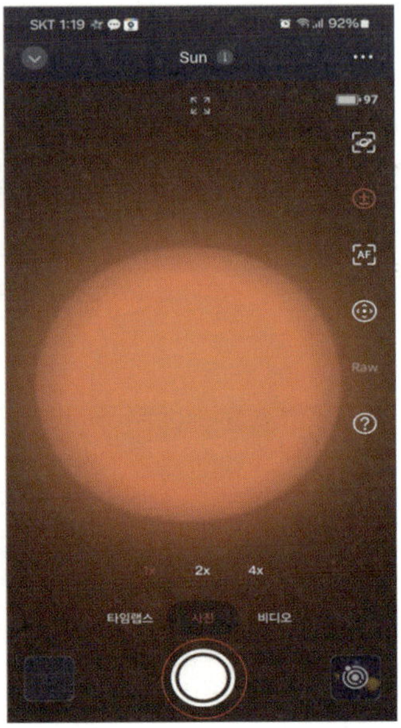

야간 천체 사진 촬영하기

1. 태양과 같은 방법으로 망원경을 세팅한다.
2. '천체 관측'을 클릭한 후 '오늘밤의 베스트' 중에서 자신이 희망하는 천체를 클릭한다.
3. 이후 과정은 태양 관측과 동일하다.

씨스타를 이용하여 나만의 사진 만들기

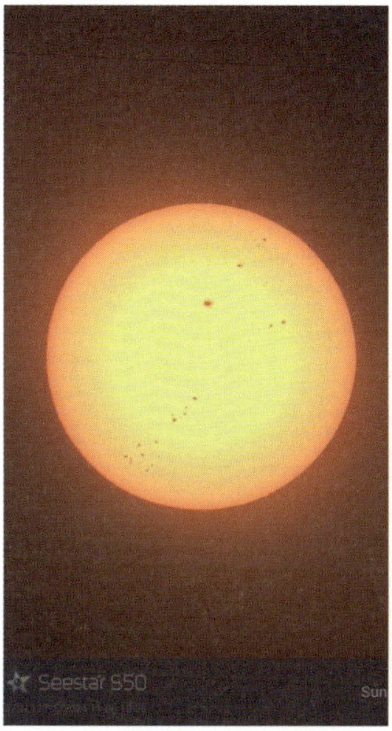

태양

달

토성

안드로메다 은하(M31)

아령 성운(M27)

올빼미 성단(NGC 457)

5 천체 관측용 소프트웨어

천체 관측을 하다 보면 '동쪽 하늘에 반짝이는 천체의 이름은 무엇일까?', '오늘 태양의 남중고도는 몇 도일까?', '오늘 목성은 몇 시에 뜨고 질까?', '오늘 달은 어떤 모양일까?' 등 다양한 궁금증이 생긴다. 그래서 천체 관측을 위한 전문 소프트웨어가 필요하다. 전문 소프트웨어는 모두 유료이므로 신중히 고민한 후 구매하도록 하자.

Starry Night Pro(starrynight.com)

일반 아마추어 사진가가 관측에 필요한 천체(달, 행성, 태양, 은하, 성단 등)의 세부 정보, 천체망원경 제어 등 천체 관측에 필요한 모든 것을 제공해 주는 프로그램이다. 사용 방법이 쉽고 학교 교육용으로도 많이 사용되는 전문 소프트웨어 중의 하나이다. 매뉴얼을 참고

하며 천천히 배워 보자.

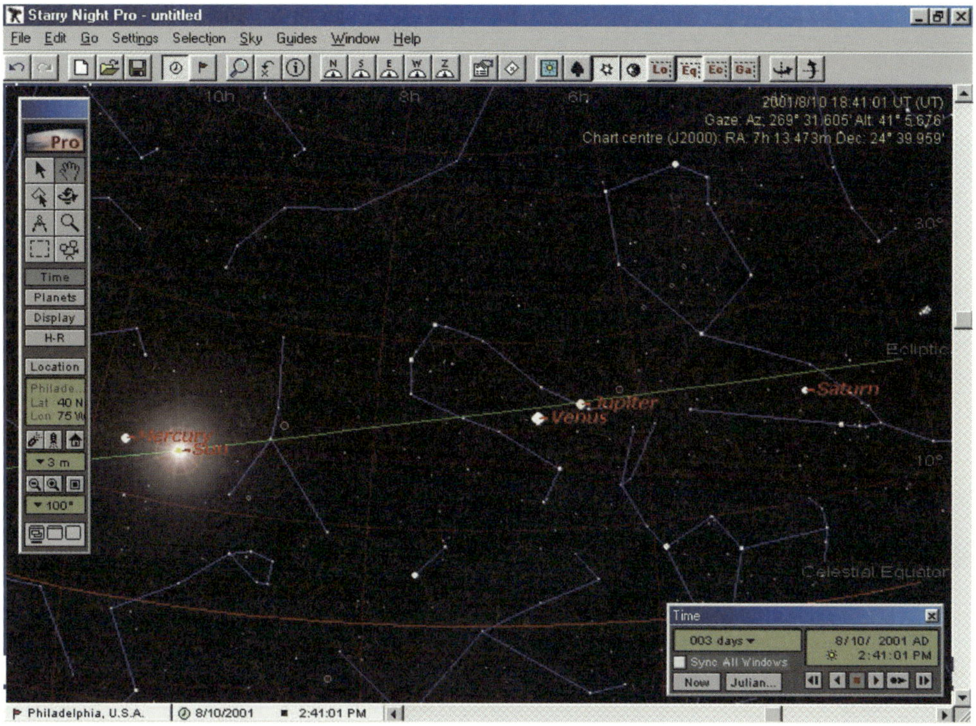

The Sky X(bisque.com)

아마추어부터 프로 사진작가까지 천체 관측을 하는 사람들이 많이 사용하는 전문 소프트웨어이다. 천체(달, 행성, 태양, 은하, 성단 등)의 세부 정보와 천체망원경 제어 기능을 제공하며, 학교 교육용으로도 많이 사용되고 있다.

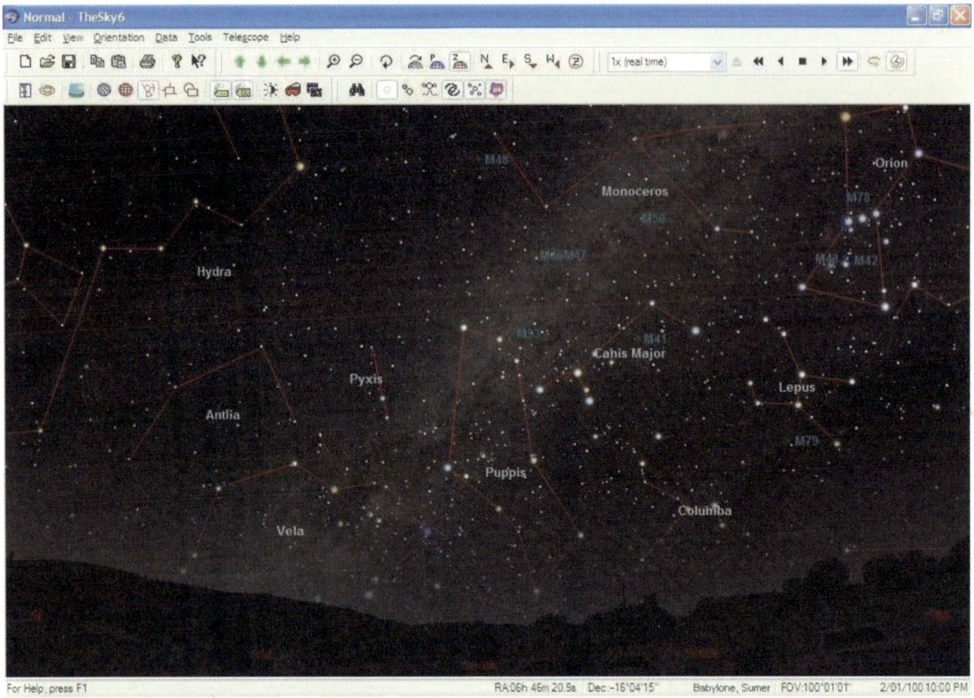

스마트폰 앱

스마트폰은 이제 우리의 생활에 없어서는 안 될 필수품이며, 교육 활동에 자주 이용되는 주요 교보재 중 하나가 되었다. 스마트폰용 천체 관측 앱은 사용이 편리하고, 언제 어디서든 천체에 관한 다양한 정보를 얻을 수 있어 무척 유용하다. 수십 가지의 다양한 앱이 있으므로 유료와 무료 앱 중에서 기호와 필요에 따라 적절하게 사용하도록 한다.

Sky Map(Google 별지도)

천체 관측에 필요한 관측 정보를 쉽게 얻을 수 있으며, 하늘의 별과 스마트폰의 별을 비교하여 천체를 쉽게 찾아내는 유용한 앱이다. 별도의 설명서 없이 직관적으로 사용하다 보면 쉽게 사용법을 익힐 수 있다.

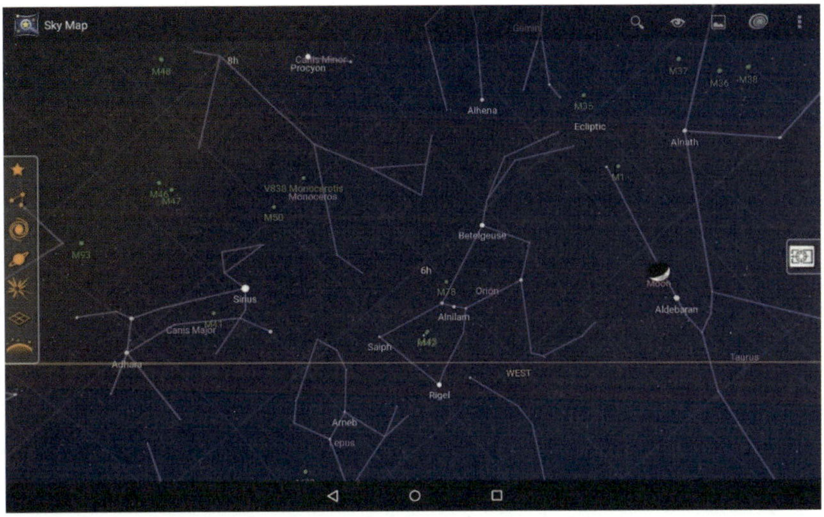

스텔라리움(Stellarium)

직관적으로 쉽게 사용할 수 있고, 다양한 천체 정보를 제공하는 우수한 앱이다.

제2장

Warming Up
엑셀 사용법 익히기

Excel은 일반적으로 사무용이나 계산용으로 유용한 소프트웨어이다. 그리고 우리가 관측한 자료를 분석하여 천체에 관한 물리량을 구하는 데에도 Excel이 아주 유용하게 사용될 수 있다. 앞으로 Excel을 이용하여 변수를 설정한 후 그 변수에 따라 값이 어떻게 변하는지 확인하고, 이를 그래프로 표현하여 자연의 법칙을 찾아내고자 한다. 처음에는 익숙하지 않아 어려울 수 있지만, 천천히 따라 하다 보면 어렵지 않게 과제가 완성될 것이다. 그리고 엑셀 사용에 어려움을 겪는 사람을 위해 탐구 과정을 동영상으로 제작하여 첨부하였으니 이를 활용하기 바란다.

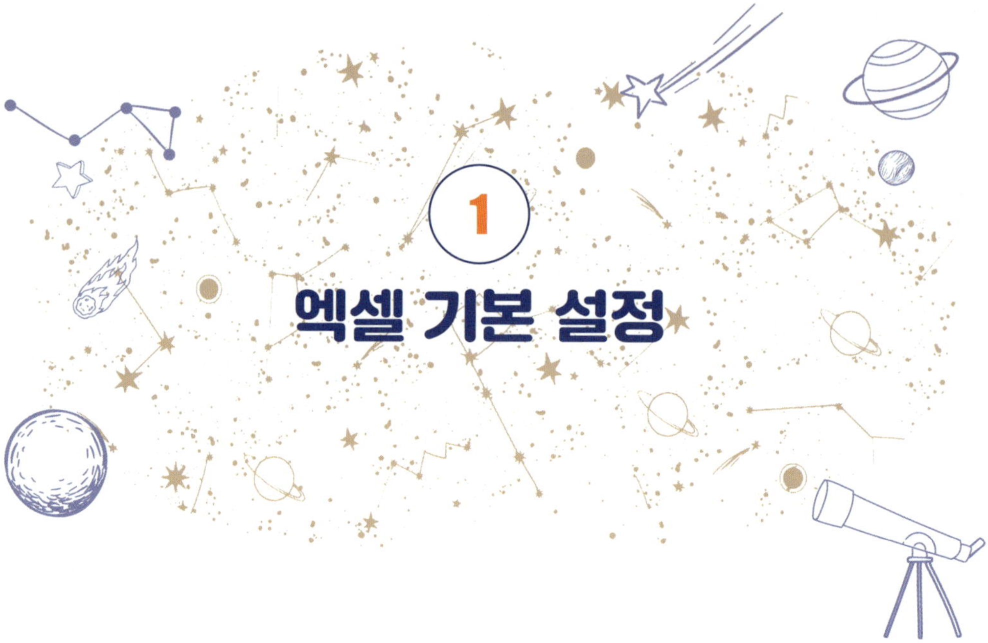

1 엑셀 기본 설정

엑셀의 설정과 사용법은 버전에 따라 달라질 수 있다. 본 활동에서는 Excel 2019 버전을 기준으로 설명하고자 한다.

① Excel에서 [파일]-[옵션]-[리본사용자지정]-[개발도구]를 선택한 후 클릭한다.

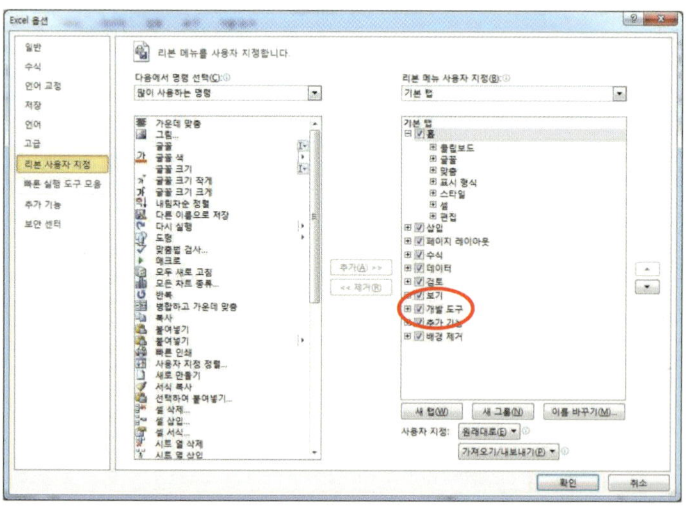

2 엑셀 사용법 익히기

탐구 활동 1

Excel을 이용하여 원 만들기

이론적 배경

천문학에서 지구를 중심으로 공전하는 달의 위치나, 태양을 중심으로 공전하는 행성의 위치를 나타낼 때 직교 좌표계를 사용한다. 직교 좌표계는 17세기 데카르트가 만든 것으로, 행성의 위치를 (x, y)로 나타낸다. 즉, 점 $P(x, y)$는 원점 O로 부터 X축 방향으로 x만큼, Y축 방향으로 y만큼 떨어져 있음을 의미한다. 이를 그래프로 표현하면 다음과 같다.

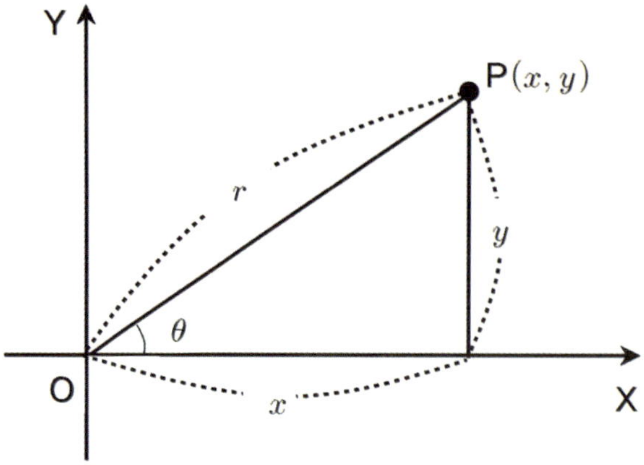

점 P(*x*, *y*)를 원점 O를 중심으로 반지름 *r*과 회전각 *θ*로 나타낸 것을 극 좌표계라 부르며, P(*r*, *θ*)로 표현한다. 이때 직교 좌표로 표현한 점 P(*x*, *y*)를 극 좌표로 표현하면 $x=r\cos\theta$, $y=r\sin\theta$가 된다.

따라 하기

가. 반지름이 1인 원을 직교좌표계로 표현하기

1. 엑셀 시트의 A1셀에 '각도'를 쓰고, A2셀부터 A열에 각도 값을 입력한다. 각도는 0°에서 360°까지 1° 간격으로 입력한다.
2. X축은 $x=r\cos\theta$에서 반지름 $r=1$이므로 B2셀에 '=COS(A2*PI( )/180)'를 입력한다.

   Excel에서 각도는 도(°)가 아닌 라디안(*rad*)으로 인식하므로, 도(°)를 라디안(*rad*)으로 바꾸어 주어야 한다. 예를 들어 180°는 π 라디안(*rad*)이고, 30°는 $30° \times \frac{\pi}{180°}$(*rad*)이다. 이를 엑셀로 표현하면 '=30*PI( )/180'이 된다. (각도를 나타내는 단위인 도(°)와 라디안

(*rad*)의 정의와 의미는 부록을 참고하기 바란다. 그리고 π는 무한 소수 3.14159…인데, 엑셀에서는 이를 간편하게 PI( )로 표시한다.)

❸ Y는 $y=rsin\theta$에서 $r=1$(반지름이 1인 원)이므로 C2셀에 '=sin(A2*PI( )/180)'를 입력한다.

❹ 나머지 X는 B2셀에 커서를 위치시키면 오른쪽 아래에 점이 나타나고 이 점에 커서를 이동시키면 커서가 +로 바뀐다. 이를 더블클릭하면 모든 값이 B2셀의 형태로 바뀐다. Y도 X와 같은 방법으로 실시한다.

나. 원의 직교 좌표를 그래프로 그리기

❶ Excel에서 [삽입]을 클릭하고 [차트]-[분산형]을 선택한다.

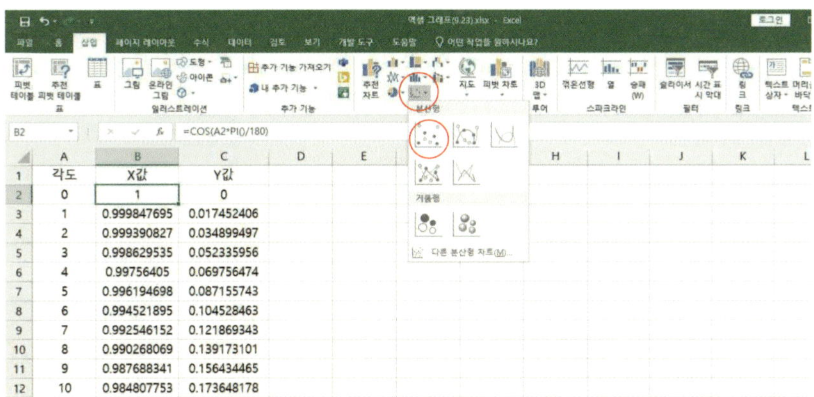

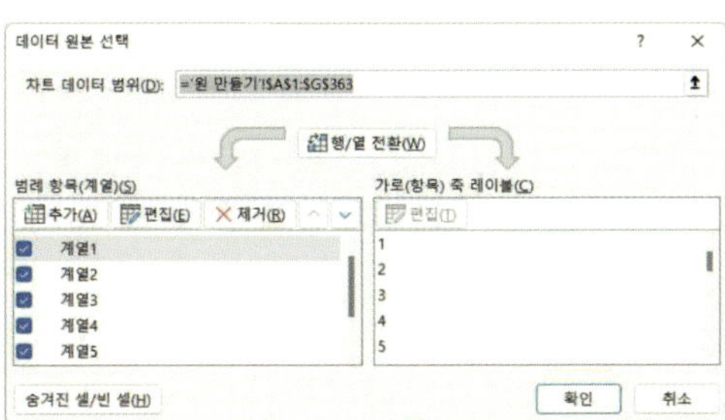

❷ 그래프 중앙에 마우스를 위치시킨 후 오른쪽 커서를 클릭한다. [데이터 선택]을 선택하고 [범례 항목] 내용은 모두 제거한다.

❸ '범례 항목'에서 '추가'를 클릭, 계열 이름에 '원 만들기'를 입력하고, 계열 X값의 오른쪽 화살표를 클릭한 후 'X값' 영역인 B3셀~B362셀을 드래그하여 범위를 설정하고 '확인'을 클릭한다. 계열 Y값은 X값과 동일한 방법으로 실행한다.

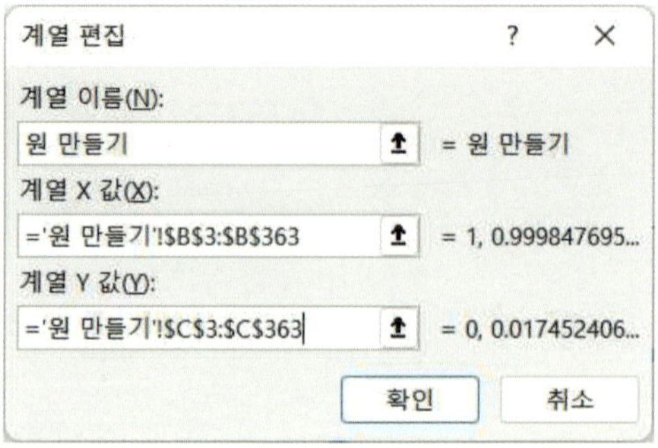

❹ 원이 완성되었으나 오른쪽 그림처럼 원형 표식 여러 개가 차례대로 나열되어 마치 두꺼운 선처럼 보인다.

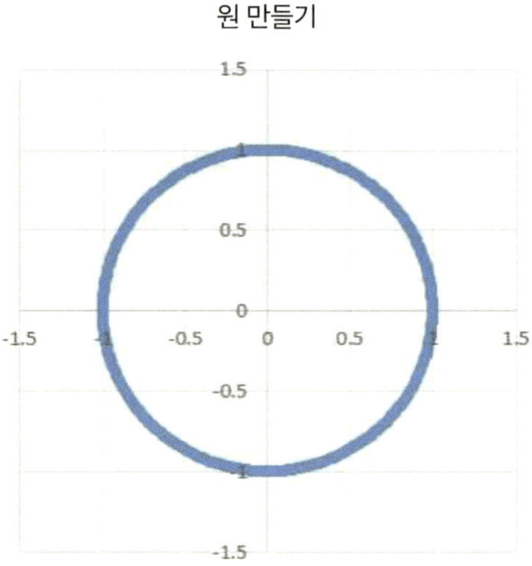

다. 원을 선으로 표시하기

❶ 원 그래프를 클릭한 후, 마우스 오른쪽 버튼을 누르고 '데이터 계열 서식'을 클릭한다.

❷ 을 선택한 후 [선]에서 '실선'을 선택하고, [표식]에서 '표식 옵션', '없음'을 선택한다.

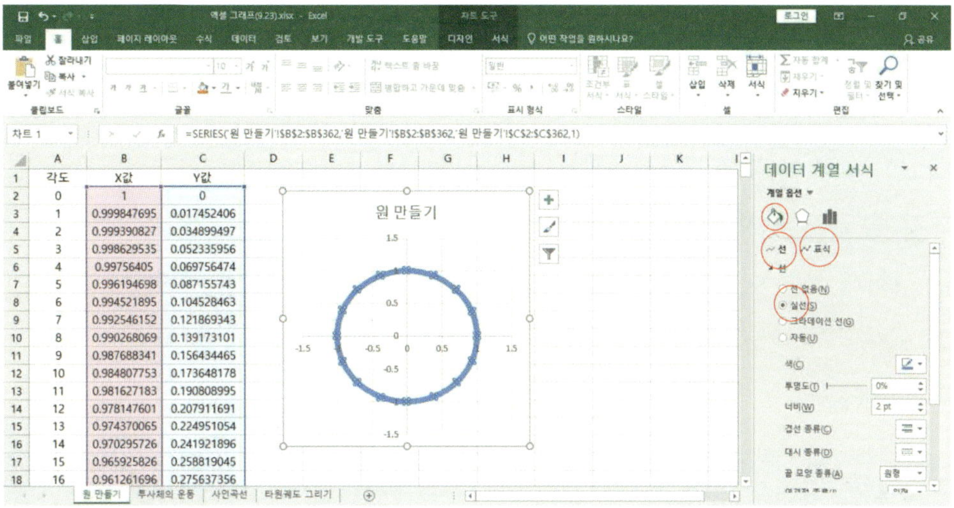

❸ 선으로 연결된 원이 완성된 것을 볼 수 있다.

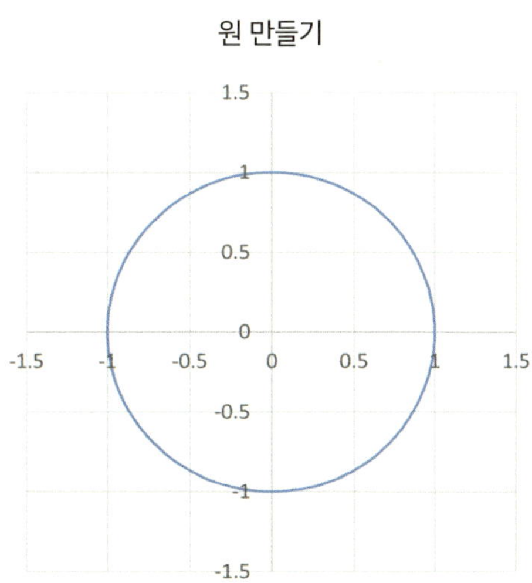

탐구 활동 2

Excel을 이용하여 투사체의 운동 시뮬레이션하기

이론적 배경

초기 속도 v_0와 발사각 θ로 물체를 발사한 경우 X축 이동 거리 $S_x=v_0 cos\theta t$, Y축 이동 거리 $S_y=v_0 sin\theta t-\frac{1}{2}gt^2$이다. 이때 v_0는 초기 속도, θ는 발사 각도, t는 경과시간이다. 이를 그림으로 표현하면 다음과 같다.

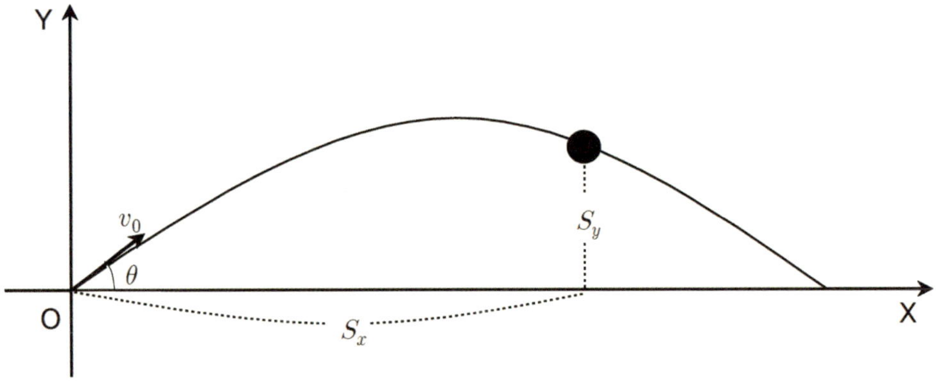

따라 하기

가. 초기 속도(발사 속도)와 발사각 설정하기

초기 속도 v_0와 발사각 θ를 변수로 설정하고 이 변수의 변화를 스크롤바를 이용하여 조절하는 과정을 알아보자. 초기 속도(발사 속도)는 0~20m/s, 발사각 θ는 0°~90°로 설정하자.

1. 엑셀 시트의 A1셀에 '시간'을 쓰고, A2셀부터 A열에 시간 값을 입력한다. 시간은 0에서 10초까지 0.1초 간격으로 입력한다.
2. 빈 공란에 '초기 속도(발사 속도)'와 '발사각'을 입력하고 [개발 도구]-[삽입]-[스크롤막대]를 클릭한 후 드래그하여 스크롤 막대를 각각 입력한다.

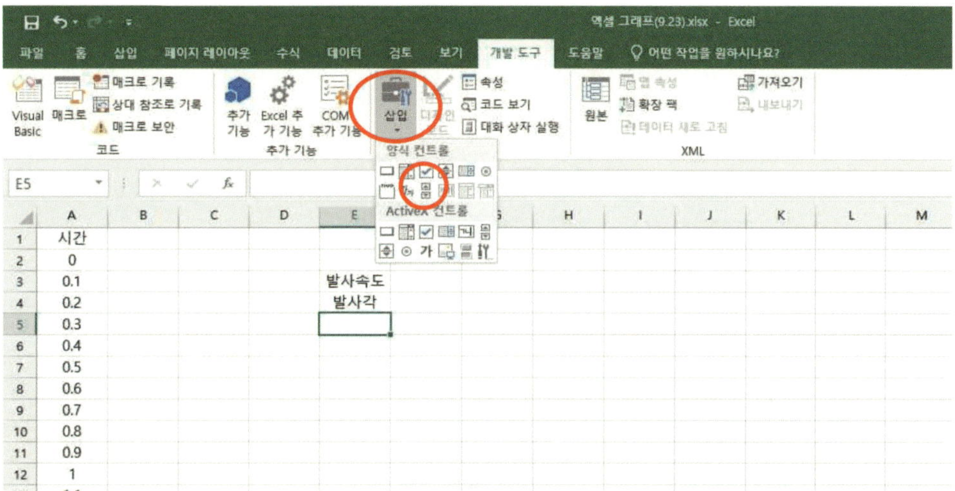

3. 초기 속도(발사 속도) 스크롤바에 커서를 위치시킨 후 오른쪽 버튼을 눌러 [컨트롤서식]을 클릭한다. 그리고 최솟값이 0m/s이므로 '최솟값'에 0, 최댓값이 20m/s이므로 '최댓값'에 20을 입력한다. 초기 속도 값이 H3셀에 표시되도록 '셀 연결-오른쪽 화살표-H3셀-엔터-확인'을 클릭한다.

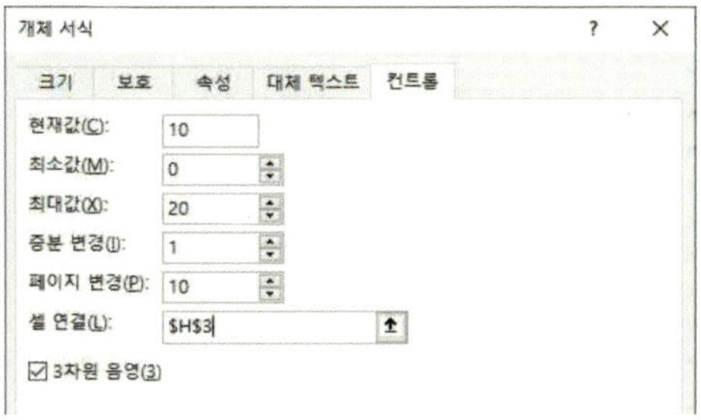

❹ 발사각 스크롤바에 커서를 위치시킨 후 오른쪽 버튼을 눌러 [컨트롤서식]을 클릭한다. 그리고 최솟값이 0°이므로 '최솟값'에 0, 최댓값이 90°이므로 '최댓값'에 90을 입력하고, 발사각이 H4셀에 표시되도록 '셀 연결-오른쪽 화살표-H4셀-엔터-확인'을 클릭한다.

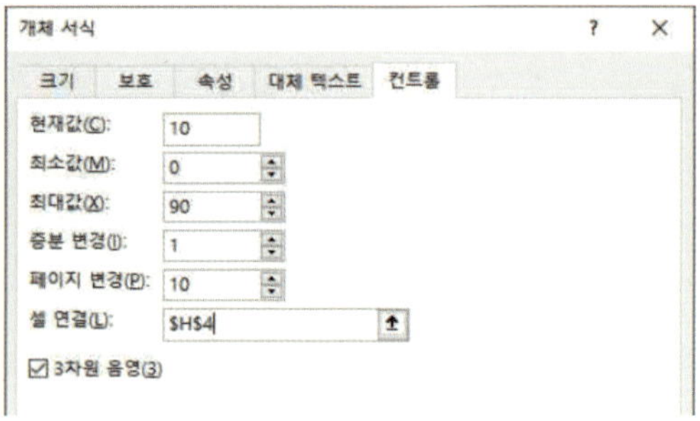

❺ 스크롤바 설정이 올바른지 확인하기 위하여 초기 속도 스크롤바를 좌우로 움직이며 값의 변화를 확인한다. 발사각도 동일한 과정을 반복한다.

나. X축 이동 거리와 Y축 이동 거리를 수식으로 나타내기

❶ B1셀에 'X축 이동 거리', C1셀에 'Y축 이동거리'를 입력한다.

❷ X축 이동 거리 $S_x = v_0 cos\theta t$이므로 B2셀에 '=$H$3*COS($H$4*PI( )/180)*A2'를 입력한다.

숫자나 문자 앞의 '$'는 절대 참조를 나타내는 것으로, 수식을 드래그하거나 복사하여도 값이 변하지 않고 고정된 값이 입력된다. 즉, 위 수식을 드래그하여도 항상 H4가 된다.

❸ 나머지 'X축 이동 거리'는 B2셀에 커서를 위치시키면 오른쪽 아래에 점이 나타나고 이 점에 커서를 이동시키면 커서가 +로 바뀐다. 이를 더블클릭하면 모든 값이 B2셀의 형태로 바뀐다.

④ Y축 이동 거리 $S_y=v_0 sin\theta t-\frac{1}{2}gt^2$이므로 C2셀에 '=$H$3*SIN($H$4*PI( )/180)*A2-1/2*9.8*A2^2'로 입력한다.

⑤ 나머지 'Y축 이동 거리'는 C2셀에 커서를 위치시키면 오른쪽 아래에 점이 나타나고 이 점에 커서를 이동시키면 커서가 +로 바뀐다. 이를 더블클릭하면 모든 값이 C2셀의 형태로 바뀐다.

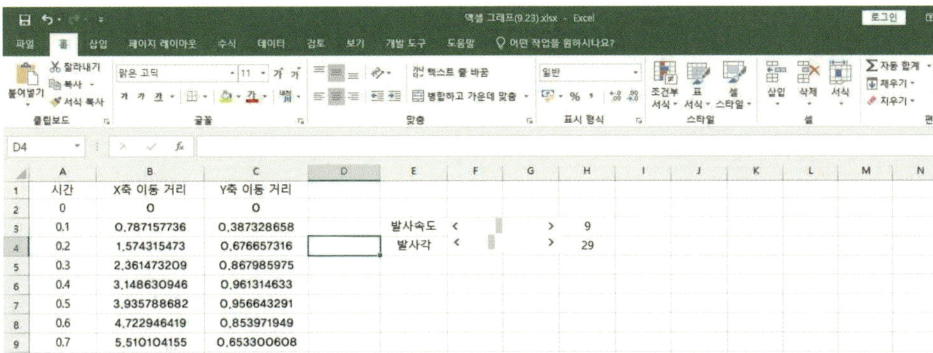

다. 투사체(화살, 야구공 등 움직이는 물체)의 위치를 직교좌표계로 표현하기

① Excel에서 [삽입]을 클릭하고 [차트]-[분산형]을 선택한다.

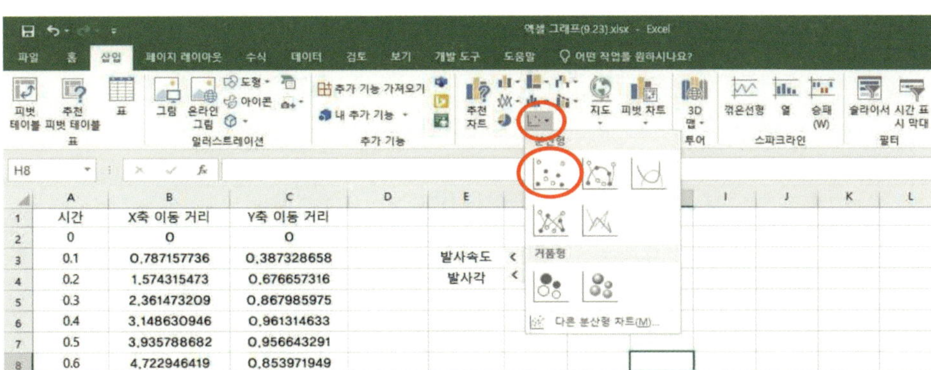

❷ 차트 중앙에 오른쪽 커서를 누른 후 [데이터선택]을 선택하고 [범례 항목] 내용을 모두 제거한다.

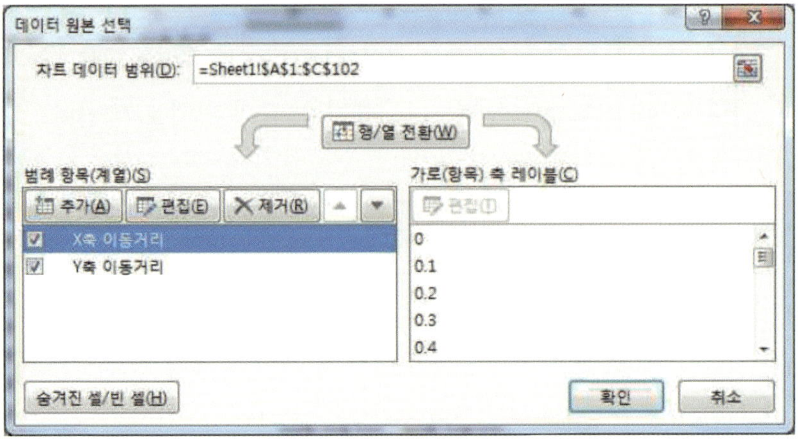

❸ 범례 항목에서 '추가'를 클릭한 후 계열 이름에 '투사체'를 입력한다. 계열 X값에는 오른쪽 화살표를 클릭한 후 'X축 이동 거리' 영역인 B3셀~B102셀을 드래그하여 범위를 설정하고 '확인'을 클릭한다. 계열 Y값은 X값과 동일한 방법으로 실행한다.

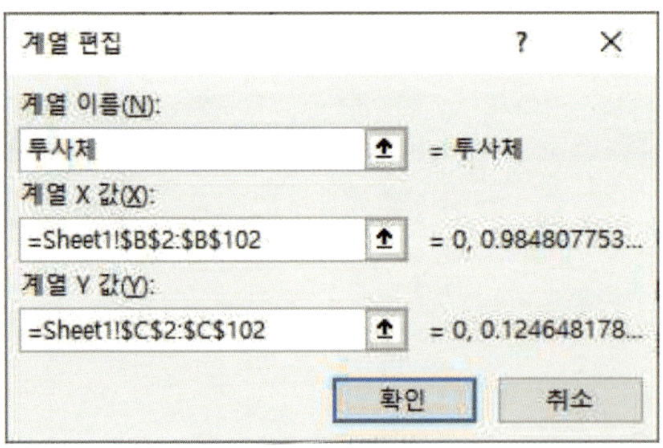

❹ 그래프에 커서를 놓고 클릭하면 오른쪽 위에 차트 요소가 나타난다. '+'를 선택하고 '축제목'을 클릭한 후, 그래프에서 축제목

에 'X축 이동 거리'와 'Y축 이동 거리'를 입력한다.

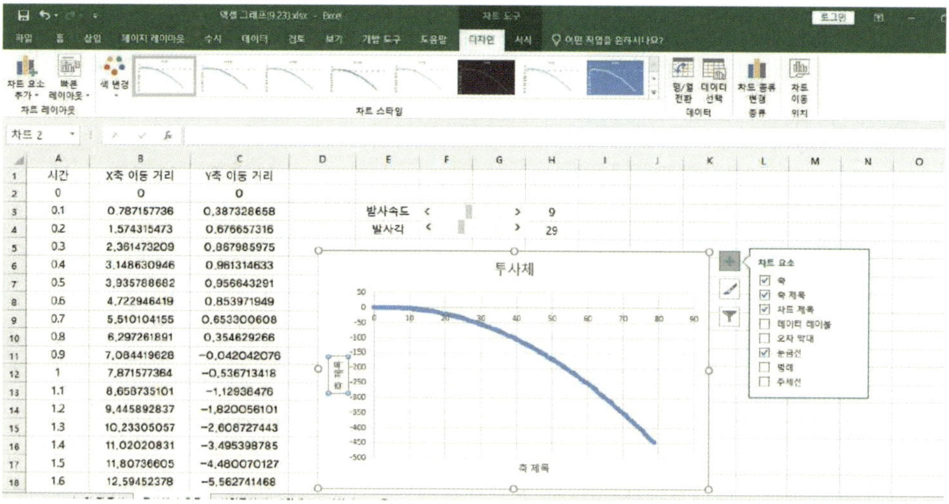

라. 투사체의 경로 표시하기

❶ 'Y축 이동 거리' 축 값에 커서를 위치하고 더블클릭한다.

❷ 최솟값을 0으로, 최댓값을 20으로 설정한다.

❸ 'X축 이동 거리' 축 값에 커서를 위치하고 더블클릭한다.

❹ 최솟값을 0으로, 최댓값을 40으로 설정한다.

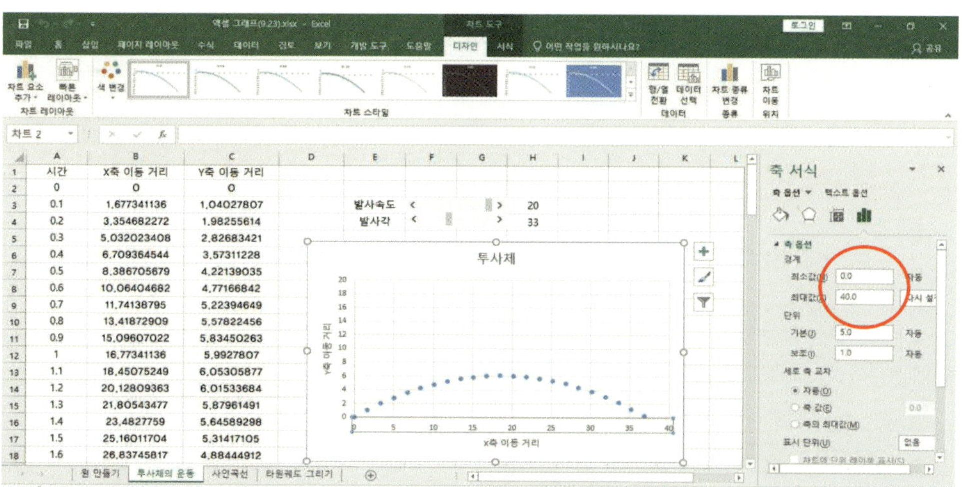

마. 투사체의 궤도를 선으로 표시하기

❶ 투사체의 위치를 나타내는 표식에 커서를 놓고 마우스 오른쪽을 클릭하여 [데이터 계열 서식]을 선택한다.

❷ 을 선택한 후 [선]에서 '실선'을 선택하고, [표식]에서 '표식 옵션', '없음'을 선택한다.

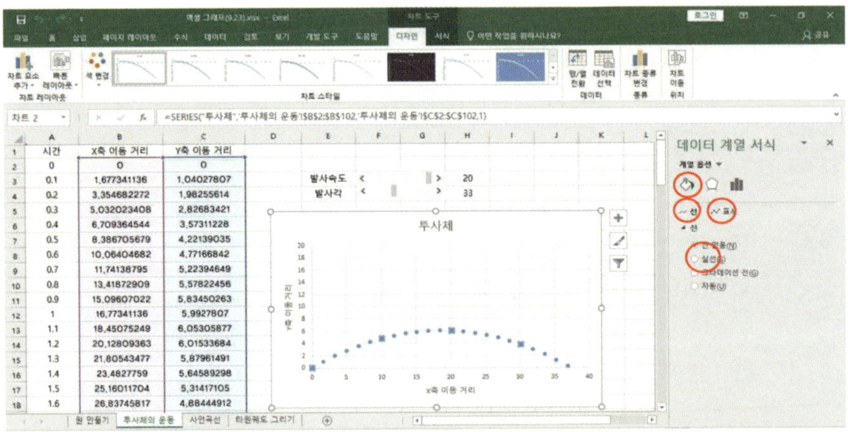

❸ 이제 모든 것이 완료되었다. 초기 속도(발사 속도)와 발사각을 바꾸어 가며 투사체의 궤도가 어떻게 변하는지 관찰해 보자.

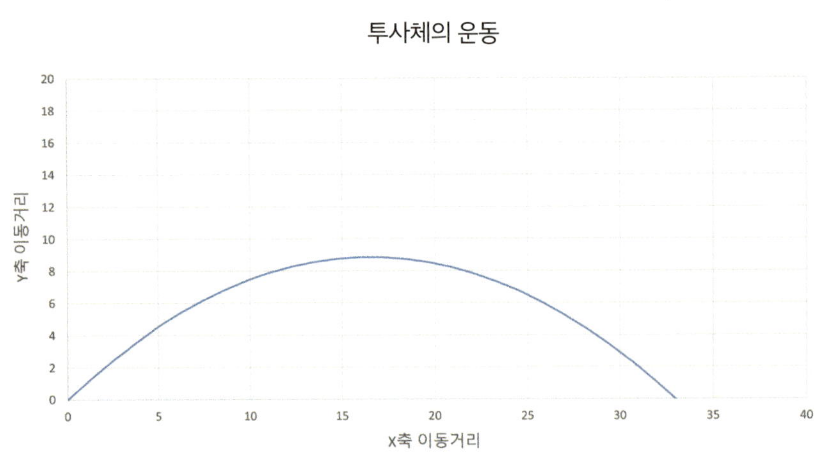

도전하기 1

sine 그래프 그리기

사인곡선을 방정식으로 표현하면 $y = sinx$로 표현할 수 있다. 만일 사인곡선을 $y = \text{asin}(x - b)$형태로 바꿀 때, a, b의 변화에 따라 그래프는 어떻게 달라지는지 알아보자. 완성된 그래프는 다음과 같다.

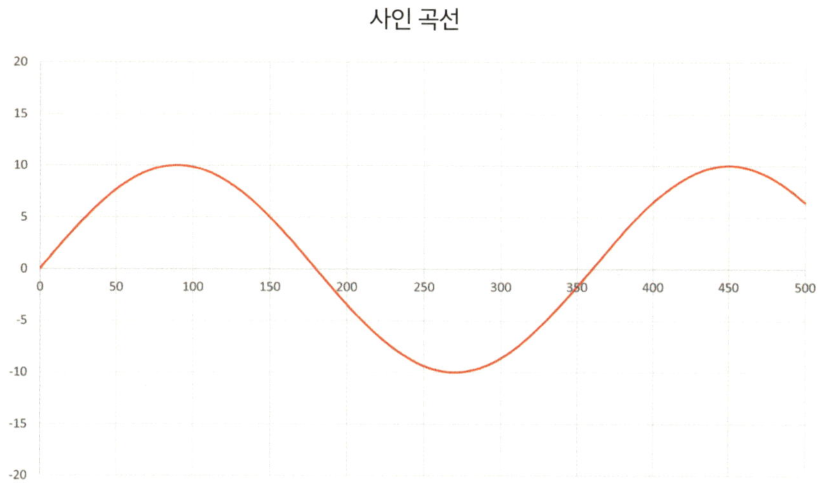

❶ 엑셀에서 a값을 변화시켜 보자. 그래프에서 a는 무엇을 의미하는가?

진폭, 그래프의 최댓값 및 최솟값을 의미한다.

❷ 엑셀에서 b값을 변화시켜 보자. 그래프에서 b는 무엇을 의미하는가?

그래프의 원점이 시작되는 위치를 의미한다.

도전하기 2

타원궤도 그리기

타원의 방정식은 $r = \frac{a(1-e^2)}{1+e\cos\theta}$로 표현된다. (단, a는 장반경, θ는 회전각이고, e는 이심률이며, $e = \frac{c}{a}$로 표현한다.)

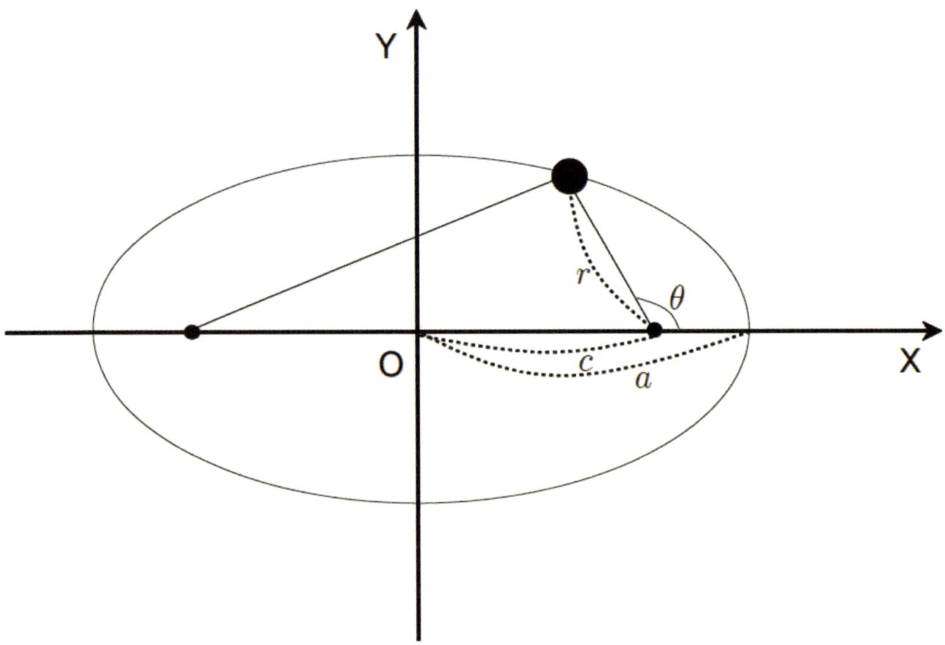

타원의 방정식을 이용하여 장반경(a)과 이심률(e)에 따라 타원궤도의 모양이 어떻게 달라지는지 알아볼 수 있도록 엑셀을 완성해 보자. 완성된 그래프는 다음과 같다.

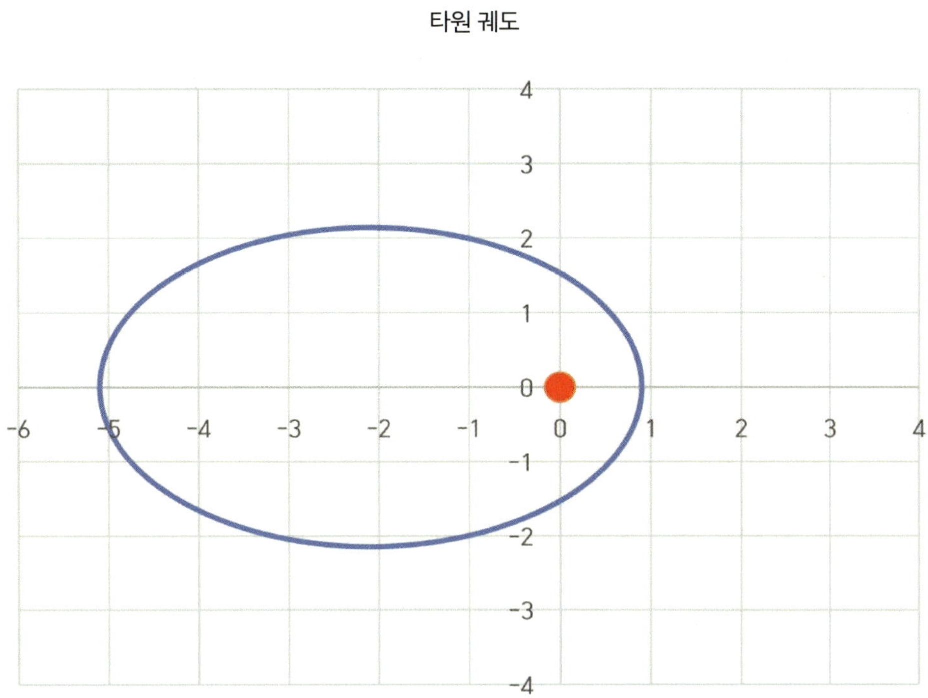
타원 궤도
4
3
2
1
0
-1
-2
-3
-4
-6
-5
-4
-3
-2
-1
0
1
2
3
4

제3장

탐구활동

'백문불여일견(百聞不如一見)'이라는 고사성어가 있다. '백 번 듣는 것은 한 번 보는 것만 못하다.'는 뜻으로, 실제로 경험해 보아야 확실히 알 수 있음을 의미한다.

오랜 시간 동안 학생들에게 자연 과학을 가르치면서, 자연 현상을 이해하는 최고의 방법은 과학자들처럼 직접 자연 현상을 탐구하는 것임을 확신하게 되었다.

이제부터 시작하는 활동은 그동안 천문 현상에 대해 궁금해하던 것을 어떤 방법으로 관측하고 어떻게 해석하여 결과를 도출했는지 필자의 경험을 탐구활동 형식으로 서술한 것이다. 함께 천문학의 세상으로 첫걸음을 디뎌 보자.

1
달의 각지름 구하기

분류	달의 관측	난이도	★
준비물	천체망원경, 투영판, 자(30cm), 계산기		
탐구 목표	천체망원경을 이용하여 달의 각지름을 측정할 수 있다.		

달의 각지름은 우리가 맨눈으로 달을 바라볼 때 달의 윗부분과 아랫부분의 사잇각을 말하는 것으로, 천체에 관한 물리량을 직접 구하기 위해 가장 먼저 알아내야 하는 개념이다. 우리가 앞으로 달, 태양, 목성까지의 거리와 질량 등 다양한 물리량을 측정할 때 필요한 가장 기본이 되는 값이다.

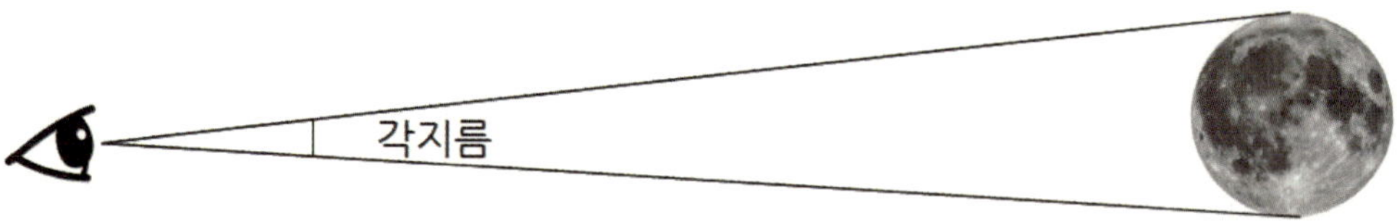

중·고등학교 과정에서 배웠던 기본 지식과 학교에서 가지고 있는 소형 천체망원경을 이용하여 달의 각지름을 직접 측정해 보자.

이론적 배경

상이 맺히는 원리

ⓐ 렌즈 한가운데를 가로로 지나는 '렌즈 축'과 나란히 입사한 광선은 굴절 후 렌즈의 초점을 지난다.

ⓑ 렌즈의 중심을 지난 빛은 그대로 나아간다.

ⓒ 렌즈의 초점을 지난 빛은 렌즈에서 굴절 후 축과 평행하게 나아간다.

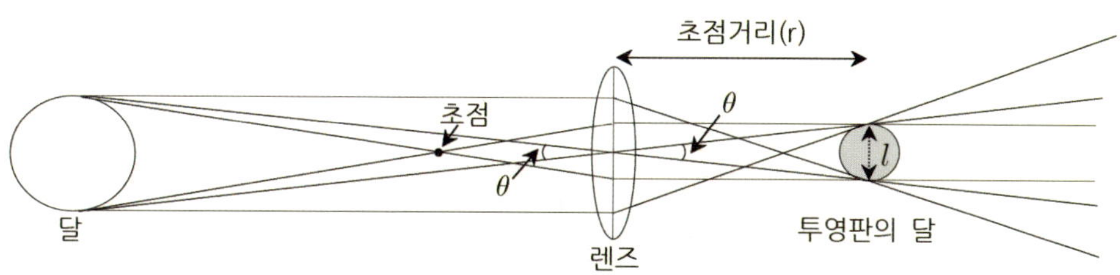

관측 방법

1. 천체망원경을 설치한다.
2. 투영판을 천체망원경의 접안 렌즈 부분에 연결한다.
3. 천체망원경의 파인더를 이용하여 달을 찾는다.
4. 망원경 초점 조절 나사를 이용하여 초점을 정확히 맞춘다. 초점 조절 나사를 앞뒤로

천천히 움직이면 달의 상이 점점 작아지다가 커지고, 점점 커지다가 작아지는 현상이 나타난다. 초점을 정확히 맞춘 경우 달의 상이 가장 작다는 사실을 이용하여 가급적 정확하게 맞춘다.

5. 투영판에 비친 달의 지름을 자를 이용하여 측정한다.

관측 자료

그림은 투영판에 비친 달의 모습을, 표는 천체망원경의 물리량을 나타낸 것이다.

천체망원경 모델	구경(D)	초점거리
TEC 140 FL	140mm	980mm

결과 및 토의

1. 달의 지름은 몇 mm인가?

9.1mm

2. 달의 각지름은 몇 도인가?

달의 각지름을 측정하는 방법은 2가지가 있다.

[방법 1] $l = r\theta$를 이용한 방법

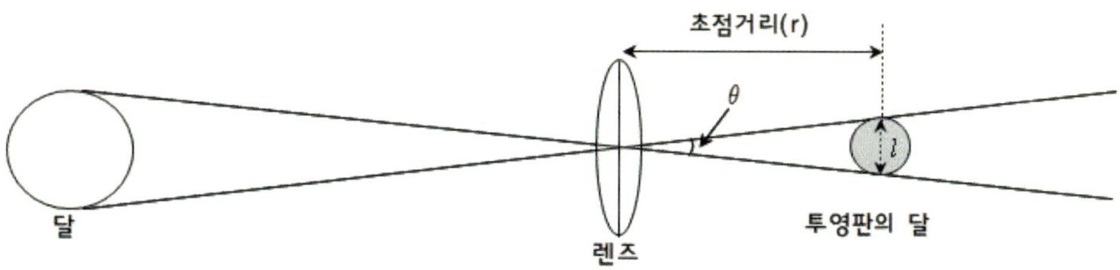

위 그림에서 $l = r\theta$의 관계가 성립한다.

$l = r\theta$에서 $9.1mm = 980mm \times \theta$이고,

$\theta = \frac{9.1mm}{980mm} rad = \frac{9.1mm}{980mm} rad \times \frac{180°}{\pi(rad)} = 0.53°$이다.

[방법 2] $tan\frac{\theta}{2} = \frac{l/2}{r}$을 이용한 방법

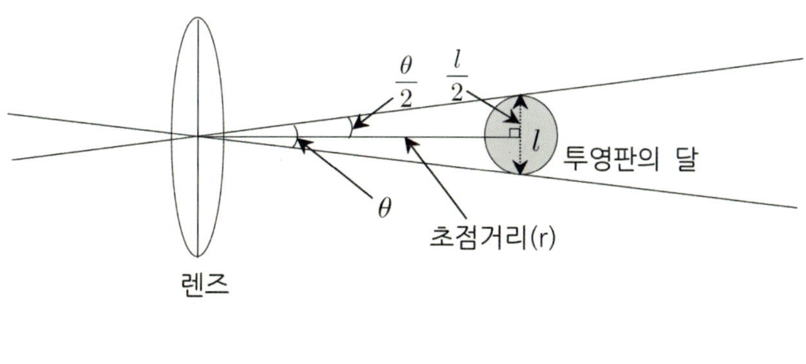

위 그림에서 $tan\frac{\theta}{2} = \frac{l/2}{r}$의 관계가 성립한다.

$tan\frac{\theta}{2} = \frac{l/2}{r}$에서 $tan\frac{\theta}{2} = \frac{9.1mm/2}{980mm} = 0.004642$이고,

$\frac{\theta}{2} = tan^{-1}0.004642rad = 0.266°$이다.

따라서 $\theta = 0.53°$이다.

※ 아크탄젠트 혹은 tan^{-1}의 의미는 부록을 참고 하기 바란다.

※ 달의 각지름은 0.488°~0.568°이다.

도전 과제

태양의 각지름 구하기

관측 방법

❶ 태양의 각지름은 달의 각지름을 계산하는 과정과 동일하다. 하지만 태양 빛은 매우 강하니 관측할 때 세심한 주의가 필요하다.

❷ 절대 파인더나 망원경 아이피스를 통하여 태양을 관측하지 않도록 한다. 태양 빛은 매우 강해 태양 필터 없이 관찰할 경우 매우 위험하므로 사전에 철저히 교육한다.

❸ 그림은 투영판에 비친 태양의 모습을 나타낸 것이다. 달과 같은 방법을 이용하여 태양의 각지름을 결정한다.

관측 자료

그림은 투영판에 비친 태양의 모습을, 표는 천체망원경의 물리량을 나타낸 것이다.

천체망원경 모델	구경(D)	초점거리
PENTAX 105 SDHF	$105mm$	$700mm$

결과 및 토의

1. 태양의 지름은 몇 mm인가?

$6.9mm$

2. 태양의 각지름을 구해 보자.

방법	계산 과정
$l = r\theta$를 이용한 방법	$6.9mm = 700mm \times \theta$ $\theta = \frac{6.9mm}{700mm} rad = \frac{6.9mm}{700mm} rad \times \frac{180°}{\pi\, rad} = 0.564°$
$tan\frac{\theta}{2} = \frac{l/2}{r}$을 이용한 방법	$tan\frac{\theta}{2} = \frac{6.9mm/2}{700mm} = 0.004928$ $\frac{\theta}{2} = tan^{-1}\ 0.004928rad = 0.282°\quad \theta = 0.564°$

※ 태양의 각지름은 0.527°~0.545°이다.

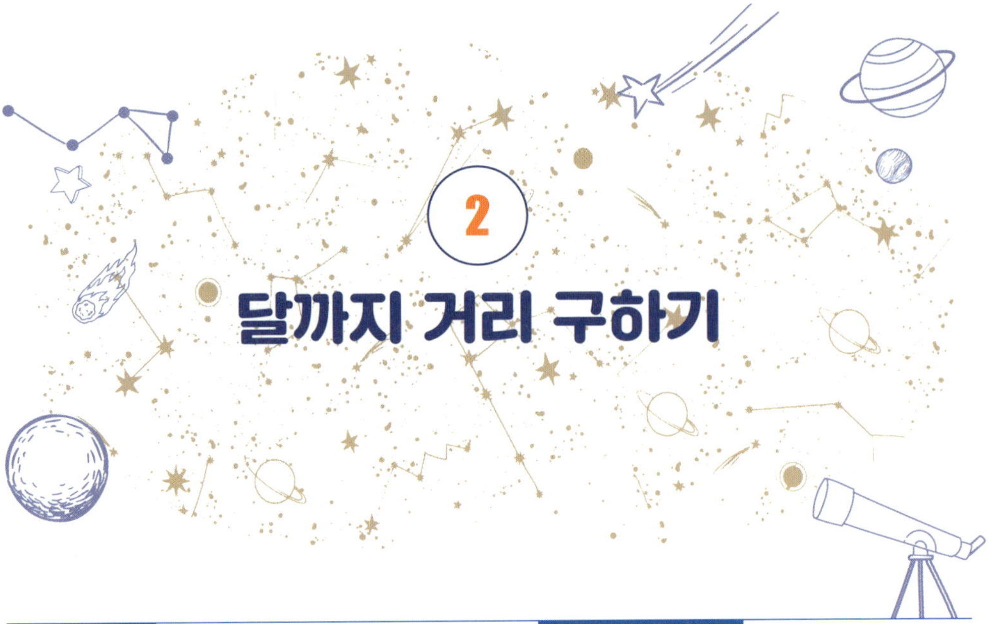

2 달까지 거리 구하기

분류	달의 관측	난이도	★★★
준비물	자(30cm), 계산기		
탐구 목표	월식 현상을 이용하여 달까지의 거리를 구할 수 있다.		

2,200년 전 고대 그리스인은 물방울을 이용한 시계만으로 달까지의 거리를 측정하였다고 한다. 우수한 천체망원경과 다양한 장비를 갖추고 있는 현대에도 쉽지 않을 이 과제를 해결한 사람은 바로 고대 그리스의 천문학자 아리스타르코스이다. 아리스타르코스는 고대에 가장 영향력 있는 도서관인 '알렉산드리아 도서관'의 관장을 지낼 정도로 유능한 인물이었다. 세계에서 제일 먼저 지동설을 주장한 사람으로 꼽히고 있으며 달과 지구의 크기를 비교하는 등 오늘날 천체 관측 역사에 큰 영향을 준 사람이기도 하다. 과연 아리스타르코스는 어떻게 달까지의 거리를 구하였는지 그 발자취를 따라가 보자.

역사적 배경

아리스타르코스(Aristarchos of Samos, B.C. 310~B.C. 230)는 「태양과 달의 크기와 거리에 관하여(On the Sizes and Distances of the Sun and Moon)」라는 논문에서 월식을 이용하여 달과 지구의 상대적인 크기를 알아내는 방법을 설명했다.

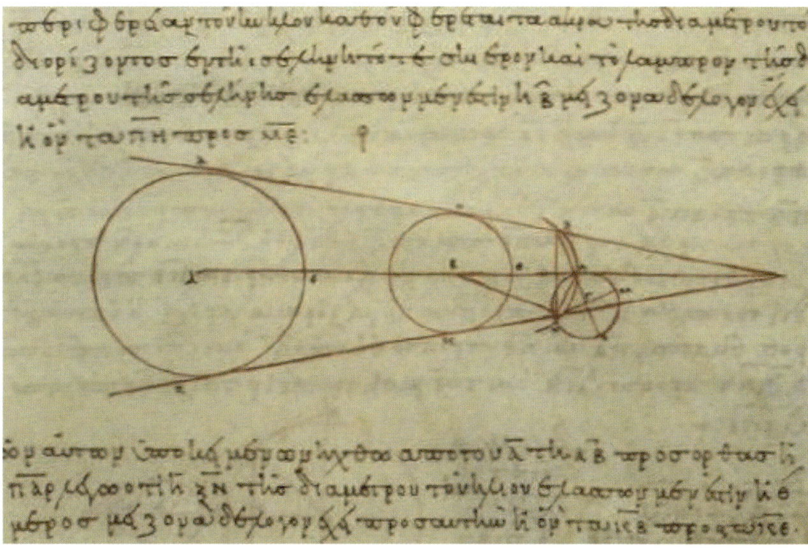

아리스타르코스의 논문 「태양과 달의 크기와 거리에 관하여」의 일부분

월식은 달이 지구 주위를 공전하다가 지구의 그림자 속으로 가려지는 현상이다. 아리스타르코스는 보름달이 지구의 그림자 속으로 들어가 월식이 진행되는 시간을 측정하였고, 이를 이용하여 지구의 크기가 달보다 약 2.85배(실제는 약 3.7배) 크다고 추정하였다. 지금으로부터 2,200년경 이러한 사실을 찾아냈다고 하니 그저 놀라울 따름이다.

탐구 방법 1

아리스타르코스의 월식 지속 시간 개념을 이용하기

관측 자료

1. 다음은 2022년 11월 8일 오산에서 촬영한 개기 월식 사진이다.

2022년 11월 8일 17시 14분

2022년 11월 8일 18시 34분

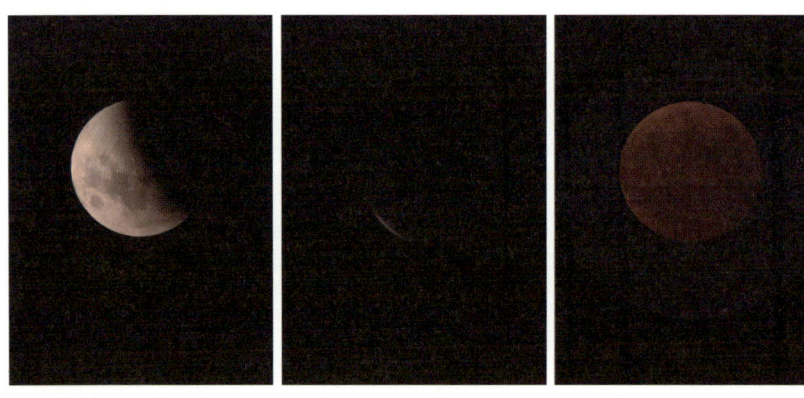
2022년 11월 8일 20시 6분

2022년 11월 8일 20시 42분

2022년 11월 8일 21시 18분

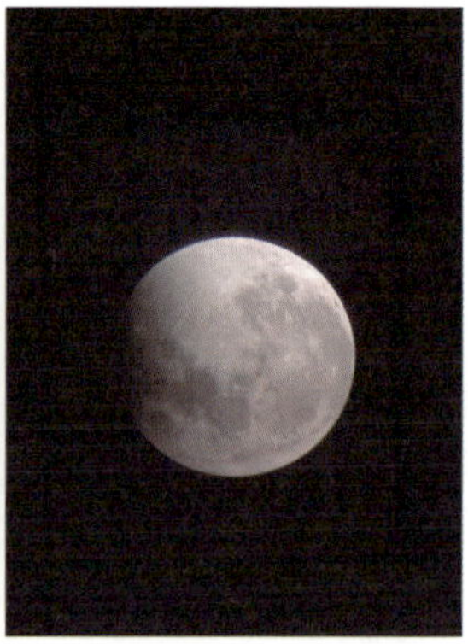
2022년 11월 8일 21시 47분

결과 및 토의

1. 그림은 월식이 진행될 때 지구, 달의 위치를 나타낸 것이다.

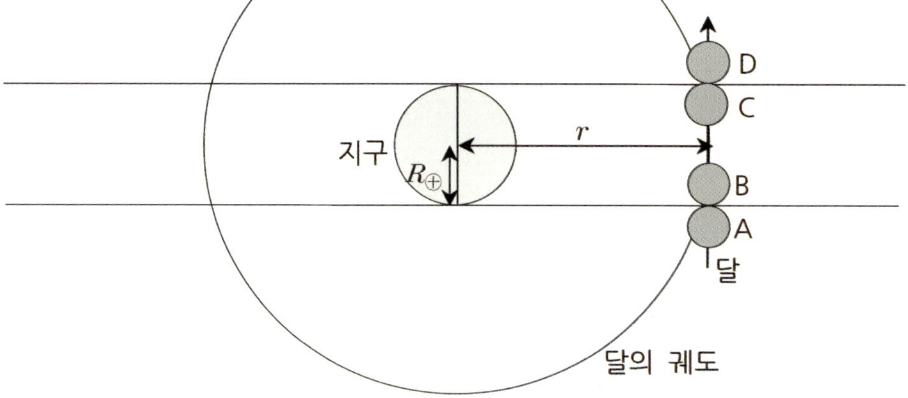

❶ 지구의 크기를 측정하고자 할 때, 월식이 발생하는 A, B, C, D 위치 중에서 어느 위치와 어느 위치 사이를 측정해야 하는가?

A 위치와 C 위치 사이를 측정하거나, B 위치와 D 위치 사이를 측정해야 한다.

❷ 2022년 11월 8일 대한민국에서 발생한 개기 월식은 19시 16분에 시작하여 20시 42분에 끝났다. 개기 월식 전체 진행 시간을 계산해 보자.

❸ 개기 월식이 발생할 때 달이 지구 그림자의 어느 부분을 통과하는가에 따라 월식 진행 시간이 달라진다. 아리스타르코스는 여러 개의 개기 월식 관측 자료 중 어떤 자료를 사용하였을까? 그 이유는?

지구 그림자의 크기를 정확하게 측정하기 위해서는 달이 지구 그림자의 중심을 지나는 시간값을 알아야 한다. 아리스타르코스는 월식 자료 중 월식 지속 시간이 가장 긴 수치를 사용하였다. 아리스타르코스는 조사 결과 월식 지속 시간이 최대 3시간이라는 사실을 알게 되었고 이를 이용하여 달까지의 거리를 계산하였다.

❹ 지구에서 달까지의 거리를 지구 반지름으로 나눈 값인 $\frac{r}{R_{\oplus}}$을 계산해 보자.(단, 월식의 최대 지속 시간은 3시간이고, 달의 공전 주기는 30일이다.)

달의 공전 속도 $v = \frac{2\pi r}{30day \times 24h/day}$이고, 지구 그림자를 통과하는 속도 v는 그림에서 $\frac{2R_{\oplus}}{3h}$이다.

달은 같은 속력으로 움직인다고 가정할 때, 결국 달의 공전 속도와 지구 그림자를 통과하는 속도는 같다.

$\frac{2\pi r}{30day \times 24h/day} = \frac{2R_{\oplus}}{3h}$이므로, $\frac{r}{R_{\oplus}} = \frac{2 \times 30day \times 24h/day}{3h \times 2\pi} = 76.4$이다.

❺ 아리스타르코스가 결정한 $\frac{r}{R_{\oplus}}$과 현대 천문학자들이 결정한 $\frac{r}{R_{\oplus}}$을 비교할 때, 값의 오차는 몇 %인가?(단, 실제 달의 공전 궤도 반지름은 384,399km고, 지구의 반지름은 6,378km이다.)

$\frac{r}{R_{\oplus}} = \frac{384,399km}{6,378km} = 60.2$이다.

오차는 $\frac{\text{관측 값} - \text{실제 값}}{\text{실제 값}} \times 100 = \frac{76.4-60.2}{60.2} \times 100 = 26.9\%$이다.

2. 태양에 의해 형성된 지구 그림자는 103쪽의 그림과 같이 평행할 것 같지만, 태양의 크기가 지구의 크기보다 매우 크기 때문에 실제 지구의 그림자는 평행하지 않다. 이를 그림으로 표현하면 다음과 같다.

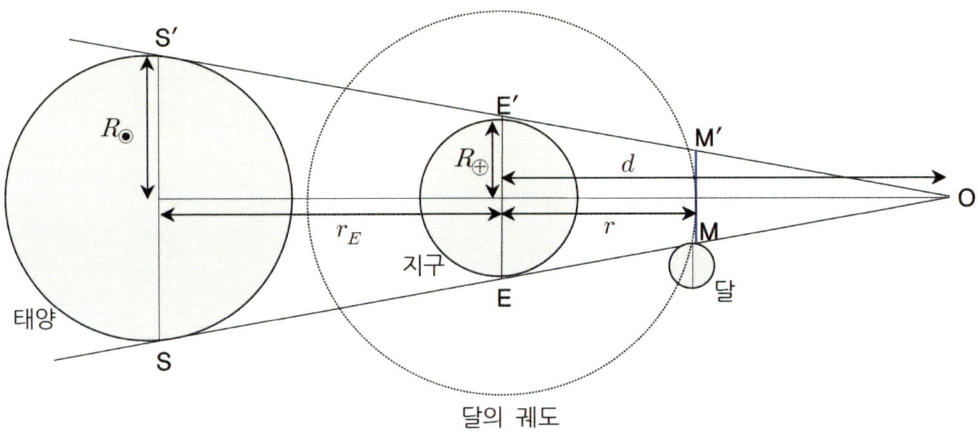

❶ 지구에서 달까지의 거리를 지구 반지름으로 나눈 값인 $\frac{r}{R_{\oplus}}$을 월식 지속 시간(t), 달의 공전 주기(P), 태양 반지름($R_{\odot}$), 태양에서 지구까지 거리(r_E)를 이용하여 나타내 보자.

월식 지속 시간을 t라 하면, 달의 공전 속도 $v = \frac{\overline{MM'}}{t}$이고,

달의 공전 주기를 P라 하면, 달의 공전 속도 $v = \frac{2\pi r}{P}$이다.

따라서 $\frac{\overline{MM'}}{t} = \frac{2\pi r}{P}$에서 $\overline{MM'} = \frac{2\pi rt}{P}$이다.

△OMM′와 △OEE′는 닮은꼴이므로 다음 식이 성립한다.

$\overline{MM'} : 2R_{\oplus} = (d-r) : d$에서 $\overline{MM'}d = 2R_{\oplus}(d-r)$이고 $\frac{\overline{MM'}}{2R_{\oplus}} = 1 - \frac{r}{d}$이다.

$\overline{MM'} = \frac{2\pi rt}{P}$를 위 식에 대입하면 $\frac{2\pi rt}{2PR_\oplus} = 1 - \frac{r}{d}$이고,

$\pi rt = PR_\oplus - \frac{r}{d}PR_\oplus$이며 $r(\pi t + \frac{PR_\oplus}{d}) = PR_\oplus$이다.

$\frac{r}{R_\oplus} = \frac{P}{\pi t + \frac{PR_\oplus}{d}} = \frac{1}{\frac{\pi t}{p} + \frac{R_\oplus}{d}}$이 된다.

△OSS′와 △OEE′는 닮은꼴이므로 다음 식이 성립한다.

$R_\oplus : R_\odot = d : (d + r_E)$이므로 $R_\odot d = R_\oplus(d + r_E)$이다.

이를 d로 정리하면 $d(R_\odot - R_\oplus) = R_\oplus r_E$이고 $\frac{R_\oplus}{d} = \frac{R_\odot}{r_E} - \frac{R_\oplus}{r_E}$이 된다.

$\frac{r}{R_\oplus} = \frac{1}{\frac{\pi t}{p} + \frac{R_\oplus}{d}}$에 $\frac{R_\oplus}{d} = \frac{R_\odot}{r_E} - \frac{R_\oplus}{r_E}$를 대입하면

$\frac{r}{R_\oplus} = \frac{1}{\frac{\pi t}{p} + \frac{R_\oplus}{d}} = \frac{1}{\frac{\pi t}{p} + \frac{R_\odot}{r_E} - \frac{R_\oplus}{r_E}}$이다.

태양의 반지름은 지구의 반지름에 비해 매우 크다.

$\frac{R_\odot}{r_E} \gg \frac{R_\oplus}{r_E}$이므로 $\frac{R_\oplus}{r_E}$을 무시할 수 있다.

따라서 $\frac{r}{R_\oplus} = \frac{1}{\frac{\pi t}{p} + \frac{R_\odot}{r_E}}$이 된다.

❷ 태양의 각지름 0.5°, 월식의 최대 지속 시간 3시간, 달의 공전 주기 30일일때, $\frac{r}{R_\oplus}$를 계산해 보자.

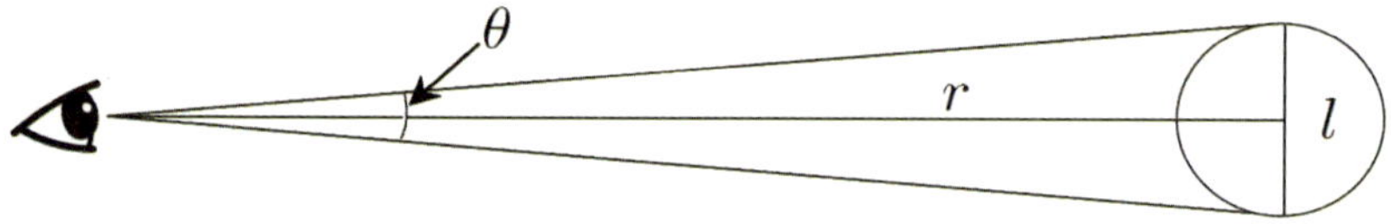

위 그림에서 $l = r\theta$가 성립한다. 이를 태양, 지구, 달에 적용하면

$2R_\odot = r_E\theta$이고 $\frac{R_\odot}{r_E} = \frac{\theta}{2}$이다. θ는 태양 각지름 0.5°이므로

$\frac{R_\odot}{r_E} = 0.25° = 0.25° \times \frac{\pi(rad)}{180°}$이다.

월식의 최대 지속 시간 $t = 3h$이고

달의 공전 주기 $P = 30day \times 24h/day$이므로

$$\frac{r}{R_\oplus} = \frac{1}{\frac{\pi t}{P} + \frac{R_\odot}{r_E}} = \frac{1}{\frac{\pi \times 3h}{30day \times 24h/day} + 0.25° \times \frac{\pi(rad)}{180°}} = 57.3$$ 이다.

❸ $\frac{r}{R_\oplus}$의 오차는 몇 %인가?(단, 실제 달의 공전 궤도 반지름은 384,399*km*이고 지구의 반지름은 6,378*km*이다.)

$$\frac{r}{R_\oplus} = \frac{384,399km}{6,378km} = 60.2$$

오차는 $\frac{57.3 - 60.2}{60.2} \times 100 = -4.8\%$이다.

❹ 지구 그림자가 평행하다고 가정한 경우와 지구 그림자가 평행하지 않은 경우에 대하여 지구에서 달까지의 거리(r)를 각각 계산해 보자. (단, 지구의 반지름은 6,378*km*이다.)

첫째, 지구의 그림자가 평행하다고 가정한 경우 $\frac{r}{R_\oplus} = 76.4$이므로

지구에서 달까지의 거리는

$r = 76.4 \times R_\oplus = 76.4 \times 6,378km = 487,279km$이다.

둘째, 지구의 그림자가 평행하지 않은 경우 $\frac{r}{R_\oplus} = 57.3$이므로

지구에서 달까지의 거리는

$r = 57.3 \times R_\oplus = 57.3 \times 6,378km = 365,459km$이다.

※ 지구에서 달까지의 거리는 384,399*km*이다.

탐구 방법 2

지구 그림자의 크기를 이용한 방법

관측 자료

1. 사진은 2014년 10월 8일 21시 안산에서 발생한 개기 월식을 촬영한 것이다.

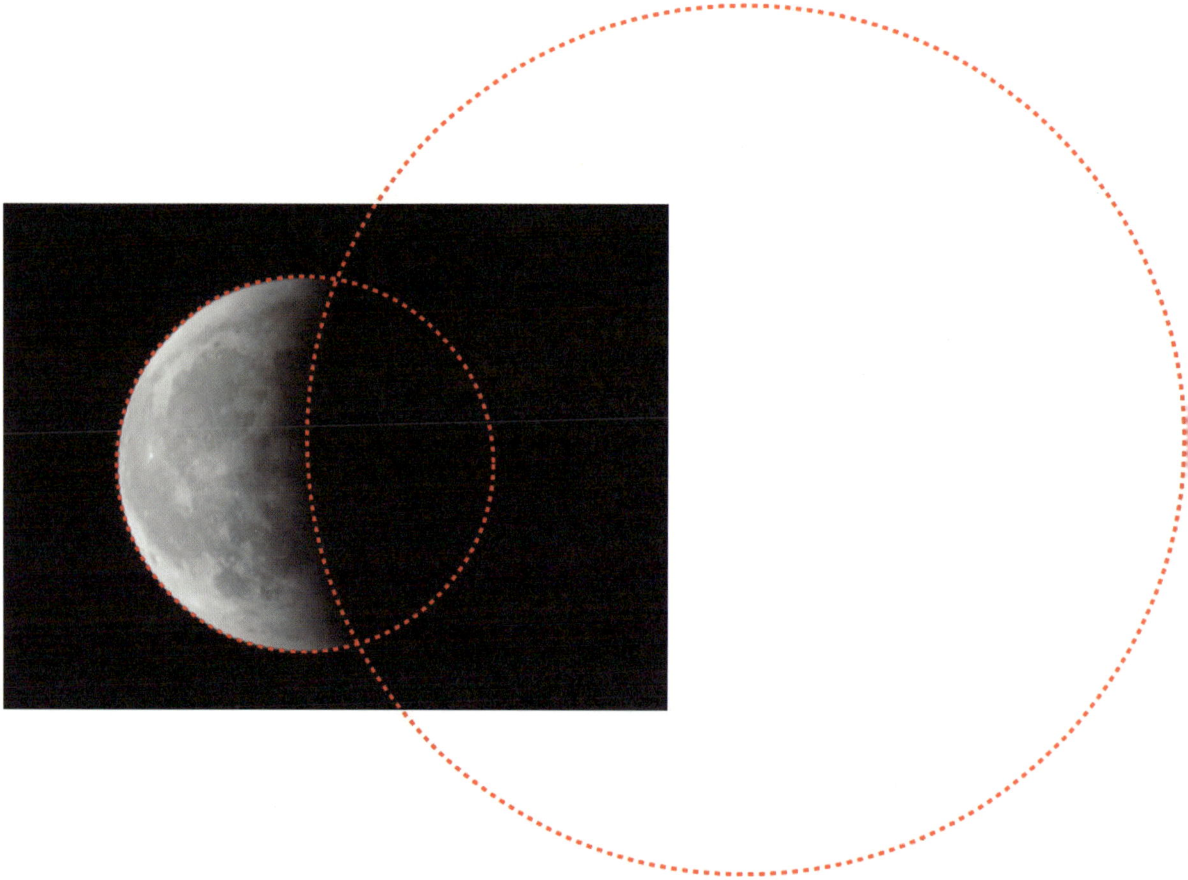

결과 및 토의

1. 사진에서 지구의 그림자는 어느 부분에 해당하는가?

월식은 지구의 그림자가 달을 가리는 현상이다. 사진에서 달의 오른쪽 검은 부분이 바로 지구의 그림자에 해당한다.

2. 달의 크기를 정확하게 측정하기 위해서는 달의 중심을 알아야 한다. 달의 중심은 어떻게 알 수 있을까?

첫 번째, 원의 여러 곳에서 접선을 그은 후 접선에 수선을 그었을 때 만나는 점이 달의 중심이 된다.

두 번째, 원을 지나는 직선을 여러 곳에서 그은 후 각 직선의 수직 이등분선이 만나는 점이 달의 중심이 된다.

3. 월식 사진에서 지구 그림자와 달의 지름을 측정해 보자.

구분	달	지구
지름(mm)	49.37	114.19

4. 달의 반지름을 계산해 보자.

❶ 지구의 그림자 크기와 달의 크기를 이용하여 달의 반지름을 구해보자. (단, 지구의 반지름은 6,378km이다.)

$$49.37mm : 114.19mm = 2x : 2 \times 6{,}378km$$

$$x = \frac{49.37mm \times 2 \times 6{,}378km}{114.19mm \times 2} = 2{,}757km$$

❷ 달의 반지름의 오차는 몇 %인가?(단, 달의 반지름은 1,737km이다.)

$$x = \frac{2{,}757km - 1{,}737km}{1{,}737km} \times 100 = 58.8\%$$

5. 태양에 의해 형성된 지구의 그림자는 거의 평행하지만, 태양의 크기가 지구의 크기보다 매우 크기 때문에 실제 지구의 그림자는 평행하지 않다. 이를 그림으로 표현하면 다음과 같다.

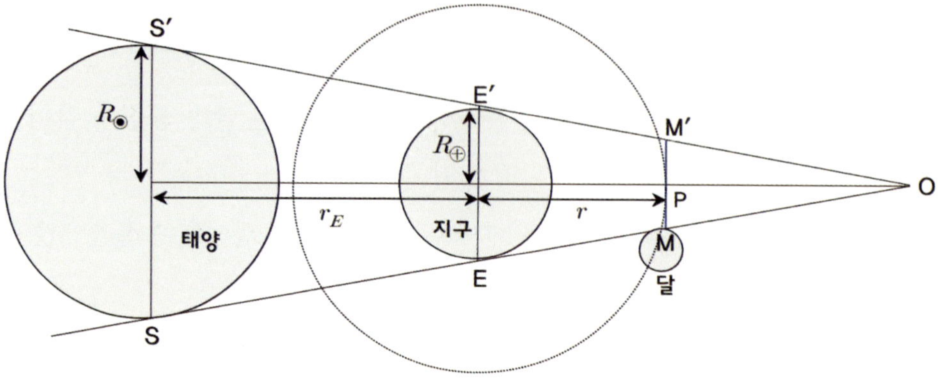

❶ 달의 공전궤도 상에서 지구 그림자의 길이 $\overline{MM'}$의 길이를 구해보자. (단, $R_\odot$는 7×10^5km, $R_\oplus$는 6,378km, r_E는 1.5×10^8km, r은 384,399km이다.)

△OSS′와 △OEE′는 닮은꼴이므로 다음 식이 성립한다.

$R_\odot : R_\oplus = (\overline{OP}+r+r_E) : (\overline{OP}+r)$이므로 $R_\oplus\times(\overline{OP}+r+r_E) = R_\odot\times(\overline{OP}+r)$이다.

$6{,}378km\times(\overline{OP}+384{,}399km+1.5\times10^8km) = 7\times10^5km\times(\overline{OP}+384{,}399km)$

$\overline{OP}=10^6km$

△OMM′와 △OEE′는 닮은꼴이므로 다음 식이 성립한다.

$\overline{MP} : R_\oplus = \overline{OP} : (\overline{OP}+r)$

$R_\oplus\times\overline{OP} = (\overline{OP}+r)\times\overline{MP}$

$6{,}378km\times10^6km = (10^6km+384{,}399km)\times\overline{MP}$

$\overline{MP}=4{,}607km$

$\overline{MM'}=2\overline{MP}=9{,}214km$

❷ 지구 그림자의 길이($\overline{MM'}$)를 이용하여 달의 반지름을 구해보자.

$49.37mm:114.19mm=2x:9{,}214km$

$$x=\frac{49.37mm\times 9{,}214km}{114.19mm\times 2}=1{,}991km$$

※ 달의 반지름은 1,737km이다.

❸ 달의 반지름의 오차는 몇 %인가?

$$\frac{1{,}991km-1{,}737km}{1{,}737km}\times 100=14.6\%$$

6. 지구의 그림자가 평행하다고 가정한 경우와 지구의 그림자가 평행하지 않은 경우 지구에서 달까지의 거리를 각각 구해보자.

(단, 관측 당일 달의 각지름은 0.543°이다.)

첫째, 지구의 그림자가 평행하다고 가정한 경우

관계식 $l=r\theta$를 그림에 적용하면 $2\times 2{,}757km=r\times 0.543°$이다.

지구에서 달까지의 거리 $r=\dfrac{2\times 2{,}757km}{0.543°}=\dfrac{5{,}515km}{0.543°\times\dfrac{\pi(rad)}{180°}}=581{,}926km$ 이다.

둘째, 지구의 그림자가 평행하지 않은 경우

관계식 $l=r\theta$를 그림에 적용하면 $2\times 1{,}991km=r\times 0.543°$이다.

지구에서 달까지의 거리 $r=\dfrac{2\times 1{,}991km}{0.543°}=\dfrac{3{,}982km}{0.543°\times\dfrac{\pi(rad)}{180°}}=420{,}181km$ 이다.

※ 지구에서 달까지의 거리는 384,399km이다.

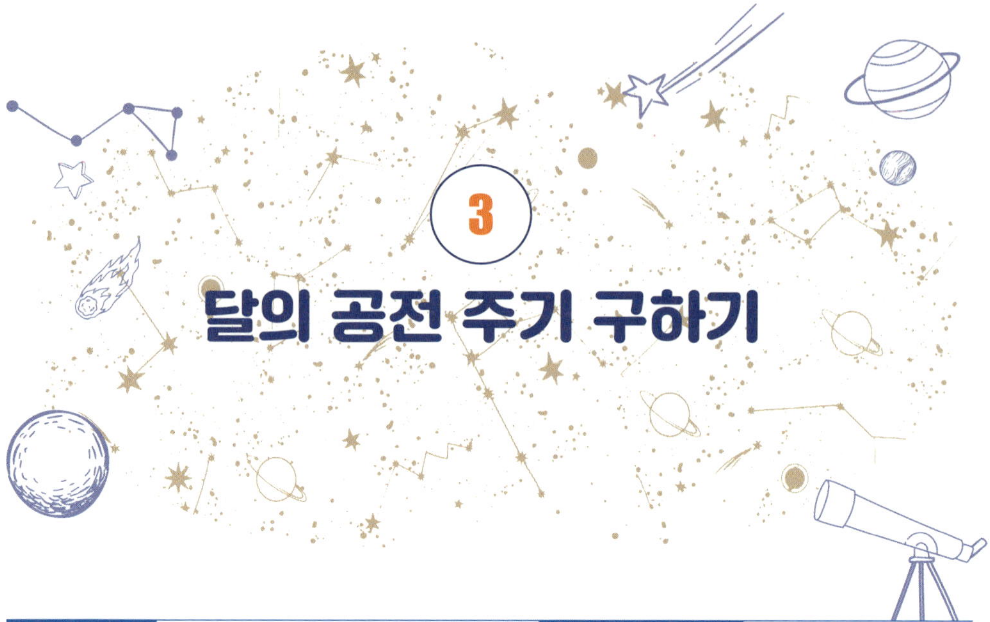

3

달의 공전 주기 구하기

분류	달의 관측	난이도	★★
준비물	DSLR 카메라, 삼각대, 볼 마운트, 릴리즈, 시계		
탐구 목표	행성과 달이 함께 있는 모습을 촬영한 사진을 이용하여 달의 공전 주기를 구할 수 있다.		

1년이 365일이라는 사실을 사람들은 언제 알아냈을까? 기원전 4,000년경 고대 이집트 사람들은 밤하늘에서 가장 밝은 별인 시리우스의 뜨는 시각과 나일강이 범람하는 시기가 서로 관련이 있다는 사실을 알게 되었다. 나일강의 범람으로 엄청난 양의 비옥한 흙이 떠내려 와 나일강 삼각주를 덮었고, 이곳에 곡식을 심으면 많은 농작물을 수확할 수 있었다. 따라서 이집트 사람은 나일강이 언제 범람할지, 더불어 시리우스가 언제 떠오를지 궁금해했다. 이집트인들은 태양이 떠오르기 직전에 시리우스가 동쪽 지평선에 나타나면 곧 나일강의 범람이 시작된다는 것을 알아냈다. 그리고 365일이 지나면 또다시 똑같은 현상이 반복된다는 사실을 토대로, 1년이 365일

이라는 사실을 알아냈다.
달의 공전 주기를 측정해 보라는 과제가 제시되면, 여러분은 여러 달 동안 달을 관측하여 어렵지 않게 알아낼 수 있을 것이다. 그러나 1시간 안에 해결하라는 제한 사항을 두면 어떻게 하겠는가? 천문학을 공부할 때 관측값을 정확하게 측정하는 것도 중요하지만, 값은 부정확할지라도 주어진 문제를 다양한 방법으로 해결할 수 있는 아이디어가 무엇보다도 중요하다. 힌트는 달과 '별' 혹은 달과 '금성'을 이용하는 것이다.

이론적 배경

금성과 달이 가까이 위치할 때 사진을 촬영하고, t 시간이 지난 후 다시 사진을 촬영한다. 이때 금성의 이동 각거리를 X, 달의 이동 각거리*를 Y라고 가정하자.
금성은 t 시간 동안 지구 자전에 의해 각거리 X만큼 이동하므로 다음과 같이 표현할 수 있다.

지구 자전 주기 : $360° = t : X$ $\quad t = \dfrac{X \times \text{지구 자전 주기}}{360°}$

한편 지구는 서에서 동으로 자전하기 때문에 우리가 볼 때는 달과 금성이 동에서 서로 이동하는 것처럼 보인다. 이때 이동한 각거리는

* 하늘에 보이는 두 별 사이의 거리를 각도로 표현한 것

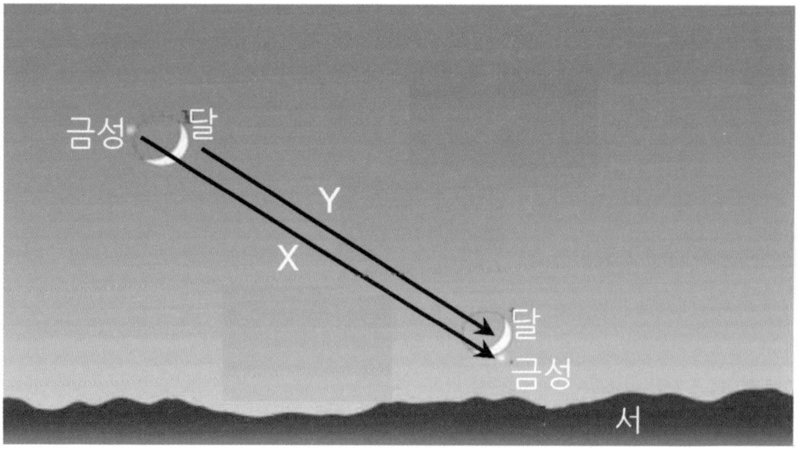

X가 된다. 그런데 t 시간이 지나는 동안 달도 서에서 동으로 공전하기 때문에 시간이 지나고 보면 금성보다 살짝 동쪽에 있는 것처럼, 서쪽으로 덜 이동한 것처럼 보인다. 이때 지구에서 보이는 달의 이동 각거리는 Y가 된다.
따라서 t 시간 동안 달이 공전에 의해 실제로 이동한 각거리는 $X-Y$이고, 다음과 같이 표현할 수 있다.

$$\text{달의 공전 주기} : 360° = t : X-Y$$

$$\text{달의 공전 주기} = \frac{t}{X-Y} \times 360°$$

$$= \frac{1}{X-Y} \times \frac{X \times \text{지구 자전 주기}}{360°} \times 360°$$

$$= \frac{X}{X-Y} \times \text{지구 자전 주기}$$

관측 방법

❶ DSLR 카메라와 삼각대를 이용하여 고정촬영법으로 달을 촬영한다.

❷ 초저녁에 초승달을 촬영하는 경우 프레임의 왼쪽 위에 초승달을 놓고 첫 번째 사진을 촬영한다.

❸ 두 번째 사진은 카메라를 전혀 움직이지 않은 상태에서 30~60분 정도 지난 후 일주 운동에 의해 초승달이 오른쪽 아래로 이동하였을 때 촬영한다.

※ 관측 시 참고 사항

초저녁의 초승달을 촬영하는 것이 좋다. 보름달이 떴을 때 촬영하면 보름달이 너무 밝아 별이 거의 보이지 않는다. 따라서 달의 공전 주기를 측정하고자 하는 경우 달의 지름을 잴 수 있을 정도로 차오른 초승달과 행성(금성, 화성, 목성, 토성)을 함께 촬영하기를 권장한다.

관측 자료

1. 사진은 2005년 12월 5일 19시 07분과 19시 42분에 달과 금성을 촬영한 것이다.

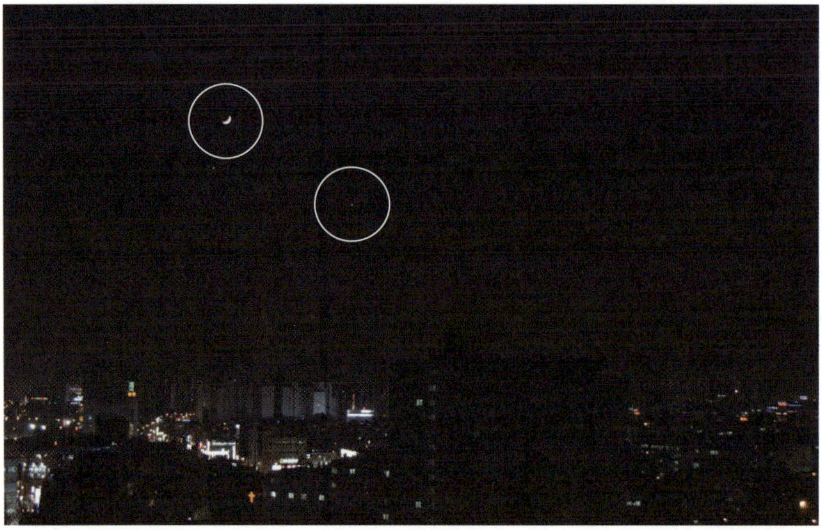

2005년 12월 5일 19시 7분

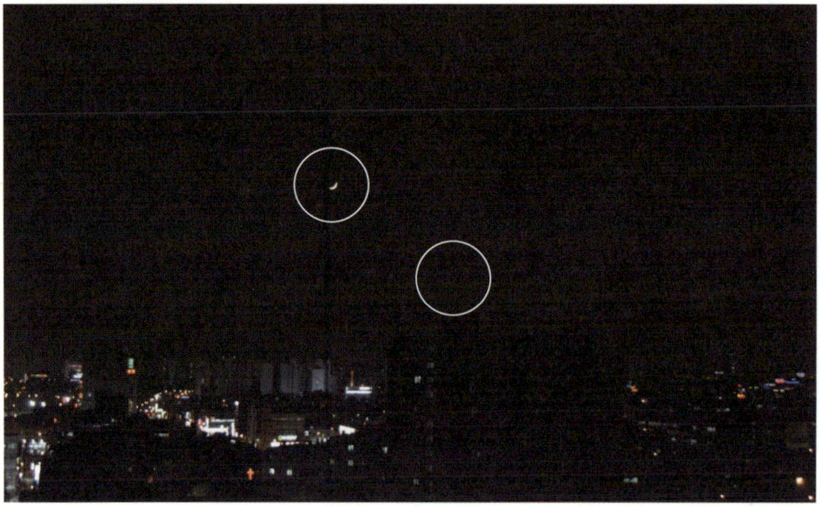

2005년 12월 5일 19시 42분

탐구활동

❶ startrails.de에 접속하여 startrails 프로그램을 다운받아 설치한다.

❷ '파일' - 'Open images'를 클릭한 후 2개의 이미지를 불러 온다.

❸ startrails를 클릭하면 합성 사진이 완성된다.

❹ 달과 금성의 이동 각거리를 측정한다.

결과 및 토의

1. 금성의 이동 각거리와 달의 이동 각거리를 mm 단위로 측정해 보자.

금성의 이동 각거리(X)	달의 이동 각거리(Y)
28.31mm	27.47mm

2. 관측 시간 동안 금성이 이동한 이유는?

지구 자전 때문에

3. 관측 시간 동안 금성의 이동 거리가 달의 이동 거리보다 더 큰 이유는?

금성과 달은 지구 자전에 의해서 오른쪽 아래로 이동하였다. 그리고 동시에 달은 공전에 의해 왼쪽 위로 이동하였기 때문이다.

4. 관측 시간 동안 금성의 공전은 고려하지 않았다. 이는 적절한가?

금성의 공전 주기는 224일이므로 사진을 촬영한 1시간 동안 금성의 공전에 의한 위치 이동은 무시할 수 있다.

5. 달의 공전 주기를 계산해 보자.

$$\text{달의 공전주기} = \frac{X}{X-Y} \times \text{지구 자전주기} = \frac{28.31mm}{28.31mm-27.47mm} \times 1\text{일} = 33.7\text{일}$$

6. 앞에서 계산한 달의 공전 주기는 삭망월*인가? 항성월**인가? 그 이유는?

항성월이다. 금성을 별이라 가정하면 우리가 측정한 달의 이동 거리는 별을 기준으로 이동한 거리가 된다. 따라서 우리가 구한 달의 공전 주기는 항성월이 된다.

7. 별의 일주 운동 사진을 자세히 관찰하면 별은 직선으로 이동하지 않고 곡선으로 움직인다. 그런데 탐구활동에서 달과 금성의 이동 각거리를 직선으로 측정하였다. 이는 적절한가?

일주 운동 사진에서 볼 수 있듯이 가운데 부분에서 보이는 이동

* 달이 보름달에서 보름달이 되기까지 걸린 시간

** 하늘에 있는 어느 별을 기준으로 측정한 달의 주기

궤적은 직선이지만 좌우로 갈수록 원에 가까워진다. 그리고 관측 시간이 짧으면 이동 거리는 더 짧아 오차는 감소한다. 따라서 실제 별의 이동 궤적은 곡선이지만, 짧은 시간 동안의 이동 거리는 거의 직선에 가까워 큰 차이가 없다.

8. 별의 실제 위치는 시간이 지나도 거의 변하지 않는다. 따라서 금성을 사용하는 경우보다 별을 사용하는 경우 오차를 더 줄일 수 있다. 그럼에도 별을 사용하지 않고 금성을 사용한 이유는?
별은 달에 비해 너무 어두워 두 천체가 모두 잘 보이게 촬영하기 어렵기 때문이다. 따라서 별보다 상대적으로 밝은 금성을 사용하는 것이 더 쉽게 사진을 촬영할 수 있기 때문이다.

4

달의 공전궤도 이심률 구하기

분류	달의 관측	난이도	★★★★★
준비물	달 사진, 자(30cm) Excel 프로그램 모눈종이	동영상 강의	
탐구 목표	서로 다른 날짜에 촬영한 달 사진을 이용하여 달의 공전궤도 이심률을 구할 수 있다.		

2022년 추석에 '100년 만에 가장 둥근 한가위 보름달'이 떴다. 사람들은 보름달을 보며 소원을 빌고 즐거운 시간을 보냈다.

그런데 '가장 둥근 보름달'이라는 표현에서 '보름달은 당연히 둥글지 않았던가? 그런데 왜 가장 둥근달일까?'라는 의문이 들었을지도 모른다. 보름달은 해와 지구, 달이 일직선이 될 때 뜬다. 하지만 달이 지구 주변을 타원 궤도로 돌기 때문에 예측한 보름달과 실제로 보름달이 되는 시각은 약간 차이가 있다. 이 때문에 추석과 정월 대보름에도 둥근 보름달이 뜨지 않은 경우가 훨씬 더 많았다고 한다. 어떤 경우에는 추석이나 정월 대보름에서 1~2일 지난 뒤에야 둥근 달이 되기도 한다.

이러한 현상은 달이 타원 궤도로 지구 주위를 공전하기 때문에 나타난다. 여러분들은 달을 보며 달이 타원 궤도 운동을 하고 있다는 사실을 인식할 수 있는가? 그리고 달이 타원 궤도 운동을 하고 있다는 이 사실을 어떻게 증명할 수 있을까?

이론적 배경

타원의 방정식

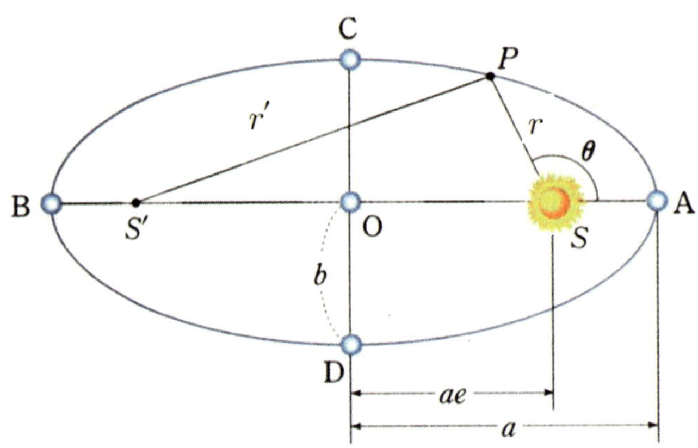

코사인 법칙에 의해

$r'^2 = r^2 + (2ae)^2 - 2r2ae\cos(\pi - \theta)$

$r'^2 = r^2 + (2ae)^2 + 4aer\cos\theta$가 된다.

타원의 정의에 의해 $r' + r = 2a$이므로

$(2a - r)^2 = r^2 + (2ae)^2 + 4aer\cos\theta$가 된다.

이를 정리하면 $r=\frac{a(1-e^2)}{1+ecos\theta}$이 된다.

이심률과 각지름

달의 각지름을 D, 달의 실제 지름을 l, 달과 지구 사이의 거리를 r이라 할 경우 $l=rD$가 된다. 달의 실제 지름 l은 항상 일정하고 각지름 D와 달과 지구 사이의 거리 r은 반비례하므로 $D\propto\frac{1}{r}$로 표현할 수 있다. 이를 타원의 방정식 $r=\frac{a(1-e^2)}{1+ecos\theta}$에 적용하면

$D\propto\frac{1}{\mathrm{r}}=\frac{1+ecos\theta}{a(1-e^2)}=\frac{1}{a(1-e^2)}+\frac{ecos\theta}{a(1-e^2)}$이 된다.

이를 $D=A+Bcos\theta$형태로 표현하면 $A=\frac{1}{a(1-e^2)}$, $B=\frac{e}{a(1-e^2)}$가 된다.

근지점과 원지점에서의 각지름

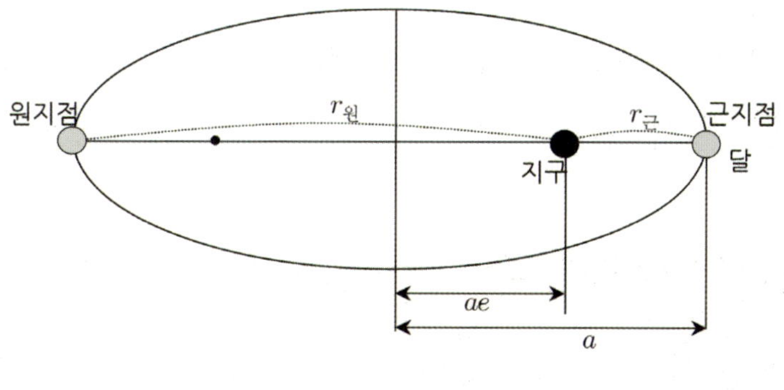

근지점에 위치한 달까지의 거리는 $r_{근}=a-ae$, 원지점에 위치한 달까지의 거리는 $r_{원}=a+ae$이다.

관계식 $l=r\theta$를 적용하면 $l_{근}=r_{근}\theta_{근}$이고, $l_{원}=r_{원}\theta_{원}$이다.

그런데 달의 실제 크기 l은 달의 운동에 상관없이 항상 일정하므로 $r_{원}\theta_{원} = r_{근}\theta_{근}$이다. 따라서 $(a+ae)\theta_{원} = (a-ae)\theta_{근}$이다.

$a\theta_{원} + ae\theta_{원} = a\theta_{근} - ae\theta_{근}$

$ae\theta_{근} + ae\theta_{원} = a\theta_{근} - a\theta_{원}$

$ae(\theta_{근} + \theta_{원}) = a(\theta_{근} - \theta_{원})$

이심률 $e = \dfrac{\theta_{근} - \theta_{원}}{\theta_{근} + \theta_{원}}$이다.

관측 자료

다음 사진들은 2005년 11월 7일부터 2005년 11월 23일까지 달을 촬영한 자료이다.

2005년 11월 7일 19시 15분

2005년 11월 8일 19시 0분

2005년 11월 9일 19시 50분

2005년 11월 10일 20시 13분

2005년 11월 11일 19시 49분

2005년 11월 12일 21시 17분

2005년 11월 14일 19시 33분

2005년 11월 15일 21시 55분

2005년 11월 16일 23시 58분

2005년 11월 17일 21시 23분

2005년 11월 18일 20시 53분

2005년 11월 19일 21시 14분

2005년 11월 20일 21시 34분

2005년 11월 21일 23시 12분

2005년 11월 23일 6시 39분

탐구 방법 1

타원 궤도 그리기를 이용하기

활동 과정

❶ 달을 처음 촬영한 2005년 11월 7일 0시를 기준으로 하여 촬영 시각을 일 단위로 변환한다.

예) 2005년 11월 7일 19시 15분 → $\frac{19시}{24시/일} + \frac{15분}{(24시 \times 60분)/일} = 0.8일$

❷ 달을 촬영한 날의 공전각을 계산한다. (단, 달의 공전 주기는 27.32

일이다.)

예) 11월 7일(0.8일) 공전각 $= 0.8일 \times \frac{360°}{27.32일} = 10.5°$

❸ 달의 지름을 측정한다. 이 값이 바로 달의 각지름 D이다.

❹ 달의 각지름을 D, 달의 실제 지름을 l, 달과 지구 사이의 거리를 r이라 할 경우 $l = rD$가 된다. 따라서 $r = \frac{l}{D}$이 된다. 여기에서 달의 실제 지름 l을 임의의 수 100이라 가정할 때, 달과 지구 사이의 거리 $r = \frac{100}{D}$이 된다.

달의 각지름 D를 달과 지구 사이의 거리 $r = \frac{100}{D}$으로 변환한다.

❺ 달과 지구 사이의 거리 r을 직교 좌표로 변환한다.

$x = r\cos\theta, y = r\sin\theta$가 된다.

❻ x, y를 모눈 종이에 표시한다.

[방법 1] 타원의 원리를 이용한 타원궤도 그리기

❶ 달의 위치 자료에서 장축을 찾는다.

(힌트: 타원의 중심에서 가장 멀리 떨어진 점 사이의 거리가 가장 긴 곳이 장축이고, 이 장축 위에 지구가 위치한다.)

❷ 장축을 찾아 긋고 지구에 핀을 고정하고 또 다른 초점을 찾는다.

(힌트: 또 다른 초점은 지구의 중심에서 같은 거리의 장축에 위치한다.)

❸ 2개의 초점에 핀을 고정하고 이 핀에 실을 묶어 길이를 조절하며 가급적 달의 위치에 적합한 타원을 그린다.

❹ 달 궤도의 장반경과 이심률을 찾아낸다.

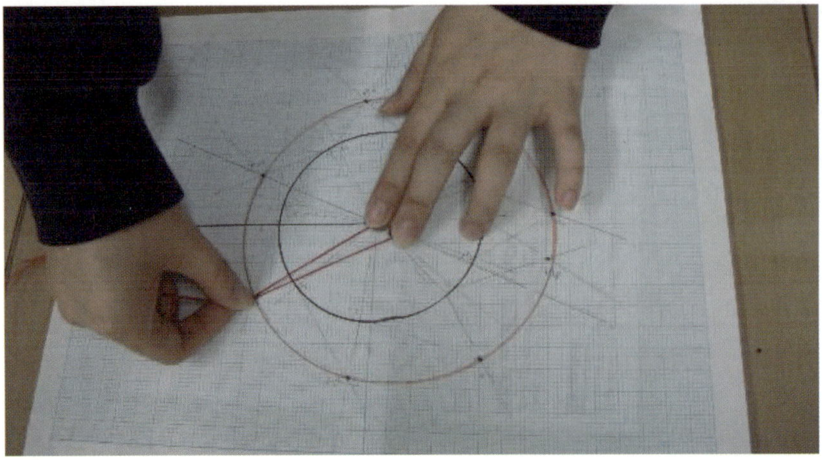

[방법 2] 한글을 이용한 타원 궤도 그리기

❶ 132쪽 [결과 및 토의]에서 엑셀로 작성한 달의 위치 자료를 복사하여 한글에 붙여 넣는다.

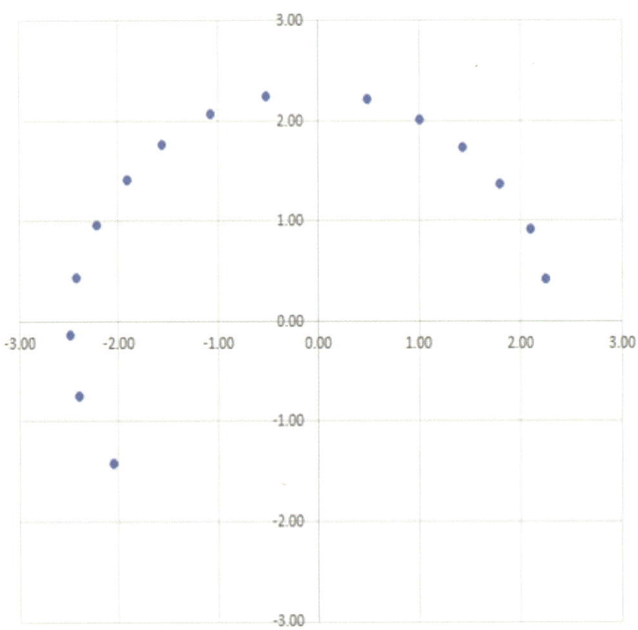

❷ 입력-타원을 선택한다.

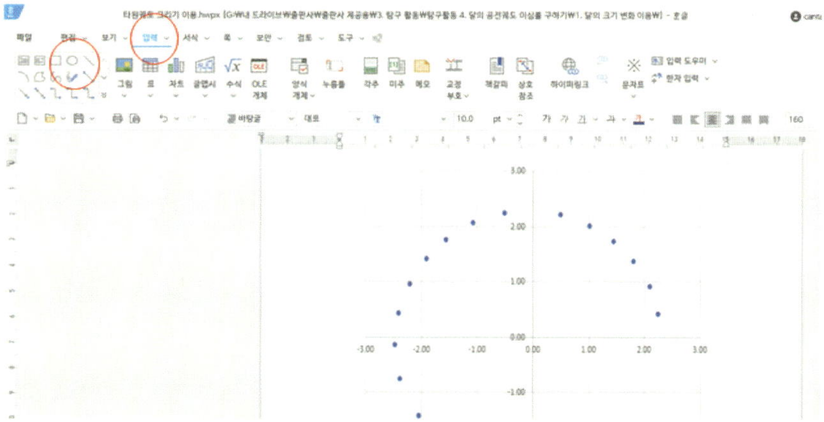

❸ 입력한 타원에 커서를 위치한 후 오른쪽 마우스 클릭-개체속성-채우기-'채우기 없음'-선-선색-'붉은색'-설정을 선택한다.

❹ 마우스를 이용하여 타원의 크기를 적절하게 조절하여 최대한 각 점에 맞도록 조정한다.

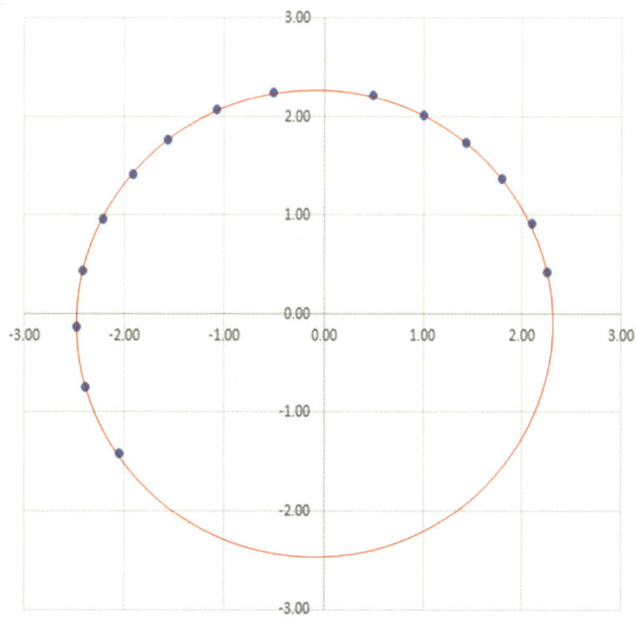

⑤ 타원을 클릭한 후 입력-직선을 선택한다.

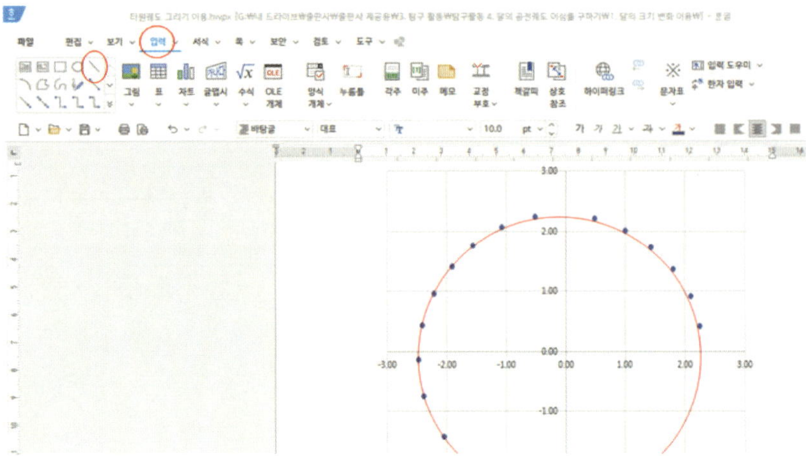

⑥ 붉은색 타원을 클릭하면 나타나는 8개의 파란색 사각형 중 가운데 위치한 점을 연결하는 직선 2개를 긋는다. 이 직선이 만나는 점이 바로 타원의 중심이다.

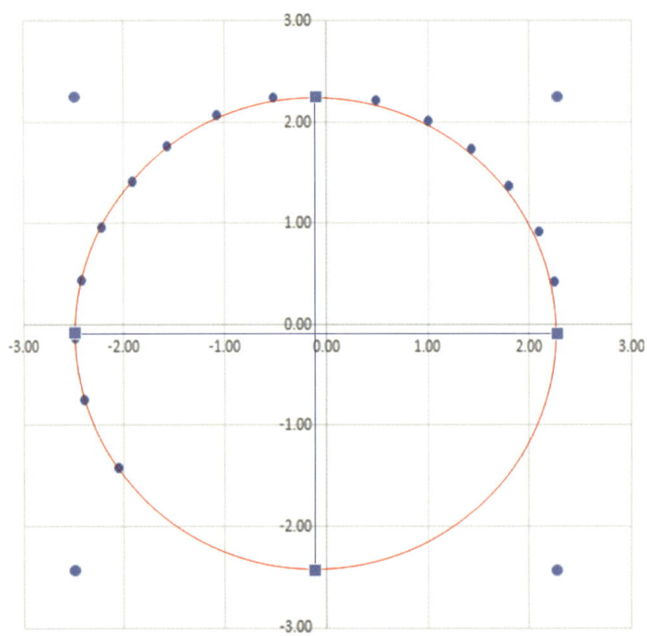

❼ 타원의 중심(O)과 지구(F)를 연결하는 직선을 긋는다.

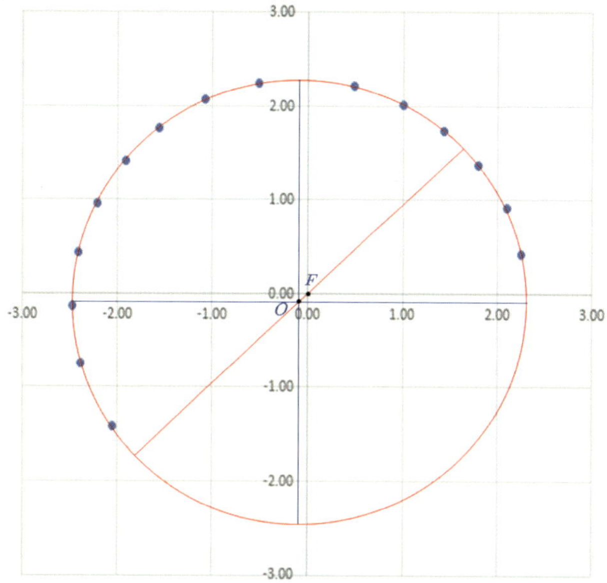

❽ 타원과 직선이 만나는 두 점 G, H를 표시한다.

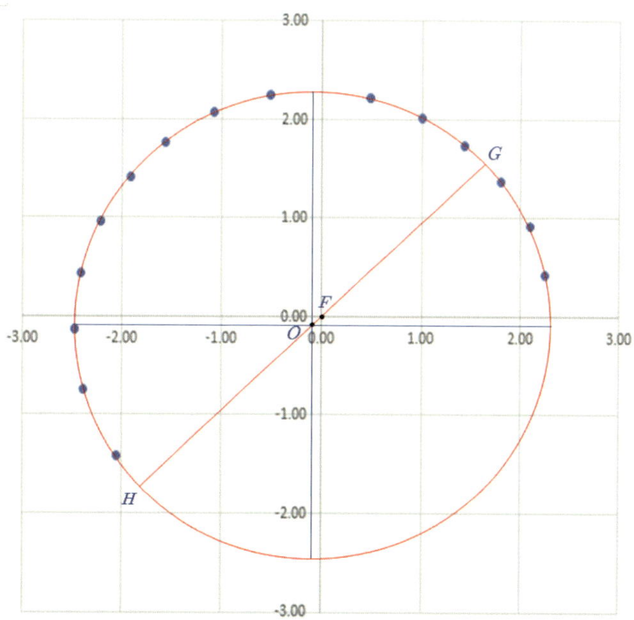

❾ 그림에서 $\overline{OG}$의 길이는 장반경 a이고, $\overline{OF}$는 ae이다. 따라서 타원의 이심률 $e = \frac{ae}{a} = \frac{\overline{OF}}{\overline{OG}}$이다.

결과 및 토의

1. 다음 표를 완성해 보자.

날짜	경과일 (일)	공전각 (˚)	달의 각지름 (pixel)	달까지의 거리(r)	x	y
11월 07일 19:15	0.8	10.5	43.76	2.29	2.25	0.42
11월 08일 19:00	1.79	23.6	43.84	2.28	2.09	0.91
11월 09일 19:50	2.83	37.3	44.3	2.26	1.80	1.37
11월 10일 20:13	3.84	50.6	44.3	2.26	1.43	1.74
11월 11일 19:49	4.83	63.6	44.39	2.25	1.00	2.02
11월 12일 21:17	5.89	77.6	43.93	2.28	0.49	2.23
11월 14일 19:33	7.81	102.9	43.38	2.31	-0.52	2.25
11월 15일 21:55	8.91	117.4	42.9	2.33	-1.07	2.07
11월 16일 23:58	9.99	131.6	42.36	2.36	-1.57	1.76
11월 17일 21:23	10.89	143.5	42.0	2.38	-1.91	1.42
11월 18일 20:53	11.87	156.4	41.34	2.42	-2.22	0.97
11월 19일 21:14	12.88	169.7	40.65	2.46	-2.42	0.44
11월 20일 21:34	13.89	183.0	40.31	2.48	-2.48	-0.13
11월 21일 23:12	14.97	197.3	40.05	2.50	-2.39	-0.74
11월 23일 06:39	16.28	214.5	40.05	2.50	-2.06	-1.42

11월 07일 19:15의 경우 11월 07일 00:00를 기준으로

$$\frac{19h}{24h/day}+\frac{15m}{24h/day\times 60m/h}=0.8day$$

공전각은 $0.8일\times\frac{360°}{27.32일}=10.5°$

달까지의 거리 $r=\frac{100}{D}=\frac{100}{43.76}=2.29$

달까지의 거리 $x=rcos\theta=2.29\times cos10.5°=2.25$

$y=rsin\theta=2.29\times sin10.5°=0.42$

2. 달의 위치 x, y 자료를 이용하여 그래프를 그린 후, 달의 공전궤도를 찾아보자

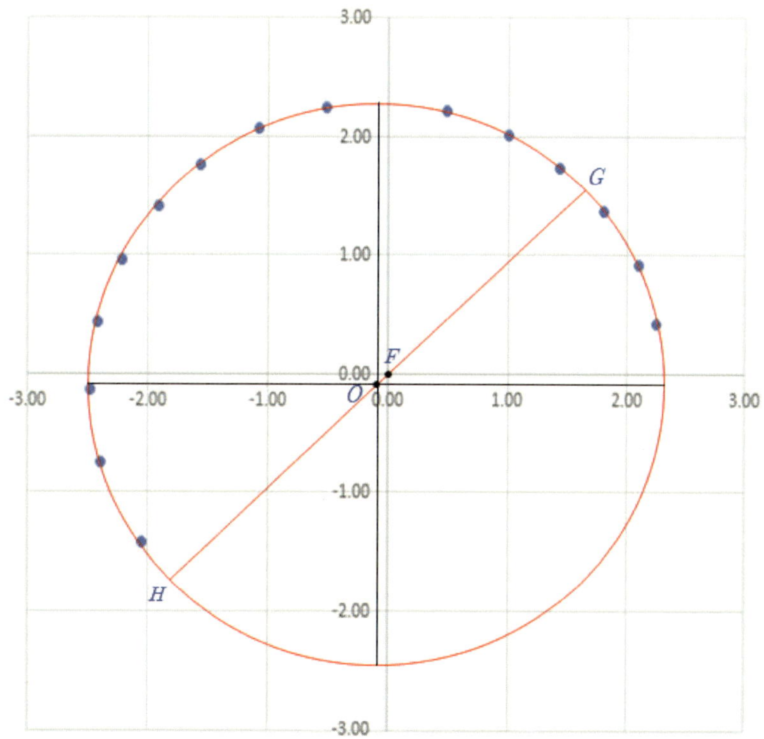

3. 달의 공전궤도 이심률은 얼마인가?

$\overline{OG}$의 길이는 51.19mm, $\overline{OF}$의 길이는 2.96mm이다.

따라서 $e=\frac{ae}{a}=\frac{\overline{OF}}{\overline{OG}}=\frac{2.96mm}{51.19mm}=0.0578$이다.

※ 달의 공전궤도 이심률은 0.0548이다

탐구 방법 2

엑셀과 타원 궤도 방정식을 이용하기

활동 과정

❶ 달을 처음 촬영한 2005년 11월 7일 0시를 기준으로 하여 촬영 시각을 일 단위로 변환한다.

예) 2005년 11월 7일 19시 15분 →

$$\frac{19h}{24h/day}+\frac{15m}{24h/day\times60m/h}=0.8day$$

❷ 달을 촬영한 날의 공전각을 계산한다. (단, 달의 공전 주기는 27.32일이다.)

예) 11월 7일(0.8일) 공전각 $=0.8$일 $\times\frac{360°}{27.32일}=10.5°$

Excel에 '=B3*360/27.32'를 입력한다.

❸ 달의 각지름을 측정한다.

❹ X축을 공전각, Y축을 달의 각지름으로 설정하여 분산형 그래프를 그린다.

❺ A값과 B값을 설정하기 위하여 오른쪽 공간에 스크롤바를 삽입하고 최솟값, 최댓값, 셀 연결 값을 입력한다.

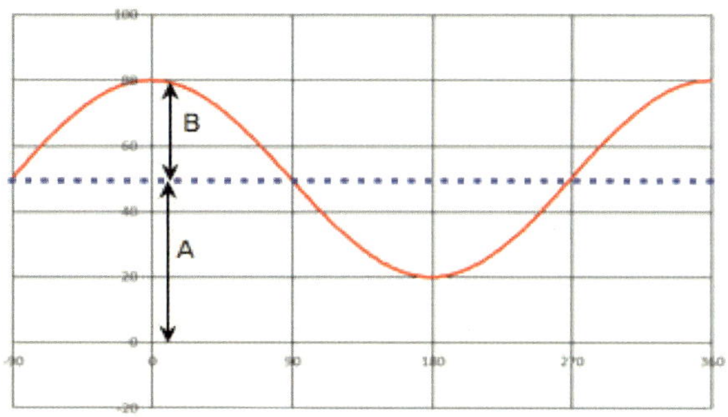

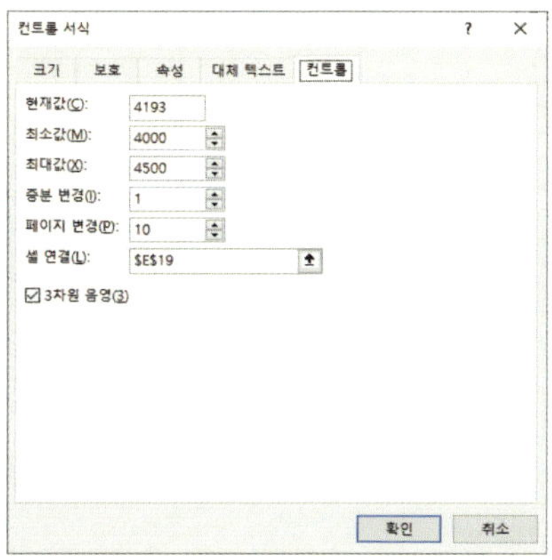

❻ 최솟값, 최댓값에는 소수점 입력이 불가능하다. 최솟값, 최댓값에 큰 값을 입력하고 표시된 값을 1/100 하여 소수점으로 만든다.

❼ 분산형 그래프에 $D = A + B\, cos\theta$를 Fitting* 하기 위하여 '=$C$19+$C$20*COS(C3*PI( )/180)'를 입력하고, 전체 셀에 적용한다.

---

* 주어진 데이터와 곡선의 방정식을 최대한 맞추는 과정

8. 이를 분산형 그래프에 함께 보이도록 그래프를 클릭하고 마우스 오른쪽 버튼을 누른 후 [원본 데이터]-[계열]-[추가]를 클릭한다.
9. X값에 공전각, Y값에 Fitting값을 범위로 설정한다.
10. 그래프에서 Fitting 자료에 오른쪽 버튼을 클릭한 후 [데이터 계열 서식]-[무늬]를 클릭한다.
11. [선]에 '사용자 지정'으로 설정하고, [표식]에 '없음'을 설정하고 [확인]을 클릭한다.
12. A와 B의 스크롤바를 조정하면서 Fitting한다.
13. 이심률을 구한다.

$A=\frac{1}{a(1-e^2)}$ $B=\frac{e}{a(1-e^2)}$이므로 $e=\frac{B}{A}$임을 이용한다.

결과 및 토의

1. 표를 완성해 보자.

날짜	경과일 (일)	공전각 (˚)	달의 각지름 (pixel)	이론값
11월 07일 19:15	0.8	10.54	43.76	엑셀 fitting값
11월 08일 19:00	1.79	23.59	43.84	〃
11월 09일 19:50	2.83	37.29	44.3	〃
11월 10일 20:13	3.84	50.60	44.3	〃
11월 11일 19:49	4.83	63.65	44.39	〃
11월 12일 21:17	5.89	77.61	43.93	〃
11월 14일 19:33	7.81	102.91	43.38	〃
11월 15일 21:55	8.91	117.41	42.9	〃

11월 16일 23:58	9.99	131.64	42.36	〃
11월 17일 21:23	10.89	143.50	42.00	〃
11월 18일 20:53	11.87	156.41	41.34	〃
11월 19일 21:14	12.88	169.72	40.65	〃
11월 20일 21:34	13.89	183.03	40.31	〃
11월 21일 23:12	14.97	197.26	40.05	〃
11월 23일 06:39	16.28	214.52	40.05	〃

2. 그래프를 이용하여 타원 궤도의 이론값을 찾아보자.

❶ 공전각에 따른 달의 각지름 관측값과 이론값을 그래프로 그려 보자.

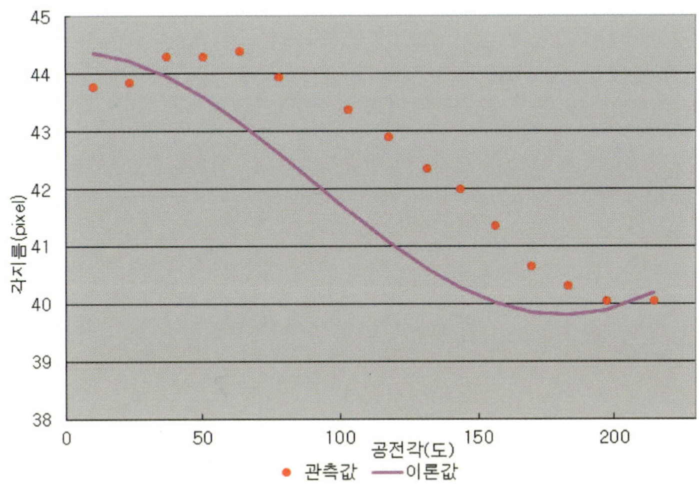

❷ 공전각에 따른 달의 각지름 관측값과 이론값은 불일치한다. 그 이유는?

이론값과 관측값의 근일점이 일치하지 않는다. 즉, 시작점이

다르기 때문이다.

❸ 그래프에서 관측값과 이론값의 공전각을 어떻게 일치시킬 수 있을까?

달의 공전 궤도에 대한 공전각을 변화시켜 관측값과 이론값의 시작점을 일치시킨다. E3값을 '=$C$19+$C$20*COS((C3-$C$21)*PI()/180)'와 같이 변화시킨다.

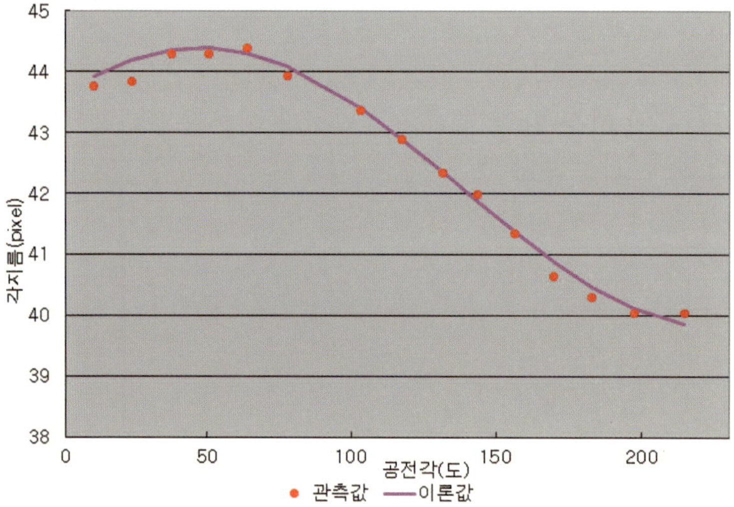

3. A, B의 값은 얼마인가?

A값은 42.01, B값은 2.3이다.

4. 달의 공전궤도 이심률은 얼마인가?

$$e = \frac{B}{A} = \frac{2.3}{42.01} = 0.0547$$

※ 달의 공전궤도 이심률은 0.0548이다.

탐구 방법 3

근지점과 원지점의 보름달 이용하기

관측 자료

사진은 2005년 7월 근지점에, 2006년 2월 원지점에 위치한 보름달을 촬영한 것이다.

결과 및 토의

1. 근지점에 위치한 보름달과 원지점에 위치한 보름달의 지름을 측정해 보자.

근지점에 위치한 보름달의 지름	원지점에 위치한 보름달의 지름
59.2mm	51.87mm

2. 달의 이심률을 계산해 보자.

$$e=\frac{\theta_{근}-\theta_{원}}{\theta_{근}+\theta_{원}}=\frac{59.2-51.87}{59.2+51.87}=0.0659$$

※ 달의 공전궤도 이심률은 0.0548이다.

5

태양의 자전 주기 구하기

분류	태양의 관측	난이도	★★★
준비물	천체망원경, 태양 필터, DSLR카메라 자(30cm), 계산기		
탐구 목표	태양 흑점 사진과 분광 자료를 이용하여 태양의 자전 주기를 구할 수 있다.		

태양에 흑점이 존재한다는 사실을 옛사람들은 언제 알았을까? 그리고 흑점을 당시 사람들은 어떻게 생각하였을까? 흑점에도 깊은 사연이 있다고 한다.

역사적 배경

흑점에 관한 역사적인 기록을 살펴보면 중국 후한의 역사책『한서』중「오행지」에 기원전 28년 3월, 태양 가운데에서 동전 모양의 검은 기운을 보았다는 기록이 있다. 그 후 10세기에 이르기까지 중국사에서 흑점 기록은 약 70회 정도 나타난다. 우리나라의 경우 고려 초인 1151년 3월 『고려사』에 태양 흑점에 관한 기록이 남아 있다. 흑점을 '흑자(黑子)'로 표시하였으며, '해에 흑점이 있는데 크기는 계란만 했다.'고 적혀 있다. 조선왕조실록 중 1402년 10월 20일 태종실록을 보면 '해의 가운데에 흑점이 있었다. 태양 독초를 소격전에서 행하여 빌었다.'라고 기록되어 있다. 여기서 말하는 독초(獨醮)란 조선 초기 행해졌던 초제의 일종인데, 초제는 왕실의 안녕과 천재지변 등을 물리치기 위한 제사를 말한다. 즉, 태종은 태양에 흑점이 나타난 것을 보고 곧바로 제사를 지낸 것이다. 고려사와 조선왕조실록에는 흑점에 대한 묘사가 약 700번 정도 등장한다.

그럼 서양에서 최초로 흑점을 관찰한 사람은 누구일까? 바로 갈릴레오 갈릴레이(Galileo Galilei, 1564~1642)로, 1610년 자신이 만든 망원경을 이용하여 종이 위에 투영된 태양의 모습을 관찰하고서 태양 표면의 '검은 얼룩'에 관한 자세한 관측 기록을 남겼다.

갈릴레오 갈릴레이가 활동하던 시기에 흑점을 관측하는 모습

당시 사람들은 불완전하고 가변적인 인간이 생활하는 지상계와 완전하고 불변하는 신이 존재하는 천상계로 우주를 구분하였다. 그런데 천상계에 해당하는 태양에서 흑점이 발견되었고, 시간에 따라 이 흑점의 위치가 이동하고 있음을 관찰한 것이다. 아리스토텔레스의 전통적 물리학에 기반한 천동설을 믿는 사람들은 천상계에 위치한 별은 하늘에 고정되어 있고 영원히 변하지 않는다고 생각하였으며, 태양 또한 완전무결한 존재로 생각하였다. 그런데 태양에서 흑점이 생성되고 위치가 변한다는 사실은 천동설에 심각한 문제점을 발생시키는 것이었다.

1612년 독일의 천문학자 크리스토프 샤이너(Christoph Scheiner, 1575년경~1650년)는 흑점이 눈이나 망원경에 의한 결함 때문에 생기거나 지구를 둘러싸고 있는 공기 중에서 발생하는 현상이라고 주장하였다. 그리고 만약 흑점이 태양의 표면에 위치한다면 태양의 자전에 의해 흑점의 위치는 유지된 채 다시 발견되어야 하지만, 태

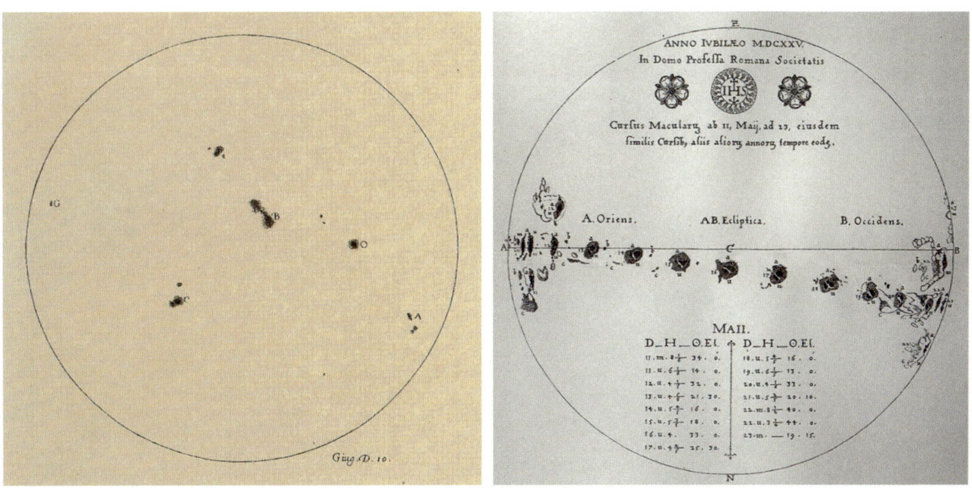

1613년 갈릴레오가 관찰한 흑점(왼쪽), 1625년 샤이너가 관찰한 흑점

양은 자전할 수 없을 뿐만 아니라, 관측 결과 흑점의 위치와 개수가 계속 달라지므로 흑점은 태양을 중심으로 도는 위성으로 보아야 한다고 주장하였다.

이에 대해 갈릴레오는 수시로 태양을 관측하였는데 흑점의 모양, 불투명한 정도, 결합과 분리되는 양상 등을 관찰하였을 때 그 본질은 별보다 구름에 가깝다고 말하였다. 즉, 흑점은 태양 표면에 접촉하거나 약간 떨어진 곳에 있으며 태양의 자전 때문에 이동한다는 것이다. 갈릴레오는 1612년 6월 2일부터 7월 8일까지 관찰한 흑점 그림 35점을 증거로 제시하였고, 흑점의 위치에 관한 수학적 논증을 통해 흑점의 이동은 태양의 자전에 의한 결과라고 주장하였다.

갈릴레오와 샤이너의 흑점의 정체에 대한 논쟁은 천동설을 믿는 학자와 지동설을 믿는 학자 사이의 대격돌, 그 시작이 되었다. 그리고 달의 크레이터에 대한 해석, 목성 위성의 위치 변화, 금성의 위상 변화와 관련된 논쟁으로 확대되었다.

이렇듯 흑점은 단순히 '흑점의 정체는 무엇인가?'를 넘어 코페르니쿠스 혁명 즉 '지동설'에 대한 본격적인 논쟁의 서막이 된 것이다.

탐구 방법 1

태양의 흑점을 이용한 방법

이론적 배경

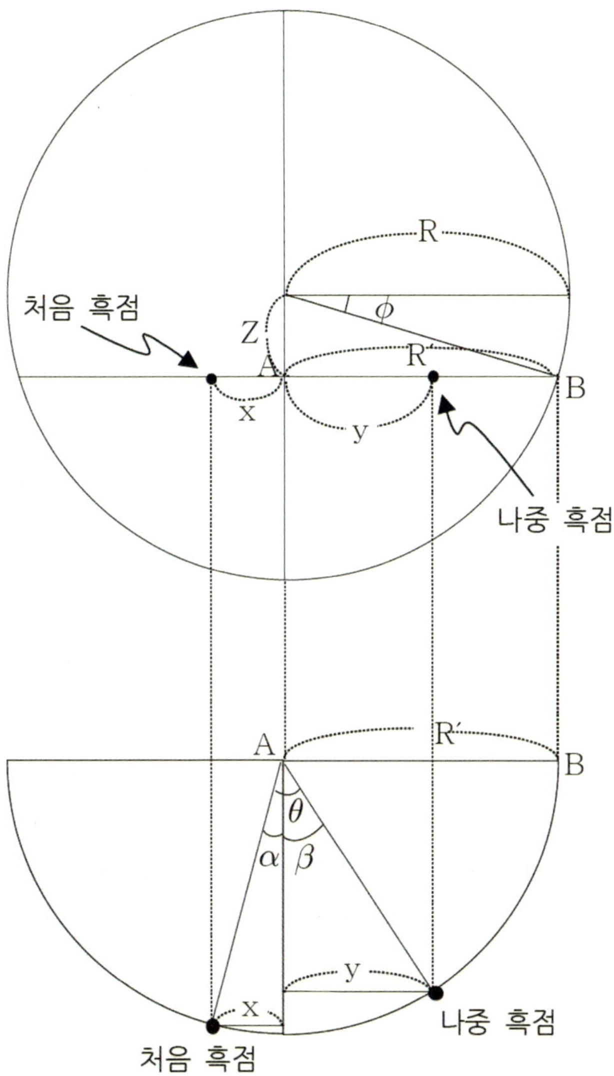

흑점이 위치한 x, y를 태양의 위도로 표현하면 $sin\varphi = \frac{Z}{R}$이므로

$\varphi = sin^{-1}\frac{Z}{R}$이 된다.

위 그림과 같이 흑점이 이동한 경우를 생각해 보자.

그림에서 $sin\alpha = \frac{x}{R'}$, $sin\beta = \frac{y}{R'}$이다.

따라서 흑점의 회전각 α와 β는 $\alpha = sin^{-1}(\frac{x}{R'})$, $\beta = sin^{-1}(\frac{y}{R'})$로 표현되며,

흑점의 이동각 θ는 $\theta = \alpha + \beta$이다.

태양의 자전 주기는 비례식에 의해 다음과 같이 표현된다.

$360° : \theta =$ 태양의 자전 주기(P) : 시간 차$(t_2 - t_1)$

$$P = \frac{360°}{\theta}(t_2 - t_1)$$

관측 방법

❶ 천체 망원경을 설치한다.

❷ 나침반을 이용하여 북쪽을 찾은 후, 망원경의 극축을 북쪽으로 향하도록 한다.

❸ 태양 필터를 망원경 앞부분에 연결한다.

※ 절대로 파인더를 통하여 태양을 관측하지 않도록 먼저 파인더를 제거한다. 망원경을 통해 태양을 관측하면 실명될 수 있어 매우 위험하므로 사전에 철저히 교육한 후 실습하도록 한다.

❹ 태양 필터를 사용한 상태에서는 접안렌즈를 통해 태양을 관측하여도 무방하다.

❺ T링과 망원경 접안부 위쪽 부분과 결합한다. 결합체(T링+접안부 홀더)를 카메라와 연결한다.

⑥ 이를 망원경에 연결한다.

⑦ 카메라에 릴리즈를 연결한다.

⑧ 카메라의 뷰파인더를 이용하여 촬영하고자 하는 천체를 망원경 컨트롤러를 이용하여 중앙에 위치시킨다.

⑨ 뷰파인더를 통하여 천체를 보면서 망원경 초점 조절나사를 조금씩 앞뒤로 움직이면서 정확한 초점을 찾는다. 이것은 사진 촬영에서 가장 중요한 작업이므로 긴 시간을 두고 정밀하게 실시한다.

⑩ 카메라의 촬영 모드를 수동모드(M)로 설정한다.

⑪ 노출시간은 임의로 촬영한 후 확인하여 적정 노출 여부를 확인하도록 하며, 실제 촬영할 때에는 적정 노출의 한 단계 혹은 두 단계 증감하여 릴리즈를 이용하여 촬영한다.

⑫ 태양의 흑점이 적도 부근과 고위도에 관측되는 날을 선택하여 태양을 촬영한다. 그리고 2~3일 정도 지난 후 다시 태양을 촬영한다.

관측 자료

사진은 2002년 2월 1일 20시 48분과 2002년 2월 3일 06시 24분에 SOHO 위성에서 태양을 촬영한 것이다.

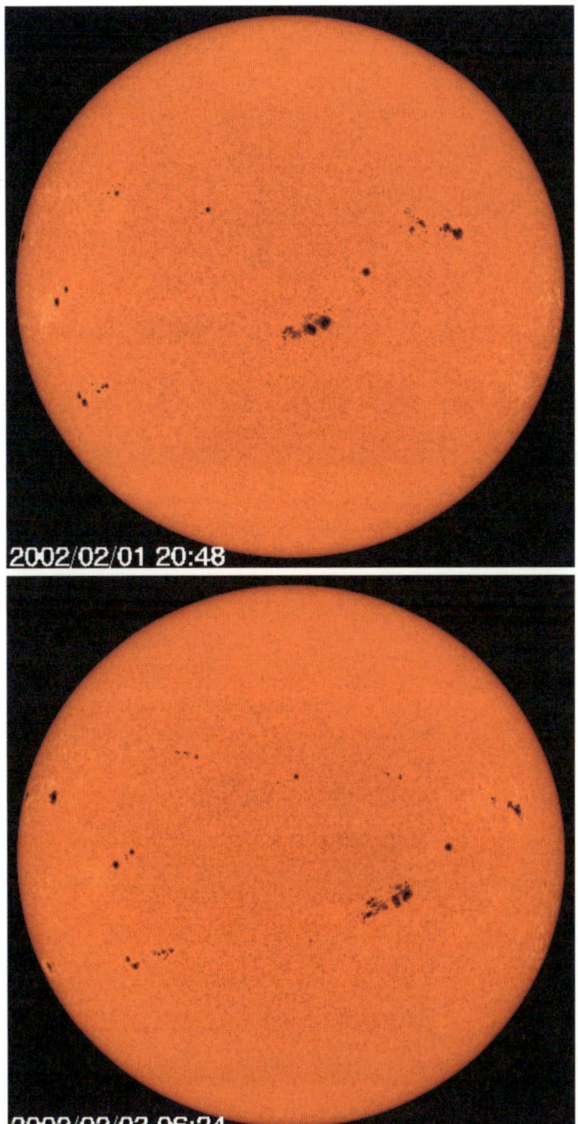

활동 과정

❶ startrails.de에 접속하여 startrails 프로그램을 다운로드해 설치한다.

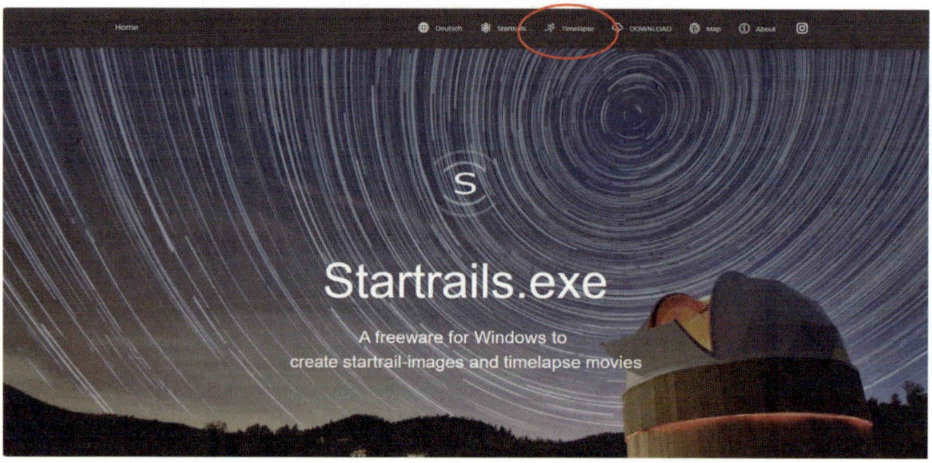

❷ '파일' - 'Open images'를 클릭한 후 2개의 이미지를 불러온다.

❸ startrails를 클릭하면 완성된다.

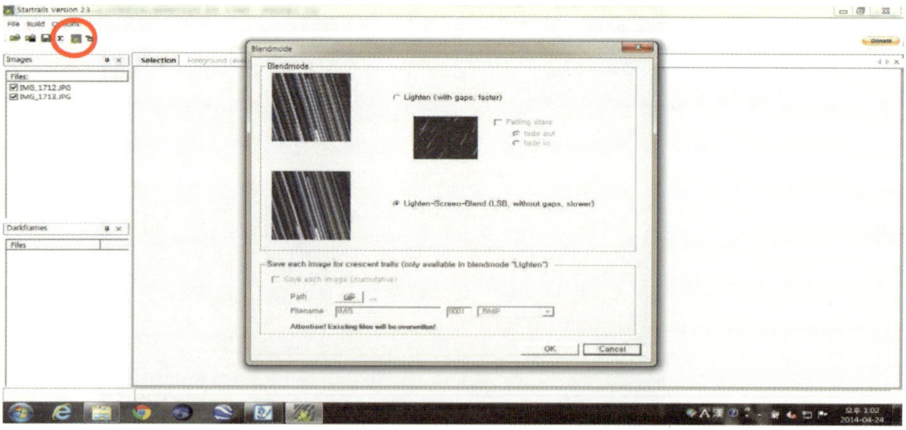

❹ 적도, 중위도, 고위도 등 흑점의 위도를 고려하여 5개(A~E)를 선택한다.

❺ 흑점 A~E의 물리량을 구한 후 태양의 자전 주기를 계산한다.

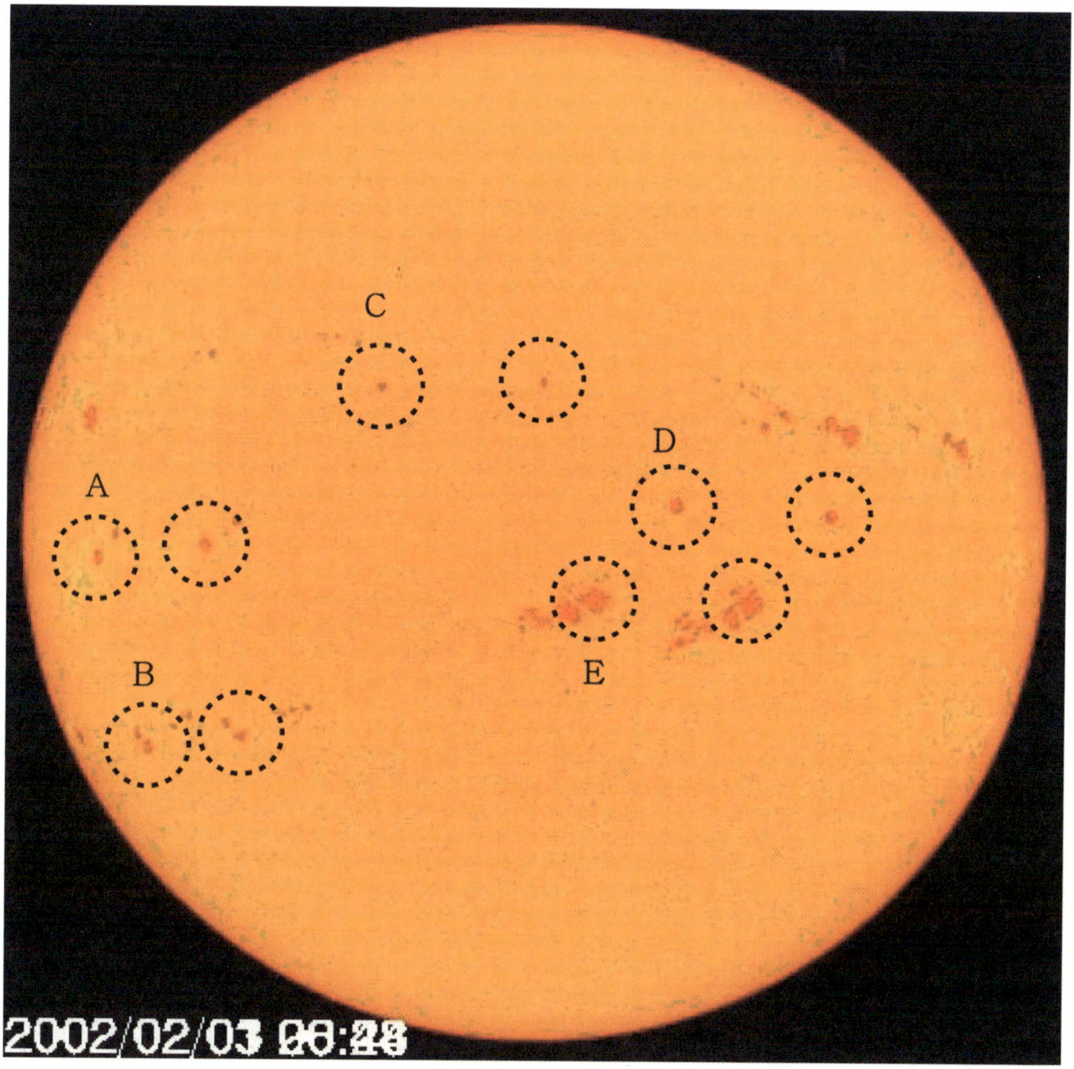

결과 및 토의

1. 흑점 A~E의 물리량을 측정하고, 자전 주기를 구하시오.

흑점		A	B	C	D	E
측정값	$R(mm)$	67.5				
	$Z(mm)$	2.91	28.05	19.73	3.64	8.93
	$R'(mm)$	67.37	61.29	64.47	67.43	67.00
	$X(mm)$	57.20	50.85	20.12	18.47	8.04
	$Y(mm)$	43.18	38.42	0.80	38.58	28.36
위도$\varphi = sin^{-1}(\frac{Z}{R})$		2.48°S	27.24°S	17.82°N	3.09°N	7.66°S
$\alpha = sin^{-1}(\frac{x}{R'})$		58.11°	56.06°	18.18°	15.90°	6.89°
$\beta = sin^{-1}(\frac{y}{R'})$		39.86°	38.82°	0.71°	34.90°	25.04°
θ		18.25°	17.25°	18.90°	19.00°	18.15°
$t_2 - t_1$(일)		2002년 2월 3일 6시 24분 - 2002년 2월 1일 20시 48분 = 1.4일				
$P = \frac{360°}{\theta}(t_2 - t_1)$(일)		27.62	29.22	26.67	26.52	27.77

2. 태양의 자전 주기는 항성을 기준으로 한 바퀴 회전하였을 때의 값이다. 즉, A에서 출발하여 다시 A에 도달할 때까지 걸린 시간을 의미한다. 앞에서 구한 태양의 자전 주기는 그림에서 어느 것에 해당하는가? 그 이유는?

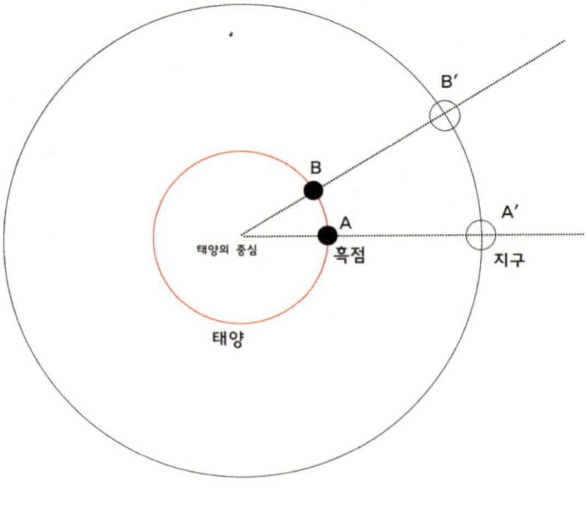

앞에서 결정한 태양의 자전 주기는 지구에서 보았을 때 태양의 흑점이 태양의 중앙에서 다시 태양의 중앙으로 돌아올 때까지 걸린 시간을 의미한다. 즉, 태양의 흑점이 A에서 출발하여 A로 돌아온 다음 다시 B까지 이동하는데 걸린 시간(A-A-B)에 해당한다. 그 이유는 흑점이 이동하는 동안 지구도 태양을 중심으로 A′에서 B′로 공전하였기 때문이다.

3. 태양의 자전 주기를 별을 기준으로 계산해 보자.

❶ 별을 기준으로 태양의 자전 주기를 어떻게 계산할 수 있을까?

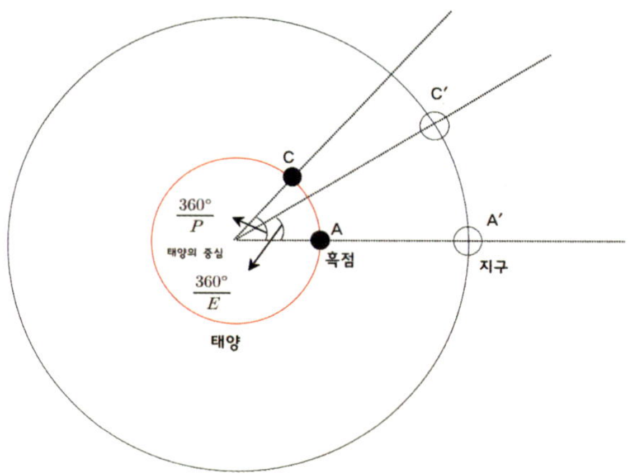

위 그림은 1일 동안 태양의 자전에 의해 흑점이 A에서 C로 이동할 때, 지구가 공전에 의해 A′에서 C′로 이동한 것을 나타낸 것이다. 항성을 기준으로 했을 때 태양의 자전 주기는 회합 주기(지구에서 행성을 볼 때 태양에 대해서 천구 상의 같은 위치로 돌아오는 데 걸리는 시간)를 이용하여 구한다.

흑점의 자전 주기를 P, 지구의 공전 주기를 E, 지구에서 흑점을 관측하였을 때 태양의 중심에서 다시 중심으로 이동하는 데 걸리는 시간을 회합 주기 S로 가정하자.
태양의 자전에 의해 흑점이 1일 동안 공전한 각은 $\frac{360°}{P}$이고, 지구가 1일 동안 공전한 각은 $\frac{360°}{E}$이다.
1일 동안 흑점과 지구의 회전각의 차는 $\frac{360°}{P}-\frac{360°}{E}$이다.
이 차가 회합 주기만큼 시간이 지나면 흑점과 지구의 회전각의 차는 360°가 된다.
이를 수식으로 표현하면 $(\frac{360°}{P}-\frac{360°}{E})\times S=360°$이고,
이를 정리하면 $\frac{1}{P}-\frac{1}{E}=\frac{1}{S}$이 된다.

❷ 별을 기준으로 태양의 자전 주기를 계산해 보자.

흑점	A	B	C	D	E
위도	2.48°S	27.24°S	17.82°N	3.09°N	7.66°S
회합 주기(일)	27.62	29.22	26.67	26.52	27.77
자전 주기(일)	25.68	27.06	24.86	24.73	25.81

항성을 기준으로 관측하였을 때 태양의 자전 주기 $P=\frac{S\times E}{S+E}$이다.
위도 2.48°S의 경우 $P=\frac{S\times E}{S+E}=\frac{27.62\times 365.25}{27.62+365.25}=25.68$일이다.

4. X축을 위도, Y축을 태양의 자전 주기로 설정한 후 그래프를 그려 보자. 어떤 관계가 나타나는가?
전반적으로 위도가 낮을수록 자전 주기는 짧고, 위도가 높을수록 자전 주기는 길어진다.

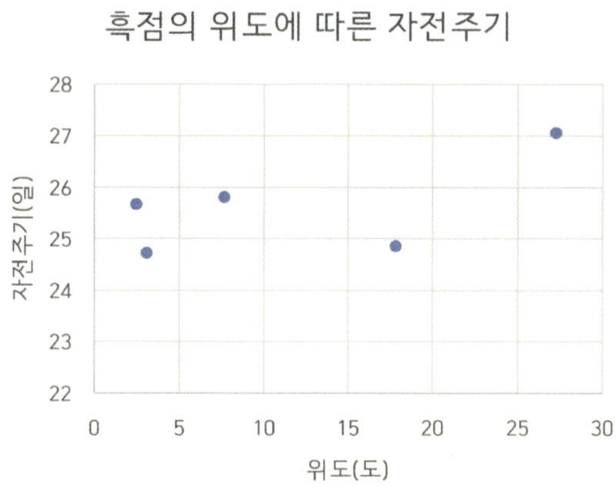

5. [문제 4]를 통해 알 수 있는 태양의 특징은 무엇인가?

태양의 자전 주기가 저위도에서는 짧고 고위도에서는 길다는 사실은 태양이 자전하는 속도가 적도에서 빠르고 극쪽으로 가면서 느려진다는 것을 의미한다. 만약 태양이 딱딱한 물체라면 이 현상이 나타나는 것은 불가능하다. 따라서 태양은 공기나 액체와 같은 형태의 유체라는 것을 알 수 있다.

6. 흑점을 이용하여 구한 태양의 자전 주기에서 오차가 발생하는 주된 요인을 말해 보자.

태양 흑점의 이동을 이용한 태양의 자전 주기를 결정할 때 흑점이 수평으로 평행하게 이동한다고 가정하였다. 그러나 그림에서 볼 수 있듯이 흑점은 위도와 나란하게 이동하는 것이 아니라 비스듬하게 이동하는 것을 볼 수 있다. 이러한 이유로 오차가 발생하였다.

탐구 방법 2

분광 스펙트럼을 이용하기

관측 자료

1. 태양의 자전 속도를 측정하기 위해서는 자전에 의한 시선 속도가 최대로 나타나는 위치를 관측하여야 한다. 그림은 태양 적도의 왼쪽 끝부분(동쪽 끝)과 오른쪽 끝부분(서쪽 끝)에 분광기의 슬릿을 위치시킨 후 관측한 분광 스펙트럼이다.

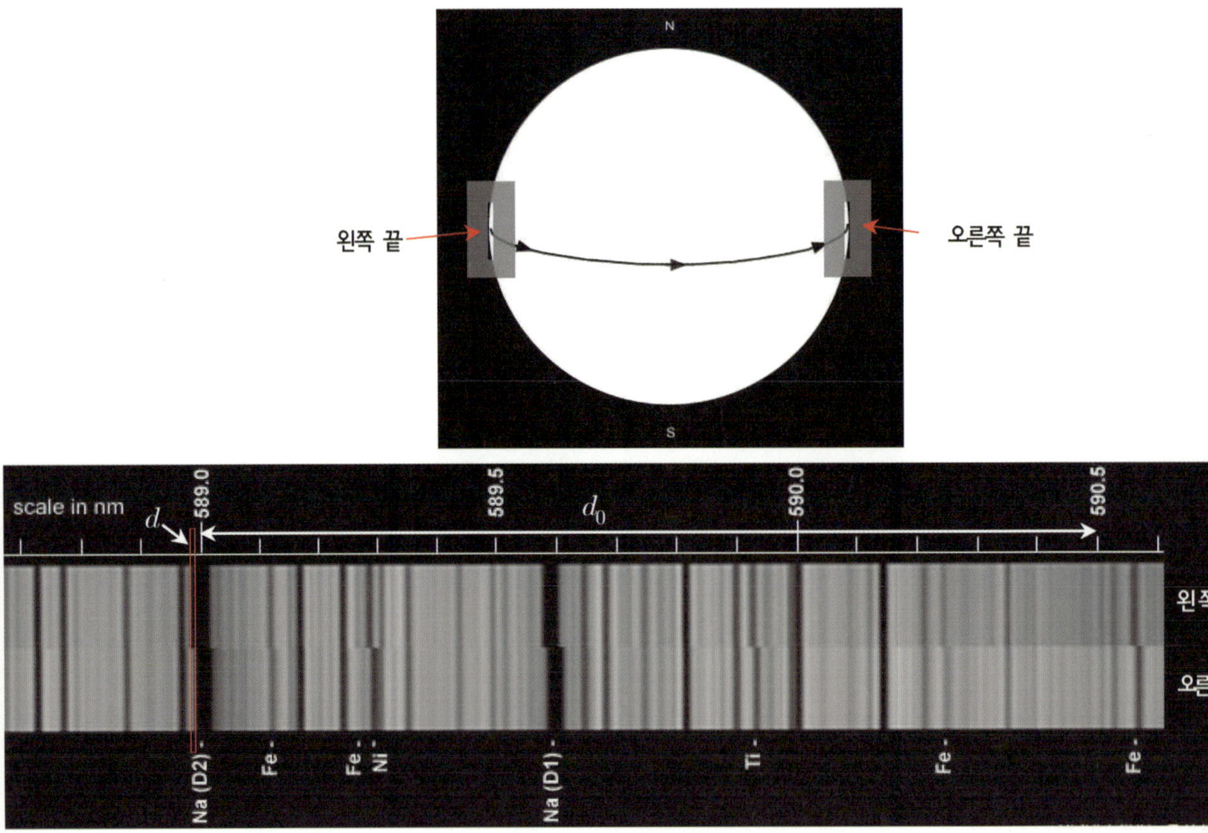

결과 및 토의

1. 태양 적도 부분의 자전 주기를 구해 보자.

❶ 비교 스펙트럼의 589.0nm와 590.5nm 사이의 길이(d_0)는 얼마인가? 117.71mm

❷ 동쪽 끝과 서쪽 끝의 편이량 d(mm, 붉은색 박스로 표시)는 얼마인가? 0.6mm

❸ 동쪽 끝과 서쪽 끝의 파장 편이량(nm)은 얼마인가?

$(590.5nm - 589.0nm) : d_0 = \Delta\lambda : d$

$\Delta\lambda = \frac{0.6mm}{117.71mm}(590.5nm - 589.0nm) = 0.00764nm$

❹ 동쪽 끝과 서쪽 끝의 편이량은 우리가 구하고자 하는 태양의 자전 속도에 해당하는가? 그 이유는?

해당하지 않는다. 태양의 자전에 의해 동쪽(C) 끝은 청색편이, 서쪽(A) 끝은 적색편이가 발생한다. 따라서 태양의 자전 속도를 계산하기 위해서는 편이가 발생하지 않는 지점(B)을 기준으로 동쪽(C) 끝까지의 편이량을 측정하거나, 서쪽(A) 끝까지의 편이량을 측정하여야 한다. 그런데 동쪽 끝과 서쪽 끝의 편이량($\Delta\lambda$)을 측정하였으므로 태양의 자전 속도는 전체 편이량($\Delta\lambda$)의 1/2에 해당한다.

❺ 태양의 자전에 해당하는 실제 편이량($\Delta\lambda_{자전}$)은 얼마인가?

$$\Delta\lambda_{자전} = \frac{\Delta\lambda}{2} = \frac{0.00764nm}{2} = 0.00382nm$$

❻ 태양의 자전 속도는 몇 km/s인가?

$$\frac{\Delta\lambda_{자전}}{\lambda_0} = \frac{v}{c} \text{에서 } v = \frac{\Delta\lambda_{자전}}{\lambda_0} \times c = \frac{0.00382nm}{589.0nm} \times 3 \times 10^5 km/s = 1.946km/s$$

※ 태양의 적도에서 자전 속도는 1.997km/s이다.

❼ 태양 적도에서의 자전 주기는 며칠인가?

(단, 태양의 반지름은 696,342km이다.)

$$P = \frac{2\pi R_\odot}{v} = \frac{2\pi \times 696{,}342km}{1.946km/s} = 2{,}248{,}261s = 26.0\text{일}$$

※ 태양의 적도에서 자전 주기는 25.38일이다.

6

일식을 이용한 일반상대성 이론의 검증

분류	태양의 관측	난이도	★★★★★
준비물	자(30cm), 계산기	동영상 강의	
탐구 목표	개기일식 사진을 이용하여 일반상대성 이론을 증명해 보자.		

아마 아인슈타인의 상대성이론을 들어 보지 못한 사람은 없을 것이다. 상대성이론이 20세기 과학계 전반에 끼친 영향은 대단하였다. 상대성이론이 발표된 후 당시까지 뉴턴 역학으로 설명하지 못했던 다양한 천문 현상을 정확히 설명하게 되었고, 시공간의 변화와 중력, 우주 방정식의 등장을 이야기할 수 있게 되었다. 그리고 우리가 매일 사용하는 스마트폰도 특수상대성 이론에 기반하여 운영되고 있을 정도이다. 그런데 이렇게 위대한 상대성이론도 처음 발표되었을 때, 대부분의 과학자들은 이를 이해하지 못했다. 그럼 처음으로 상대성이론을 실험으로 증명한 사람은 누구이며, 또 어

떻게 증명하였을까?

역사적 배경

1915년 발표된 일반상대성 이론은 물리학자들 사이에서 큰 화제였다. 당시까지 승승장구하던 뉴턴의 중력 이론과 전혀 다른 새로운 방식으로 중력을 설명하였기 때문이다. 일반상대성 이론의 가장 핵심적인 내용은 중력을 시공간의 기하학적 성질로 설명한 것이다. 일반상대성이론에 따르면 태양의 질량에 의해 주위 공간이 휘어져 있기 때문에 지구는 똑바로 가지 못하고 휘어진 공간을 따라 태양 주위를 돈다. 지구가 태양 주위를 도는 이유를 지구와 태양 사이에 작용하는 중력으로 설명하는 뉴턴의 방식과 큰 차이가 있다. 중력이 시공간을 구부린다는 개념은 완전히 새로운 것이었고, 시간과 공간은 절대 불변한다고 믿고 있던 당시에는 쉽게 받아들일 수 없던 설명이었다.

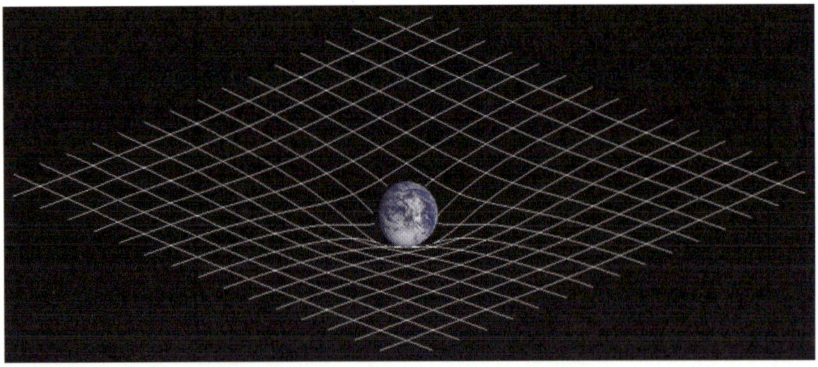

일반상대성 이론을 나타내는 자료

알베르트 아인슈타인(Albert Einstein, 1879~1955년)은 당시까지 뉴턴 역학으로 설명할 수 없었던 수성의 근일점 이동(태양의 중력이 수성을 끌어당겨 수성의 근일점 위치가 변하는 현상)을 일반상대성 이론으로 정확하게 설명하였지만, 많은 물리학자들은 이것으로 만족하지 못했다. 아인슈타인은 일반상대성 이론을 증명하기 위해 개기일식을 이용하는 방법을 제안하였다. 태양 빛은 매우 강하여 태양 주변의 별빛을 볼 수 없다. 그러나 개기일식 때에는 강한 태양 빛이 달에 가려져 짧은 시간 동안 태양 주변의 별을 관측할 수 있다. 만일 태양에 의해 별빛이 휘어진다면, 이때 보이는 태양 근처의 별들은 원래 있어야 할 위치에서 약간 벗어나 다른 위치에서 관측될 것이다.

아서 스탠리 에딩턴(Arthur Stanley Eddington, 1882~1944년)은 1919년 5월 29일 아프리카 근처의 프린시페(Príncipe)섬에서 발생할 개기일식을 관측하기 위해 일식 원정대를 꾸렸다. 원정대는 두 팀으로 나누어 출발하였는데, 에딩턴 팀은 서부 아프리카 연안의 프린시페섬으로, 앤드류 크로멜린 팀은 브라질 북부의 소브랄(Sobral)로 이동하였다.

관측 지점에 도착한 두 팀은 한 달 넘게 망원경을 설치하고 장비 점검을 완료한 후 일식만을 기다렸다. 일식 당일 브라질 소브랄의 앤드류 크로멜린 팀은 날씨가 좋아 맑은 하늘 아래 개기일식을 촬영하였다. 하지만 프린시페섬의 에딩턴 팀은 아침부터 시작된 폭풍우로 일식을 거의 관찰하지 못했다. 그런데 천만다행으로 일식의 마지막 단계에서 날씨가 좋아져 몇 장의 사진을 촬영할 수 있었다.

에딩턴과 크로멜린은 영국에 도착한 후 관측 자료를 면밀히 분석하

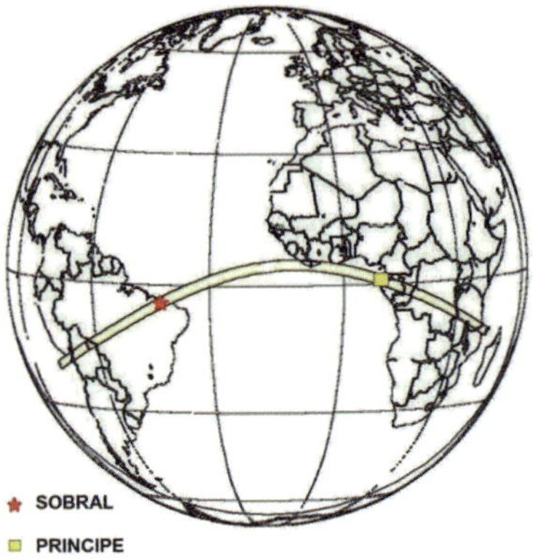

소브랄(Sobral)에 설치된 관측소의 모습

였고, 1919년 11월 그 결과를 발표하였다. 바로 아인슈타인의 상대성이론이 예측한 것처럼 별빛이 구부러진다는 것이었다.

에딩턴의 발표 다음 날 『더 타임즈』의 헤드라인은 "과학의 혁명, 우주의 새로운 이론, 뉴턴의 아이디어가 무너지다 (Revolution in Science; New Theory of the Universe; Newtonian Ideas Overthrown)"였다. 이 사실은 전 세계 신문에 대서 특필되었고 아인슈타인은 세계적인 유명 인사가 되었다.

이론적 배경

개기일식으로 일반상대성 이론을 증명하려면 뉴턴의 중력 이론에 의한 값, 아인슈타인의 중력 이론에 의한 값, 그리고 실제 관측값을 비교해야 한다.

뉴턴의 중력 이론에 의한 빛의 굴절

뉴턴의 중력 이론에 의하면 빛은 입자이고 질량을 갖고 있으므로 태양 근처를 지나가면 태양의 중력에 의해 빛도 태양 쪽으로 끌려가 휘어지게 된다. 이때 휜 각(θ_N)을 수식으로 나타내면 다음과 같다.

$$\theta_N = \frac{2GM}{rc^2}$$

(G: 만유인력 상수, M: 태양의 질량, r: 태양의 중심으로부터의 거리, c: 빛의 속도)

이를 태양의 표면($R_\odot$)을 지나가는 빛으로 가정하여 계산하면 다음과 같다.

$$\theta_N = \frac{2GM}{rc^2} = \frac{2GM_\odot}{r_\odot c^2} = \frac{2\times6.673\times10^{-11}Nm^2/kg^2\times2\times10^{30}kg}{6.96\times10^8m\times(3\times10^8m/s)^2} = 4.26\times10^{-6}rad$$

$$= 4.26\times10^{-6}rad\times\frac{180°}{\pi(rad)}\times\frac{60'}{1°}\times\frac{60''}{1'} = 0.87''$$

아인슈타인의 중력 이론에 의한 빛의 굴절

아인슈타인의 중력 이론에 의하면 질량이 큰 태양은 주변의 공간을 휘게 만들고, 이 휜 공간을 지나가는 빛은 똑바로 가지 못하고 휜 공간을 따라 이동하게 된다. 이때 휜 각을 수식으로 나타내면 다음과 같다.

$$\theta_E = \frac{4GM}{rc^2}$$

(G: 만유인력 상수, M: 태양의 질량, r: 태양의 중심으로부터의 거리, c: 빛의 속도)

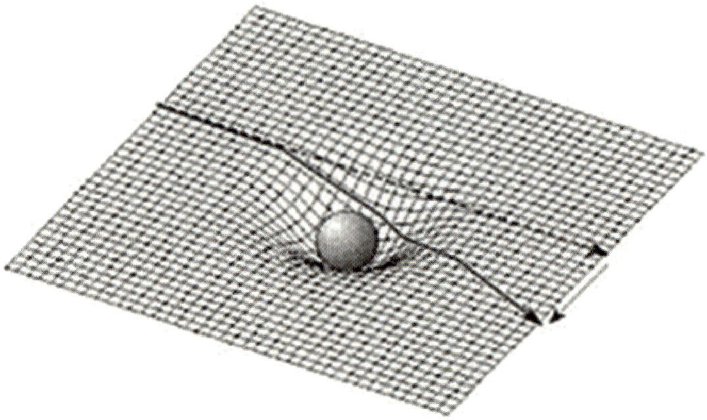

이를 태양의 표면($R_\odot$)을 지나가는 빛으로 가정하여 계산하면 다음과 같다.

$$\theta_E = \frac{4GM}{rc^2} = \frac{4GM_\odot}{r_\odot c^2} = \frac{4\times6.673\times10^{-11}Nm^2/kg^2\times2\times10^{30}kg}{6.96\times10^8 m\times(3\times10^8 m/s)^2} = 8.52\times10^{-6}rad$$

$$= 8.52\times10^{-6}rad\times\frac{180°}{\pi(rad)}\times\frac{60'}{1°}\times\frac{60''}{1'} = 1.74''$$

관측 자료

1. 1922년 9월 21일 윌리엄 월리스(William Wallace)와 캠벨(Campbell)은 서호주에서 발생한 개기일식 사진을 촬영하였다. 그림은 개기일식 전 태양 주변의 별의 위치와 개기일식 후 태양 주변의 별

의 위치를 비교한 후 이동량을 화살표로 나타낸 것이다.

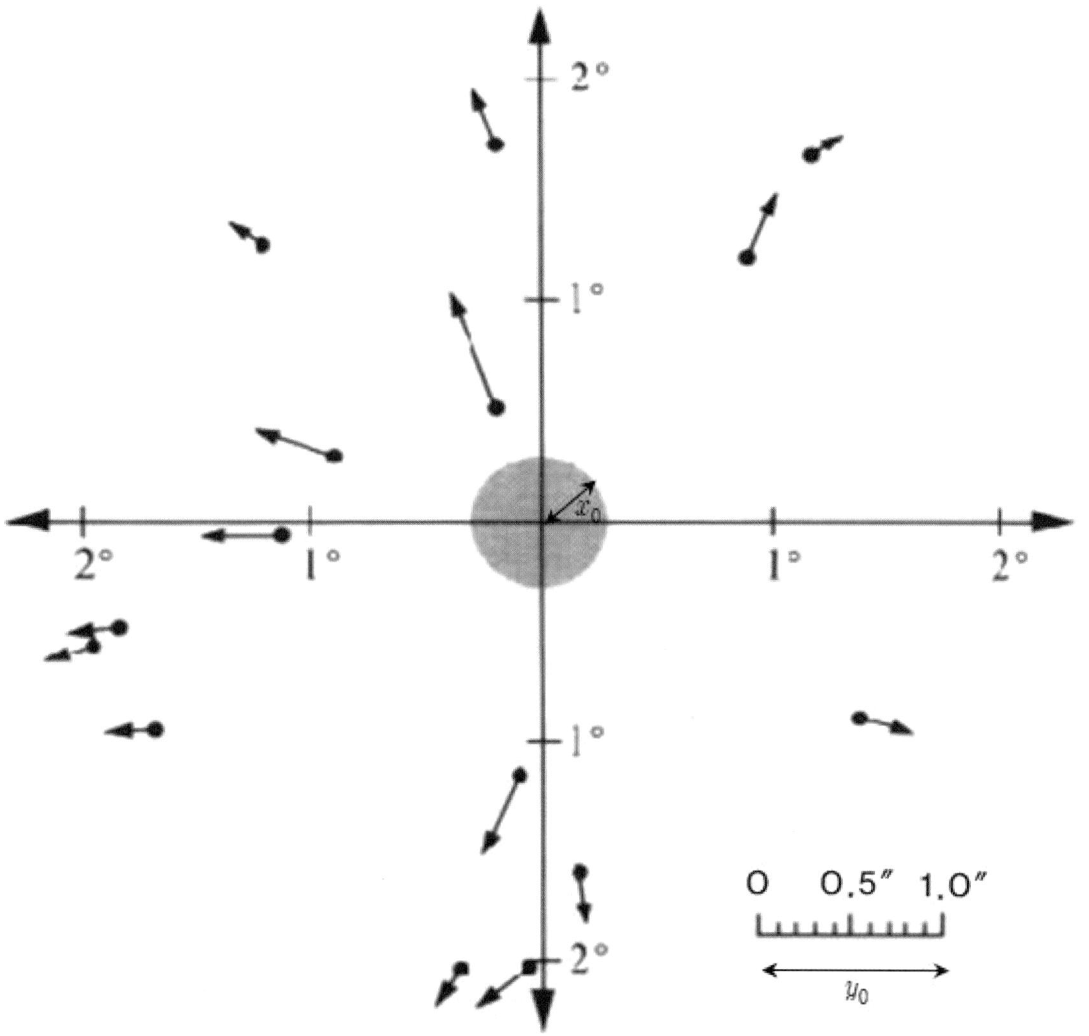

※ 그림에서 x축과 y축은 태양 중심에서 떨어진 각도를 나타낸 것이고,
화살표는 빛의 휨 현상에 의한 별의 위치 변화량을 나타낸 것이다.
별의 위치 변화량은 매우 작기 때문에 편의상 화살표로 확대하여 나타냈으며,
오른쪽 아래에 제시한 척도를 이용하여 변화량을 계산해야 한다.

활동 과정

❶ 그림에서 태양 반지름(x_o)을 자로 측정한다.

❷ 그림의 오른쪽 아래에 표시된 척도에서 1″에 해당하는 길이(y_o)를 자로 측정한다.

❸ 태양 중심에서부터 별까지의 거리(x)를 자로 측정한다.

❹ 화살표로 표시된 굴절각(y)을 자로 측정한다.

❺ 태양 중심에서부터 별까지의 거리(x)를 태양 반지름(x_o)으로 나눈 d(태양 반지름 $R_\odot$ 단위)로 변환한다.

$$d=\frac{x}{x_0}=\frac{kx}{kx_0}=\frac{r}{R_\odot}\ (k\text{는 비례상수})$$

❻ mm 단위의 굴절각(y)을 ″ 단위의 굴절각(θ)으로 변환한다.

$$1'':y_0=\theta:y \qquad \theta=\frac{y}{y_0}\times 1''$$

❼ 태양 중심으로부터 별까지 거리 d(태양 반지름 $R_\odot$ 단위)에서 뉴턴 중력 이론값이 어떻게 되는지 계산한다.

$$\theta_N=\frac{2GM}{rc^2}=\frac{2GM_\odot}{\frac{r}{R_\odot}R_\odot c^2}=\frac{1}{\frac{r}{R_\odot}}\frac{2GM_\odot}{R_\odot c^2}=\frac{0.87''}{d}$$

❽ 태양 중심으로부터 별까지 거리 d(태양 반지름 $R_\odot$ 단위)에서의 아인슈타인 중력 이론값이 어떻게 되는지 계산한다.

$$\theta_E=\frac{4GM}{rc^2}=\frac{4GM_\odot}{\frac{r}{R_\odot}R_\odot c^2}=\frac{1}{\frac{r}{R_\odot}}\frac{4GM_\odot}{R_\odot c^2}=\frac{1.74''}{d}$$

❾ x축을 $1/d$, y축을 굴절각(″)으로 설정한 후 뉴턴의 중력 이론값, 아인슈타인의 중력 이론값, 일식에 의한 관측값을 그래프로 그린다.

❿ 일식에 의한 관측값, 뉴턴의 중력 이론값, 아인슈타인의 중력 이론값 그래프에 각각 추세선을 추가한다.

결과 및 토의

1. 일식 사진에서 태양의 반지름의 길이와 굴절각 1″에 해당하는 길이를 자로 측정하자.

태양의 반지름 (x_0)	굴절각 1″에 해당하는 길이 (y_0)
8.95mm	24.6mm

2. 관측 자료를 이용하여 다음 값을 측정하자

별	태양-별 사이의 거리 (x)(mm)	굴절각 (y)(mm)
1	52.5	8.2
2	16.9	17.2
3	52.8	5.1
4	28.5	10.5
5	34.0	10.8
6	57.5	6.8
7	61.5	6.8
8	57.5	6.7
9	35.0	11.5
10	62.3	6.9
11	61.3	8.5
12	48.5	8.0
13	49.5	7.5
14	45.1	9.4
15	61.8	5.0

3. [문제 2] 관측값을 이용하여 다음 값을 구해 보자.

별	태양-별 사이의 거리 $(d)(R_\odot)$	굴절각 측정값 $(\theta)('')$	$1/d$	뉴턴의 중력 이론값 ('')	아인슈타인의 중력 이론값 ('')
1	5.87	0.33	0.17	0.15	0.30
2	1.89	0.70	0.53	0.46	0.92
3	5.90	0.21	0.17	0.15	0.29
4	3.18	0.43	0.31	0.27	0.55
5	3.80	0.44	0.26	0.23	0.46
6	6.42	0.28	0.16	0.14	0.27
7	6.87	0.28	0.15	0.13	0.25
8	6.42	0.27	0.16	0.14	0.27
9	3.91	0.47	0.26	0.22	0.44
10	6.96	0.28	0.14	0.12	0.25
11	6.85	0.35	0.15	0.13	0.25
12	5.42	0.33	0.18	0.16	0.32
13	5.53	0.30	0.18	0.16	0.31
14	5.04	0.38	0.20	0.17	0.35
15	6.91	0.20	0.14	0.13	0.25

별 1의 경우 태양-별 사이의 거리 $d = \frac{r}{R_\odot} = \frac{52.5mm}{8.95mm} = 5.87$

굴절각 $\theta = \frac{y}{y_0} \times 1'' = \frac{8.2mm}{24.6mm/''} \times 1'' = 0.33''$, $\frac{1}{d} = \frac{1}{5.87} = 0.17$

뉴턴의 중력 이론값 $\theta_N = \frac{0.87''}{d} = \frac{0.87''}{5.87} = 0.15''$

아인슈타인 중력 이론값 $\theta_E = \frac{1.74''}{d} = \frac{1.74''}{5.87} = 0.30''$

4. x축을 $1/d$, y축을 굴절각(″)으로 설정한 후 뉴턴의 중력 이론값, 아인슈타인의 중력 이론값, 일식에 의한 관측값을 그래프로 그려보자. 그리고 추세선을 추가하자.

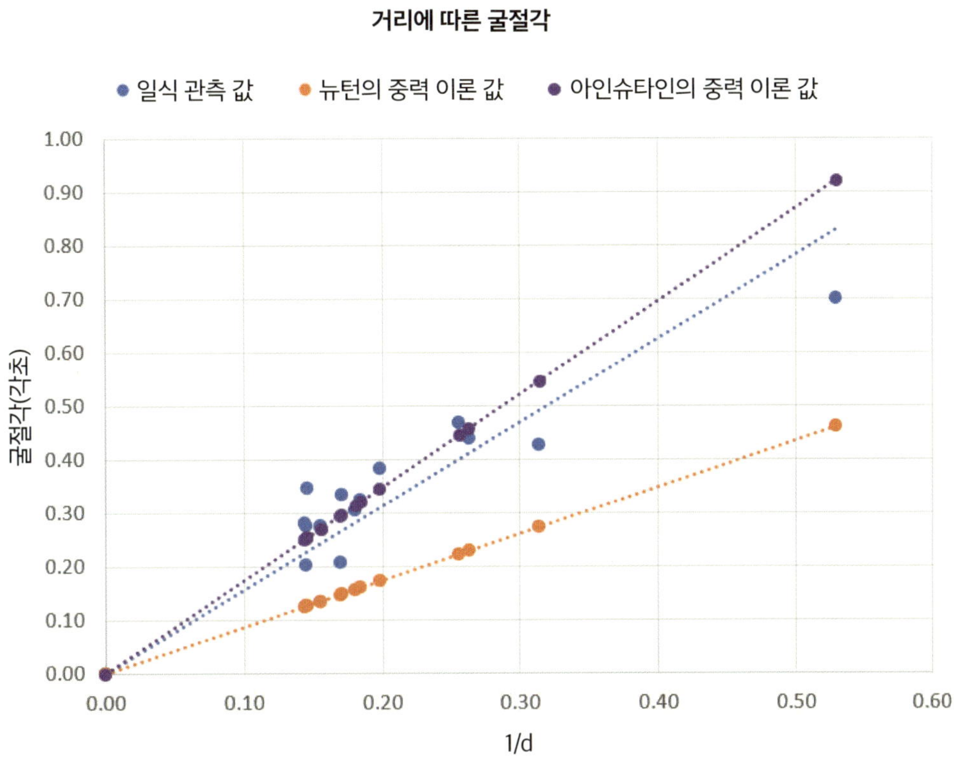

5. 일식의 관측값은 뉴턴의 중력 이론과 아인슈타인의 중력 이론 중 어느 것에 적합한가?

아인슈타인의 중력 이론에 가까우므로 더 적합하다 할 수 있다. 따라서 아인슈타인의 중력 이론이 옳다고 봐야 한다.

6. 그림은 아인슈타인의 중력 이론에 기초하여 개기일식이 발생할 때 빛의 굴절 현상을 나타낸 것이다. (단, ★은 굴절되기 전의 별의 위치이고, ★은 태양에 의해 빛이 굴절된 별의 위치이며, ☆은 주변 별의 위치이다.)

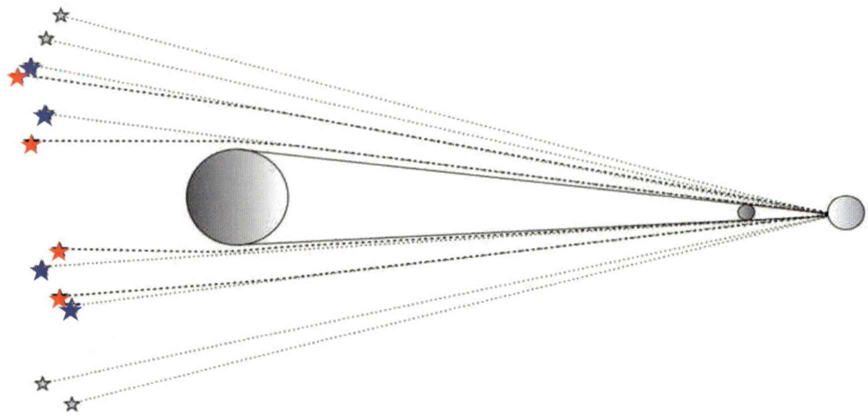

굴절되기 전의 별의 위치(★) 위에 태양에 의해 빛이 굴절된 별의 위치(★)를 표시해 보자. (단, 굴절의 크기와 방향을 고려한다.)

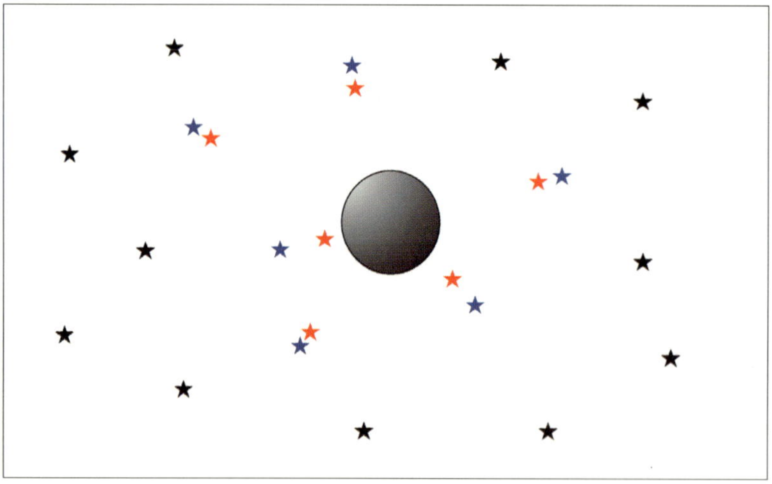

7. 1919년 에딩턴이 개기일식으로 일반상대성 이론을 검증한 일은 과학자들 사이에서 많은 논란이 되었다. 그 이유는 별빛의 굴절각이 매우 작아 측정 오차가 크게 나타났기 때문이다. 이 방법으로 일반상대성 이론을 완전하게 검증하는 일은 1979년 그리니치 천문대의 주도로 면밀한 관측과 검토를 통해 이루어졌으며, 그 결과 에딩턴이 옳다고 확정하였다. 이를 검증하는 데 왜 오랜 시간이 소요되었을까?

개기일식으로 일반상대성 이론을 검증하기 위해서는 일식이 발생할 때 태양 주변에 많은 별을 관측할 수 있어야 정확한 값이 구해진다. 그런데 다음 두 가지 문제가 있다.

첫째, 개기일식이 발생하는 동안 태양 주변에는 코로나가 있어 별을 관측하기 어렵다. 둘째, 개기일식이 발생하는 태양 주위에 산개성단과 같은 밝은 별이 많이 분포해야 한다. 그런데 이러한 경우가 흔하지 않았기 때문이다.

태양 주위의 코로나

7
지구의 반지름 구하기

분류	지구의 관측	난이도	★★★
준비물	스마트폰 2대, 삼각대 2대		
탐구 목표	태양의 남중 고도, 태양의 일출이나 일몰 현상을 이용하여 지구의 반지름을 측정할 수 있다.		

학생들에게 지구의 크기를 어떻게 측정할 수 있는지를 물으면 대부분 그리스 수학자 에라토스테네스가 사용한 방법을 말한다. 그런데 이 방법은 태양의 남중 고도가 90°가 되어 막대의 그림자가 나타나지 않는 관측 장소를 포함해야 하는데, 이런 곳은 위도 23.5°N~23.5°S 사이에 위치한다. 따라서 위도 37°N인 우리나라에서는 측정이 불가능하다. 필자도 지구의 크기를 직접 측정할 수 있는 방법을 찾고자 전문가에게 자문하거나, 학생들과 오랫동안 고민해 보았지만 해답을 찾지 못했다. 그런데 우연히 대학 물리학을 공부하며 지구의 크기를 측정할 수 있는 아이디어를 얻었다. 자! 그럼 가슴 뛰는 현장으로 떠나 보자.

역사적 배경

고대 그리스의 수학자이자 천문학자인 에라토스테네스(Eratosthenes, B.C. 274~B.C. 196)는 기원전 235년경 오늘날의 이집트를 다스리던 프톨레마이오스 3세의 초빙을 받아들여 알렉산드리아 도서관장으로 근무하게 되었다. 알렉산드리아 도서관은 유럽과 아랍 그리고 다양한 곳에서 수많은 자료를 모아 만든 당시 세계 최대 규모의 도서관으로, 그 시대 최고의 학자들이 왕가의 후원 아래 과학, 수학, 문헌학 등 다양한 학문을 자유롭게 연구하던 곳이었다. 에라토스테네스는 어느날 이집트의 시에네(Syene) 지방에 있는 우물에서 하짓날 정오가 되면 햇빛이 우물 바닥까지 도달한다는 기록을 발견한 후 이를 확인한 결과, 사실임을 알게 되었다. 에라토스테네스가 시에네와 동일한 경도에 위치한 알렉산드리아에서 하짓날 정오에 수직으로 세운 막대와 태양이 이루는 각을 측정한 결과 7.2°이었다. 그리고 상인들이 시에네와 알렉산드리아 사이를 이동하는 데 걸리는 날수를 바탕으로 시에네에서 알렉산드리아까지의 거리를 약 500 스타디아로 결정하였는데 오늘날의 거리로 925*km*이었다. 에라토스테네스는 이 자료를 이용하여 지구의 반지름을 7,461*km*로 결정하였다. 오늘날 측정한 지구의 반지름은 6,478*km*이며 에라스토테네스의 결과는 2,200년 전 기술로 매우 정확한 측정값이었음을 알 수 있다.

이론적 배경

에라토스테네스의 지구 반지름 측정 방법

에라토스테네스는 다음 원리를 이용하여 지구의 반지름을 측정하였다.

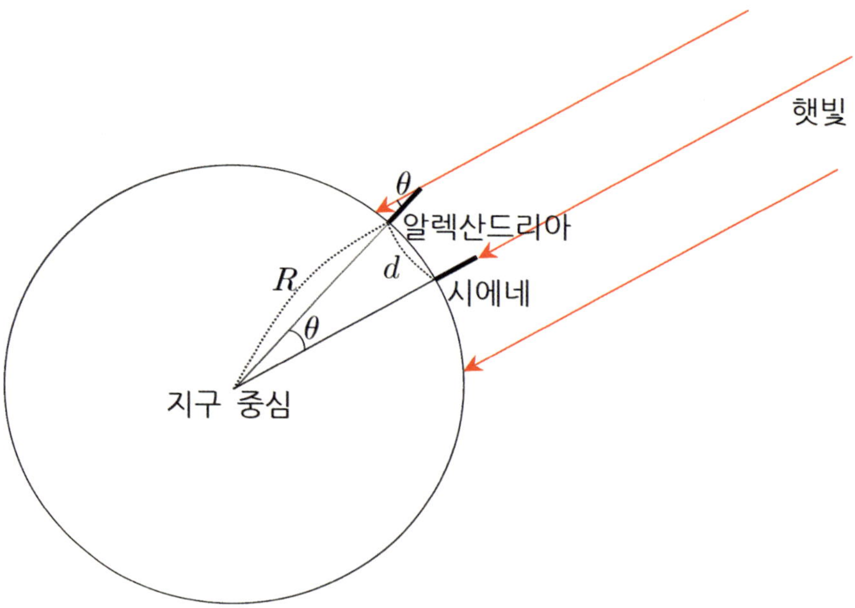

알렉산드리아와 시에네 사이의 거리를 d, 하짓날 정오 알렉산드리아에서 막대와 그림자 사이의 각 또는 알렉산드리아와 시에네의 사잇각을 θ라 할 때, 지구의 반지름 R은 다음 관계가 성립한다.

$$2\pi R : d = 360° : \theta$$

$$R = \frac{d \times 360°}{2\pi\theta}$$

일출이나 일몰 현상을 이용한 지구 반지름 측정 방법

그림은 일출이나 일몰 현상이 일어날 때 건물 바닥과 건물 꼭대기에서 태양이 해수면 아래로 완전히 졌을 때의 지구, 태양, 건물의 상호 관계를 나타낸 것이다.

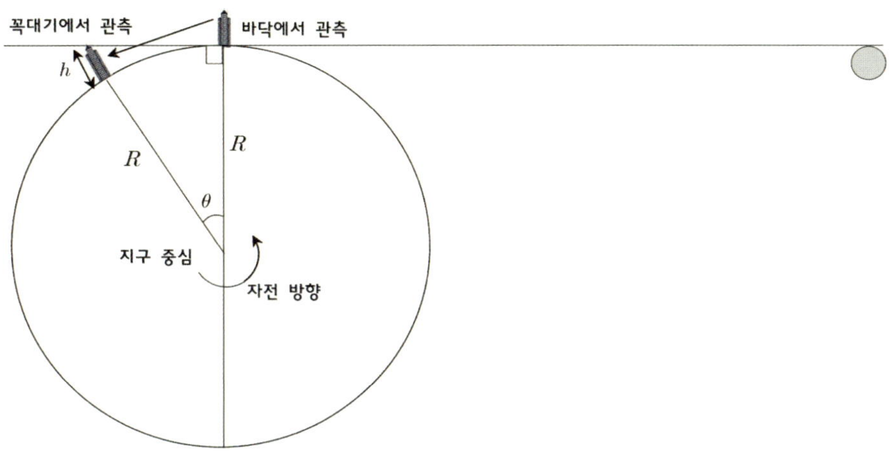

건물 높이를 h, 지구의 반지름을 R, 건물 바닥에서 태양이 해수면 밑으로 진 후 건물 꼭대기에서 태양이 해수면 밑으로 질 때까지의 시간 차를 Δt, 이때 각도의 차를 θ라 하자.

직각 삼각형에서 $cos\theta = \frac{R}{R+h} = \frac{R+h-h}{R+h} = 1 - \frac{h}{R+h}$ 이다.

$\frac{h}{R+h} = 1 - cos\theta \qquad h = R + h - (R+h)cos\theta \qquad 0 = R - Rcos\theta - hcos\theta$

$R = \frac{hcos\theta}{1-cos\theta}$ (단, $\frac{\theta}{360°} = \frac{\Delta t}{24h}$이므로 $\theta = \frac{\Delta t}{24h} \times 360°$이다.)

지구 표면에서 두 지점 사이의 거리

지표 위의 한 지점은 위도(φ)와 경도(λ)로 표시할 수 있다.

A 지점 (φ_1, λ_1)과 B 지점 (φ_2, λ_2) 사이의 곡선 거리(s)는 다음과 같다.

$$s = cos^{-1}(cos\,\varphi_1 cos\,\varphi_2 + sin\,\varphi_1 sin\,\varphi_2 cos(\lambda_2 - \lambda_1)) \times R$$

위 복잡한 계산을 다음 사이트에서 간단하게 계산할 수 있다.

탐구 방법 1

에라토스테네스가 사용한 방법

에라토스테네스가 사용한 방법으로 지구의 반지름을 측정하고자 하는 경우 한 곳은 태양의 고도가 90°가 되어야 한다. 태양의 고도가 90°가 되는 곳은 위도 23.5°N ~ 23.5°S에 위치한다. 그러므로 대한민국에서는 원칙적으로 에라토스테네스의 방법을 사용할 수 없지만 생각을 조금만 전환하면 가능하다. 영토를 제한하지 말고 현재 자신이 위치한 관측자의 위치(A지역), 그리고 관측자와 동일 경도에서 하짓날 태양의 고도가 90°(B지역)인 외국 지역을 선정하고, A, B 지역에서 태양의 고도와 두 지역 사이의 거리를 측정하면 된다. 이 방법을 자세히 알아보자.

관측 방법

1. 스마트폰에서 자신의 위치 정보를 찾을 수 있는 'GPS 좌표' 앱을 설치한다. 지리 정보 앱은 위도와 경도를 알 수 있는 다른 어떠한 앱도 가능하다.
2. 스마트폰에서 고도를 측정할 수 있는 'Bubble Level' 앱을 설치한다. 고도를 측정할 수 있는 다른 앱도 가능하다.
3. 하짓날 관측자가 위치한 A지역에서 스마트폰에서 'Bubble Level' 앱을 이용하여 태양의 남중 고도를 측정한다.

고도 측정 앱 화면(왼쪽)과 스마트폰을 이용해 태양 고도를 측정하는 모습(오른쪽)

❹ 태양의 남중 고도를 이용하여 A와 B지역의 사잇각(θ)을 계산한다.

❺ A와 B지역 사이의 거리를 QR코드를 이용하여 계산한다.

❻ A와 B지역의 사잇각(θ), A와 B지역 사이의 거리를 이용하여 지구의 반지름을 계산한다.

결과 및 토의

1. A, B 지역의 위치 정보는 다음과 같다.

구분	관측값
관측자의 위치(A지역)	37.18°N, 127.04°E
하짓날 태양의 남중 고도가 90°인 지역(B지역)	23.5°N, 127.04°E

2. 에라토스테네스가 사용한 방법에서 A와 B지역의 사잇각(θ)을 계산해 보자.

[방법 1] 남중 고도를 이용한 방법

❶ 하짓날 태양의 남중 고도가 90°인 B지역에 대해 알아보자.

ⓐ 하짓날 태양의 남중 고도가 90°인 지역의 위도가 23.5°N인 이유는?

태양의 남중 고도 $h = 90° - \varphi + \delta$이다. (단, φ는 위도, δ는 태양의 적위이다.)

하짓날 태양의 적위 δ는 +23.5°이므로 남중 고도가 90°인 지역은 $90° = 90° - \varphi + 23.5°$이다. 따라서 위도 $\varphi = 23.5°N$이다.

ⓑ B지역을 A지역과 같은 경도로 선택한 이유는?

에라토스테네스가 사용한 방법은 위도는 다르지만 경도가 같은 두 지역에서 사용할 수 있다. 따라서 관측자가 위치한 A지역의 경도와 같은 지역을 B지역으로 선택하여야 한다.

ⓒ A지역(37.18°N, 127.04°E)과 B지역(23.5°N, 127.04°E) 사이의 거리를 계산해 보자.

두 지점의 위도와 경도를 입력하면 1,520km이다.

2 하짓날 관측자가 위치한 A지역에서 태양이 언제 남중하는지 계산해 보자.

ⓐ 위도와 균시차를 이용한 방법

2022년 6월 21일 하짓날 A지역(37.18°N, 127.04°E)에서 태양의 남중 시각을 계산해 보자. 관측자가 위치한 지역의 경도 127.04°E와 대한민국의 표준시 기준인 135°E는 7.96° 차이가 난다. 1°는 4분의 시간 차가 발생하므로 1°:4분 = 7.96°:x이고, x = 31.84분이다. 그리고 127.04°E는 135°E보다 서쪽에 위치하므로 태양은 31.84분 늦게 남중한다. 따라서 관측자가 위치한 지역에서 태양은 12시 31.84분에 남중한다. 그리고 지구의 자전축은 23.5° 기울어져 있고, 지구가 타원궤도로 공전하기 때문에 균시차가 발생하는데 이를 보정해야 한다.

[균시차 = 시태양시 − 평균태양시]이므로 [평균태양시 = 시태양시 − 균시차]이다.

(평균태양시는 지구의 자전축이 0° 기울어져 있고, 지구가 원 운동하는 가상의 태양을 기준으로 하는 시각이고, 시태양시는 지구의 자전축이 23.5° 기울어져 있고, 지구가 타원 운동하는 실제 태양을 기준으로 하는 시각이다.)

2022년 역서를 참조하면 2022년 6월 21일 균시차는 -1.7373분이다.

따라서 하짓날 태양의 남중 시각은 12시 31.84분-(-1.7373분) =12시 33.5773분이다.

ⓑ 한국천문연구원 균시차 정보를 이용한 방법

다음 사이트에서 해당 날짜와 지역을 입력하면 태양의 남중 시각을 알 수 있다.

- 날짜 2022-06-21
- 지역 경기도 오산시 수목원로 559-17
- 위치 동경 127도 2분 28초 / 북위 37도 10분 51초
- 낮의 길이 14시간 43분
- 시민박명(아침/저녁) 04시 40분 / 20시 26분
- 항해박명(아침/저녁) 04시 02분 / 21시 04분
- 천문박명(아침/저녁) 03시 18분 / 21시 48분

- 해뜨는 시각(일출) 05시 11분
- 한낮의 시각(남중) 12시 33분
- 해지는 시각(일몰) 19시 55분

2022년 6월 21일 A지역(37.18°N, 127.04°E)인 오산에서 태양은 12시 33분에 남중한다.

❸ 2022년 6월 21일 12시 33분에 스마트폰을 이용하여 관측자의 위치(A지역)에서 태양의 남중 고도가 얼마나 되는지 측정해 보자.

ⓐ 태양의 남중 고도를 측정한 결과는 다음과 같다.

구분	관측값	이론값
태양의 남중 고도	75.8°	76.32°

[이론값]

태양의 남중 고도 $h = 90° - \varphi + \delta$이다. (단, φ는 위도, δ는 태양의 적위이다.)

관측 지점의 위도는 37.18°N이고 태양의 적위는 +23.5°이다.

따라서 태양의 남중 고도 $h = 90° - \varphi + \delta = 90° - 37.18° + 23.5° = 76.32°$이다.

ⓑ 태양의 남중 고도를 이용하여 막대와 태양이 이루는 각도(θ)를 계산해 보자.

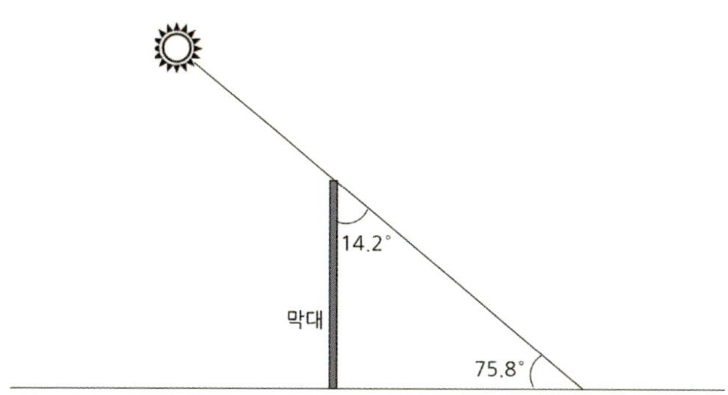

$\theta = 90° - 75.8° = 14.2°$

[방법 2] 위도 차를 이용한 방법

A와 B 지역의 위도를 이용하여 두 지역의 사잇각(θ)을 계산해 보자.

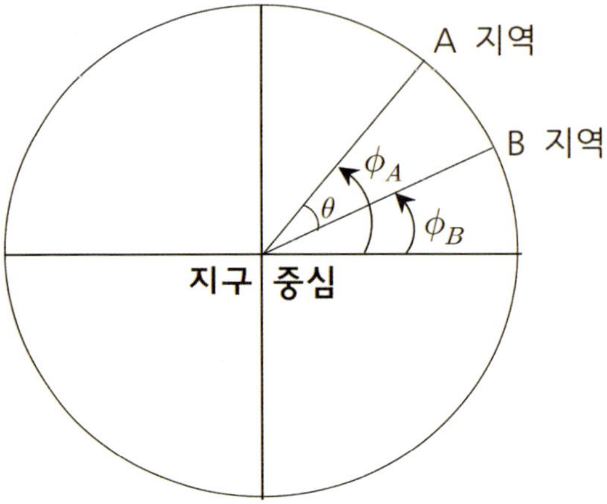

A 지역의 위도는 37.18°N, B 지역의 위도는 23.5°N이다.

따라서 $\theta = \varphi_A - \varphi_B = 37.18° - 23.5° = 13.68°$이다.

3. 에라토스테네스의 관계식을 이용하여 지구의 반지름을 계산해 보자.

[방법 1] 남중 고도를 이용한 방법

에라토스테네스의 관계식에 [방법 1]에서 계산한, 막대와 태양이 이루는 각도(θ)를 입력하여 지구의 반지름을 계산해 보자.

$$R = \frac{d \times 360°}{2\pi\theta} = \frac{1{,}520km \times 360°}{2\pi \times 14.2°} = 6{,}133km$$

[방법 2] 위도 차를 이용한 방법

에라토스테네스의 관계식에 [방법 2]에서 계산한 A와 B지역의 사잇각(θ)을 입력하여 지구의 반지름을 계산해 보자.

$$R=\frac{d\times360°}{2\pi\theta}=\frac{d\times360°}{2\pi(\varphi_A-\varphi_B)}=\frac{1{,}520km\times360°}{2\pi\times13.68°}=6{,}366km$$

※ 지구의 반지름은 6,378km이다.

4. 지구 반지름의 오차는 몇 %인가?

[방법 1] 남중 고도를 이용한 방법

$$\frac{6{,}133km-6{,}378km}{6{,}378km}\times100=-3.8\%$$

[방법 2] 위도 차를 이용한 방법

$$\frac{6{,}366km-6{,}378km}{6{,}378km}\times100=-0.2\%$$

5. 지구 반지름의 오차 원인은 무엇인가?

[방법 1] 남중 고도를 이용한 방법

첫째, 실제 태양 빛은 평행하지 않지만, 평행하다고 가정하였다.

둘째, 각도를 측정하는 과정에서 오차가 발생하였다.

셋째, 두 지점 사이의 거리를 측정하는 과정에서 오차가 발생하였다.

[방법 2] 위도 차를 이용한 방법

첫째, 실제 태양 빛은 평행하지 않지만, 평행하다고 가정하였다.

둘째, 관측 지역에서 위도를 결정하는 과정에서 오차가 발생하였다.
셋째, 지구는 타원이지만 완전한 구로 가정한 후 계산하였다.

탐구 방법 2

일출이나 일몰 현상을 이용한 방법

관측 방법

❶ 스마트폰에서 고도를 측정할 수 있는 '정확한 고도계' 앱을 설치한다. 고도를 측정하는 기능이 있는 어떠한 앱도 가능하다.

❷ 해변의 해수 경계선과 건물 꼭대기에서 고도계 앱을 이용하여 해발 고도를 측정한다.

❸ 스마트폰 2개와 삼각대 2개를 준비한다.

❹ 스마트폰에 동영상 촬영 시각이 표시되는 '타임 스탬프 카메라' 앱을 설치한다. 동영상 촬영 시각이 표시되는 어떠한 앱도 가능하다.

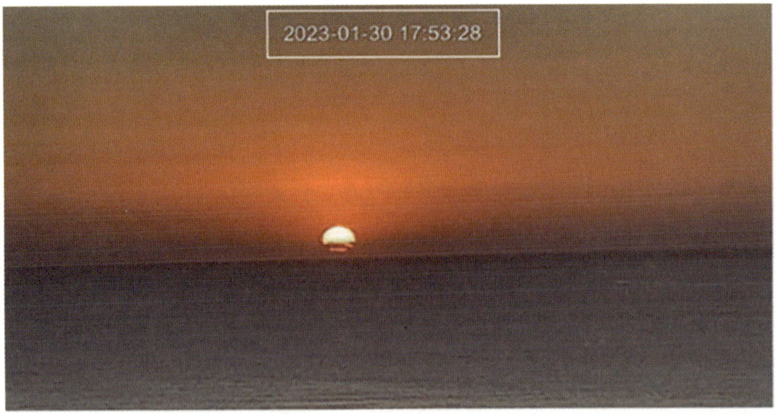

❺ 스마트폰 1개는 해변의 해수 경계선(A)에, 다른 1개는 건물 꼭대기(B)에 설치한다.

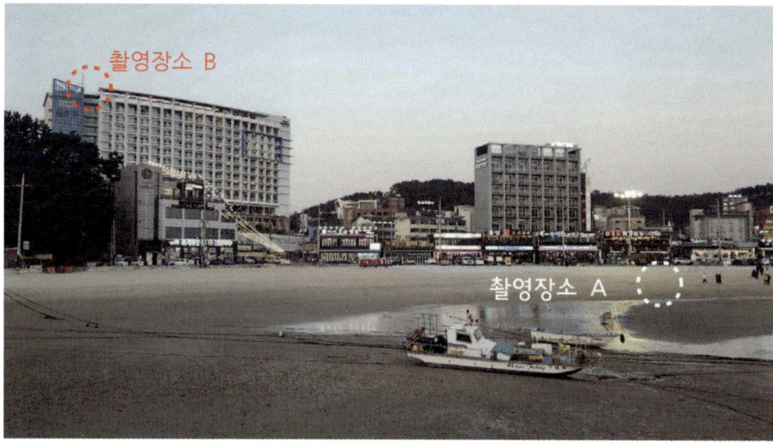

❻ 화면을 확대한 상태에서 태양이 완전히 지는 모습을 동영상으로 촬영한다.

❼ 촬영된 영상에서 해가 완전히 지는 시각을 각각 기록한다.

결과 및 토의

1. 일몰을 관측한 정보는 다음과 같다.

구분	관측값
해변의 해수 경계선(A)에서의 일몰 시각	2023년 1월 30일 17시 56분 05초
건물 꼭대기(B)에서의 일몰 시각	2023년 1월 30일 17시 57분 09초
해변의 해수 경계선(A)과 건물 꼭대기(B)의 높이 차(h)	68m

해변(A)에서의 일몰(왼쪽) 모습과 건물 꼭대기(B)에서의 일몰

2. 해변의 해수 경계선(A)과 건물 꼭대기(B)에서 관측한 태양의 일몰 시각 차이(Δt)를 이용하여 B와 A에서 태양을 바라볼 때의 각도 차이 θ를 계산해 보자.

$\theta = \frac{\Delta t}{24h} \times 360°$에서 $\theta = \frac{64s \times 360°}{24h \times \frac{60m}{1h} \times \frac{60s}{1m}} = 0.26666°$

3. 지구 반지름을 계산해 보자.

$$R = \frac{h\cos\theta}{1-\cos\theta} = \frac{68m \times \cos 0.26666°}{1-\cos 0.26666°} = 6.352 \times 10^6 m = 6{,}352km$$

※ 지구의 반지름은 6,378km이다.

4. 지구 반지름의 오차는 몇 %인가?

$$\frac{6{,}352km - 6{,}378km}{6{,}378km} \times 100 = -0.4\%$$

5. 지구 반지름의 오차 원인은 무엇인가?

첫째, 고도 측정 앱을 사용하여 건물의 높이를 측정하는 과정에서 오차가 발생하였다.

둘째, 태양의 일몰 시각을 측정하는 과정에서 오차가 발생하였다.

셋째, 해변의 해수 경계선(A)을 관측한 위치와 건물 꼭대기의 위치가 동일 지점에서 고도 차이만 있어야 하는데 두 위치의 거리 차이가 있다.

8 지구의 공전 속도 구하기

분류	지구의 관측	난이도	★★★
준비물	자(30cm), 계산기		
탐구 목표	계절에 따른 아르크투루스 분광 스펙트럼을 이용하여 지구의 공전 속도를 알아낼 수 있다.		

1543년 니콜라우스 코페르니쿠스(Nicolaus Copernicus, 1473~1543)는 임종 직전에 『천구(天球)의 회전에 대하여(De revolutionibus orbium coelestium)』를 출판하였다. 이 책에는 지동설을 의미하는 내용이 포함되어 있다. 지동설은 천체의 운동을 지구의 자전과 공전으로 설명한다. 반지름이 6,400km의 지구가 24시간을 주기로 자전하는 경우 지구 표면에 있는 사람들은 $\frac{2\pi \times 6{,}400km}{24h} = 1{,}675km/h$의 엄청난 속도로 움직이게 된다. 따라서 지표면과 함께 움직이는 사람은 하늘에 멈춰 있는 공기와 속도 차가 발생하며, 사람들은 1,675km/h의 빠른 바람이 불어 오는 것처럼 느끼게 되어 정상적인 생활을 할 수 없게 된다. 당시 사람들은 우리가 이런 문제 없이 살아가고 있다

는 사실을 어떻게 설명하였을까? 더불어 지구가 자전하거나 공전한다는 사실을 어떻게 확인하였을까? 더 나아가 지구에 위치한 사람이 어떻게 지구의 공전 속도를 측정할 수 있었을까?

이론적 배경

다음은 어느 천체의 스펙트럼 자료를 나타낸 것이다.

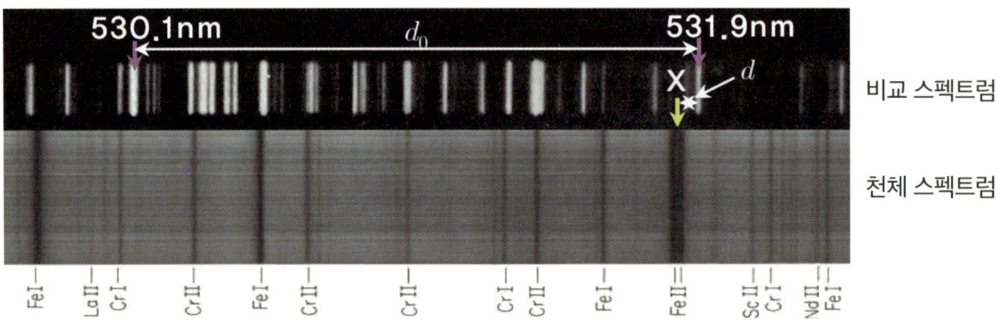

천체의 회전 속도를 알아내기 위해서는 천체 스펙트럼뿐만 아니라 비교 스펙트럼도 필요하다. 분광기는 천체 스펙트럼을 촬영할 수 있는 부분과 비교 스펙트럼을 촬영할 수 있는 부분으로 구분되어 있다. 별빛은 천체 스펙트럼 부분에, 실험실에서 스펙트럼선의 파장을 알아낸 기체의 광원은 비교 스펙트럼 부분에 입사하여 동시에 촬영한다. 이후 비교 스펙트럼과 천체 스펙트럼을 비교하여 편이량을 알아낸다. 최근에는 디지털 방식의 CCD 카메라를 이용하여 관측하므로 비교 스펙트럼을 사용하지 않고 분광기 초기 세팅 과정에서 각 픽셀에 해당하는 파장 값을 쉽게 알 수 있다.

참고로 시선 속도는 관측자의 시선 방향으로 움직이는 속도를 말하는 것으로, 별의 시선 속도는 별의 스펙트럼을 분석하여 알아낸다. 별의 흡수 스펙트럼의 파장이 길어지면 적색편이가, 짧아지면 청색편이가 발생한다. 그리고 이 파장의 편이 정도를 계산하여 시선 속도를 계산한다.

위 스펙트럼 사진을 이용하여 별의 시선 속도를 결정해 보자.

1. 비교 스펙트럼의 530.1*nm*와 531.9*nm* 사이의 길이(d_0)를 측정하면 77.87*mm*이다.
2. 천체 스펙트럼 531.9*nm*에서 X 사이의 길이(d)를 측정하면 2.76*mm*이다.
3. 천체 스펙트럼에서 X의 파장을 계산한다.

$$(531.9nm - 530.1nm) : d_0 = \Delta\lambda : d$$

$$\Delta\lambda = \frac{d}{d_0} \times (531.9nm - 530.1nm) = \frac{2.76mm}{77.87mm} \times (531.9nm - 530.1nm) = 0.064nm$$

$$\lambda = 531.9nm - \Delta\lambda = 531.9nm - 0.064nm = 531.836nm$$

4. 수많은 천체의 스펙트럼선 중에서 이미 우리가 알고 있는 스펙트럼선을 찾는다. 스펙트럼선을 동정한 결과 X가 FeII 531.7*nm*인 경우를 가정하자.
5. 편이량으로 천체의 시선 속도를 계산한다.

$$\frac{\lambda - \lambda_0}{\lambda_0} = \frac{v_r}{c}$$ (λ_0 : 원래파장, v_r : 시선 속도, c : 광속)

$$v_r = \frac{\lambda - \lambda_0}{\lambda_0} \times c = \frac{531.836nm - 531.7nm}{531.7nm} \times 3 \times 10^5 km/s = 76.7km/s$$

관측 자료

1. 그림은 1939년과 1940년에 해일 천문대(Hale Observatory)에서 관측한 아르크투루스의 분광 스펙트럼이다. (단, 비교 스펙트럼에서 같은 색의 화살표는 같은 선을 의미한다.)

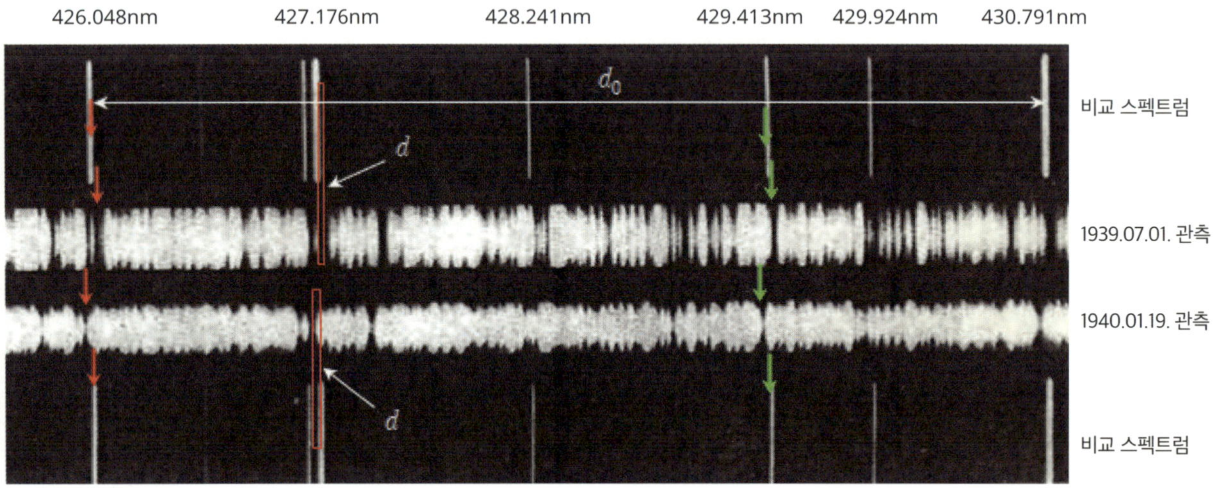

결과 및 토의

1. 만일 지구에 있는 관측자가 멀리 떨어진 별의 스펙트럼을 이용하여 지구의 공전 속도를 측정하고자 할 때, 영향을 미치는 요소는 어떤 것이 있을까?

첫째, 별이 태양에서 멀어지거나 가까워지는 것을 고려해야 한다. 둘째, 별의 적위가 지구의 공전궤도면과 일치하지 않는 경우 적위에 따라 시선 속도가 달라지는 것을 고려해야 한다.

셋째, 지구는 태양을 중심으로 타원 운동을 하므로 공전궤도상에서 공전 속도가 일정하지 않다는 점을 고려해야 한다.
넷째, 지구가 공전과 함께 자전도 하므로 자전 속도를 고려해야 한다.

2. 그림은 별이 태양에서 멀어지거나 가까워지는 경우 지구, 별의 위치에 따른 속도를 나타낸 것이다.(단, 지구의 공전 속도는 V_{earth}, 별의 시선 속도는 $V_{\star}$, A와 B에서 관측한 별의 시선 속도는 V_A와 V_B이다.)

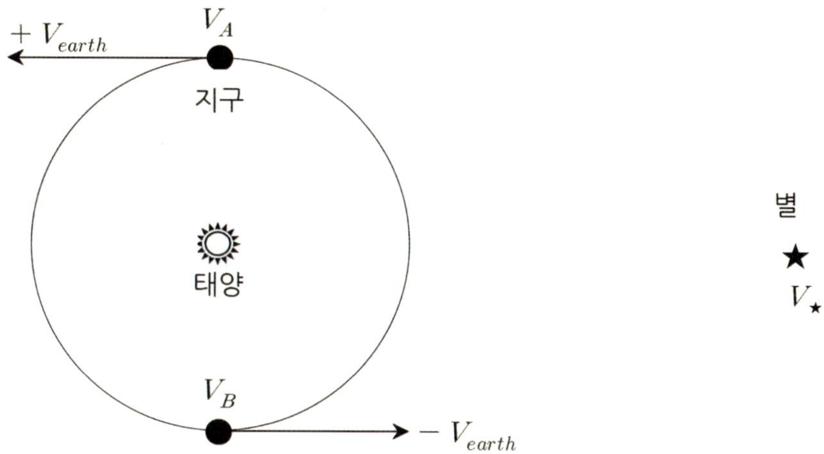

❶ V_{earth}와 $V_{\star}$를 V_A와 V_B로 표현해 보자.

그림에서 $V_A = V_{\star} + V_{earth}$, $V_B = V_{\star} - V_{earth}$이다.

이를 정리하면 $V_{\star} = \frac{V_A + V_B}{2}$이고, $V_{earth} = \frac{V_A - V_B}{2}$이다.

❷ 아르크투루스의 분광 사진에서 시선 속도가 V_A와 V_B인 시기는 언제에 해당하는가? 그 이유는?

아르크투루스의 분광 스펙트럼과 비교 스펙트럼을 비교할 경우 1939.07.01. 관측 자료에서는 적색편이가 발생하므로 V_A에 해당하고,

1940.01.19. 관측 자료에서는 청색편이가 발생하므로 V_B에 해당한다.

3. 1939년과 1940년에 해일 천문대(Hale Observatory)에서 관측한 아르크투루스의 분광 스펙트럼을 이용하여 아르크투루스의 시선 속도와 지구의 공전 속도를 계산해 보자.

❶ 비교 스펙트럼의 430.791*nm*와 426.048*nm* 사이의 길이(d_0)는 얼마인가?

125.14*mm*

❷ 1939년과 1940년 스펙트럼의 편이량에 해당하는 길이(d, 붉은색 상자)는 각각 얼마인가?

1939년 편이량은 +0.8*mm*이고, 1940년 편이량은 -1.1*mm*이다.

❸ V_A와 V_B에 해당하는 속도를 계산해 보자.

1939년에 해당하는 V_A를 계산해 보자.

$$(430.791nm-426.048nm):d_0=\Delta\lambda:d$$

$$\Delta\lambda=\frac{d}{d_0}\times(430.791nm-426.048nm)$$

$$=\frac{0.8mm}{125.14mm}\times(430.791nm-426.048nm)=0.030nm$$

$$\frac{\Delta\lambda}{\lambda_0}=\frac{v}{c}\text{에서 } v=\frac{\Delta\lambda}{\lambda_0}c=\frac{0.030nm}{427.176nm}\times3\times10^5km/s=21.06km/s$$

1940년에 해당하는 V_B를 계산해 보자.

$$(430.791nm-426.048nm):d_0=\Delta\lambda:d$$

$$\Delta\lambda=\frac{d}{d_0}\times(430.791nm-426.048nm)$$

$$=\frac{-1.1mm}{125.14mm}\times(430.791nm-426.048nm)=-0.041nm$$

$$\frac{\Delta\lambda}{\lambda_0}=\frac{v}{c}\text{에서 } v=\frac{\Delta\lambda}{\lambda_0}c=\frac{-0.041nm}{427.176nm}\times3\times10^5km/s=-28.79km/s$$

④ $V_\star$의 속도를 계산해 보자. 그 결과는 무엇을 의미하는가?

$$V_\star = \frac{V_A + V_B}{2} = \frac{21.06km/s - 28.79km/s}{2} = -3.86km/s$$

아르크투루스는 태양 방향으로 3.86km/s의 속도로 다가오고 있다.

※ 아르크투루스의 시선 속도는 –5km/s이다.

⑤ V_{earth}의 속도를 계산해 보자.

$$V_{earth} = \frac{V_A - V_B}{2} = \frac{21.06km/s - (-28.79km/s)}{2} = 24.925km/s$$

4. 아르크투루스의 위치는 황도를 기준으로 +30°에 위치한다. 즉, 지구가 공전하고 있는 황도보다 30° 위에 위치하고 있음을 의미한다.

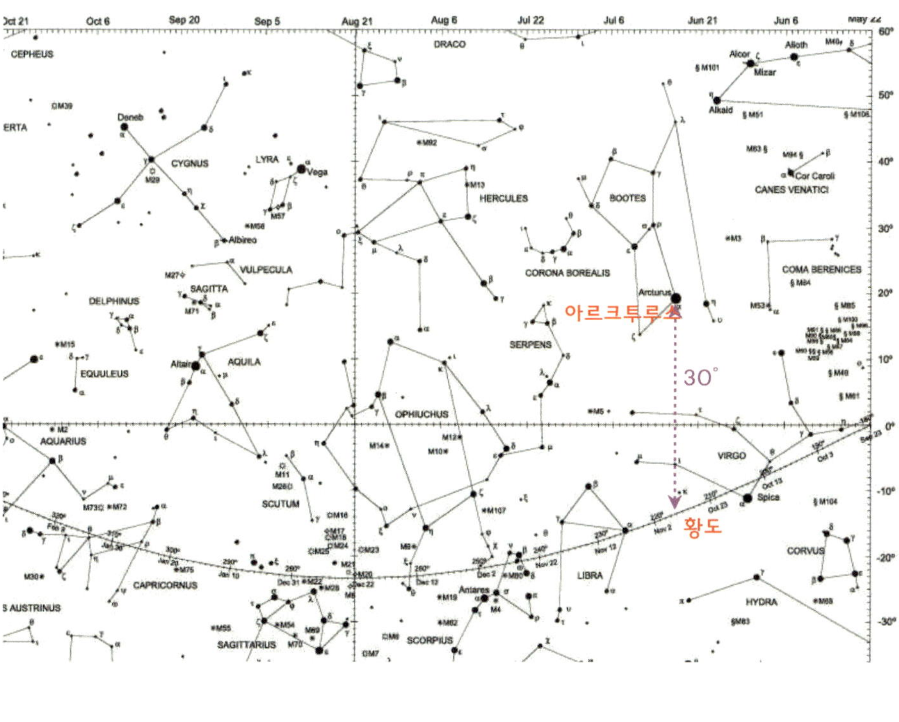

❶ 별의 적위가 지구의 공전궤도면과 일치하지 않는 경우 별의 적위와 지구의 공전 속도는 어떤 관계가 있는가?

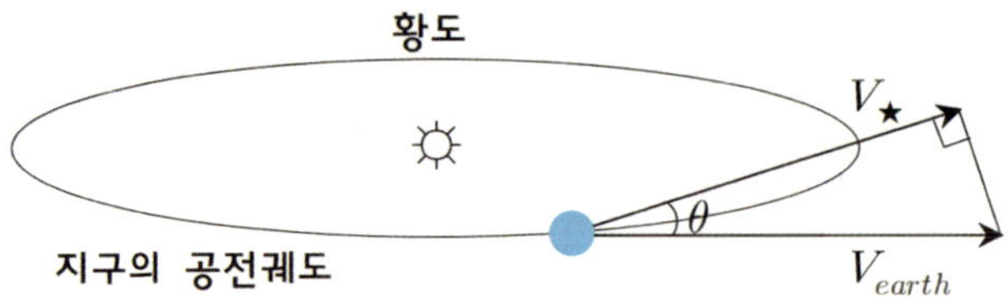

$cos\theta = \frac{V_\star}{V_{earth}}$ 의 관계가 있다.

❷ 아르크투루스의 적위를 고려하여 지구의 공전 속도를 계산해 보자.

$V_{earth} = \frac{V_\star}{cos\theta} = \frac{24.925km/s}{cos30^\circ} = 28.78km/s$

※ 지구의 공전 속도는 $29.76km/s$이다.

❸ 지구의 공전 속도는 $29.76km/s$로 매우 빠르게 움직인다. 그런데 왜 우리는 이를 느낄 수 없을까?

하늘에 떠 있는 공기와 지표에 있는 사람 모두 지구의 중력에 의해 붙잡혀 함께 움직이고 있으므로 이를 인식할 수 없다.

5. 지구의 공전 속도와 공전 주기를 이용하여 태양까지의 거리를 계산해 보자.

$v = \frac{2\pi r}{P}$ 이므로

$r = \frac{vP}{2\pi} = \frac{28.78km/s}{2\pi} \times 365.2422day \times \frac{24h}{1day} \times \frac{60m}{1h} \times \frac{60s}{1m} = 1.44 \times 10^8 km$

※ 지구에서 태양까지의 거리는 $1.49 \times 10^8 km$이다.

9

목성의 질량 구하기

분류	행성의 관측	난이도	★★★★
준비물	천체망원경, 카메라, 릴리즈 자(30cm), 계산기, Excel	동영상 강의	
탐구 목표	목성의 위성 사진을 이용하여 목성의 질량을 구할 수 있다.		

하늘에는 저울도 없는데 천문학자들은 어떻게 행성의 질량을 정확하게 측정할 수 있을까?

천문학자들이 행성의 질량을 구하는 방법은 여러 가지가 있지만, 본 활동에서는 행성 주위를 도는 위성의 공전 주기를 이용하여 행성의 질량을 구해 보고자 한다. 1609년 갈릴레오 갈릴레이는 처음으로 천체망원경을 만들어 목성을 관측하여 4개의 위성을 발견하였다. 그리고 지속적인 관측을 통해 4개 위성의 공전 주기를 결정하였다. 우리도 천체망원경을 이용하여 목성 주위를 공전하는 4개 위성의 공전 주기를 결정한 후, 이를 이용하여 목성의 질량을 계산해 보자.

이론적 배경

건판 척도(Plate Scale)

천체 사진이나 현미경 사진을 관찰하다 보면 사진 아래쪽에 막대와 각이 표시된 것을 볼 수 있다. 이를 건판 척도라 부르며, 이는 막대의 길이에 해당하는 각을 표현한다. 즉, 아래 NGC 246 사진에서 해당 막대 길이는 60″라는 것을 의미한다.

이를 좀 더 자세히 알아보자.

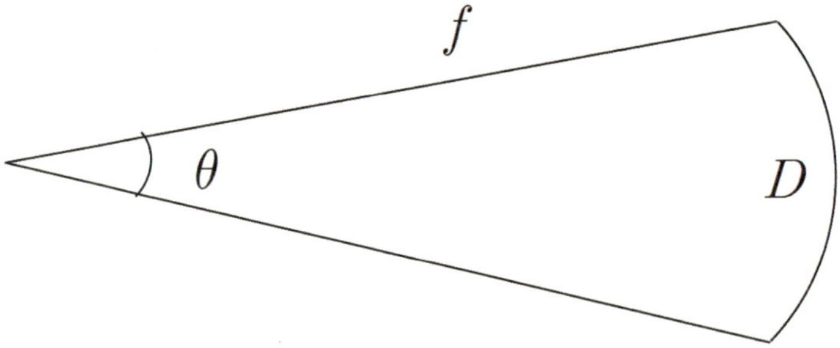

그림에서 $D = f\theta(rad) = f\theta(^\circ) \times \frac{\pi(rad)}{180^\circ}$이다.

$1mm$에 해당하는 각(″)을 s라 가정해 보자.

$D = f\theta(^\circ) \times \frac{\pi(rad)}{180^\circ}$에서 $1mm = fs('') \times \frac{\pi(rad)}{180^\circ \times 60' \times 60''}$이고,

$s = \frac{1mm}{f} \times \frac{180^\circ \times 60' \times 60''}{\pi(rad)} = \frac{206,265''}{f(mm)}$

$s = \frac{206,265''}{f(mm)}$이 된다.

만일 초점거리가 50mm인 카메라 렌즈를 이용하여 사진을 촬영한 경우 건판 척도는 $s = \frac{206,265''}{50mm} = 4,125.3''/mm$이다.

즉, 필름 1mm에 해당하는 각은 4,125.3″이다.

케플러 제3법칙

행성 공전 주기의 제곱은 공전궤도 장반경의 세제곱에 비례한다 (조화의 법칙).

수식으로 표현하면 $\frac{a^3}{P^2} = \frac{G(m_1 + m_2)}{4\pi^2}$이다.

태양계 행성에서 지구는 $a = 1AU$, $P = 1$년이므로 이를 대입하면

$\frac{a^3}{P^2} = \frac{G(M + m)}{4\pi^2}$에서 $\frac{1^3}{1^2} = \frac{G(M_\odot + m)}{4\pi^2}$이 된다.

태양의 질량($M_\odot$)은 행성의 질량(m)에 비해 매우 크므로 다음과 같이 표현할 수 있다.

$$\frac{1^3}{1^2} = \frac{G(M_\odot + m)}{4\pi^2} \simeq \frac{GM_\odot}{4\pi^2} = 1$$

이를 일반화하면 $\frac{a^3}{P^2} = \frac{G(M + m)}{4\pi^2} \simeq \frac{GM}{4\pi^2} \simeq \frac{GkM_\odot}{4\pi^2} \simeq k$이다.

(단, a는 AU, P는 년, k는 태양질량($M_\odot$) 단위이다.)

관측 방법

❶ 천체망원경에 DSLR 카메라를 연결하여 직초점 방식으로 목성을 촬영한다.

❷ 목성은 달과 태양에 비해 각지름이 작아 초점거리가 1,000*mm* 정도인 천체망원경으로 촬영하면 작게 관측된다. 따라서 일반적으로 초점거리가 3,000*mm* 정도인 천체망원경을 이용하여 관측하기를 권장한다. 새로운 천체망원경을 구입하기 어려운 경우 초점거리를 2~3배 늘려 주는 바로우 렌즈를 사용하면 초점거리를 연장할 수 있다.

❸ 사진을 촬영할 때 목성 표면을 선명하게 관측하면 상대적으로 어두운 4개 위성 이오, 유로파, 가니메데, 칼리스토를 관찰하기 어렵다. 따라서 목성의 4개 위성이 잘 관측될 수 있도록 적절하게 노출하는 것이 필요하다.

❹ 위성의 이동을 관측하기 위해서는 20~30분 단위로 촬영하는 것이 좋다. 가급적 장기간에 걸쳐 많은 사진을 촬영하면 좋은 결과를 얻을 수 있으므로 끈기를 갖고 관측하기 바란다. 이번 활동에서는 총 1달 동안 하루에 20~30분 간격으로 6번 정도 관측하였다.

❺ 만일 관측이 여의치 않은 경우 불규칙한 간격으로 하루에 1~2장의 사진을 촬영하여도 훌륭한 관측 결과를 얻을 수 있으므로 최대한 많은 사진을 촬영하기 위해 노력하자.

❻ 장기간에 걸쳐 사진을 촬영하는 경우 동일한 천체망원경과 DSLR 카메라를 이용하여야 한다. 만일 촬영 중간에 천체망원경

과 DSLR 카메라가 바뀐다면 관측 정보가 바뀌어 자료를 해석할 때 복잡한 계산 과정이 필요하므로 추천하지 않는다.

관측 자료

1. 사진은 천체망원경과 DSLR 카메라를 이용하여 목성과 4개의 위성 이오(Io), 유로파(Europa), 가니메데(Ganymede), 칼리스토(Callisto)를 촬영한 것이다. 위성의 위치는 이오는 I, 유로파는 E, 가니메데는 G, 칼리스토는 C로 표시했으며, 표시되지 않은 경우는 목성과의 식 현상에 의해 보이지 않는 경우이다.

5월 2일 20시 40분

C E I G

5월 2일 21시 10분

C EI G

5월 2일 21시 40분

C EI G

5월 2일 21시 51분

C EI G

5월 2일 22시 10분

C IE G

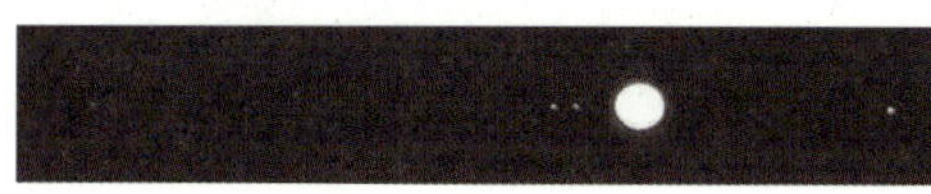

5월 2일 22시 39분

C IE G

5월 2일 23시 19분

C I E G

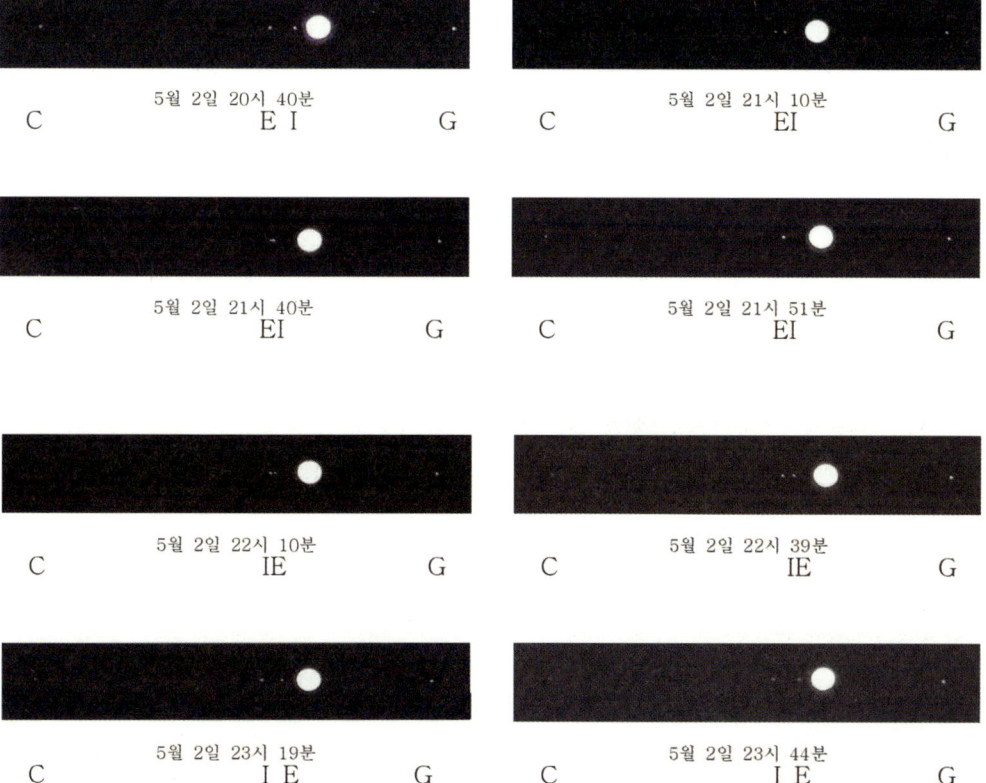

5월 2일 23시 44분

C I E G

5월 5일 20시 29분
G E C I

5월 5일 20시 43분
G E C I

5월 5일 21시 28분
G E C I

5월 5일 22시 38분
G E C I

5월 5일 23시 22분
G E C I

5월 5일 23시 28분
G E C I

5월 8일 21시 31분
E G C

5월 8일 22시 11분
E G C

5월 8일 23시 03분
E G C

5월 8일 23시 22분
E G C

5월 8일 23시 43분
E G C

5월 9일 19시 49분
E G C

5월 9일 20시 18분
E G C

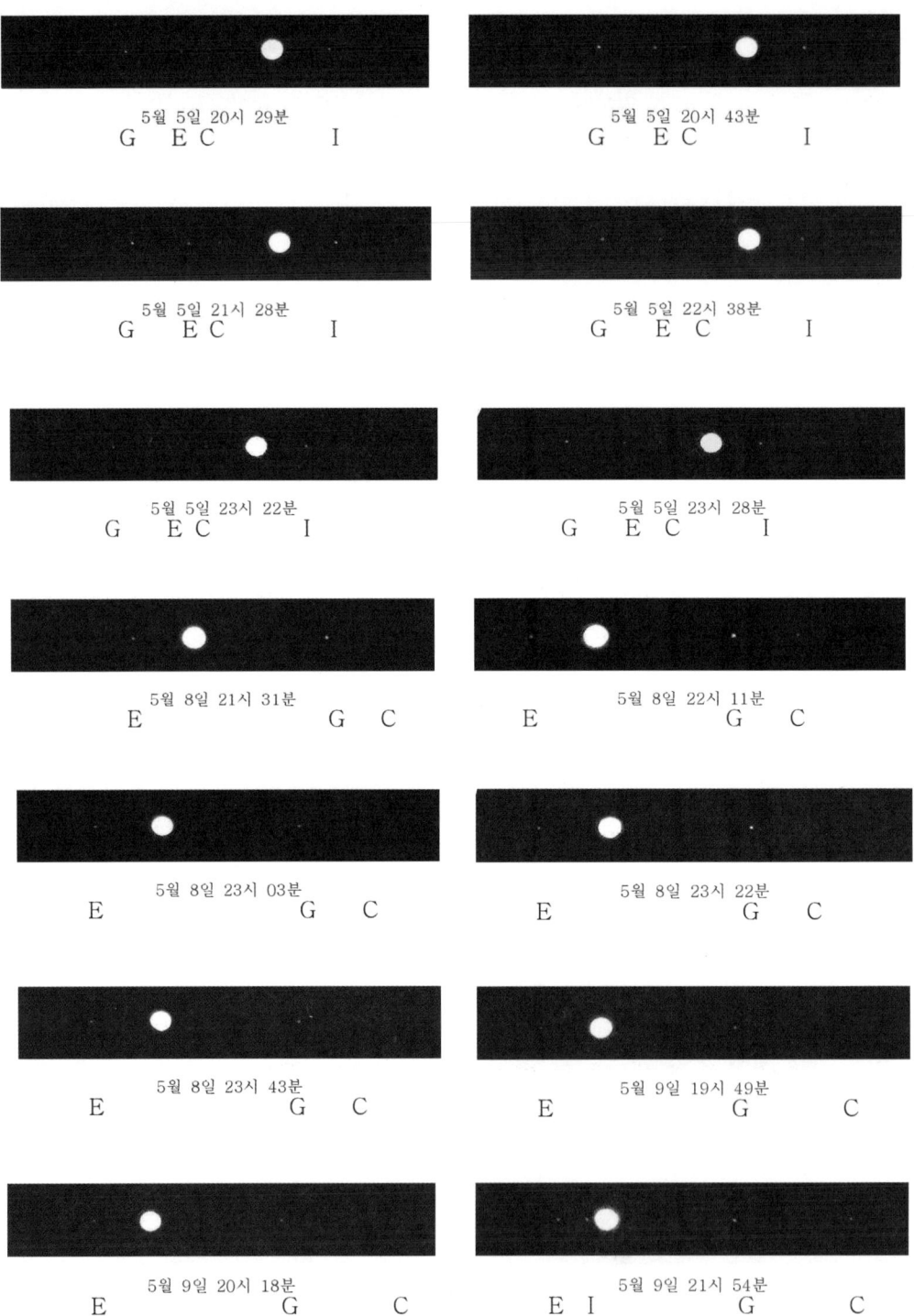

5월 9일 21시 54분
E I G C

5월 9일 21시 59분
E I G C

5월 9일 22시 32분
E I G

5월 9일 22시 36분
E I G

5월 9일 22시 48분
E I G

5월 9일 22시 57분
E I G

5월 11일 19시 51분
G I E C

5월 11일 20시 00분
G I E C

5월 11일 20시 20분
G I E C

5월 11일 20시 51분
G I E C

5월 11일 21시 03분
G I E C

5월 11일 21시 47분
G I E C

5월 11일 22시 00분
G I E C

5월 11일 22시 10분
G I E C

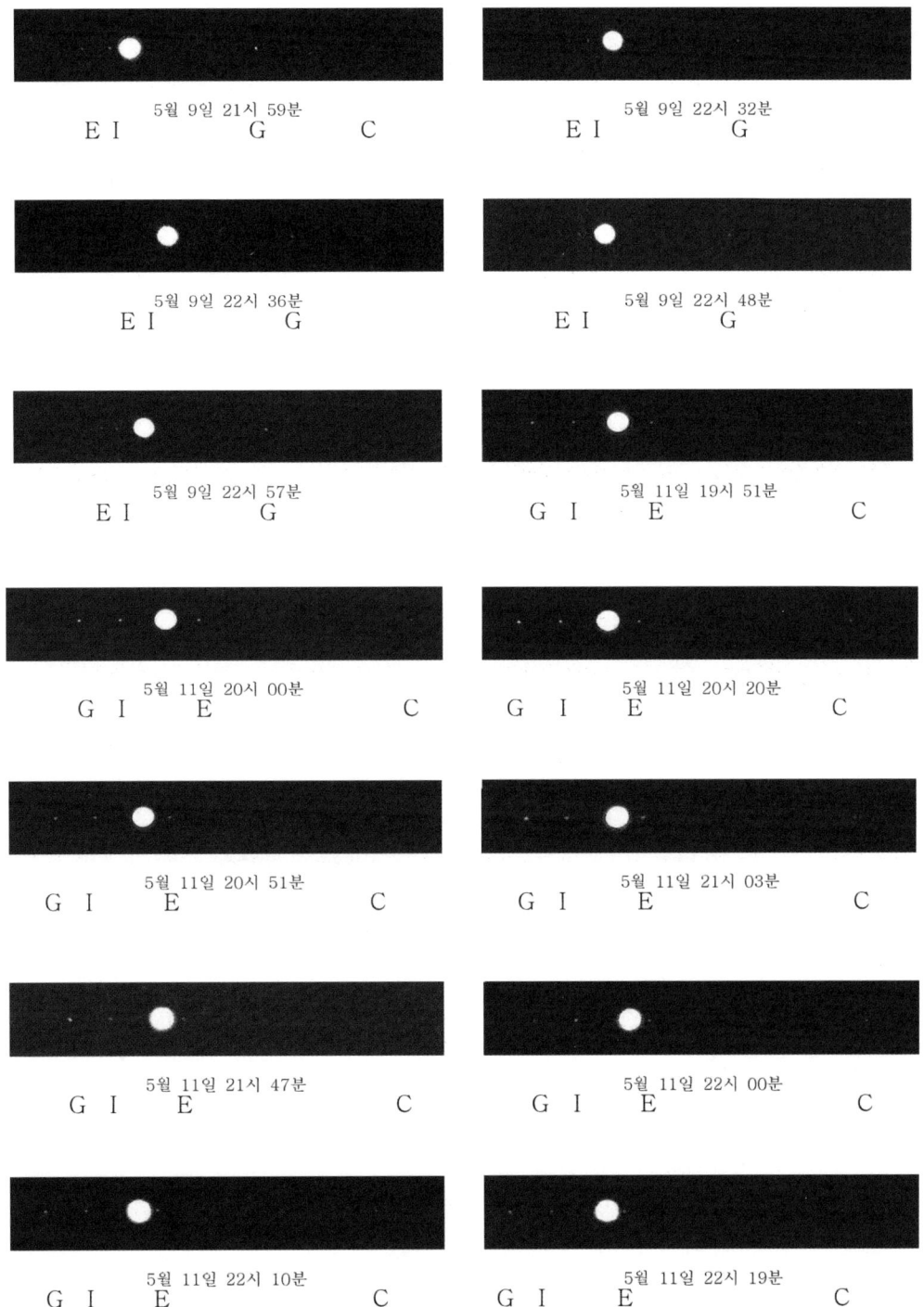

5월 11일 22시 19분
G I E C

5월 11일 22시 30분

5월 11일 22시 57분

5월 11일 23시 04분

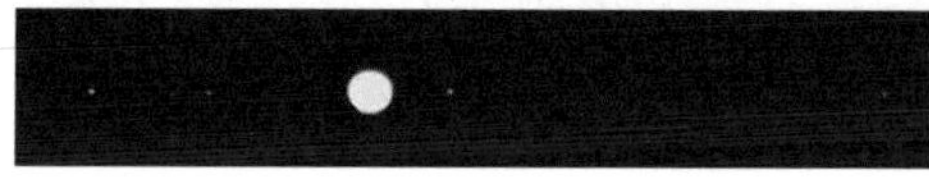

5월 26일 20시 12분

5월 26일 20시 36분

5월 26일 21시 01분

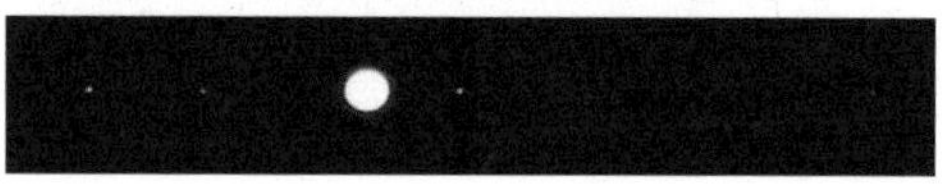

5월 26일 21시 38분

5월 26일 22시 00분

5월 26일 22시 27분

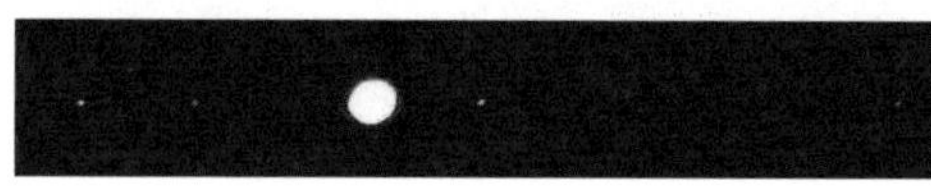

5월 26일 22시 55분

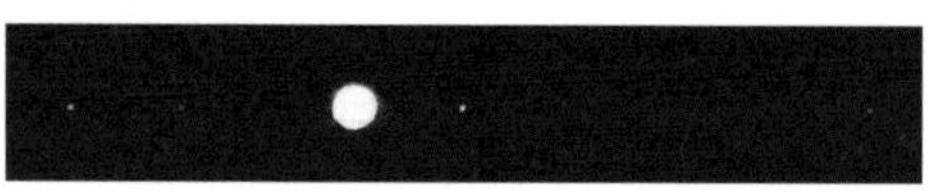

5월 26일 23시 00분

5월 27일 20시 05분

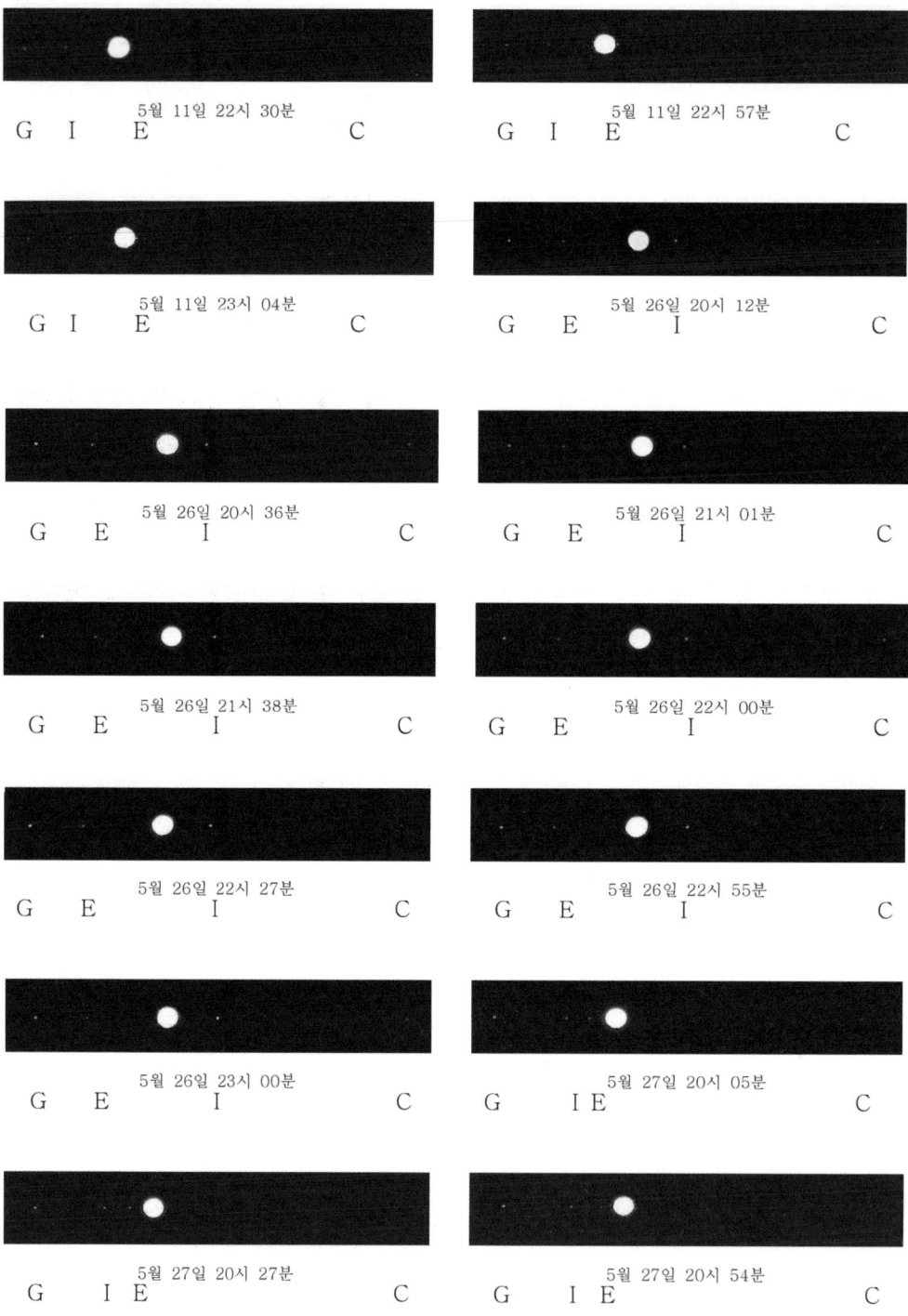

5월 27일 20시 27분

5월 27일 20시 54분

5월 27일 21시 07분

G I E C

5월 27일 21시 55분

G I E C

5월 27일 22시 12분

G I E C

5월 31일 20시 10분

I E G

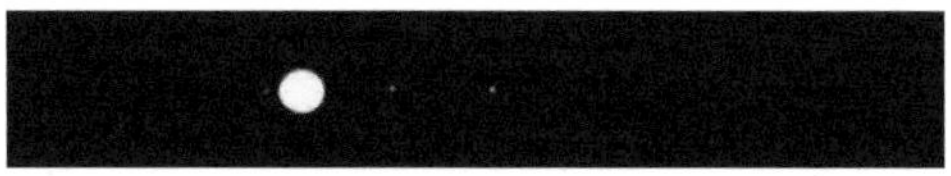

5월 31일 20시 32분

I E G

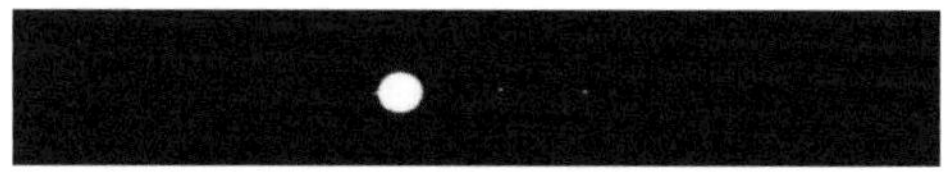

5월 31일 21시 16분

I E G

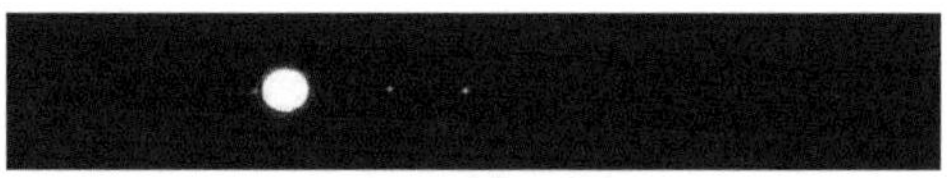

5월 31일 21시 39분

C E G

5월 31일 21시 55분

C E G

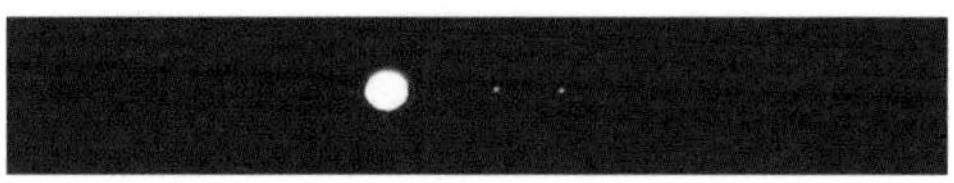

5월 31일 22시 15분

C E G

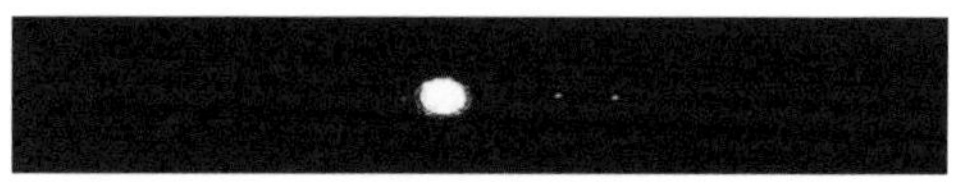

5월 31일 22시 39분

C E G

6월 2일 20시 03분

C G E I

6월 2일 20시 24분

C G E I

6월 2일 20시 41분

C G E I

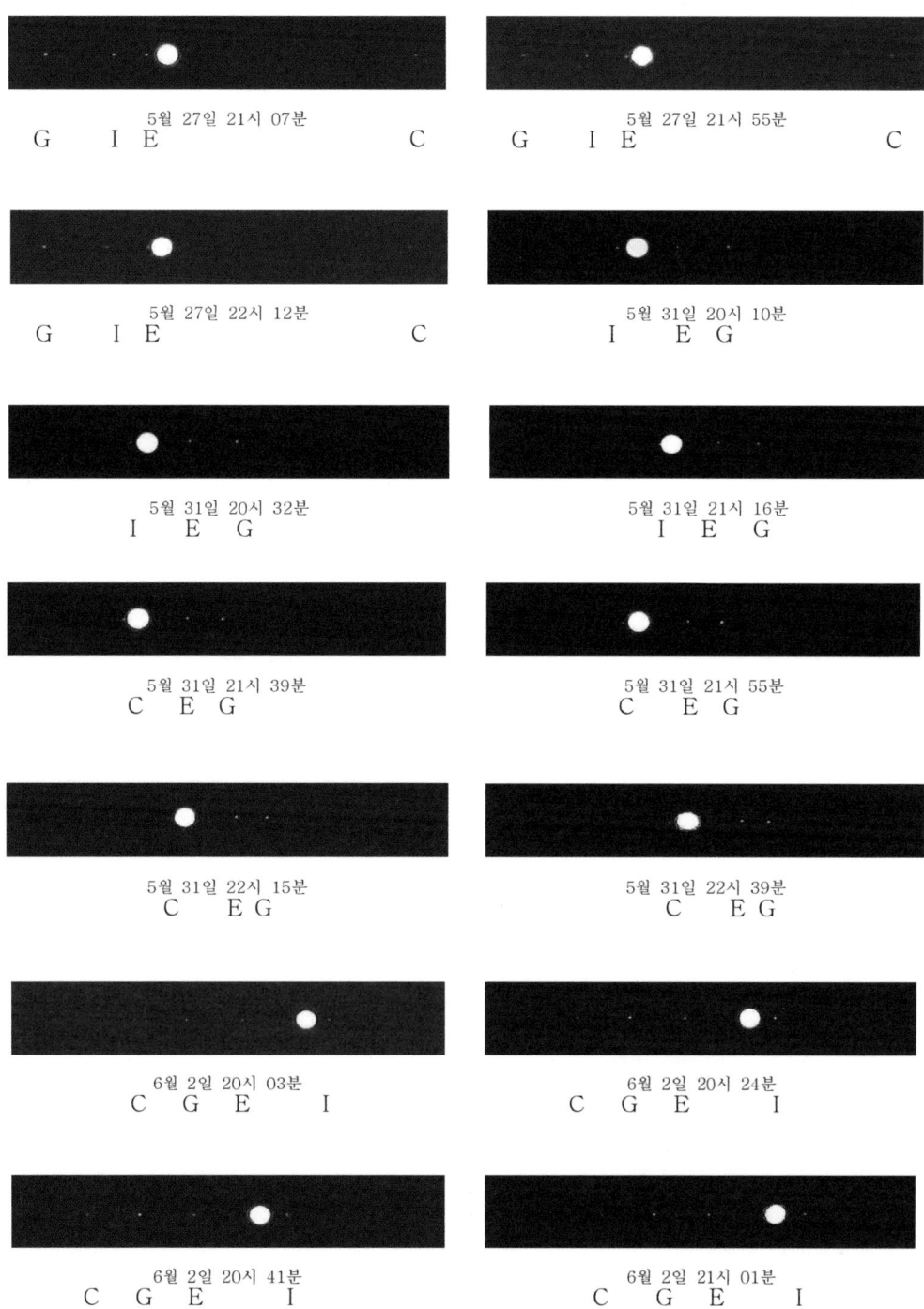

6월 2일 21시 01분

C G E I

활동 방법

1. 탐구활동 자료와 Excel 프로그램을 이용하여 위성의 주기를 구해 보자.

❶ 사진에 표시되어 있는 날짜와 시간을 5월 2일 0시를 기준으로 시 단위로 표시한다.

예) 5월 2일 21시 40분의 경우 21시 + 40분/60(분/시) = 21.66시

❷ 사진에서 위성의 중심과 목성의 중심 사이의 길이를 가능한 정확하게 측정한다.

(단, 목성을 중심으로 위성이 왼쪽에 있으면 + 값으로, 오른쪽은 - 값으로 설정한다.)

날짜 (월/일/시/분)	시간 (h)	이오 (mm)	유로파 (mm)	가니메데 (mm)	칼리스토 (mm)
5.02. 20:40	20.66	+11.3	+23.5	-65.8	+135.8
5.02. 21:10	21.16	+15.4	+20.1	-64.1	+135.2
5.02. 21:40	21.66	+17.2	+18.7	-63.6	+134.9
5.02. 21:51	21.85	+18.0	+18.0	-63.3	+134.8
5.02. 22:10	22.16	+18.9	+16.7	-62.4	+134.5
5.02. 22:39	22.65	+21.3	+15.7	-61.5	+134.3
5.02. 23:19	23.31	+23.1	+13.4	-59.8	+134.2
5.02. 23:44	23.73	+24.8	+11.8	-59.2	+134.1
5.05. 20:29	92.48	-30.8	+48.6	+78.1	+33.3
5.05. 20:43	92.71	-31.0	+48.0	+77.7	+32.6

날짜 (월/일/시/분)	시간 (h)	이오 (mm)	유로파 (mm)	가니메데 (mm)	칼리스토 (mm)
5.05. 21:28	93.46	-30.5	+47.9	+77.6	+31.1
5.05. 22:38	94.63	-28.8	+46.6	+77.1	+28.3
5.05. 23:22	95.36	-26.8	+46.1	+76.6	+27.3
5.05. 23:28	95.46	-26.8	+45.9	+76.5	+26.7
5.08. 21:31	165.51	관측 불가	+32.1	-72.5	-106.6
5.08. 22:11	166.18	관측 불가	+33.9	-73.4	-107.9
5.08. 23:03	167.05	관측 불가	+36.4	-74.1	-109.0
5.08. 23:22	167.36	관측 불가	+36.8	-74.3	-109.1
5.08. 23:43	167.71	관측 불가	+37.5	-75.1	-110.2
5.09. 19:49	187.81	관측 불가	+31.8	-70.7	-128.8
5.09. 20:18	188.30	관측 불가	+30.5	-69.9	-129.1
5.09. 21:54	189.90	+10.3	+26.0	-67.7	-129.3
5.09. 21:59	189.98	+10.6	+25.7	-67.1	-129.5
5.09. 22:32	190.53	+13.0	+23.8	-66.3	관측 불가
5.09. 22:36	190.60	+13.1	+23.3	-66.1	관측 불가
5.09. 22:48	190.80	+13.7	+23.1	-65.8	관측 불가
5.09. 22:57	190.95	+14.7	+22.9	-64.7	관측 불가
5.11. 19:51	235.85	+22.8	-18.0	+44.1	-126.9
5.11. 20:00	236.00	+23.4	-17.5	+44.9	-126.7
5.11. 20:20	236.33	+24.1	-16.6	+45.3	-126.5
5.11. 20:51	236.85	+25.4	-14.4	+46.2	-126.0
5.11. 21:03	237.05	+26.0	-13.7	+47.1	-125.8
5.11. 21:47	237.78	+26.7	-11.3	+48.4	-125.3
5.11. 22:00	238.00	+27.8	-10.4	+49.6	-124.8
5.11. 22:10	238.16	+27.9	-9.9	+49.9	-124.5

날짜 (월/일/시/분)	시간 (h)	이오 (mm)	유로파 (mm)	가니메데 (mm)	칼리스토 (mm)
5.11. 22:19	238.31	+28.4	-9.2	+50.1	-124.4
5.11. 22:30	238.50	+28.8	-8.6	+50.5	-123.8
5.11. 22:57	238.95	+28.9	-7.3	+51.3	-123.7
5.11. 23:04	239.06	+29.8	-6.4	+51.9	-123.7
5.26. 20:12	596.20	-19.3	+39.9	+69.1	-126.1
5.26. 20:36	596.60	-20.9	+40.5	+70.0	-126.7
5.26. 21:01	597.01	-22.3	+41.5	+70.4	-127.1
5.26. 21:38	597.63	-23.8	+42.3	+70.8	-127.8
5.26. 22:00	598.00	-24.5	+42.8	+71.2	-127.8
5.26. 22:27	598.45	-25.6	+43.5	+71.6	-128.0
5.26. 22:55	598.91	-26.2	+44.1	+71.8	-128.3
5.26. 23:00	599.00	-26.6	+44.2	+71.9	-128.3
5.27. 20:05	620.08	+26.7	+14.1	+64.9	-130.6
5.27. 20:27	620.45	+27.3	+13.3	+64.4	-130.5
5.27. 20:54	620.90	+27.9	+12.1	+64.0	-129.9
5.27. 21:07	621.11	+28.2	+11.1	+63.7	-129.8
5.27. 21:55	621.91	+28.9	+8.3	+62.7	-129.8
5.27. 22:12	622.20	+29.0	+7.3	+61.7	-129.8
5.27. 22:29	622.48	+29.8	+6.7	+61.0	-129.7
5.31. 20:10	716.16	+10.3	-21.3	-47.7	관측 불가
5.31. 20:32	716.53	+8.9	-21.9	-46.7	관측 불가
5.31. 21:16	717.26	+6.1	-24.6	-45.5	관측 불가
5.31. 21:39	717.65	관측 불가	-25.6	-44.3	+7.7
5.31. 21:55	717.91	관측 불가	-26.0	-43.6	+8.4
5.31. 22:15	718.25	관측 불가	-26.7	-42.7	+9.2

날짜 (월/일/시/분)	시간 (h)	이오 (mm)	유로파 (mm)	가니메데 (mm)	칼리스토 (mm)
5.31. 22:39	718.65	관측 불가	-28.2	-42.3	+9.6
6.02. 20:03	764.05	-12.4	+32.9	+63.0	+90.8
6.02. 20:24	764.40	-13.0	+34.1	+63.3	+91.3
6.02. 20:41	764.68	-14.4	+34.5	+63.7	+91.7
6.02. 21:01	765.01	-16.1	+35.1	+64.0	+91.9

❸ 위성 이오(Io)의 주기를 구하기 위하여 시간을 위상으로 변환한다. 위상은 진동이나 파동과 같은 현상이 주기적으로 반복되는 경우 관측 시점이 파장의 어느 위치에 해당하는지를 나타내는 용어이다. 일정한 주기로 일어나는 현상의 시작점은 0으로, 주기의 1/2은 0.5, 주기의 끝은 1로 나타낸다. 즉, [위상 = 시간/주기 - 진행된 주기 횟수]이다.

예를 들어 주기가 4*h*인 경우 25*h*는 25/4=6.25가 된다. 즉 6번의 주기가 지나가고 주기의 0.25가 진행되고 있음을 의미한다. 이

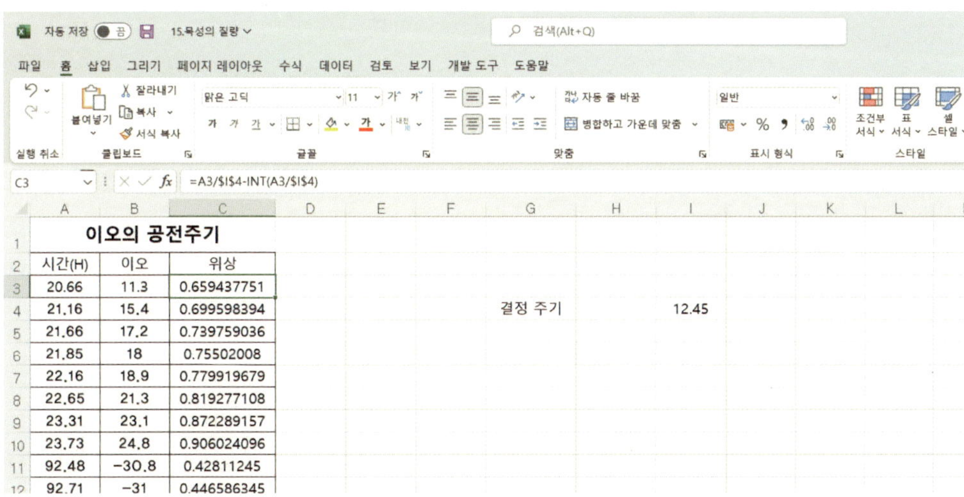

때 0.25가 위상에 해당된다. 위상을 엑셀로 표현하면 '=시간/주기-int(시간/주기)'가 된다.

(단, $는 셀 위치의 절댓값을 의미한다.)

④ 엑셀을 이용하여 X축은 위상, Y축은 목성의 중심에서 위성까지의 거리로 설정한 후 분산형 그래프를 그린다.

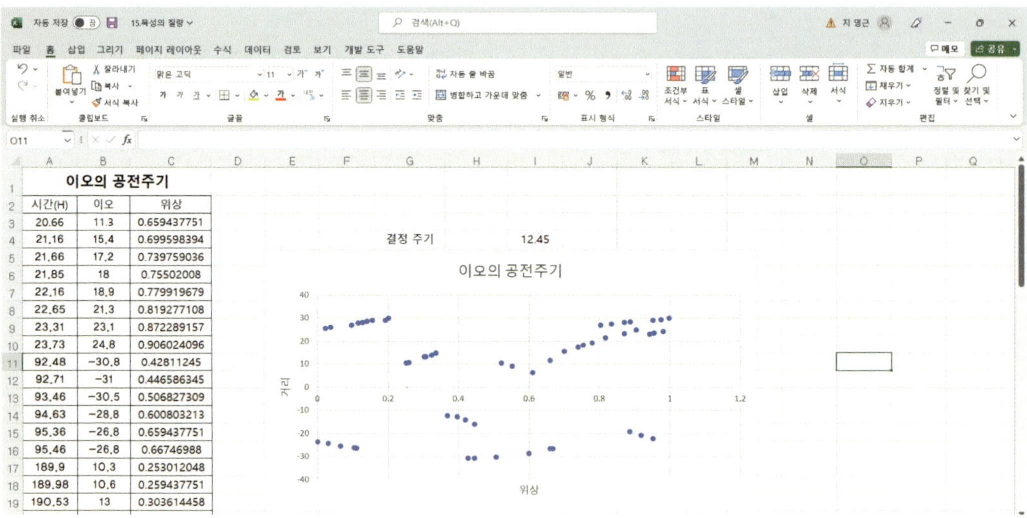

⑤ 그래프가 완성된 후 주기의 값을 변화시키며 그래프가 사인 곡선처럼 자연스럽게 될 때까지 반복한다. 이 과정은 많은 시행착오가 필요하다.

⑥ 엑셀에서 [개발도구]-[삽입]-[스크롤막대]를 클릭한다. 커서를 스크롤 막대에 위치한 후 오른쪽 버튼을 누른 후 '컨트롤 서식'을 선택한다. 여기에서 [셀 연결]을 해당값이 표현되는 위치

인 I2로 설정한다. 최솟값은 0, 최댓값은 1,000으로 설정한다.

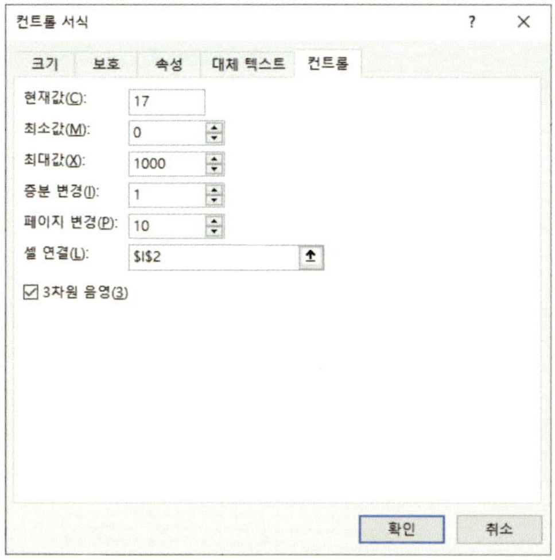

❼ 이제 버튼을 누를 때마다 주기의 값이 변하고 이에 따라 동시에 변하는 위상과 그래프를 볼 수 있다. 천천히 주기를 변화시키며 점들이 자연스럽게 사인 곡선 그래프를 이룰 때까지 지속한다.

❽ 하지만 위의 방법을 지속하면 곡선의 1시간 단위의 주기만 결정할 수 있으므로 정확하지 않다. 소수점 둘째 자리까지 주기를 결정하는 방법을 알아보자. 위와 동일한 방법으로 또 하나의 주기를 만든다. 먼저 [셀 연결]을 K3로 지정한 후 I3 셀에 '=K3/100'을 입력한다. 즉, 버튼을 눌렀을 때 출력값들이 K3에 표시되며 I3 셀에는 K3의 값을 100으로 나눈 값이 표시되도록 한다. 이제 0.01 단위의 소수점 주기가 완성되었다. 다음은 1시간 단위의 주기와 0.01 단위 소수점 주기를 합하여 결정 주기를 완성한다. 물론 위상 수식에서 결정 주기가 표현된 I4 셀로 바꾸어 주어야 한다.

⑨ 1h 단위의 버튼을 눌러 대략적으로 주기를 결정한 후 소수점 주기 버튼을 눌러 0.01 단위의 정확한 주기를 결정한다.

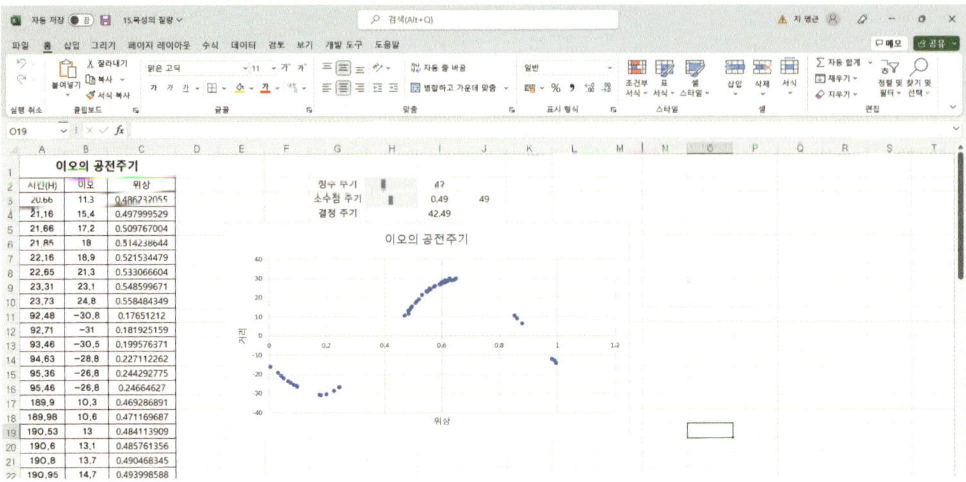

결과 및 토의

1. 그래프를 이용하여 위성의 주기를 구해 보자.

구분	이오	유로파	가니메데	칼리스토
기준값(h)	42.4593062	85.2283453	171.7092779	400.5364072
관측값(h)	42.46	85.35	171.71	400.0

2. 그래프를 이용하여 각 위성 장반경의 길이(mm)를 구해 보자.

(단, 위성의 장반경은 곡선의 진폭에 해당한다.)

구분	이오	유로파	가니메데	칼리스토
장반경의 길이 (mm)	31	49	79	135

3. 위성 장반경의 길이(mm)를 각거리(″)와 km 단위로 계산해 보자.

(단, 사진에서 1mm당 각거리는 3.634″이고, 관측 기간의 지구에서 목성까지의 거리는 $5.248AU = 7.87 \times 10^8 km$이다.)

구분	이오	유로파	가니메데	칼리스토
장반경의 길이(mm)	31	49	79	135
장반경의 각거리(″)	112.66″	178.08″	287.11″	490.64″
장반경(km)	429,852	679,461	1,095,463	1,872,028

이오 장반경의 각거리는 $31mm \times 3.634''/mm = 112.654''$이다.

이오의 장반경을 km 단위로 계산하면 다음과 같다.

$$r\theta('') = 7.87 \times 10^8 km \times 112.654''$$

$$= 7.87 \times 10^8 km \times 112.654'' \times \frac{\pi(rad)}{180^\circ \times 60' \times 60''} = 4.29 \times 10^5 km$$

4. 케플러 제3법칙을 이용하여 목성의 질량을 계산하고, 실제 목성의 질량 1.9×10^{27}kg과 오차를 계산해 보자.

(단, 만유인력 상수 $G = 6.67 \times 10^{-11} Nm^2 kg^{-2}$이다.)

이오의 공전 주기 P는 $42.46h$이고, 공전궤도 장반경 $a = 429,852km$이므로

$$M = \frac{4\pi^2}{G} \times \frac{a^3}{P^2} = \frac{4\pi^2}{6.67 \times 10^{-11} Nm^2 kg^{-2}} \times \frac{(4.29 \times 10^8 m)^3}{(42.46h \times 60m \times 60s)^2} = 2.01 \times 10^{27} kg$$

구분	이오	유로파	가니메데	칼리스토	평균
목성의 질량($\times 10^{27} kg$)	2.01	1.97	2.04	1.87	1.97
오차(%)	5.79	3.68	7.36	1.57	3.38

목성의 위성을 이용해 계산한 목성의 평균 질량은 $1.97 \times 10^{27} kg$로 오차가 3.38% 발생함을 알 수 있다.

5. 목성 위성의 공전 주기(P)와 공전궤도 장반경(a) 사이에 어떤 관계가 성립하는지 알아보자.

❶ 공전 주기(P)와 공전궤도 장반경(a)의 관측값을 정리해 보자.

구분	이오	유로파	가니메데	칼리스토
공전 주기(h)	42.46	85.35	171.71	400.0
장반경(km)	429,852	679,461	1,095,463	1,872,028

❷ X축을 장반경, Y축을 공전 주기로 설정하여 그래프를 그린 후 데이터의 관계식을 구해 보자.

ⓐ X축을 $log(a)$, Y축을 $log(P)$로 설정한 후 분산형 그래프를 그린다.

ⓑ 해당 그래프의 데이터에 커서를 위치시킨 후 마우스 오른쪽을 클릭하고 '추세선 추가'를 선택한다.

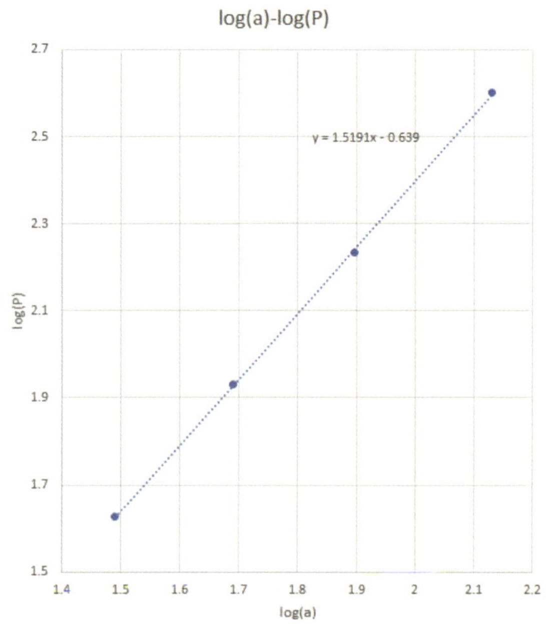

❸ 목성 위성의 공전 주기(P)와 공전궤도 장반경(a) 사이에는 어떤 관계가 성립하는가?

해당 그래프는 $logP = 1.519loga - 0.639$에 해당한다.

이를 정리하면 $logP = 1.519loga$이다. 즉, $logP = \frac{3}{2}loga$가 된다.

따라서 $logP = \frac{3}{2}loga = loga^{\frac{3}{2}}$이고, $P = a^{\frac{3}{2}}$이므로 $P^2 = a^3$이 된다. 목성의 위성도 케플러 제3법칙이 적용됨을 알 수 있다.

10 빛의 속도 측정

분류	행성의 관측	난이도	★★★★
준비물	계산기		
탐구 목표	목성의 위성인 이오의 식 현상을 이용하여 빛의 속도를 구할 수 있다.		

빛은 얼마나 빠를까? 빛의 속도를 직접 측정하려고 도전한 사람들은 아마 드물 것이며, 심지어 어떻게 측정하는지 알고 있는 경우도 많지 않을 것이다. 1638년 빛의 속도를 과학적으로 측정하고자 아이디어를 제시한 사람은 갈릴레오 갈릴레이였다. 그 방법은 어두운 밤에 두 사람 A, B가 팀이 되어 램프를 들고 서로 떨어진 두 산봉우리에 올라 A가 램프 덮개를 열고 B는 그 빛을 보고 즉시 램프 덮개를 열었을 때, A는 처음 덮개를 연후 B의 램프 빛을 볼 때까지 걸린 시간을 측정하는 것이다. 하지만 당시 갈릴레이는 시력을 완전히 잃은 상태였고, 종교재판으로 가택연금 상태였기 때문에 이를 실험하지 못했다고 한다. 갈릴레이가 죽고 25년이 지난 1667년 이탈리

아 피렌체의 시멘토 대학에서 갈릴레이의 아이디어를 실험해 보았다. 과연 실험 결과는 어떻게 되었을까? 두 봉우리 사이의 거리가 멀어져도 실험 결과는 달라지지 않았다. 즉, 두 사람 사이의 거리가 너무 가까워 빛의 속도를 제대로 측정할 수 없었다. 그렇다면 누가 처음으로 빛의 속도를 측정하였을까? 그리고 그 방법은 무엇일까?

역사적 배경

1522년 포르투갈의 항해자 페르디난도 마젤란(Ferdinand Magellan, 1480~1521)이 이끄는 탐험대는 바람으로 움직이는 범선을 이용하여 세계 일주에 성공하였다. 이후 본격적인 대항해 시대가 개막되었다. 항해할 때 넓은 바다 한가운데에서 자신의 위치를 알아내는 일은 매우 중요하였다. 당시 위도는 북극성의 고도를 이용하여 쉽게 알아낼 수 있었지만, 경도를 측정하는 방법은 아직 알지 못하였다.

1572년 스페인의 펠리페 2세는 안전한 항해를 위해 육지가 보이지 않는 바다에서 경도를 측정하는 방법을 알아내는 사람에게 상금을 주겠다고 공표하였다. 이에 갈릴레오는 목성 위성의 식 현상을 이용하여 시간과 경도를 측정하는 방법을 고안하였다. 그리고 이 방법을 스페인 왕실에 제안하였지만 배에서 목성 위성의 식 현상을 관측하는 것은 현실적으로 어렵다는 이유로 받아들여지지 않았다.

1672년 프랑스 천문학자 조반니 도메니코 카시니(Giovanni Domenico Cassini, 1625~1712)도 목성 위성의 식을 이용하여 경도를 측정하는 방법을 연구하고 있었다. 그는 프랑스 파리의 왕립 천문대에서 오랜 관측을 통해 언제 위성의 식이 일어날지를 예측하는 표를 작성하여 발표하였다. 1675년 카시니는 목성 위성인 이오의 식 현상이 발생하는 시각을 측정한 결과 지구가 목성으로 가까워질 때는 예상보다 빨라지고, 지구가 목성에서 멀어질 때는 예상보다 늦어진다는 사실을 찾아냈다. 카시니는 이 원인에 대해 더 많은 관측과 정확한 계산이 필요하다고 생각하였다. 그런데 카시니와 같이 연구하던 덴마크의 천문학자 뢰메르(Ole Christensen Romer, 1644~1710)는 빛의 속도가 유한하기 때문에 목성과 지구 사이의 거리가 멀어지면 빛이 목성에서 지구까지 오는 데 걸리는 시간이 길어지기 때문에 예상보다 늦어진다고 생각하였다. 1676년 뢰메르는 이오의 식 현상

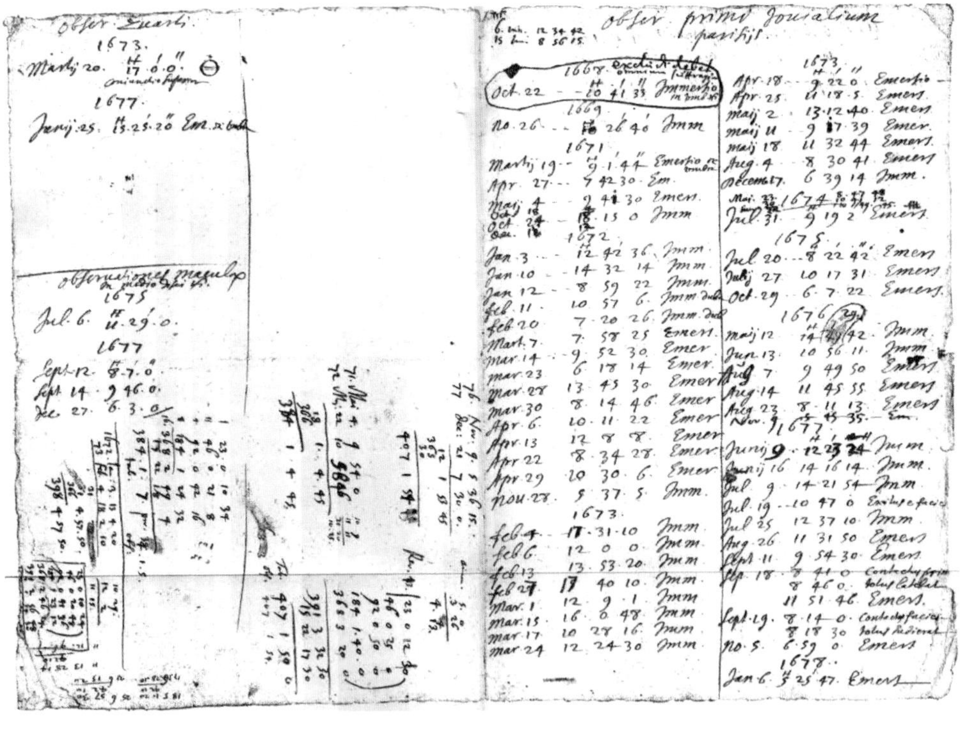

1675년 목성 관측 자료

카시니

뢰메르

해리슨

을 이용하여 처음으로 빛의 속도를 측정하였다.

그럼 앞에서 이야기한 경도 문제는 어떻게 되었을까? 바다에서 경도를 측정하는 방법은 18세기까지 해결되지 못했다. 이를 해결한 사람은 위대한 천문학자가 아닌 영국의 가난한 시계 장인 존 해리슨(John Harrison, 1693~1776)이었다. 해리슨은 1759년 아무리 파도에 흔들려도 부품들끼리 균형을 유지하고 온도와 습도에도 변하지 않는 완벽한 해상시계를 만들었다. 1762년 이 시계를 이용하여 61일간의 대서양 횡단에서 시험한 결과 단 5초밖에 오차가 발생하지 않았다. 이에 1773년 해리슨은 이 공로를 인정받아 경도상과 상금을 받았다.

재미있는 사실은 해리슨은 매우 정확한 항해 시계를 제작하여 포상금의 영예를 받았지만, 뢰메르는 빛의 속도를 측정하여 천문학에 길이 남을 위대한 업적을 남겼다는 것이다.

탐구 방법 1

합과 충에서 식 발생 시간 차를 이용한 방법

관측 자료

표는 1675년 이오의 식 현상에 관한 정보를 나타낸 것이다.

구분	물리량
충에 위치	11분 늦어짐
합에 위치	11분 빨라짐
지구의 공전궤도 장반경	1*AU*
목성의 공전궤도 장반경	5.2*AU*

결과 및 토의

1. 시간이 지남에 따라 이오의 식 현상이 예상한 시각보다 먼저 관측되거나 늦게 관측되는 이유는?

지구가 F에서 G로 이동하는 경우 지구와 목성 사이의 거리는 점차 가까워진다. 따라서 식 현상이 발생한 순간 이오에서 출발한 빛이 지구에 도달할 때까지 이동하는 거리는 점차 짧아진다. 따라서 이오의 식 현상은 예상한 시각보다 빨리 관측된다.

이에 비해 지구가 L에서 K로 이동하는 경우 지구와 목성 사이의 거리는 점차 멀어진다. 따라서 식 현상

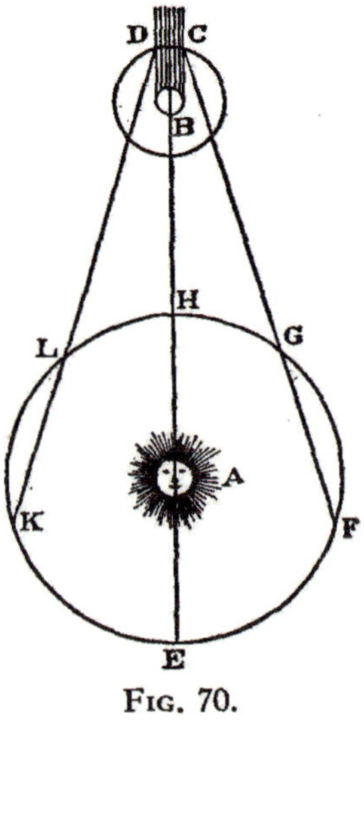

FIG. 70.

이 발생한 순간 이오에서 출발한 빛이 지구에 도달할 때까지 이동하는 거리는 점차 길어진다. 따라서 이오의 식 현상은 예상한 시각보다 늦게 관측된다.

2. 목성이 충과 합에 위치할 때 목성과 지구의 위치를 그림으로 표시하자.

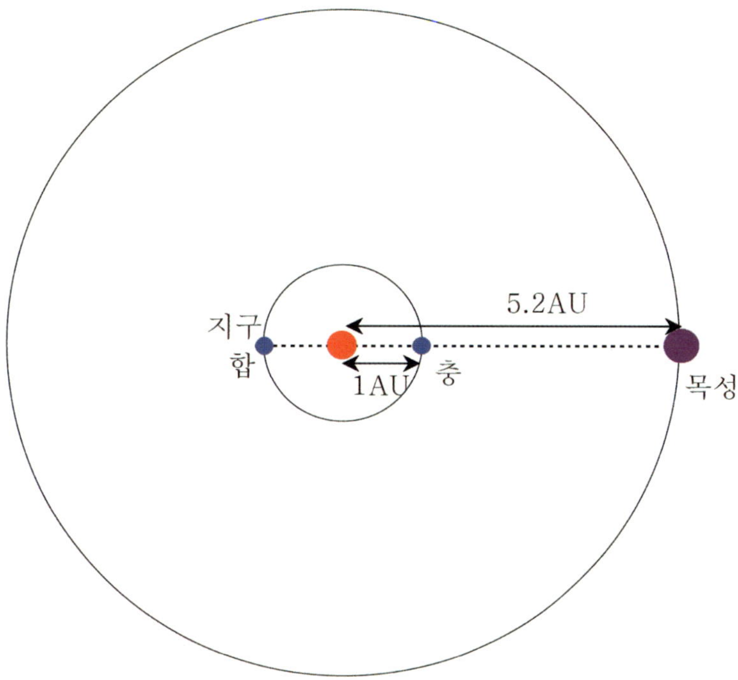

3. 목성이 충과 합에 위치할 때 이오에서 오는 빛의 이동 거리 차를 계산해 보자.

지구가 합에 위치한 경우 이오에서 지구까지의 거리는 6.2*AU*이고, 충에 위치한 경우 거리는 4.2*AU*이다. 따라서 거리 차는 2*AU* 이다.

4. 빛의 속도를 계산해 보자. (단, $1AU = 1.5 \times 10^8 km$이다.)

충과 합에서의 거리 차는 $2AU$이고, 이때 식 현상이 발생하는 시간이 예상한 시각과 달라지는 최대 시간은 22분이다.

따라서 빛의 속도는 $V = \frac{s}{t} = \frac{2AU}{22min} = \frac{2 \times 1.5 \times 10^8 km}{22min \times 60s/min} = 227{,}272km/s$ 이다.

5. [문제 1]에서 지구의 위치에 따라 관측되는 이오의 공전 주기는 변할까? 그 이유는?

이오가 공전하는 1.7일 동안 지구가 이오에서 멀어지거나 가까워지는 경우 공전 주기는 약간 달라질 것이다. 그런데 이 기간 동안 실제 지구가 이동한 거리는 크지 않아 지구에서 관측한 이오의 공전 주기는 거의 변하지 않는다.

6. [문제 5]에서 지구가 충과 합에 위치한 경우, 충과 합에서 지구와 목성 사이의 거리 차는 무척 크다. 이때 이오의 공전 주기는 변할까? 그 이유는?

충과 합에서 목성과 지구 사이의 거리는 달라지지만, 1.7일 동안 지구가 이동한 거리는 충이나 합에서 같으므로 이오의 공전 주기는 변하지 않는다.

7. 카시니는 시간이 지남에 따라 이오의 식 발생 시각이 조금씩 달라진다는 것을 어떻게 알아냈을까?

(힌트: 천문학자들은 바다 위에서 경도를 알아내기 위해 목성 위성의 식 현상이 발생할 시각을 연도별로 표로 제작하였다.)

바다 위에서 경도를 계산하기 위해서는 정확한 식 발생 시각을 알아야 한다. 정확한 시각은 바다에서 목성 위성의 식 현상을 관측한 후 표에 표시된 시각과 비교하여 알아낼 수 있다. 따라서 카시니는 사전에 육지에서 목성 위성의 관측과 계산을 통해 식 발생 예상 시각을 표로 제작하였다. 그리고 이 계산 결과가 맞는지 확인하기 위해 목성 위성을 관측한 결과 예상 시각과 달라진다는 사실을 알아낸 것이다.

탐구 방법 2

이오의 식 발생 시각을 이용한 방법

관측 자료

표는 2008년 이오의 식 현상에 관한 정보를 나타낸 것이다.

구분	천문 정보
목성 합 발생 시각	2007년 12월 31일
이오의 식 발생 시각 A	2008년 3월 1일 18:07:17
이오의 식 발생 시각 B	2008년 5월 31일 00:11:49
이오의 공전 주기	1.769861일
지구의 공전궤도 장반경	1AU
목성의 공전궤도 장반경	5.2AU

결과 및 토의

1. 빛의 속도를 측정하기 위해서는 합이 발생하고 2~3개월 후, 충이 발생하기 2~3개월 전 이오의 관측 자료가 필요하다. 또는 충이 발생하고 2~3개월 후, 합이 발생하기 2~3개월 전 이오의 관측 자료가 필요하다. 왜 이 기간에 관측하는 것이 적절한가?

이 기간에 지구와 목성 사이의 거리 차가 크기 때문이다.

2. 망원경으로 관측 가능한 목성의 위성은 이오, 유로파, 가니메데, 칼리스토이다. 뢰메르는 이 위성 중 왜 이오를 이용하여 빛의 속도를 측정하였을까?

4개의 위성 중 공전 주기가 가장 짧아 식 현상이 자주 발생하기 때문이다.

3. 천문학자는 천문 현상을 연구하기 위해 '율리우스일(Julian day)'이라는 개념을 도입하였다. 율리우스일은 율리우스력의 시작인 B.C. 4713년 1월 0일 12시를 기점으로 계산한 일수를 나타낸다. 율리우스일을 사용하면 천문 현상을 계산할 때 무척 편리하다. 다음 QR코드를 이용하여 우리가 사용하는 날짜를 율리우스일로 변환해 보자.

구분	일시	율리우스일
목성 합 발생일	2007년 12월 31일	2454465.500000
이오의 식 발생 시각 A	2008년 3월 1일 18:07:17	2454527.255060
이오의 식 발생 시각 B	2008년 5월 31일 00:11:49	2454617.508208

4. 식 현상이 발생하였을 때 목성과 지구의 거리를 구해 보자.

❶ 케플러 제3법칙 $P^2 \propto a^3$을 이용하여 목성의 공전 주기를 계산해 보자.

$(\frac{P_{목성}}{P_{지구}})^2 \propto (\frac{a_{목성}}{a_{지구}})^3 \quad (\frac{P_{목성}}{365.2422})^2 \propto (\frac{5.2AU}{1AU})^3 \quad P_{목성} = 4330.977$일

❷ 목성의 합 발생 시각을 기준으로 지구와 목성의 공전각을 계산해 보자.

구분	지구의 공전각(°)	목성의 공전각(°)
목성 합 발생 시각	0	0
이오의 식 발생 시각 A	60.9	5.13
이오의 식 발생 시각 B	149.92	12.63

이오의 식 발생 시각 A까지 지구의 공전각

$360° : 365일 = x : (2454527.25506일 - 2454465.50000일)$

$x = \frac{360° \times (2454527.25506일 - 2454465.50000일)}{365일} = 60.9°$

이오의 식 발생 시각 A까지 목성의 공전각

$360° : 4330.977일 = x : (2454527.25506일 - 2454465.50000일)$

$x = \frac{360° \times (2454527.25506일 - 2454465.50000일)}{4330.977일} = 5.13°$

이오의 식 발생 시각 B까지 지구의 공전각

$360° : 365일 = x : (2454617.508208일 - 2454465.50000일)$

$x = \frac{360° \times (2454617.508208일 - 2454465.50000일)}{365일} = 149.92°$

이오의 식 발생 시각 B까지 목성의 공전각

$360° : 4330.977일 = x : (2454617.508208일 - 2454465.50000일)$

$$x = \frac{360° \times (2454617.508208일 - 2454465.50000일)}{4330.977일} = 12.63°$$

❸ 이오의 식 발생 시각 A, B에서의 목성과 지구의 위치를 그림으로 표시하자.

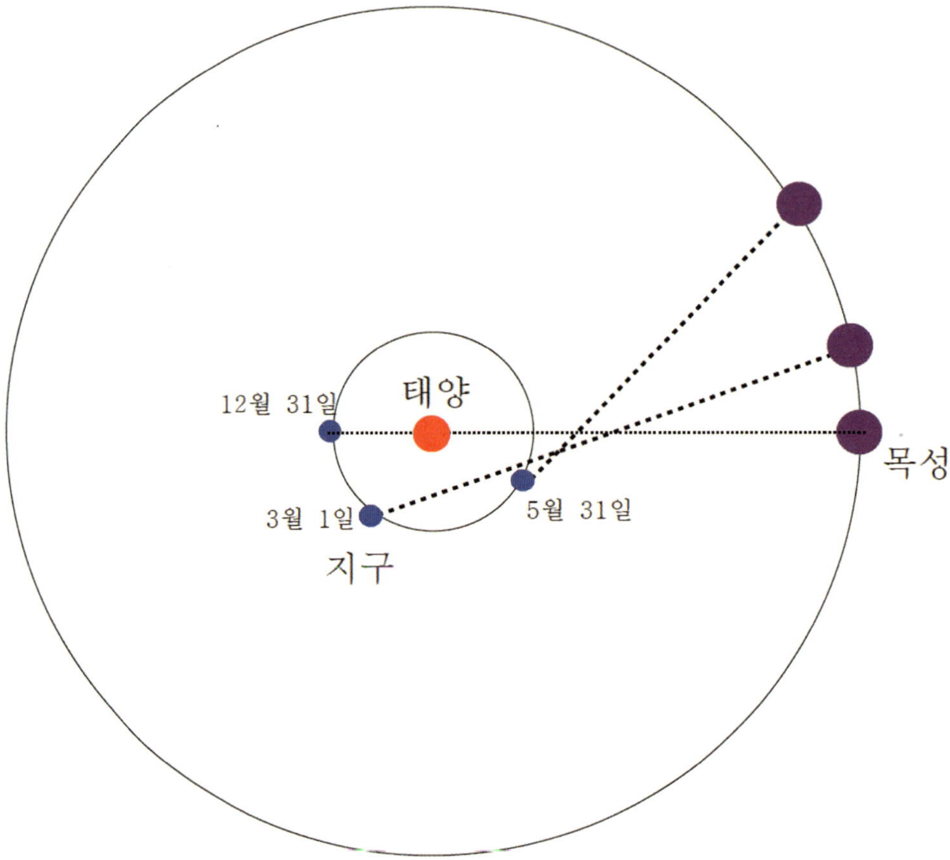

❹ 이오의 식 발생 시각 A, B에서 목성과 지구 사이의 거리를 각각 계산해 보자.

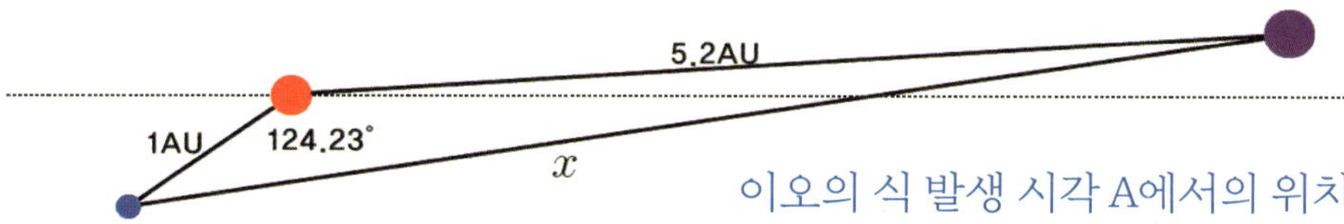

이오의 식 발생 시각 A에서의 위치

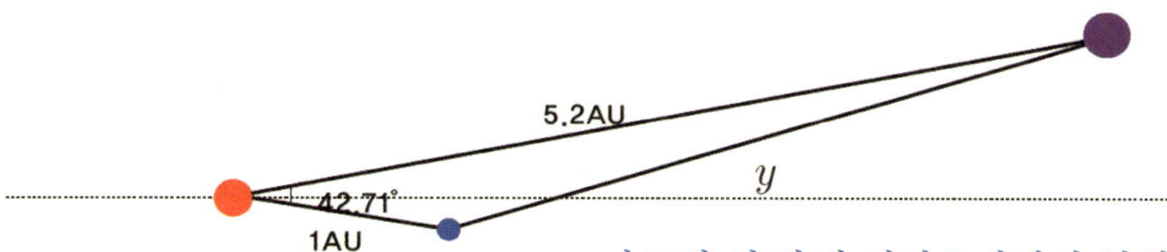

이오의 식 발생 시각 B에서의 위치

이오의 식 발생 시각 A에서의 지구-태양-목성의 사잇각

$180° - 60.9° + 5.13° = 124.23°$

이오의 식 발생 시각 B에서의 지구-태양-목성의 사잇각

$180° - 149.92° + 12.63° = 42.71°$

코사인 제2법칙 $a^2 = b^2 + c^2 - 2bc\cos A$를 이용해 보자.

이오의 식 발생 시각 A의 경우

$x^2 = 5.2^2 + 1^2 - 2 \times 5.2 \times 1 \times \cos 124.23°$ $x = 5.8215AU$

이오의 식 발생 시각 B의 경우

$y^2 = 5.2^2 + 1^2 - 2 \times 5.2 \times 1 \times \cos 42.71°$ $y = 4.5164AU$

5. 이오의 식 발생 시각 A부터 이오의 식 발생 시각 B까지 이오의 공전 횟수를 계산해 보자.

$$\frac{2454617.508208\text{일} - 2454527.25506\text{일}}{1.769861\text{일}} = 50.99 \approx 51\text{회}$$

6. 이오의 식 발생 시각 A부터 [문제 5]의 횟수만큼 공전하였을 때의 시각을 계산해 보자.

51회×1.769861일/회 = 90.262911일이 된다.

이오의 식 발생 시각 A는 2454527.25506일이므로

2454527.25506일 + 90.262911일 = 2454617.517971일이 된다.

7. [문제 6]에서 이오의 식 현상 B가 나타날 것으로 예측한 시각과 실제 식 현상이 발생한 시각의 차이를 분(min) 단위로 계산해 보자.

2454617.508208일 - 2454617.517971일 = -0.009763일

-0.009763일×24시/일×60분/시 = -14.05분

8. 이오에서 출발한 빛이 지구의 위치 A와 B에 도달할 때, 이동한 거리의 차는 얼마인가? (단, $1AU = 1.5\times10^8 km$이다.)

이오에서 A까지의 거리는 $5.8215AU$이고,

B까지의 거리는 $4.5164AU$이다.

따라서 거리 차는 $5.8215AU - 4.5164AU = 1.3051AU$이다.

즉, $1.3051AU\times1.5\times10^8km = 195{,}765{,}000km$이다.

9. 빛의 속도를 계산해 보자.

$$v = \frac{s}{t} = \frac{195{,}765{,}000km}{14.05min \times 60s/min} = 232{,}224km/s$$

※ 빛의 속도는 299,792*km/s*이다.

10. [문제 9]에서 구한 빛의 속도 값 오차는 얼마인가?

$$\frac{232{,}224km/s - 299{,}792km/s}{299{,}792km/s} \times 100 = -22.5\%$$ 이다.

11. [문제 10]과 같이 오차가 발생한 주된 원인은 무엇인가?

첫째, 지구와 목성은 태양을 중심으로 공전하기 때문에 지구에서 바라보는 목성 그림자 방향은 계속 바뀌게 된다. 지구에서 바라볼 때 이오가 사라지는 현상은 실제 목성에 의해 이오가 가려져 사라질 수 있지만, 목성의 '그림자'에 가려져 사라질 수도 있다.

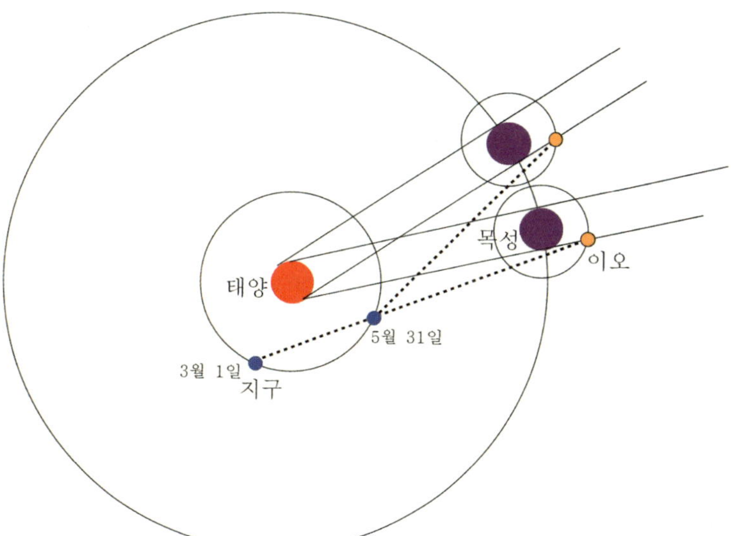

둘째, 지구와 목성은 모두 타원 궤도 운동을 한다. 그런데 본 탐구 활동에서는 편의상 원 궤도로 가정한 후 계산하였다.

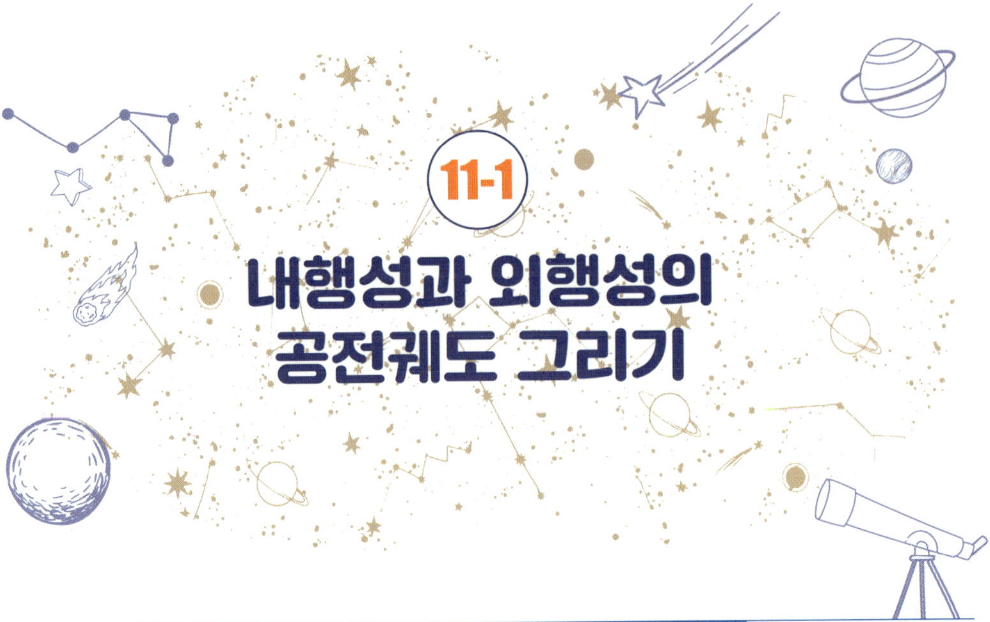

11-1

내행성과 외행성의 공전궤도 그리기

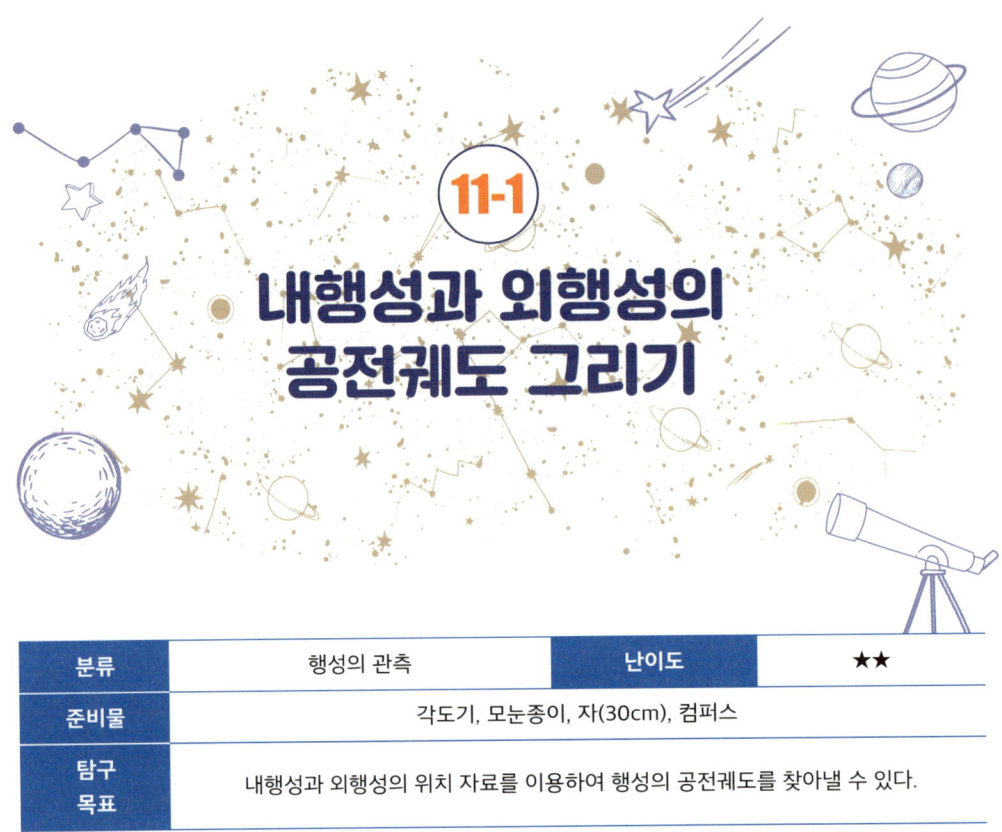

분류	행성의 관측	난이도	★★
준비물	각도기, 모눈종이, 자(30cm), 컴퍼스		
탐구 목표	내행성과 외행성의 위치 자료를 이용하여 행성의 공전궤도를 찾아낼 수 있다.		

케플러는 천문학의 역사에서 중요한 인물로 평가된다. 케플러의 3가지 법칙은 행성의 운동을 수학적으로 기술하고 있다. 당시에는 천체망원경과 컴퓨터도 없었는데 케플러는 어떻게 행성의 운동 법칙을 찾아냈을까?

역사적 배경

1546년 덴마크에서 역사상 최고의 관측 천문학자가 태어났다. 그 이름은 바로 튀코 브라헤(Tycho Brahe, 1546~1601)이다. 튀코 브라헤는 시력이 매우 좋았으며 손재주도 뛰어나 젊었을 때부터 당시 사용하던 관측 기구인 육분의(천체가 수평선과 이루는 각도를 재는 기구), 사분의(천체의 높이를 재는 기구)를 개량하여 관측했던 것으로 알려져 있다. 그리고 천체 관측에 대한 관심도 남달라 어느 날 새로운 별인 신성을 발견하고 그 자료를 책으로 출판함으로써 많은 사람의 관심을 끌어 천문학계의 '신성'으로 떠올랐다. 이후 덴마크의 왕 프레더릭 2세로부터 현재 덴마크와 핀란드 사이에 있는 벤섬을 통째로 받아 '하늘의 성'이라는 뜻을 가진 세계 최고의 우라니보르그 천문대를 세웠다. 튀코 브라헤는 당시 사용하던 관측 장비보다 더 뛰어난 관측 장비(육분의, 사분의)를 새롭게 개량하였고, 많은 조수를 채용하여 다양한 천체를 체계적으로 관측하였다. 그의 관측 자료는 매우 정확한 것으로 정평이 나 있는데, 현대의 천문 프로그램으로 확인한 결과 오늘날의 관측 자료와 오차가 매우 적은 것으로 밝혀졌다.

프레더릭 2세의 사망 이후 후원자를 잃은 튀코 브라헤는 벤섬을 떠나 프라하로 이주하였다. 그리고 이곳에서 독일의 젊은 수학자이자 천문학자인 요하네스 케플러를 채용해 그때까지 자신이 모은 데이터를 수학적으로 정리하는 일을 맡겼다. 그런데 안타깝게 이듬해인 1601년 튀코 브라헤는 갑자기 병으로 사망하고 만다.

티코 브라헤가 죽자 법적 상속자였던 케플러는 그의 모든 관측 자료를 물려받았고, 이를 이용하여 당시 관심의 대상이었던 화성의 위치에 관한 연구를 시작하였다. 그런데 화성 궤도를 그리던 케플러는 화성의 궤도가 계란 모양으로 찌그러지는 문제에 봉착하였다. 케플러는 오랜 시간 동안 수많은 시도를 해보았지만 동일한 결과를 얻을 뿐이었다. 케플러는 당시를 이렇게 회고했다. '이와 같은 지루한 계산에 진력이 났어. 신이시여! 적어도 70번 이상 계산을 되풀이한 저를 불쌍히 여기소서.'

피타고라스로부터 플라톤, 톨레미, 코페르니쿠스, 튀코 브라헤, 갈릴레오에 이르기까지 당시 서양의 역사에서 행성의 궤도에 대한 생각은 원이었다. 만일 신이 우주를 창조하였다면 행성은 가장 완벽한 형태인 원으로 창조하였을 것이라는 완전성에 대한 믿음이 있었기 때문이다. 그래서 케플러는 다시 3년 동안의 계산을 통해 화성의 궤도를 원 궤도와 2분(1/30°) 차이로 일치시켰다. 하지만 튀코 브라헤의 화성에 관한 다른 관측 자료를 계산하여 확인한 결과 차이가 8분 발생하자 케플러는 절망에 빠졌다고 한다.

튀코 브라헤(왼쪽)와 요하네스 케플러

한편 또 하나의 문제가 있었는데 그것은 화성의 속도에 관한 내용이었다. 화성이 태양에 가까워지면 빨라지고 멀어지면 느려지는 현상이 나타났기 때문이다. '만약 행성이 긴 끈으로 태양과 연결되어 있다면, 화성이 태양에 가까우면 넓은 부채꼴이 되고, 멀면 좁은 부채꼴로 나타나지만 끈이 가로지르는 면적은 같지 않을까?'

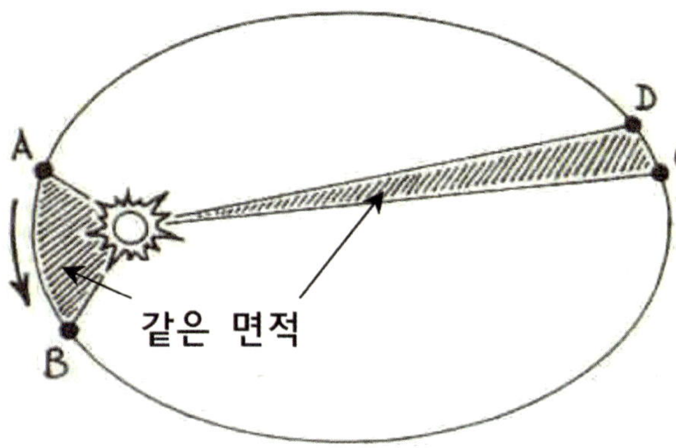

이를 1년간 고민하던 케플러는 동일한 시간 동안 행성과 태양을 잇는 선이 궤도에서 쓸고 가는 면적(부채꼴 모양)을 계산한 결과 그 면적이 같다는 사실을 확인하였다. 그러나 이 당시에도 그는 화성의 궤도가 타원이라는 확신을 갖지 못했다.
케플러는 다시 몇 달의 고민 끝에 초점 사이를 잇는 납작한 궤도의 식을 발견하였고, 드디어 화성의 궤도를 기술할 수 있는 방정식을 얻어 냈지만, 이 방정식이 자신의 생각을 더 이상 잘 나타내지 못한다고 생각하여 이를 버리고 다른 방정식을 고안하게 되었다. 또다시 몇 달의 고민 뒤에 케플러는 예전에 찾아낸 방정식이 자신이 그토록 찾아 헤매던 방정식임을 알게 되었다. 그는 이렇게 회상했다

고 한다. '내가 거절하여 쫓아 버린 자연의 진리가 모습을 바꾸어 뒷문으로 살금살금 되돌아온 셈이다. 아! 나는 얼마나 바보 같은 새였던가!'

이런 우여곡절 끝에 케플러는 튀코 브라헤가 죽은 지 8년이 지난 1609년에 『신천문학(Astronomia nova)』에 자신이 연구한 결과를 정리하여 출판하였다. 첫째, 행성은 태양을 한 초점으로 하는 타원 궤도를 그리면서 공전하고, 둘째, 행성과 태양을 연결하는 가상의 선분이 같은 시간 동안 쓸고 지나가는 면적은 항상 같다는 것이다. 우리는 이를 '케플러 법칙'이라 부른다.

탐구 활동 1

내행성의 위치를 공전 궤도에 표시하기

관측 자료

1. 표는 1983년부터 1990년까지 수성과 금성의 최대이각 날짜와 최대이각을 나타낸 것이다.

수성: 1989년~1990년			금성: 1983년~1990년		
날짜	동방 최대이각	서방 최대이각	날짜	동방 최대이각	서방 최대이각
1989년 01월 08일	19°		1983년 06월 15일	45°	
1989년 02월 18일		26°	1983년 11월 04일		47°
1989년 04월 30일	21°		1985년 01월 21일	47°	

1989년 06월 18일		23°	1985년 06월 12일		46°
1989년 08월 28일	27°		1986년 08월 26일	46°	
1989년 10월 10일		18°	1987년 01월 15일		47°
1989년 12월 22일	20°		1988년 04월 02일	46°	
1990년 02월 01일		25°	1988년 08월 22일		46°
1990년 04월 13일	20°		1989년 11월 08일	47°	
1990년 05월 31일		25°	1990년 03월 30일		46°
1990년 08월 11일	27°				
1990년 09월 24일		18°			
1990년 12월 05일	21°				

활동 과정

❶ 수성의 관측 자료를 이용하여 지구의 공전각을 계산해 보자.

(단, 경과일은 1월 8일 기준)

수성: 1989년~1990년					
날짜	경과일	지구 공전각(°)	지구 공전각(°) (360° 단위)	동방최대이각	서방최대이각
1989년 01월 08일	0	0.0	0.0	19°	
1989년 02월 18일	41	40.4	40.4		26°
1989년 04월 30일	112	110.4	110.4	21°	
1989년 06월 18일	161	158.7	158.7		23°
1989년 08월 28일	232	228.7	228.7	27°	
1989년 10월 10일	275	271.1	271.1		18°
1989년 12월 22일	348	343.0	343.0	20°	

1990년 02월 01일	389	383.4	23.4		25°
1990년 04월 13일	460	453.4	93.4	20°	
1990년 05월 31일	508	500.7	140.7		25°
1990년 08월 11일	580	571.7	211.7	27°	
1990년 09월 24일	624	615.0	255.0		18°
1990년 12월 05일	696	686.0	326.0	21°	

❷ 금성의 관측 자료를 이용하여 지구의 공전각을 계산해 보자.

(단, 경과일은 6월 15일 기준)

금성: 1983년~1990년					
날짜	경과일	지구 공전각(°)	지구 공전각(°) (360° 단위)	동방최대이각	서방최대이각
1983년 06월 15일	0	0	0	45°	
1983년 11월 04일	141	139.0	139.0		47°
1985년 01월 21일	585	576.6	216.6	47°	
1985년 06월 12일	727	716.6	356.6		46°
1986년 08월 26일	802	790.5	70.5	46°	
1987년 01월 15일	944	930.5	210.5		47°
1988년 04월 02일	1387	1367.1	287.1	46°	
1988년 08월 22일	1529	1507.1	67.1		46°
1989년 11월 08일	1911	1883.6	83.6	47°	
1990년 03월 30일	2053	2023.5	223.5		46°

❸ 모눈종이에 태양(S)을 중심으로 반지름이 10cm인 원을 그린다.

❹ 10cm 원을 지구의 공전 궤도로 가정하고 임의의 한 점(E_1)을 잡는다. 각도기를 사용하여 E_1-S선을 기준으로 동방최대이각(지구에서 태양을 보았을 때 동쪽) 방향으로 19°가 되도록 선을 긋는다.

❺ S에서 이 직선에 수선을 내려 그 교점을 M_1으로 표시한다. 이 점이 수성의 위치이다.

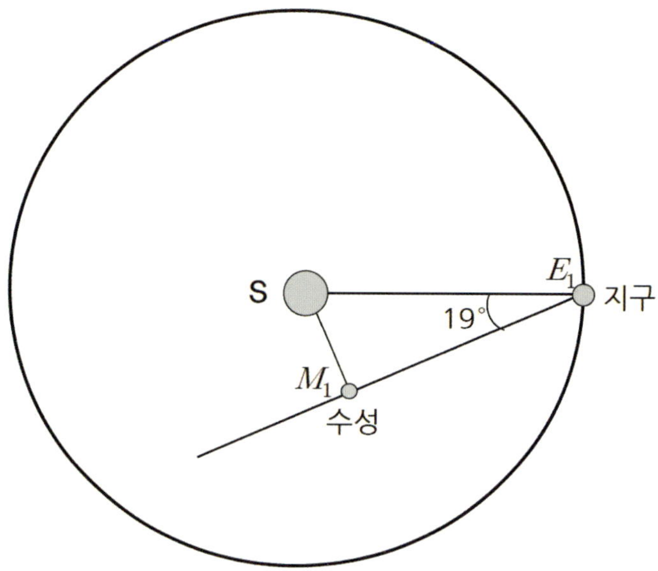

❻ 나머지 수성의 자료를 이용하여 과정 ❹, ❺를 반복한다.

❼ 금성도 수성과 같은 과정으로 위치를 표시한다.

활동 결과

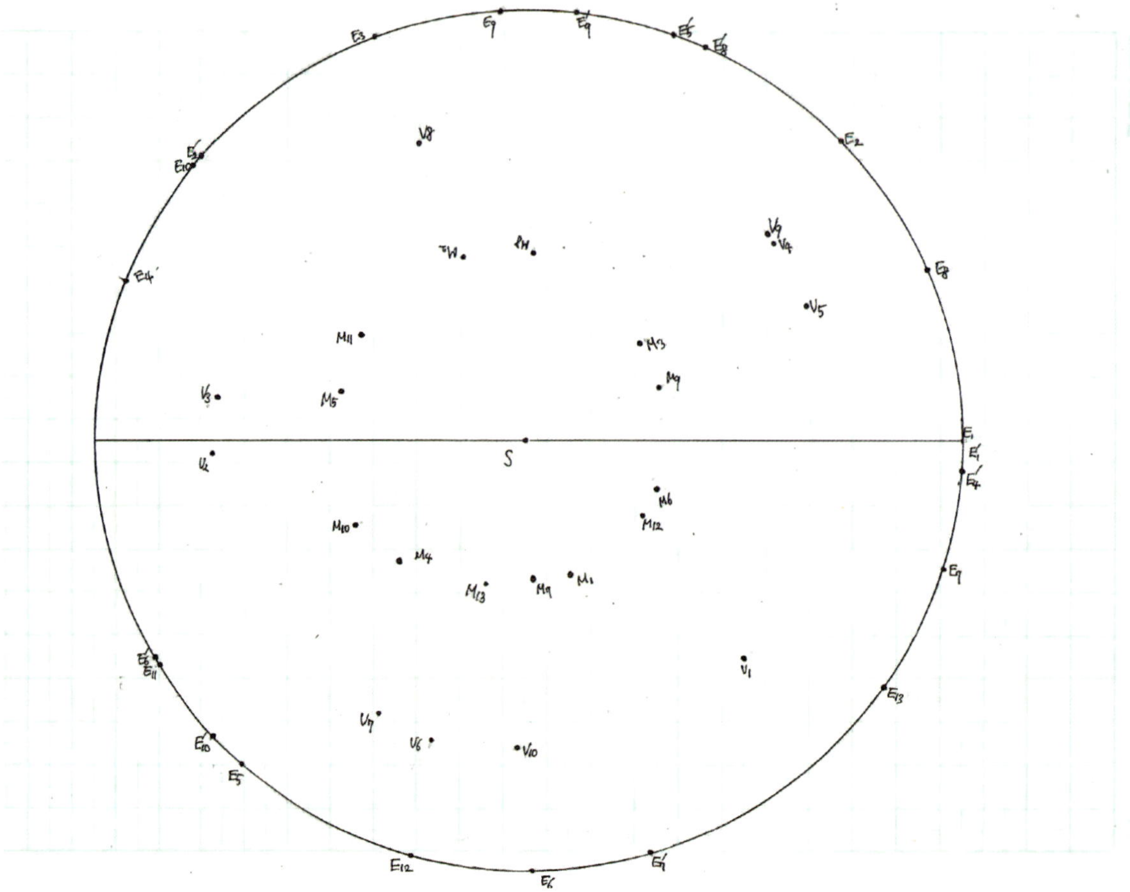

탐구 활동 2

외행성(화성)의 위치를 공전궤도에 표시하기

[방법 1] 춘분점, 태양, 지구, 화성의 사잇각을 이용한 방법

관측 자료

1. 표는 케플러가 화성의 공전 궤도를 알아내기 위하여 사용한 1585년부터 1595년까지 튀코 브라헤의 화성 관측 자료이다.

화성의 위치	지구의 위치	관측일	춘분점-태양-지구 사이의 각(°)	춘분점-지구-화성 사이의 각(°)
M_1	E_1	1585.02.17	159.4	135.2
	E'_1	1587.01.05	115.3	182.1
M_2	E_2	1591.09.19	5.8	284.3
	E'_2	1583.08.06	323.4	346.9
M_3	E_3	1593.12.07	85.9	3.1
	E'_3	1595.10.25	41.7	49.7
M_4	E_4	1587.03.28	196.8	168.2
	E'_4	1589.02.12	153.7	218.8
M_5	E_5	1585.03.10	179.7	131.8
	E'_5	1587.01.26	136.1	184.7

활동 과정

❶ 모눈종이 2장을 붙여 A3 사이즈로 만든 후, 모눈종이에 반지름 5cm의 원을 그린다. 이 원은 지구의 공전궤도에 해당한다.

❷ 임의의 방향을 춘분점으로 가정한 후, 태양에서 춘분점 방향으로 직선을 그린다.

❸ 표에서 춘분점-태양-지구 사이의 각을 이용하여 지구의 위치 E_1, E'_1를 원 위에 표시한다.

❹ 춘분점-지구-화성 사이의 각을 이용하여 각각 E_1, E'_1의 위치에서 화성이 위치한 방향으로 직선을 긋는다. 두 직선이 만나는 지점에 화성의 위치 M_1을 표시한다.

❺ 과정 ❸, ❹를 반복하여 화성의 위치 M_2~M_5를 표시한다.

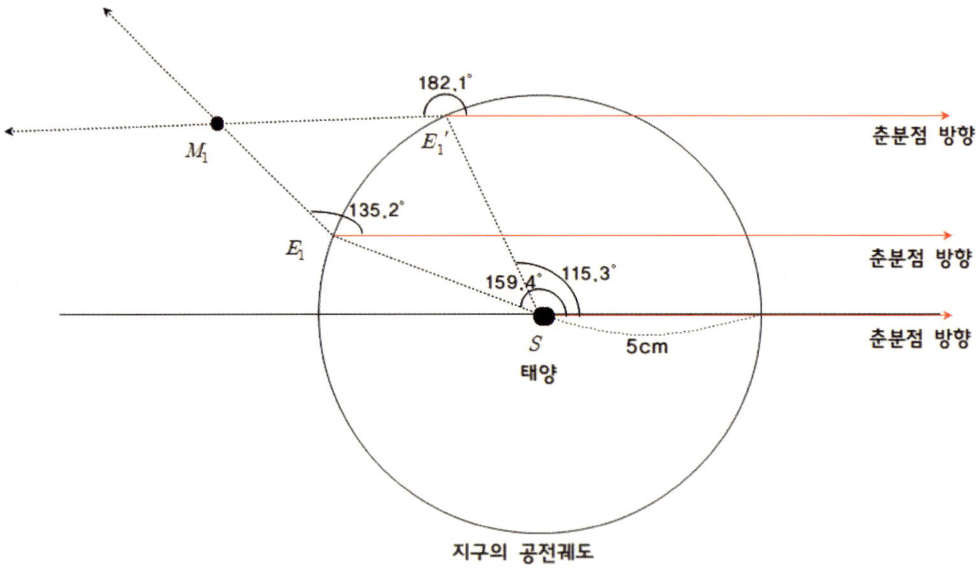

활동 결과

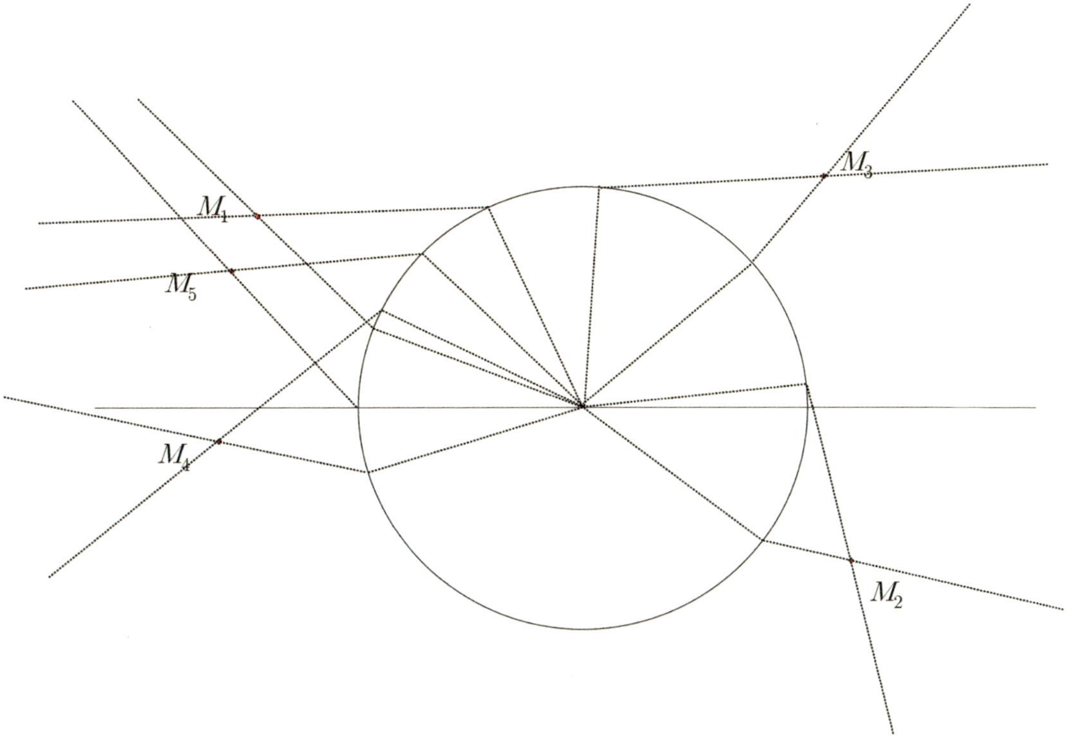

[방법 2] 충과 태양-지구-화성의 사잇각을 이용한 방법

케플러는 화성의 공전 주기가 687일이므로 화성은 687일 후에는 한 바퀴 돌아 처음 위치로 돌아오지만, 지구는 화성과 공전 주기가 다르므로 687일 후에는 지구의 공전궤도에서 처음 위치가 아닌 다른 위치에 놓인다는 사실을 알고 있었다. 따라서 태양-지구-화성의 사잇각을 이용하여 화성의 위치를 공전궤도상에 표시하였다.

관측 자료

1. 표는 화성의 충 위치일과 그로부터 687일 후 태양-지구-화성의 사잇각을 나타낸 것이다.

충 위치일	687일 후 태양-지구-화성의 사잇각(°)
1993.01.03	96
1995.02.11	100
1997.03.20	103
1999.05.01	103
2001.06.21	98
2003.08.27	91
2005.10.30	90
2007.12.18	94

활동 과정

❶ 화성의 관측 자료를 이용하여 지구의 공전각을 계산해 보자.

(단, 경과일은 1993년 1월 1일 0시를 기준으로 한다.)

충 위치일	경과일	지구 공전각(°)	687일 후 지구 공전각(°)	687일 후 지구 공전각(°) (360° 단위)	687일 후 태양-지구-화성의 사잇각(°)
1993.01.03	3	2.96	680.07	320.07	96
1995.02.11	772	760.92	1438.03	358.03	100
1997.03.20	1540	1517.90	2195.01	35.01	103
1999.05.01	2312	2278.81	2955.93	75.93	103
2001.06.21	3094	3049.59	3726.70	126.70	98
2003.08.27	3891	3835.15	4512.26	192.26	91
2005.10.30	4686	4618.74	5295.85	255.85	90
2007.12.18	5465	5386.56	6063.67	303.67	94

1993년 1월 3일의 경우

지구의 공전각 $\frac{3\text{일} \times 360^\circ}{365.2425\text{일}} = 2.96^\circ$

687일 후 지구 공전각(°) $2.96^\circ + \frac{686.971\text{일} \times 360^\circ}{365.2425\text{일}} = 680.07^\circ$

이를 360° 단위로 나타내면 $680.07^\circ - 360^\circ = 320.07^\circ$

❷ 모눈종이 2장을 붙여 A3 사이즈로 만든 후, 모눈종이에 반지름 5cm의 원을 그린다. 이 원이 지구의 공전궤도에 해당한다.

❸ 태양에서 오른쪽으로 기준선을 긋고, 이 기준선과 원이 만나는

점을 1월 1일로 가정한다.

❹ 표에서 화성이 충에 위치할 때 지구의 위치 E_1(2.96°)을 원 위에 표시한다.

❺ 태양과 지구의 위치 E_1을 연결하는 선을 그린다. (이 직선 중에 화성이 존재한다.)

❻ 화성이 충에 위치한 날에서 687일 후 지구의 위치 E'_1(320.07°)을 원 위에 표시한다.

❼ E'_1에서 797일 후 태양-지구-화성 사이의 각인 96° 방향으로 직선을 긋는다.

❽ 두 직선이 만나는 지점에 화성의 위치 M_1을 표시한다.

❾ 과정 ❹~❽을 반복하여 화성의 위치 M_2~M_8을 표시한다.

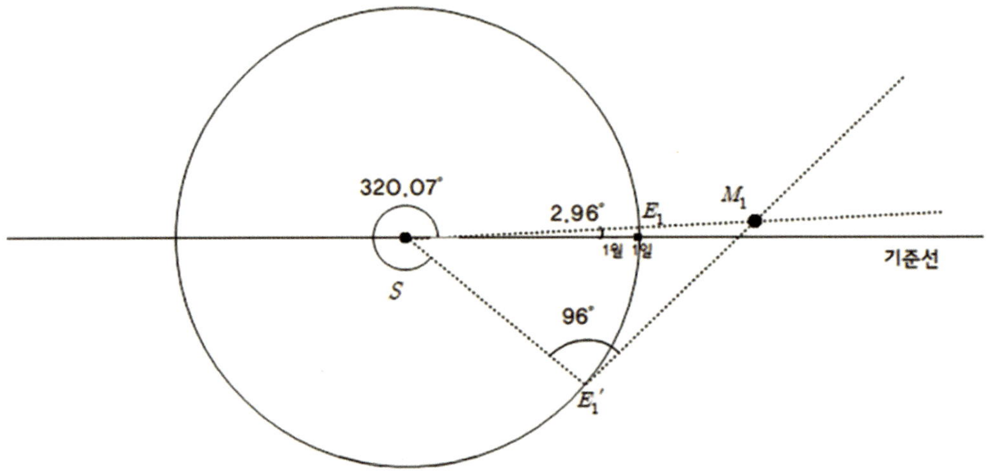

활동 결과

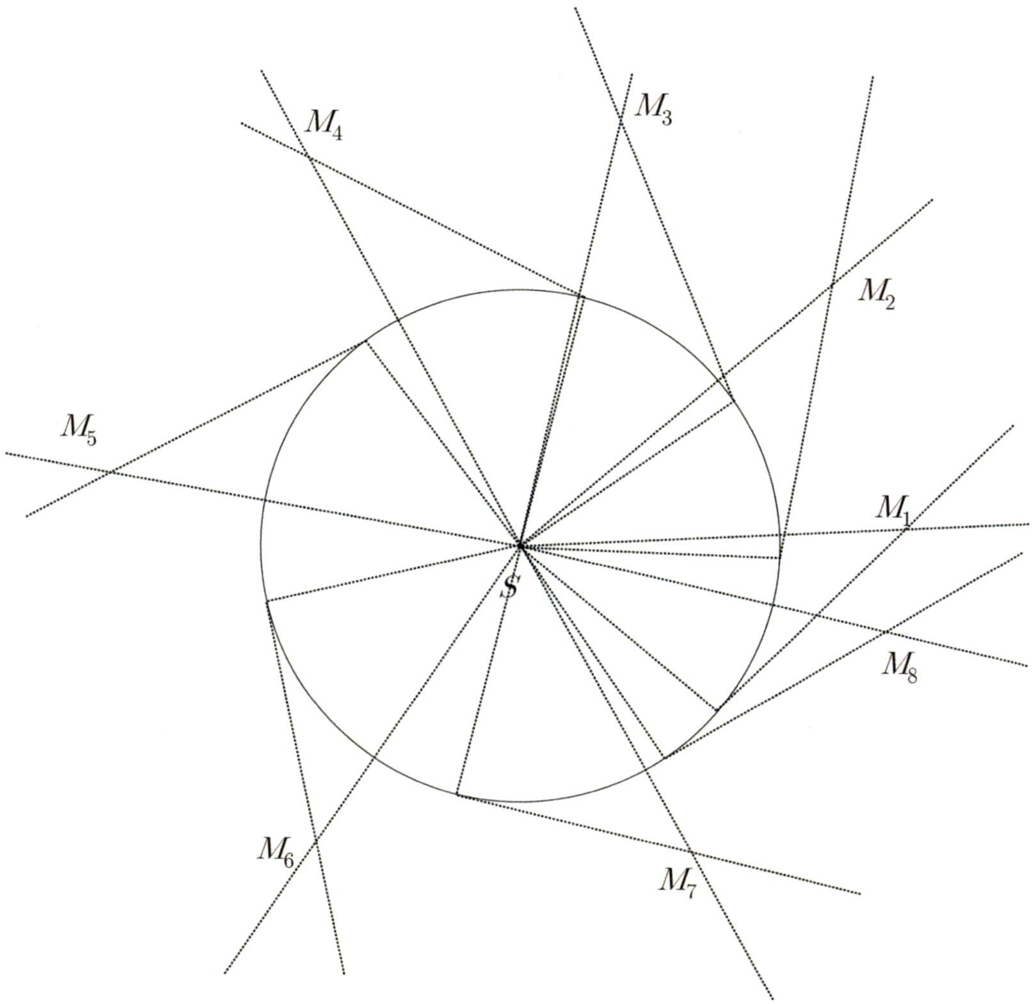

11-2 케플러 제1법칙 찾아내기

분류	행성의 관측	난이도	★★
준비물	핀 2개, 30cm 자, 실(1m), 계산기	동영상 강의	
탐구 목표	행성의 공전 궤도를 그리고, 이를 이용하여 장반경, 이심률을 찾아낼 수 있다.		

이론적 배경

타원

타원은 두 정점(定點)으로부터 거리의 합이 일정한 점의 자취를 말한다. 예를 들어 두 정점 S, S'에 각각 실의 양끝을 고정시키고 실에 연필을 걸어 끌어당기면서 이동시키면 타원이 그려진다. 다음 그림과 같이 S와 S'를 연결한 실을 잡아당겨 연필을 점 P에 위치시킨 후, 빙 둘러 선을 그리면 타원이 된다. 이때 S, S'를 초점이라 한다.

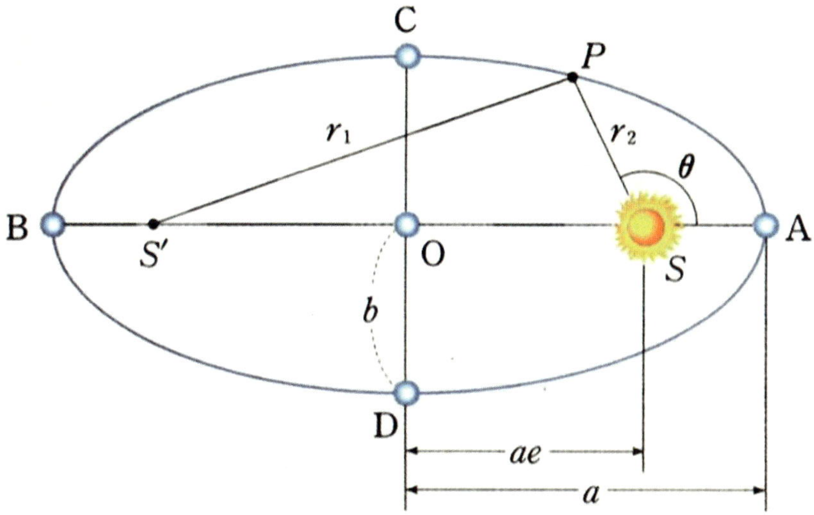

그림에서 초점이 위치한 선분 $\overline{AB}$ 방향을 장축, $\overline{CD}$ 방향을 단축이라 부른다.

이심률

$\overline{OA}=\overline{OB}=a$를 장반경, $\overline{OC}=\overline{OD}=b$를 단반경이라 할 때, 타원의 크기는 장반경으로, 타원의 모양은 이심률로 표현한다. 이심률은 다음과 같이 정의된다.

$$e=\frac{\overline{OS}}{\overline{OA}}=\frac{ae}{a}=\frac{\sqrt{a^2-b^2}}{a}, \quad b=a\sqrt{1-e^2}$$

활동 과정

활동에 들어가기 전에 [탐구활동 11-1]에서 그린 수성, 금성, 화성의 위치 자료를 준비한다.

[방법1] 타원의 원리를 이용한 타원 궤도 그리기

1. 수성의 위치 자료에서 장축을 찾는다.
   (힌트: 찍은 점 사이의 거리가 가장 긴 곳이 장축이고, 이 장축 위에 태양이 위치한다.)
2. 장축을 찾아 긋고 태양에 핀을 고정한 뒤 또 다른 초점을 찾는다.
   (힌트: 또 다른 초점은 타원의 중심에서 같은 거리의 장축에 위치한다.)
3. 2개의 초점에 핀을 고정하고 이 핀에 실을 묶어 길이를 조절하며 가급적 행성의 위치에 적합한 타원을 그린다.
4. 같은 방법으로 금성, 수성, 화성의 장반경과 이심률을 찾아낸다.

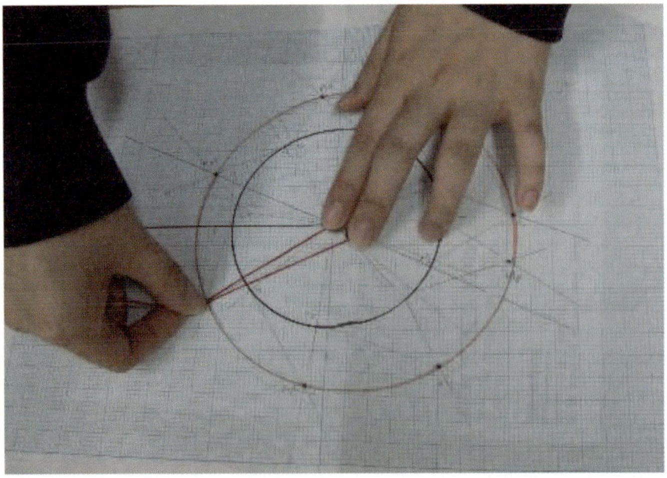

[방법2] 한글 프로그램을 이용한 타원 궤도 그리기

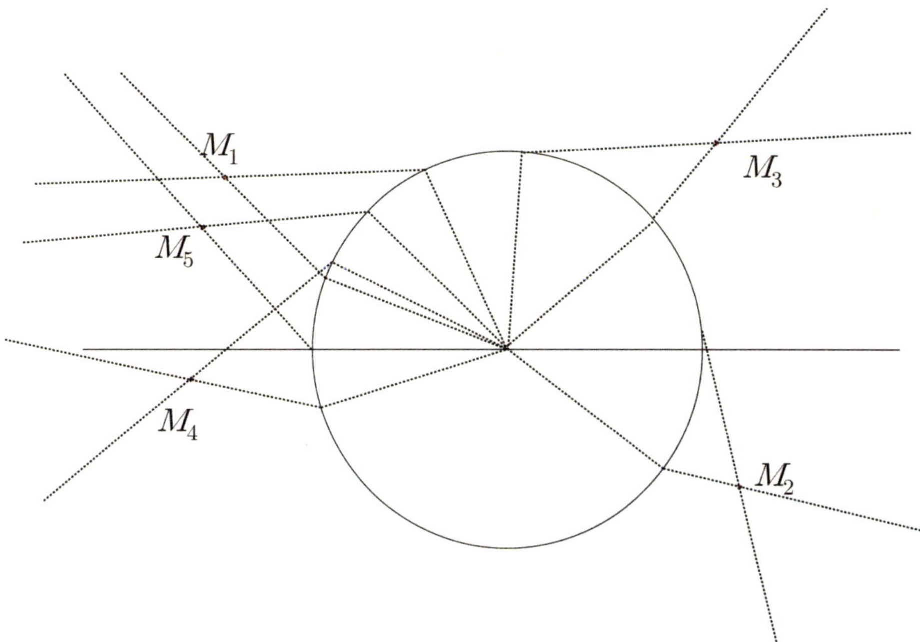

❶ 입력 – 타원을 선택한다.

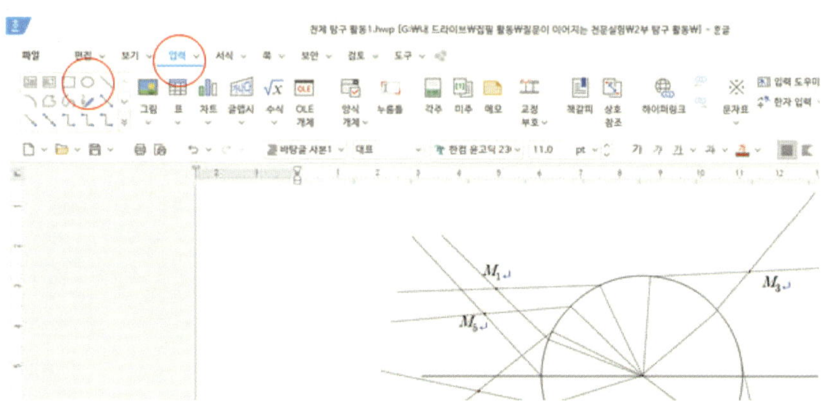

❷ 입력한 타원에 커서를 위치한 후 오른쪽 마우스 클릭 – 개체속성 – 채우기 – '채우기 없음' 체크 – 선 – 선색 – '붉은색' – 설정

❸ 마우스를 이용하여 타원의 크기를 적절하게 조절

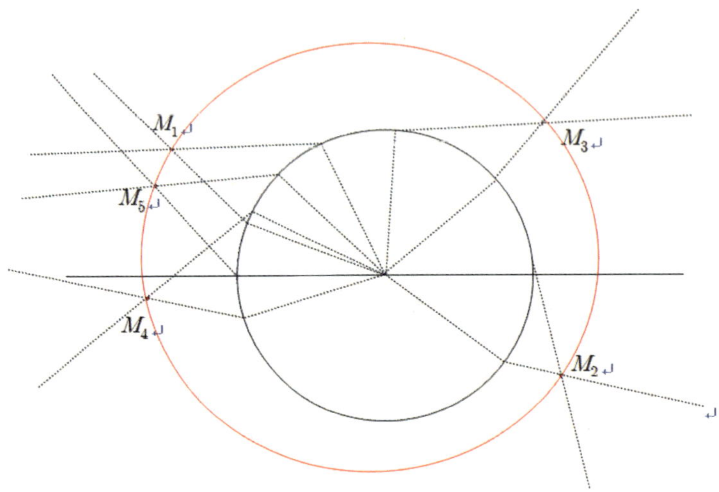

❹ 타원의 장축 방향을 변경하고자 하는 경우 타원 클릭 – 회전 – 개체 회전 선택

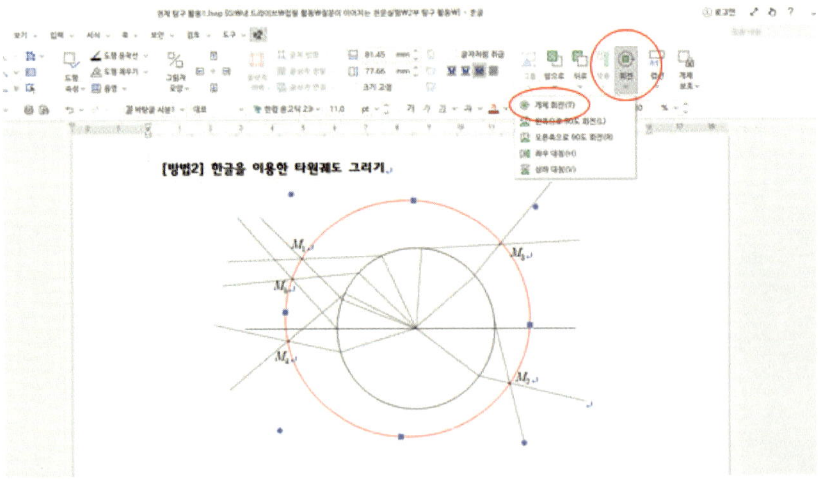

❺ 장축 방향 회전, 타원의 크기 조절을 통해 최대한 각 점에 맞도록 조정

❻ 타원을 클릭한 후 입력 – 직선을 선택한다.

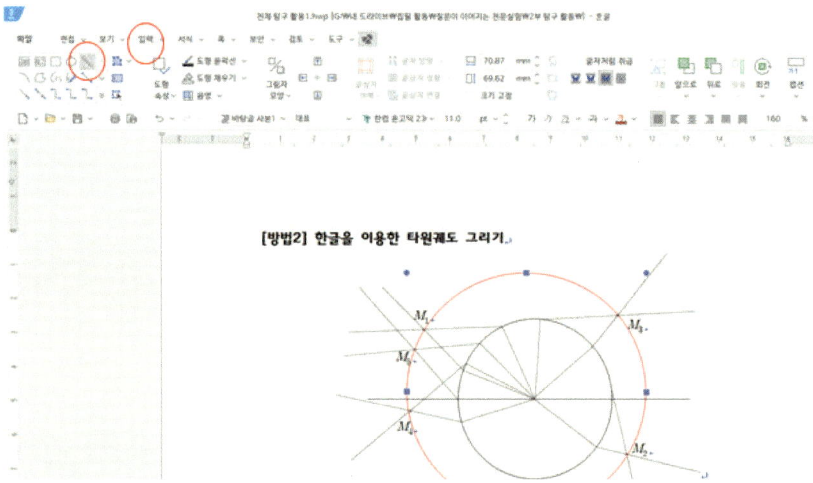

❼ 타원에 나타나는 8개의 파란색 사각형 중 가운데 위치한 점을 연결하는 직선 2개를 긋는다. 이 직선이 만나는 점이 바로 타원의 중심이다.

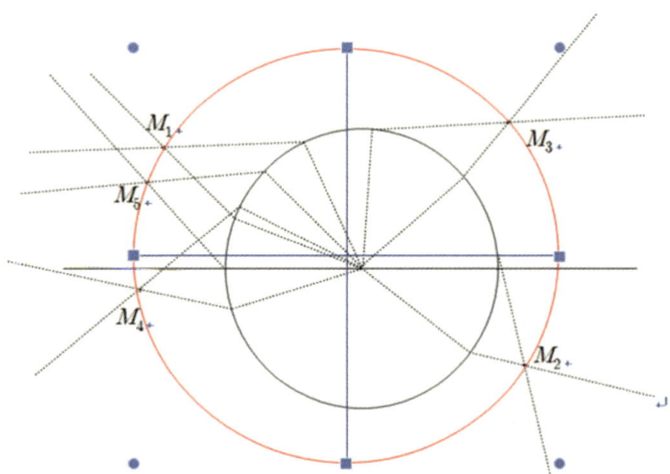

❽ 타원의 중심(O)과 태양(S)을 연결하는 직선을 긋는다.

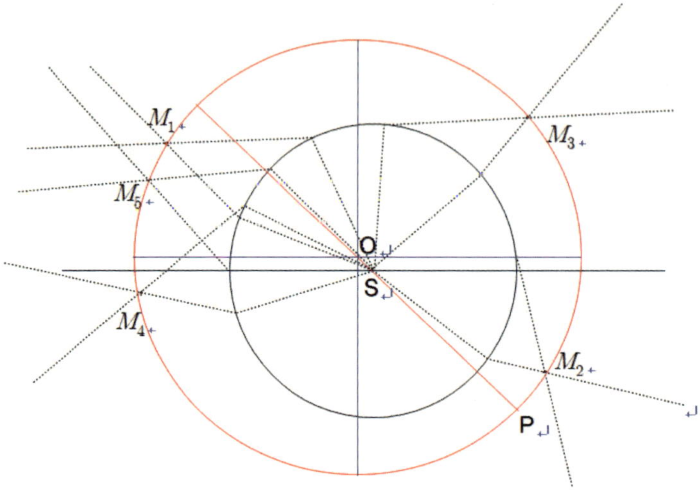

❾ 그림에서 $\overline{OP}$는 장반경 a이고, $\overline{OS}$는 ae이다. 따라서 타원의 이심률 $e = \frac{ae}{a} = \frac{\overline{OS}}{\overline{OP}}$ 이다.

결과 및 토의

1. 한글 프로그램을 이용한 방법으로 수성과 금성, 그리고 화성의 공전궤도를 그려 보자.

❶ 수성과 금성의 공전 궤도를 그려 보자.

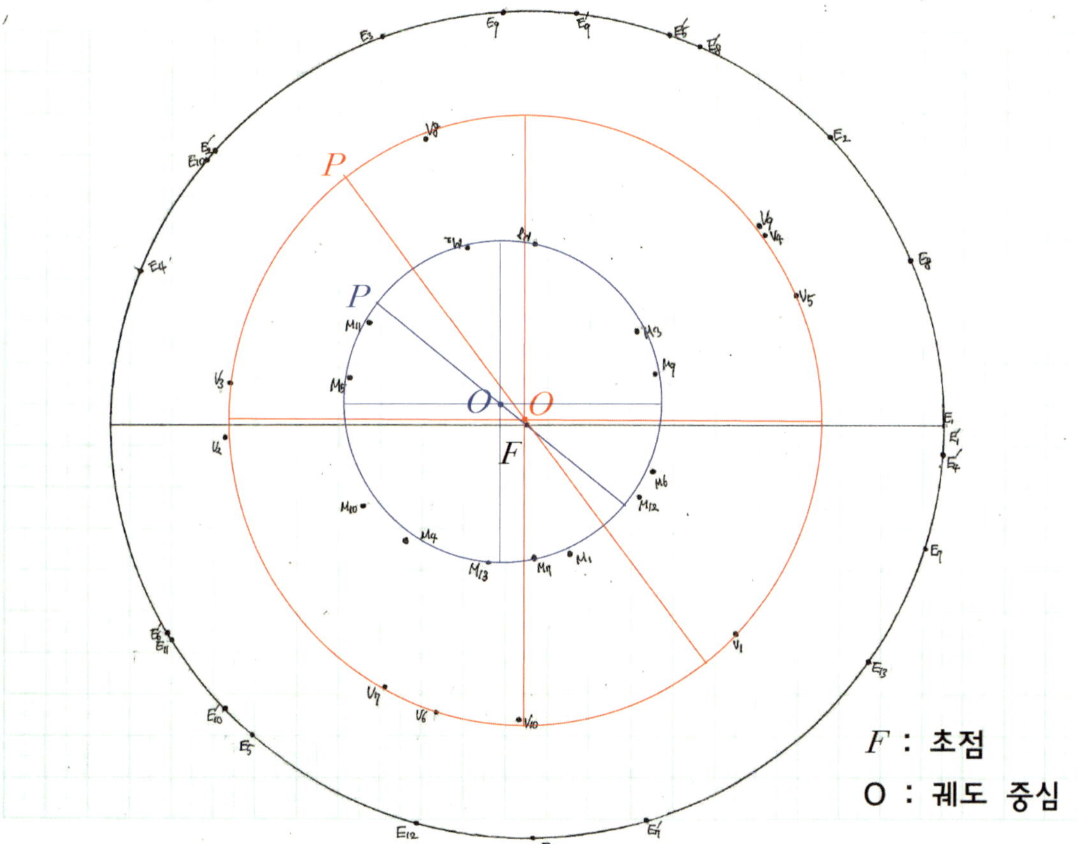

❷ 화성의 공전 궤도를 그려 보자.

[탐구 방법 1] 춘분점, 태양, 지구, 화성의 사잇각을 이용한 방법

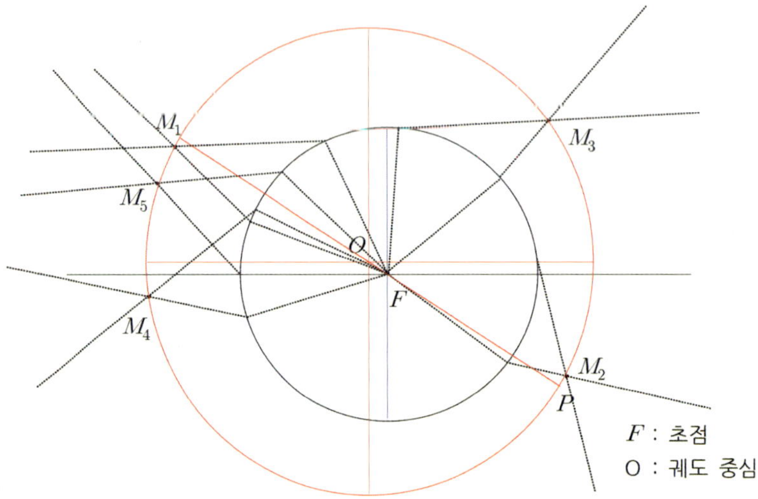

[탐구 방법 2] 충과 태양 - 지구 - 화성의 사잇각을 이용한 방법

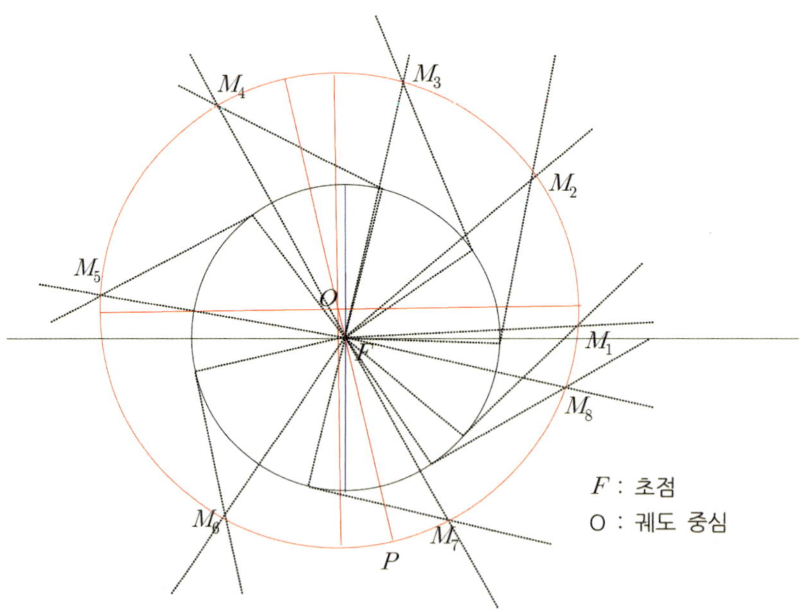

2. 수성, 금성, 화성의 장반경을 AU 단위로 계산해 보자.

구분	수성	금성	화성	
			[탐구 방법1]	[탐구 방법2]
태양-지구의 거리(mm)	50.00	50.00	25.00	25.00
장반경(mm)	19.11	36.09	38.05	38.74
장반경(AU)	0.382	0.722	1.522	1.549
실제 장반경(AU)	0.387	0.723	1.523	1.523

수성의 경우 태양-지구의 거리는 50mm이고, 장반경은 19.11mm이다.

$1AU:50mm = x:19.11mm$이고, $x = \frac{19.11mm \times 1AU}{50mm} = 0.382AU$이다.

3. 수성, 금성, 화성의 이심률($e = \frac{ae}{a} = \frac{\overline{OF}}{\overline{OP}}$)을 계산해 보자.

구분	수성	금성	화성	
			[탐구 방법1]	[탐구 방법2]
궤도 중심-행성의 거리(mm) a	19.11	36.09	38.05	38.74
궤도 중심-태양의 거리(mm) ae	3.87	0.3	3.92	5.00
이심률(e)	0.202	0.008	0.103	0.129
실제 이심률(e)	0.205	0.006	0.094	0.094

수성의 경우 $e = \frac{ae}{a} = \frac{3.87mm}{19.11mm} = 0.202$이다.

4. 표는 태양에서 각 행성까지의 거리를 나타낸 것이다. 태양에서 행성까지의 거리를 하나의 수식으로 표현해 보자. (힌트: 우리는 이 식을 티티우스-보데의 법칙이라 부른다.)

구분	수성	금성	지구	화성	소행성	목성	토성	천왕성
태양-행성 거리 (AU)	0.4	0.7	1.0	1.6	2.8	5.2	10	19.6

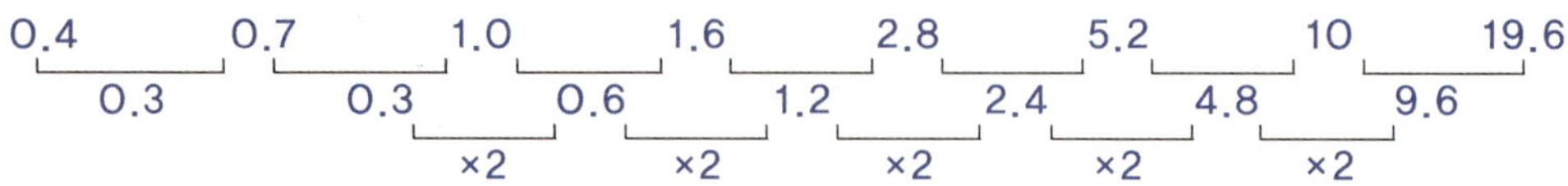

위 관계는 등비수열이고, $b_n = 0.3\times2^{n-1}$이다.

여기에서 0.4는 수열과 잘 맞지 않으므로 일단 제외하고 생각하자.

$a_n = 0.7 + 0.3\sum_{k=0}^{n-1} 2^{k-1} = 0.7 + \frac{0.3(2^n-1)}{2-1} = 0.7 + 0.3\times(2^n-1) = 0.4 + 0.3\times2^n$

(수열에서 $a_n = ar^{n-1}$인 경우, $S_n = \frac{a(r^n-1)}{r-1}$이다.)

$n=-\infty$	$a_1 = 0.4$	수성,	$n=0$	$a_2 = 0.7$	금성
$n=1$	$a_3 = 1$	지구,	$n=2$	$a_4 = 1.6$	화성
$n=3$	$a_5 = 2.8$	소행성,	$n=4$	$a_6 = 5.2$	목성
$n=5$	$a_7 = 10$	토성,	$n=6$	$a_8 = 19.6$	천왕성

$a_n = 0.4 + 0.3\times2^n \quad (n = -\infty, 0, 1, 2, 3, 4, 5, 6)$

5. 위 탐구활동에서 지구의 공전 궤도와 관련하여 가정한 사실은 무엇인가?

지구의 공전 궤도는 원이다.

11-3

지구는 원 운동을 할까? 타원 운동을 할까?

분류	행성의 관측	난이도	★★★★
준비물	태양 사진, 자(30cm), 계산기	동영상 강의	
탐구 목표	다양한 방법으로 지구의 공전 궤도 이심률을 구해 보자.		

케플러는 행성이 타원 운동을 한다고 주장하였다. 이를 뒷받침하기 위해서는 먼저 지구가 원 운동 혹은 거의 원에 가까운 타원 운동을 하고 있다는 주장을 증명해야 한다. 만일 행성이 원 운동을 하지만 지구가 타원 운동을 하는 경우, 행성은 타원 운동을 하는 것처럼 보이기 때문이다. 과연 케플러는 지구가 원 운동에 가까운 타원 운동을 하고 있다는 사실을 어떻게 알아냈을까?

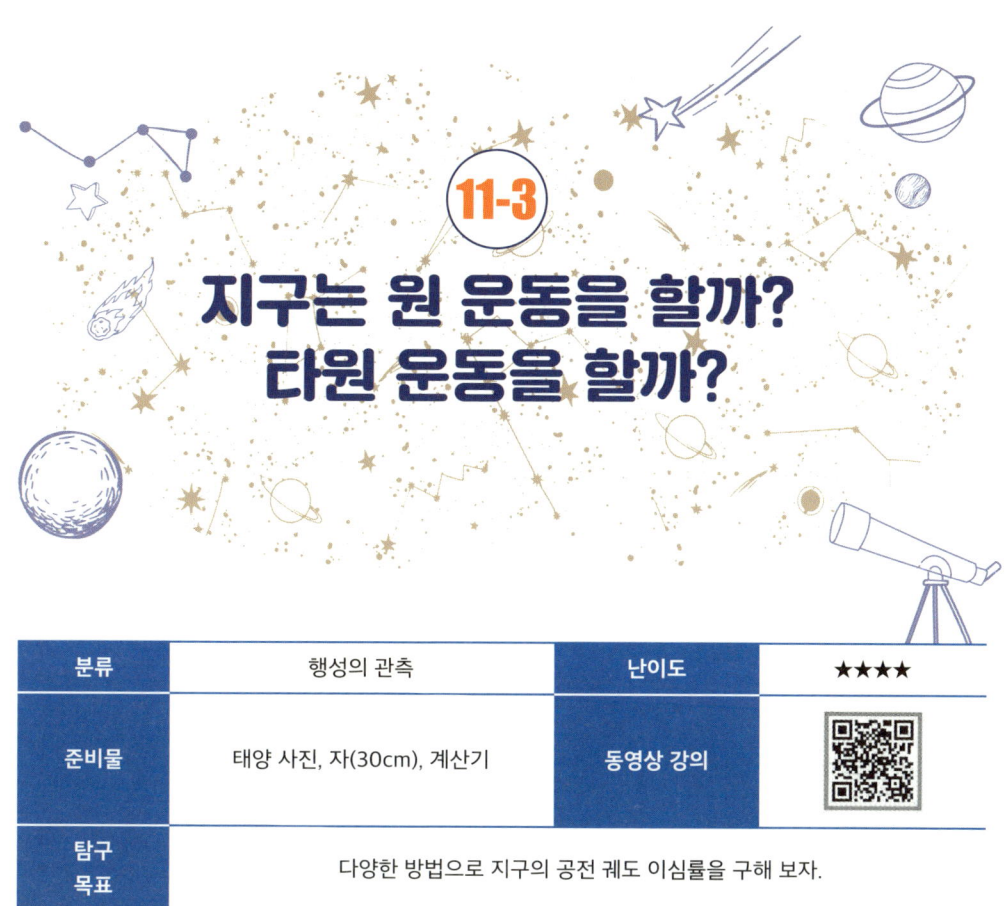

이론적 배경

타원의 방정식

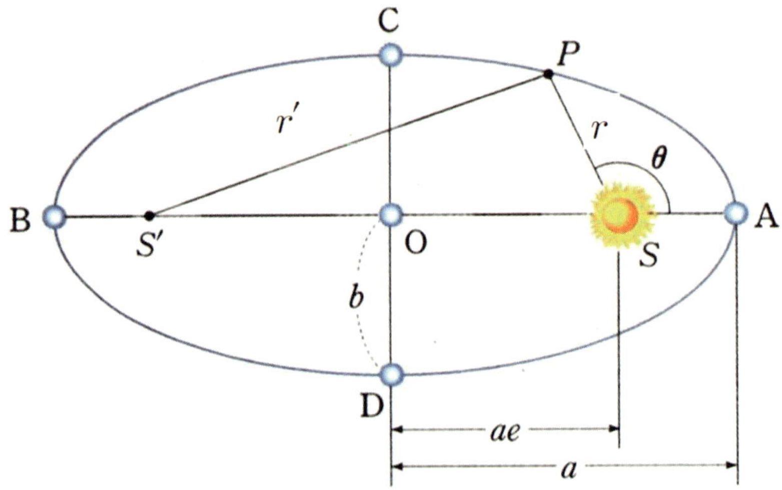

코사인 법칙에 의해 $r'^2 = r^2 + (2ae)^2 - 2r2aecos(\pi - \theta)$이므로

$r'^2 = r^2 + (2ae)^2 + 4aercos\theta$이다.

타원의 정의에 의해 $r' + r = 2a$이므로 $(2a - r)^2 = r^2 + (2ae)^2 + 4aercos\theta$

이다.

이를 정리하면 $r = \frac{a(1-e^2)}{1+ecos\theta}$이다.

궤도 이심률과 각지름

태양의 각지름을 D, 태양의 실제 지름을 l, 태양과 지구 사이의 거리를 r이라 할 경우 $l = rD$가 된다.

태양의 실제 지름 l은 항상 일정하고 태양의 각지름 D와 태양과 지구 사이의 거리 r은 반비례하므로 $D \propto \frac{1}{r}$로 표현할 수 있다.

이를 타원의 방정식 $r = \frac{a(1-e^2)}{1+ecos\theta}$에 적용하면,

$D \propto \frac{1}{r} = \frac{1+ecos\theta}{a(1-e^2)} = \frac{1}{a(1-e^2)} + \frac{ecos\theta}{a(1-e^2)}$이 된다.

이를 $D = A + Bcos\theta$ 형태로 표현하면 $A = \frac{1}{a(1-e^2)}$, $B = \frac{e}{a(1-e^2)}$가 된다.

근일점과 원일점에서의 각지름

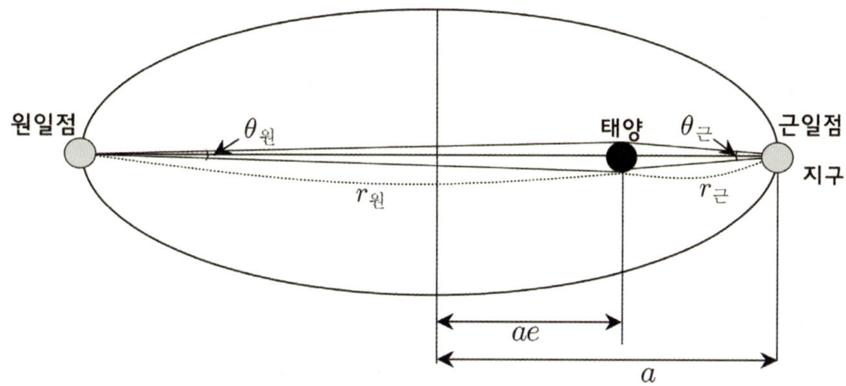

태양에서 근일점에 위치한 지구까지의 거리는 $r_{근} = a - ae$, 원일점에 위치한 지구까지의 거리는 $r_{원} = a + ae$이다.

관계식 $l = r\theta$를 적용하면 $l_{근} = r_{근}\theta_{근}$이고, $l_{원} = r_{원}\theta_{원}$이다.

태양의 실제 크기 l은 지구의 운동에 상관없이 항상 일정하므로

$r_{원}\theta_{원} = r_{근}\theta_{근}$이다.

따라서 $(a+ae)\theta_{원} = (a-ae)\theta_{근}$이다.

$a\theta_{원} + ae\theta_{원} = a\theta_{근} - ae\theta_{근}$

$ae\theta_{근} + ae\theta_{원} = a\theta_{근} - a\theta_{원}$

$ae(\theta_{근} + \theta_{원}) = a(\theta_{근} - \theta_{원})$

이심률 $e = \frac{\theta_{근} - \theta_{원}}{\theta_{근} + \theta_{원}}$이다.

관측 자료

1. 사진은 태양 관측 위성(SOHO, Solar and Heliospheric Observatory)에서 2012년 1월 1일부터 2012년 12월 31일까지 15일 간격으로 촬영한 자료의 일부를 나열한 것이다.

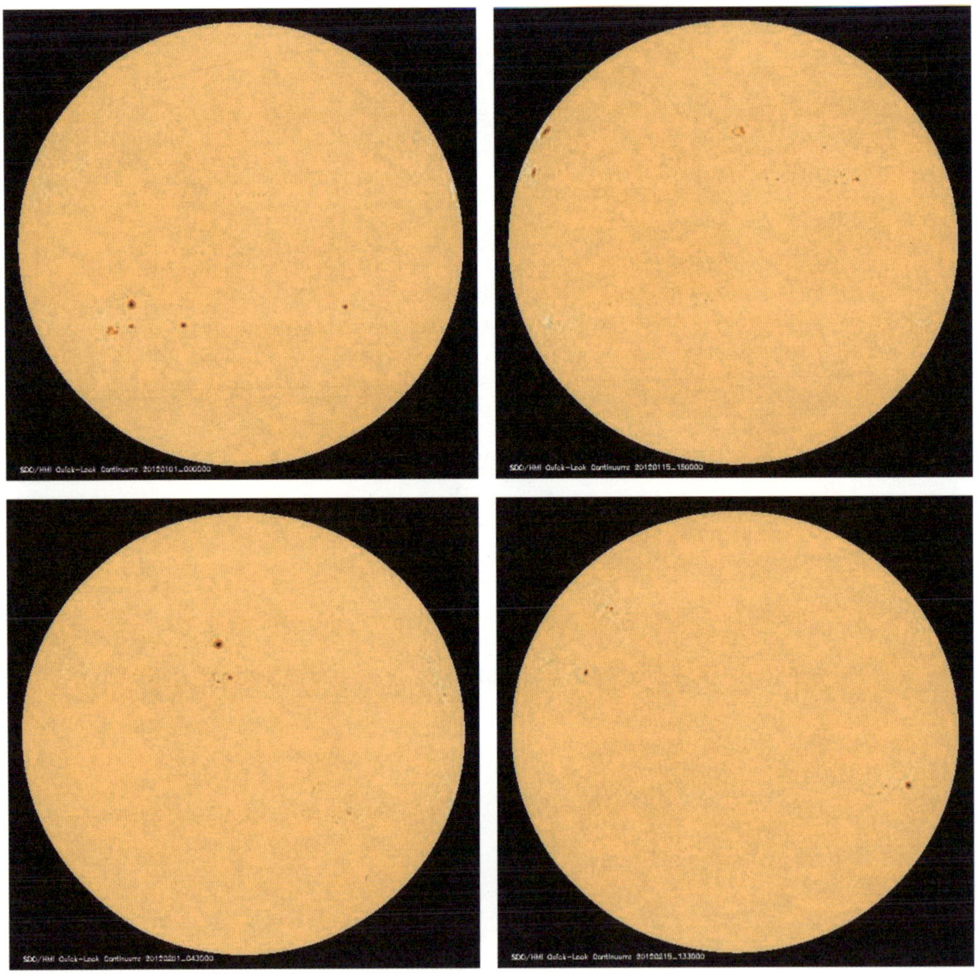

2012년 태양 관측 위성 자료

2. 태양의 지름 측정

❶ 1월 1일 0시를 기준으로 태양 사진을 촬영한 시각을 일자로 변환한다.

예) 3월 10일 12시 → 31일 + 28일 + 10일 + 0.5일 = 69.5일

❷ 태양의 각지름을 컴퓨터 화면에서 픽셀(pixel) 단위로 측정한다.

날짜	경과일 (일)	태양의 각지름 (pixel)	날짜	경과일 (일)	태양의 각지름 (pixel)
01월 01일 00시	0	485	07월 15일 13시	197.562	468
01월 15일 15시	15.625	485	08월 01일 10시	213.437	469
02월 01일 04시	31.187	483	08월 15일 04시	228.187	470
02월 15일 13시	46.562	482	09월 01일 16시	244.687	471
03월 01일 19시	60.791	480	09월 15일 03시	259.125	474
03월 15일 12시	75.500	479	10월 01일 03시	274.125	476
04월 01일 15시	91.625	477	10월 15일 15시	289.625	478
04월 15일 04시	106.187	475	11월 01일 09시	305.375	480
05월 01일 09시	121.375	473	11월 15일 21시	320.875	482
05월 15일 21시	136.875	471	12월 01일 03시	335.125	483
06월 01일 01시	152.062	469	12월 15일 19시	350.812	484
06월 15일 09시	167.375	468	12월 31일 22시	366.937	484
07월 01일 03시	182.125	468			

탐구 방법 1

타원 궤도 그리기를 이용한 방법

활동 과정

1. 탐구활동 자료와 Excel 프로그램을 이용하여 태양의 위치를 표시해 보자.

① 태양을 촬영한 날의 공전각을 계산한다. (단, 지구의 공전 주기는 365.2422일이다.)

예) 3월 10일(69.5일) 공전각=69.5일$\times\frac{360°}{365.2422\text{일}}$=10.5°

② 태양의 각지름을 D, 태양의 실제 지름을 l, 태양과 지구 사이의 거리를 r이라 할 경우 $l=rD$가 된다. 따라서 $r=\frac{l}{D}$이 된다. 여기에서 태양의 실제 지름 l을 편의상 100이라 가정하자.

즉, 태양과 지구 사이의 거리 $r=\frac{100}{D}$이 된다.

③ 태양의 각지름 D를 태양과 지구 사이의 거리 r로 변환한다.

④ 태양의 위치를 공전각 θ와 태양과 지구 사이의 거리 r로 나타낸 자료를 직교 좌표로 변환하면 $x=r\cos\theta, y=r\sin\theta$가 된다.

우리가 표시한 태양의 위치는 실제 지구의 위치에 해당한다. 이를 기억하자.

⑤ x, y 좌푯값을 그래프에 표시한다.

[방법1] 타원의 원리를 이용한 타원 궤도 그리기

❶ 지구의 위치 자료에서 장축을 찾는다.

(힌트: 찍은 점 사이의 거리가 가장 긴 곳이 장축이고, 이 장축 위에 태양이 위치한다.)

❷ 장축을 찾아 긋고 태양에 핀을 고정하고 또 다른 초점을 찾는다.

(힌트: 또 다른 초점은 타원의 중심에서 같은 거리의 장축에 위치한다.)

❸ 2개의 초점에 핀을 고정하고 이 핀에 실을 묶어 길이를 조절하며 가급적 지구의 위치에 적합한 타원을 그린다.

❹ 지구 궤도의 장반경과 이심률을 찾아낸다.

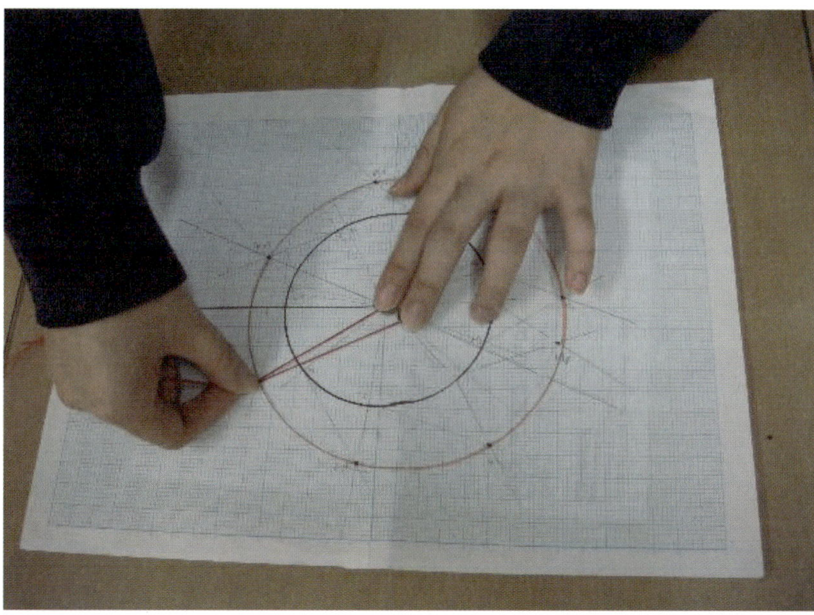

[방법2] 한글 프로그램을 이용한 타원 궤도 그리기

❶ 엑셀에서 작성한 지구의 위치 자료를 복사하여 한글에 붙여 넣는다.

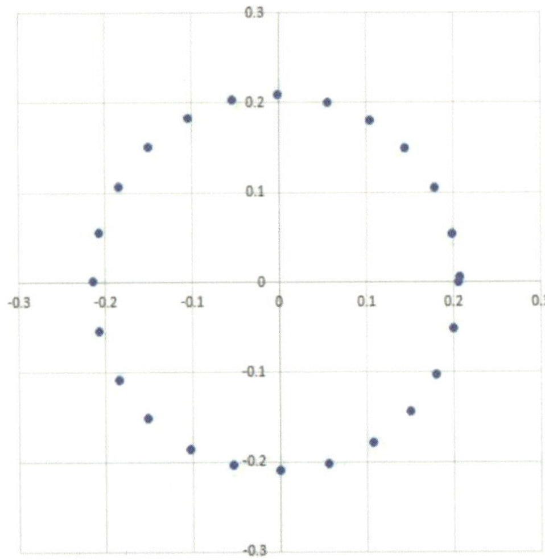

❷ 입력-타원을 선택한다.

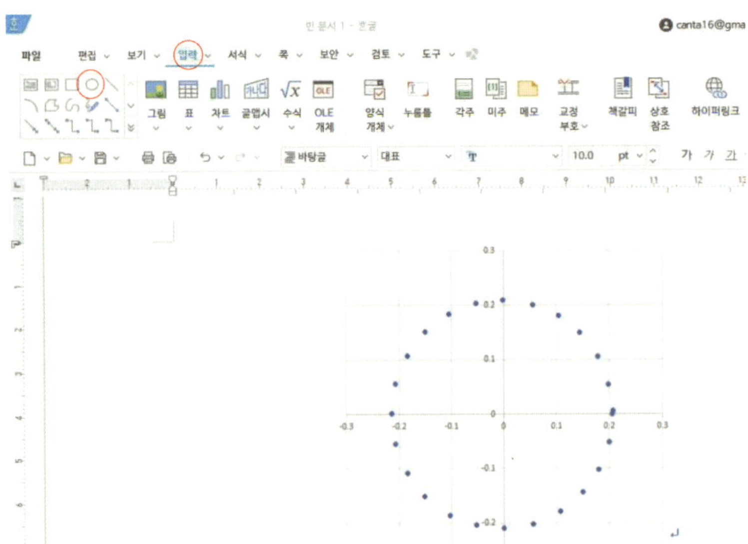

③ 입력한 타원에 커서를 위치한 후 오른쪽 마우스 클릭-개체속성-채우기-'채우기 없음'-선-선색-'붉은색'-설정을 선택한다.

④ 마우스를 이용하여 타원의 크기를 적절하게 조절하여 최대한 각 점에 맞도록 조정한다.

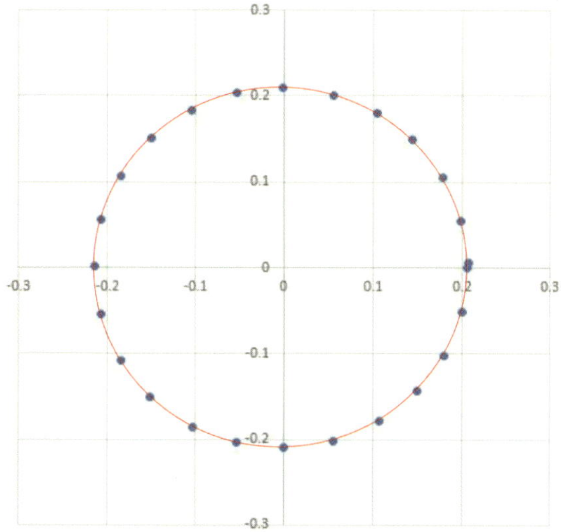

⑤ 타원을 클릭한 후 입력-직선을 선택한다.

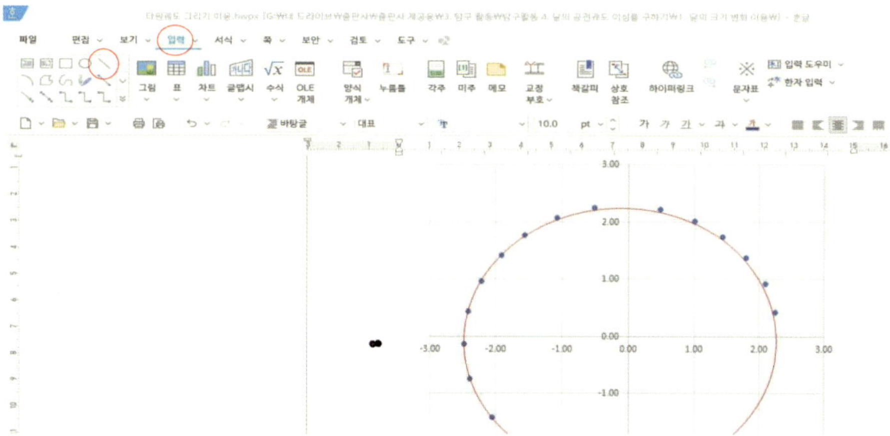

❻ 붉은색 타원을 클릭하면 나타나는 8개의 파란색 사각형 중 가운데 위치한 점을 연결하는 직선 2개를 긋는다. 이 직선이 만나는 점이 바로 타원의 중심이다.

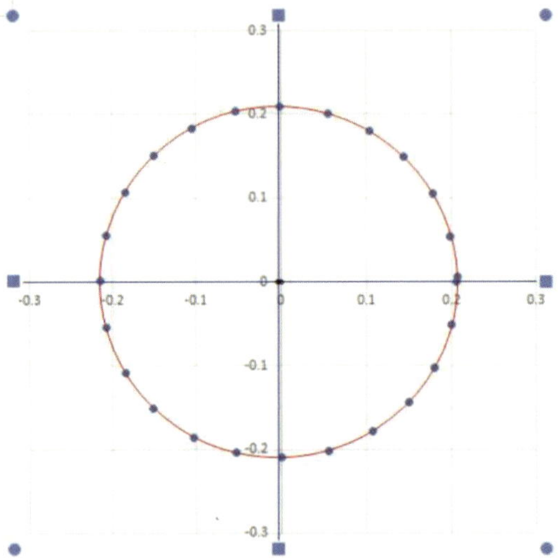

❼ 타원의 중심(O)과 태양(F)을 연결하는 직선을 긋는다.

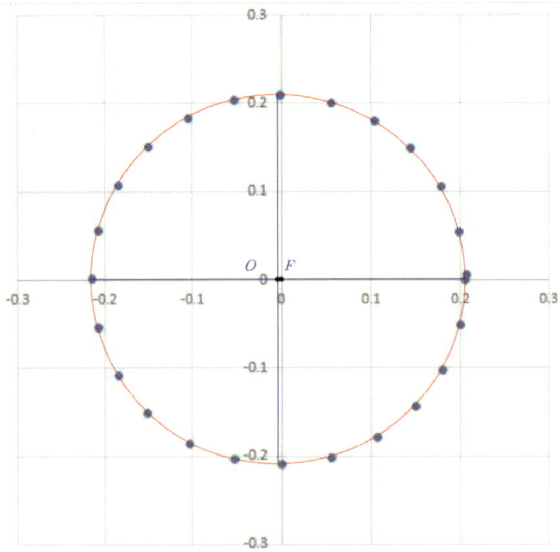

❽ 타원과 직선 $\overline{OF}$가 만나는 두 점 G, H를 표시한다.

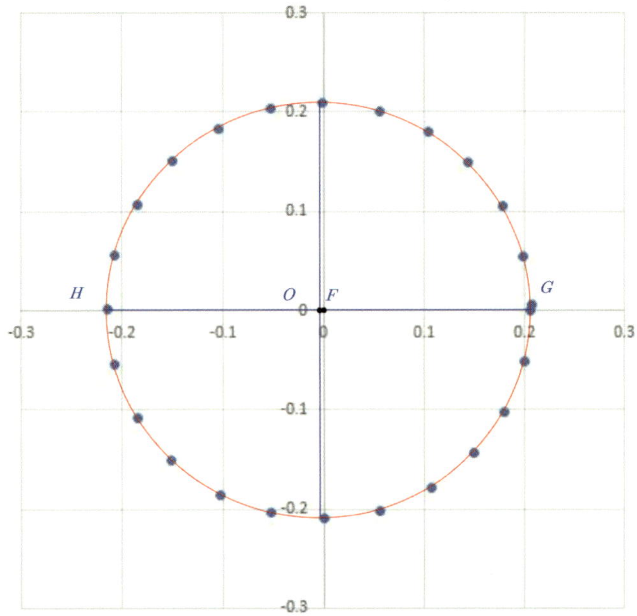

결과 및 토의

1. 다음 표를 완성해 보자.

날짜	경과일(일)	공전각(°)	태양의 각지름(pixel)	태양까지의 거리(r)	x	y
01월 01일 00시	0.0000	0.0	485	0.20619	0.2062	0.0000
01월 15일 15시	15.6250	15.4	485	0.20619	0.1988	0.0548
02월 01일 04시	31.1870	30.7	483	0.20704	0.1780	0.1058
02월 15일 13시	46.5620	45.9	482	0.20747	0.1444	0.1490
03월 01일 19시	60.7910	59.9	480	0.20833	0.1044	0.1803
03월 15일 12시	75.5000	74.4	479	0.20877	0.0561	0.2011
04월 01일 15시	91.6250	90.3	477	0.20964	-0.0011	0.2096
04월 15일 04시	106.1870	104.7	475	0.21053	-0.0533	0.2037
05월 01일 09시	121.3750	119.6	473	0.21142	-0.1045	0.1838
05월 15일 21시	136.8750	134.9	471	0.21231	-0.1499	0.1504
06월 01일 01시	152.0620	149.9	469	0.21322	-0.1844	0.1070
06월 15일 09시	167.3750	165.0	468	0.21368	-0.2064	0.0554
07월 01일 03시	182.1250	179.5	468	0.21368	-0.2137	0.0018
07월 15일 13시	197.5620	194.7	468	0.21368	-0.2067	-0.0543
08월 01일 10시	213.4370	210.4	469	0.21322	-0.1840	-0.1078
08월 15일 04시	228.1870	224.9	470	0.21277	-0.1507	-0.1502
09월 01일 16시	244.6870	241.2	471	0.21231	-0.1024	-0.1860
09월 15일 03시	259.1250	255.4	474	0.21097	-0.0532	-0.2042
10월 01일 03시	274.1250	270.2	476	0.21008	0.0007	-0.2101
10월 15일 15시	289.6250	285.5	478	0.20921	0.0558	-0.2016
11월 01일 09시	305.3750	301.0	480	0.20833	0.1073	-0.1786
11월 15일 21시	320.8750	316.3	482	0.20747	0.1499	-0.1434

12월 01일 03시	335.1250	330.3	483	0.20704	0.1799	-0.1025
12월 15일 19시	350.8120	345.8	484	0.20661	0.2003	-0.0508
12월 31일 22시	366.9370	361.7	484	0.20661	0.2065	0.0060

1월 1일의 경우 태양까지의 거리(r)는 $100/D = 100/485 = 0.20619$ 이다.

$x = rcos\theta = 0.20619 \times cos0° = 0.20619$, $y = rsin\theta = 0.20619 \times sin0° = 0$

2. 자료의 지구의 위치 x, y 좌푯값을 이용하여 지구의 공전 궤도를 찾아보자.

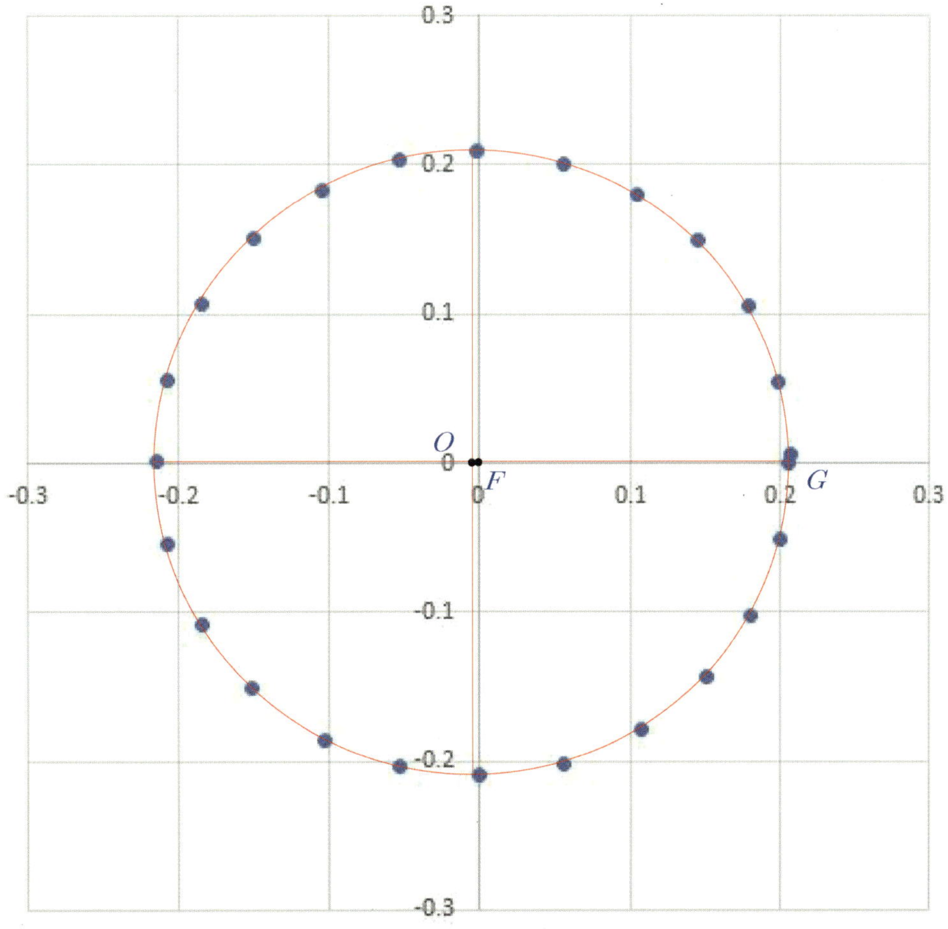

3. 지구의 공전 궤도 이심률은 얼마인가?

$\overline{OG}$의 길이는 45.73mm, $\overline{OF}$의 길이는 0.8mm이다.

따라서 $e=\frac{ae}{a}=\frac{\overline{OF}}{\overline{OG}}=\frac{0.8mm}{45.75mm}=0.0174$이다.

※ 지구의 공전 궤도 이심률은 0.0167이다.

탐구 방법 2

엑셀과 타원 궤도 방정식을 이용한 방법

활동 과정

❶ 태양을 촬영한 날의 공전각을 계산한다.

(단, 지구의 공전 주기는 365.2422일이다.)

예) 3월 10일 12시 공전각=69.5일×$\frac{360°}{365.2422일}$=68.5°

❷ 태양을 촬영하기 시작한 날을 기준으로 공전각을 계산한다.

Excel에서 '=B3*360/365.2422'를 입력한다.

❸ X축을 공전각, Y축을 태양의 지름으로 설정하여 분산형 그래프를 그린다.

❹ A값과 B값을 설정하기 위하여 오른쪽 공간에 스크롤바를 만들고 최솟값, 최댓값, 셀 연결 값을 입력한다.

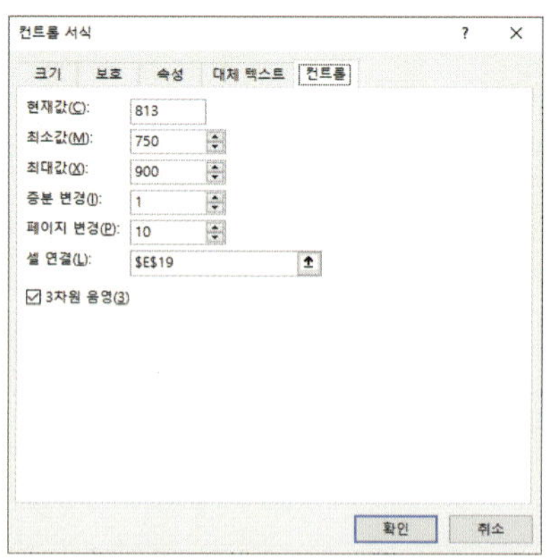

❺ 최솟값, 최댓값에는 소수점 입력이 불가능하다. 최솟값,

최댓값에 큰 값을 입력하고 표시된 값에 1/100을 곱하여 소수점 으로 만든다.

6. 분산형 그래프에 $D=A+B\cos\theta$를 Fitting하기 위하여 '= $F$5 + $G$5 * COS((C2) * PI( )/180)'를 입력한다.
7. Fitting 그래프를 기존의 분산형 그래프에 표시하기 위해 그래프에 커서를 위치한 후 오른쪽을 클릭하여 [원본 데이터] - [계열] - [추가]를 클릭한다.
8. X값에 공전각, Y값에 Fitting값의 영역을 지정한다.
9. 그래프에서 Fitting 자료에 커서를 위치시킨 후 더블클릭한다.
10. [선 - 선 - 실선]을 선택하고, [표식 - 표식옵션 - 없음]을 설정한다.

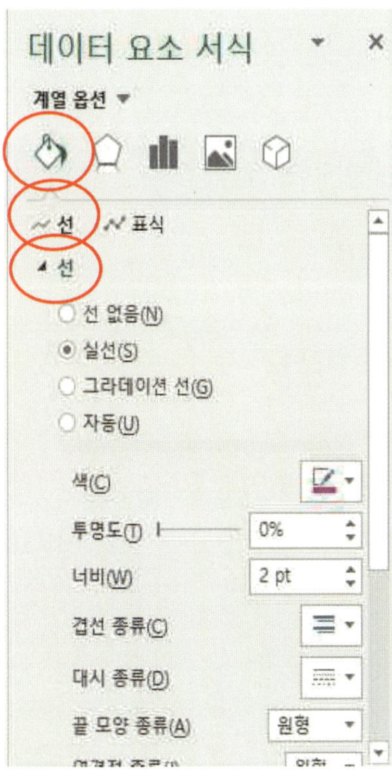

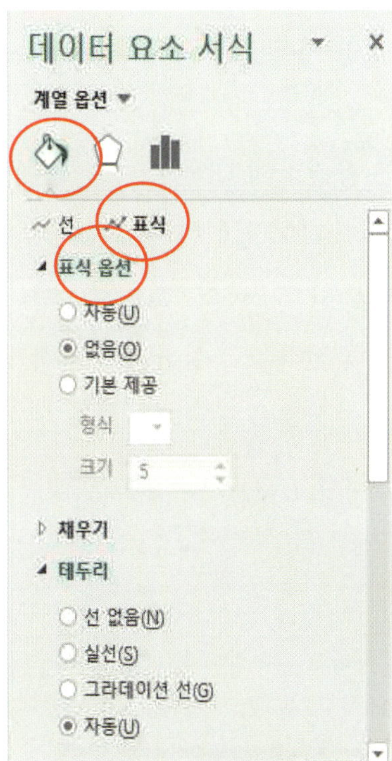

⑪ A와 B의 스크롤바를 조정하면서 가능한 한 정확하게 Fitting한다.

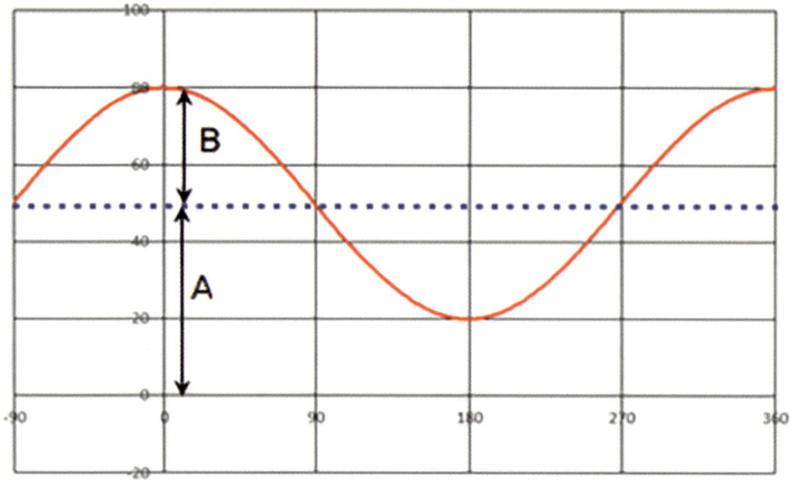

⑫ 그래프에서 스크롤 막대를 조정하여 A와 B의 값을 조정하면 태양 지름값은 섬세하게 Fitting 할 수 있지만, 공전각을 조절할 수 없다.

⑬ 공전각에 대한 스크롤 막대를 새롭게 추가한 후 이론값에 다음과 같이 입력한다.

'=$F$5+$G$5*COS((C2-$J$5)*PI()/180)'

⑭ 공전각을 조절하여 정확하게 Fitting한다.

⑮ 이심률을 구한다.

$A=\frac{1}{a(1-e^2)}$ $B=\frac{e}{a(1-e^2)}$ 이므로 $e=\frac{B}{A}$ 임을 이용한다.

결과 및 토의

1. 다음 표를 완성해 보자.

날짜	경과일(일)	공전각(˚)	태양의 각지름 (pixel)	이론값
01월 01일 00시	0.0000	0.0	485	Excel Fitting값
01월 15일 15시	15.6250	15.4	485	〃
02월 01일 04시	31.1870	30.7	483	〃
02월 15일 13시	46.5620	45.9	482	〃
03월 01일 19시	60.7910	59.9	480	〃
03월 15일 12시	75.5000	74.4	479	〃
04월 01일 15시	91.6250	90.3	477	〃
04월 15일 04시	106.1870	104.7	475	〃
05월 01일 09시	121.3750	119.6	473	〃
05월 15일 21시	136.8750	134.9	471	〃
06월 01일 01시	152.0620	149.9	469	〃
06월 15일 09시	167.3750	165.0	468	〃
07월 01일 03시	182.1250	179.5	468	〃
07월 15일 13시	197.5620	194.7	468	〃
08월 01일 10시	213.4370	210.4	469	〃
08월 15일 04시	228.1870	224.9	470	〃
09월 01일 16시	244.6870	241.2	471	〃
09월 15일 03시	259.1250	255.4	474	〃
10월 01일 03시	274.1250	270.2	476	〃
10월 15일 15시	289.6250	285.5	478	〃
11월 01일 09시	305.3750	301.0	480	〃

11월 15일 21시	320.8750	316.3	482	〃
12월 01일 03시	335.1250	330.3	483	〃
12월 15일 19시	350.8120	345.8	484	〃
12월 31일 22시	366.9370	361.7	484	〃

2. 그래프를 이용하여 타원 궤도 방정식을 찾아보자.

❶ 시간(공전각)에 따른 태양 각지름의 이론값과 관측값을 그래프로 그려 보자.

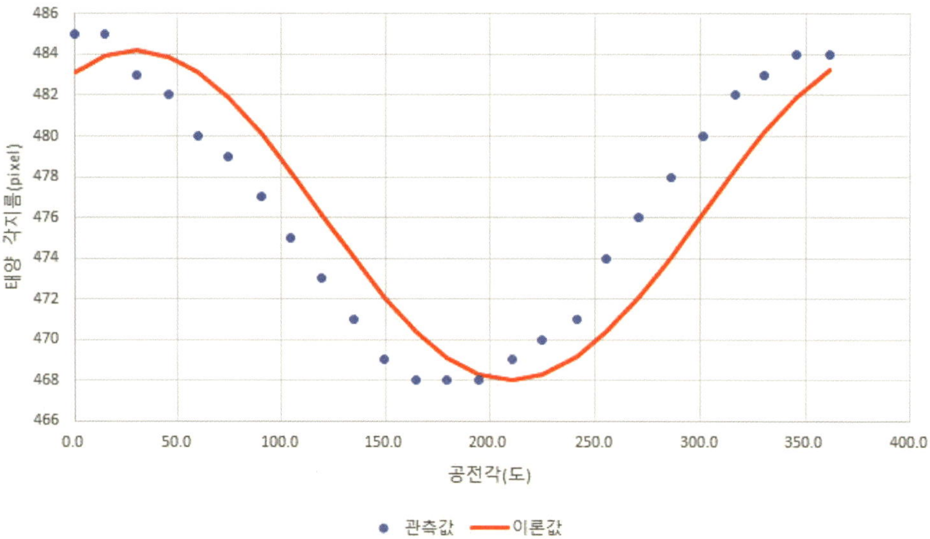

❷ 시간(공전각)에 태양 각지름의 이론값과 관측값 그래프가 불일치한다. 그 이유는?

이론값과 관측값의 근일점이 일치하지 않기 때문이다. 즉, 시작점이 다르기 때문이다.

❸ 그래프에서 관측값과 이론값의 시작점을 일치시키기 위해서는 엑셀에서 어떻게 표기하여야 하는가?

'=$C$19+$C$20*COS((C3-$C$21)*PI( )/180)'와 같이 변화시킨다.

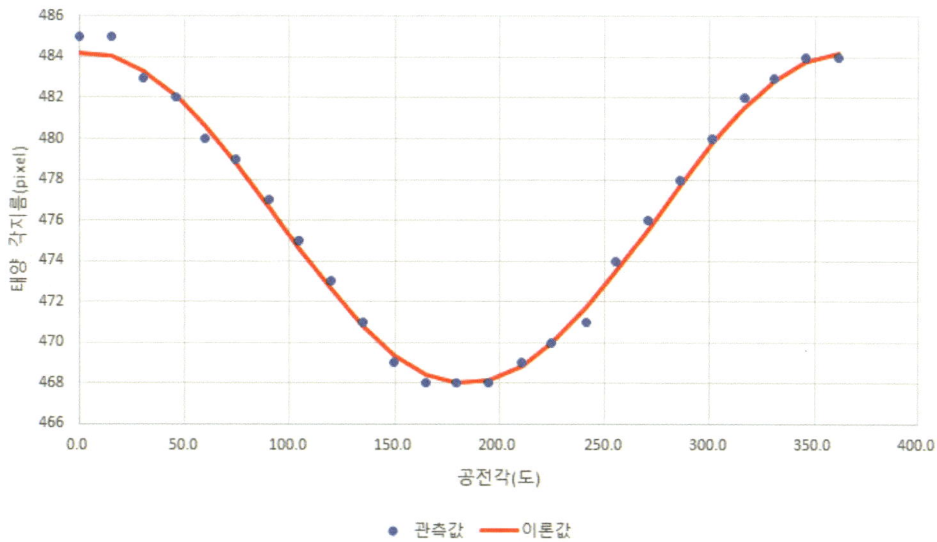

3. 엑셀에서 구한 A, B의 값은 얼마인가?

A값은 476.1, B값은 8.00이다.

4. 이심률은 얼마인가?

$$e=\frac{B}{A}=\frac{8.0}{476.1}=0.016803$$

※ 지구의 공전 궤도 이심률은 0.0167이다.

5. 지구가 근일점과 원일점에 위치한 날은 언제인가?

(힌트: 코사인 곡선에서 시작일은 1월 1일 0시이고, 그래프를 정확하게 Fitting하기 위해 조정한 공전각은 4°이다.)

지구는 1일에 약 1° 공전한다. 그리고 공전각을 Fitting하기 위하여 4° 공전하였으므로 4일 동안 이동한 것이다.

근일점에서 태양의 각지름이 가장 큰데, Fitting 그래프를 보면 1월 1일에서 4일이 지난 1월 5일에 코사인 그래프의 최댓값이 나타나므로 근일점은 1월 5일이 된다. 그리고 근일점에서 원일점까지 이동하는 시간은 정확히 6개월이 소요된다. 따라서 원일점은 7월 5일이 된다.

많은 사람은 지구의 근일점을 동지인 12월 23일경으로, 원일점을 하지인 6월 23일경으로 생각하는 경우가 많다. 하지만 하지점에서 태양의 남중고도가 가장 높기는 하지만 원일점이 아니며, 동지점에서 태양의 남중고도가 가장 낮기는 하지만 근일점이 아니다. 근일점은 1월 4일, 원일점은 7월 5일이다.

탐구 방법 3

근일점과 원일점을 이용한 방법

관측 자료

1. 사진은 2012년 한 해 동안 태양의 각지름이 가장 큰 1월 1일, 가장 작은 7월 1일의 태양 모습이다.

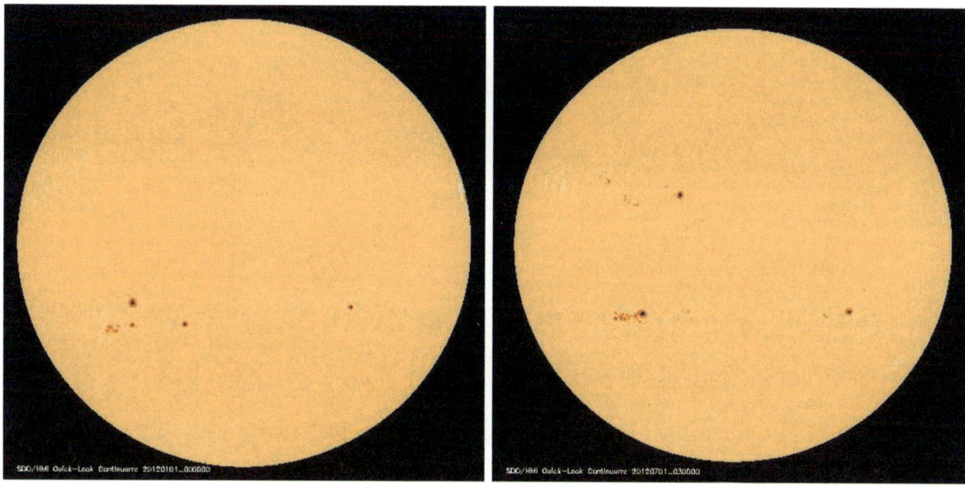

2012년 1월 1일의 태양(왼쪽)과 2012년 7월 1일의 태양(오른쪽)

결과 및 토의

1. 근일점과 원일점에 위치한 태양의 각지름을 측정해 보자.

2012년 1월 1일 태양의 각지름	2012년 7월 1일 태양의 각지름
485pixel	468pixel

2. 지구의 공전 궤도 이심률을 계산해 보자.

$$e = \frac{\theta_{근} - \theta_{원}}{\theta_{근} + \theta_{원}} = \frac{485 - 468}{485 + 468} = 0.0178$$

※ 지구의 공전 궤도 이심률은 0.0167이다.

탐구 방법 4

화성의 위치를 이용한 방법

활동 과정

케플러는 화성의 공전 주기가 687일이므로 화성은 687일 후에는 한 바퀴 돌아 처음 위치로 돌아오지만, 지구는 화성과 공전 주기가 다르므로 687일 후에는 공전 궤도에서 처음 위치가 아닌 다른 위치에 놓인다는 사실을 알고 있었다. 따라서 687일마다 지구를 중심으로 한 태양과 화성 사이의 각(태양-지구-화성 사잇각)을 측정하여 지구의 위치를 표시하였다. 그리고 다음과 같이 지구의 공전 궤도를 결정하였다.

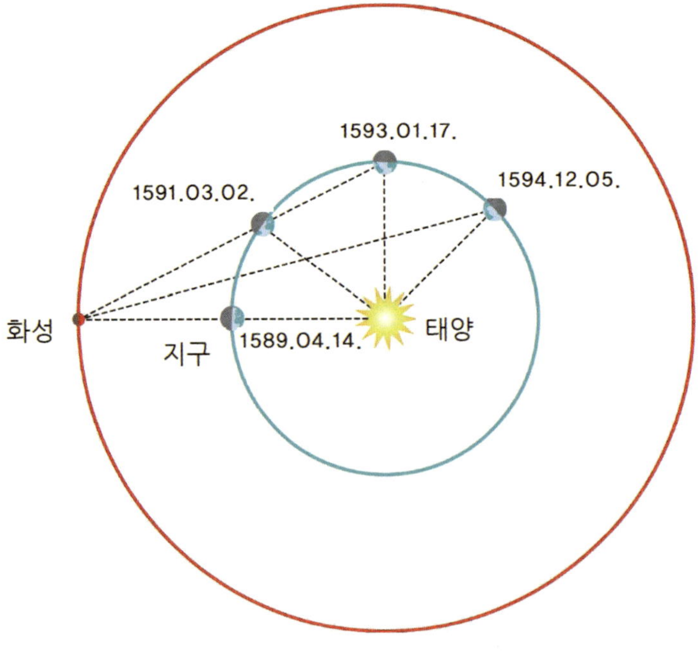

결과 및 토의

1. 케플러가 화성의 위치를 이용하여 결정한 지구의 공전 궤도는 어떤 모양이라 판단되는가?

거의 원에 해당한다.

2. [탐구활동 11-2]에서 지구의 공전 궤도가 원이라고 가정하였다. 이 가정은 적절하다고 생각되는가? 그 이유는?

적절하다. 지구의 공전 궤도 이심률은 0.0167이고, 타원 궤도에 해당한다. 그러나 이심률이 매우 작다. 즉, 거의 원에 가까운 타원이다.

11-4
케플러 제2법칙 찾아내기

분류	행성의 관측	난이도	★★★
준비물	30cm 자, Excel 프로그램		
탐구 목표	행성의 운동을 이용하여 케플러 제2법칙을 찾아낼 수 있다.		

케플러 제2법칙은 면적 속도 일정의 법칙으로 제1법칙인 타원 궤도의 법칙과 함께 행성의 운동을 설명하는 데 매우 중요하다. 과연 케플러는 어떻게 면적속도 일정의 법칙을 찾아냈는지 알아보자.

역사적 배경

1609년에 케플러는 '행성과 태양을 연결하는 가상적인의 선분이 같은 시간 동안 쓸고 지나가는 면적은 항상 같다.'는 케플러 제2법칙을 발표하였다. 우리는 이를 면적 속도 일정의 법칙으로 부른다. 따라서 행성이 태양에 가까워지면 태양과 행성 사이의 만유인력이 커져 공전 속도가 빨라지고, 태양에서 멀어지면 만유인력이 작아져 공전 속도는 느려진다. 그림에서와 같이 행성이 같은 시간 동안 이동한 거리 $\widehat{AB}$와 $\widehat{CD}$의 길이는 같지 않지만, 행성과 태양을 잇는 선이 지나간 면적 $\triangledown CSD$와 $\triangledown ASB$는 같다.

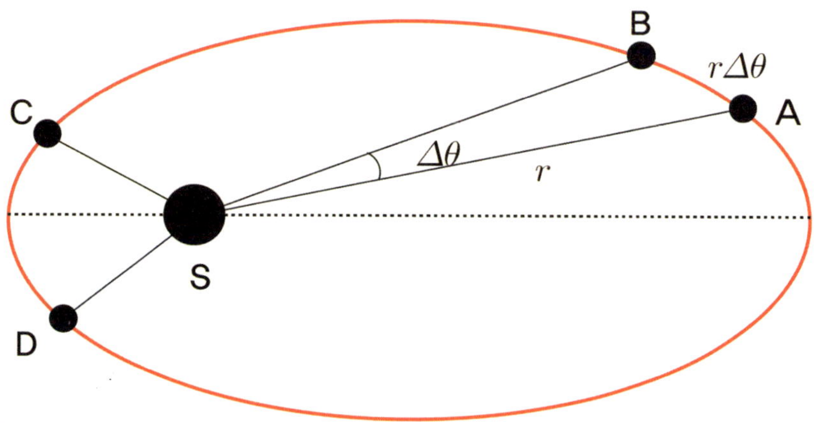

이를 수학적으로 표현하면 다음과 같다.

A~B와 C~D 구간을 이동한 시간이 같은 경우 $\triangledown CSD = \triangledown ASB$이다. 그림에서 $\widehat{AB}$의 길이는 $r\Delta\theta$이다. 만일 $\Delta\theta$가 매우 작은 경우 호의 면적 ▽ASB와 삼각형의 면적 △ASB는 거의 같다.

따라서 $\triangledown ASB = \triangle ASB = \Delta A = \frac{1}{2} \times r \times r\Delta\theta$가 되므로 단위 시간당 행성이 지나가는 면적은 $\frac{\Delta A}{\Delta t} = \frac{1}{2} \times r \times r \frac{\Delta\theta}{\Delta t} = \frac{1}{2} r^2 \frac{\Delta\theta}{\Delta t}$가 된다.

관측 자료

그림은 2004년 1월부터 2005년 10월까지 30일 간격으로 화성을 관측한 후, 화성의 위치를 나타낸 것이다.

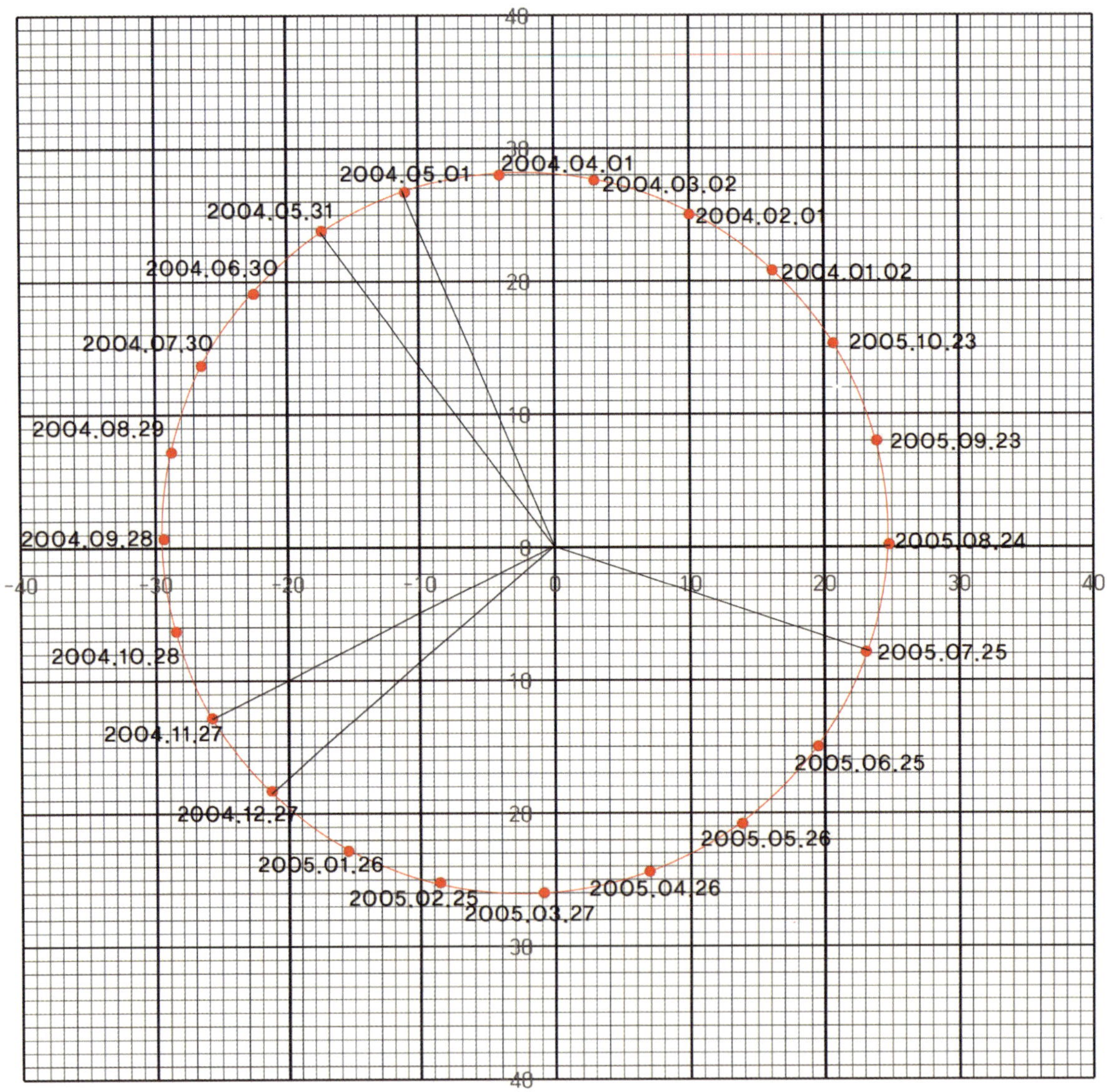

탐구 방법 1

모눈종이 격자의 면적을 이용한 방법

활동 과정

❶ 화성의 위치를 1개월 단위로 선택한다.

❷ 선택한 달의 첫째 날과 마지막 날의 화성 위치에서 태양(원점)까지 직선을 그린다.

❸ 모눈종이에서 해당하는 부채꼴의 면적에 해당하는 격자의 개수를 센다.

❹ 부채꼴의 면적이 모눈종이의 일부분에 해당하는 경우 1/2, 1/3, 1/4 등 가급적 정확하게 세도록 한다.

❺ 3개 이상의 구간에 대하여 ①~④ 과정을 반복한다.

결과 및 토의

❶ 자신이 희망하는 구간을 선택한 후 해당 모눈종이 격자의 개수를 센다.

날짜	모눈종이 격자의 개수
2004.05.01	84
2004.05.31	
2004.11.27	84
2004.12.27	
2005.07.25	85
2005.08.24	

❷ 면적 속도 일정의 법칙이 성립되는가?

그렇다. 30일 동안 화성이 휩쓴 면적이 비슷하기 때문이다.

탐구 방법 2

삼각형의 면적을 이용한 방법

활동 과정

❶ 화성의 위치를 1개월 단위로 선택한다.

❷ 선택한 달의 첫째 날과 마지막 날의 화성 위치에서 태양(원점)까지 직선을 그린다.

❸ 2개의 직선 중 하나는 밑변으로 선정한 후 길이를 측정하고, 높이를 측정한다.

❹ 삼각형의 면적 $\Delta A = \frac{1}{2} \times$ 밑변 $\times$ 높이를 계산한다.

❺ 면적 속도 $\frac{\Delta A}{\Delta t} = \frac{1}{2} \times$ 밑변 $\times$ 높이 $\times \frac{1}{\Delta t}$ (단, t는 시간)을 계산한다.

❻ 3개 이상의 구간에 대하여 ❶~❺ 과정을 반복한다.

결과 및 토의

❶ 자신이 활용하고자 하는 구간을 선택한 후, 밑변의 길이와 높이를 측정한다.

날짜	밑변 (mm)	높이 (mm)	$\frac{\Delta A}{\Delta t}=\frac{1}{2}\times$밑변$\times$높이$\times\frac{1}{\Delta t}$
2004.05.01 2004.05.31	56.12	13.75	$\frac{1}{2}\times 56.12mm\times 13.75mm\times\frac{1}{30day}=12.8608mm^2/day$
2004.11.27 2004.12.27	56.06	13.76	$\frac{1}{2}\times 56.06mm\times 13.76mm\times\frac{1}{30day}=12.8564mm^2/day$
2005.07.25 2005.08.24	48.38	16.06	$\frac{1}{2}\times 48.38mm\times 16.06mm\times\frac{1}{30day}=12.9497mm^2/day$

❷ 면적 속도 일정의 법칙이 성립된다고 생각하는가?

그렇다. 30일 동안 화성의 $\frac{\Delta A}{\Delta t}$가 거의 비슷하기 때문이다.

11-5

엑셀을 이용한 행성의 운동 시뮬레이션

분류	행성의 관측	난이도	★★★★
준비물	Excel 프로그램	동영상 강의	
탐구 목표	엑셀을 이용하여 행성의 궤도 운동을 시뮬레이션할 수 있다.		

지금까지 케플러가 찾아낸 행성의 운동 법칙을 알아보았다. 이제 행성이 어떻게 운동하는지 엑셀을 이용하여 시뮬레이션해 보자. 케플러 법칙으로 알아낸 행성의 장반경과 이심률을 이용하면 실제 행성의 운동을 정확히 이해할 수 있다. 과정이 다소 어려울 수 있지만, 천천히 따라 하면 성공할 수 있을 것이다. 절대 포기하지 말고 도전해 보자.

이론적 배경

원 궤도에서 행성의 위치

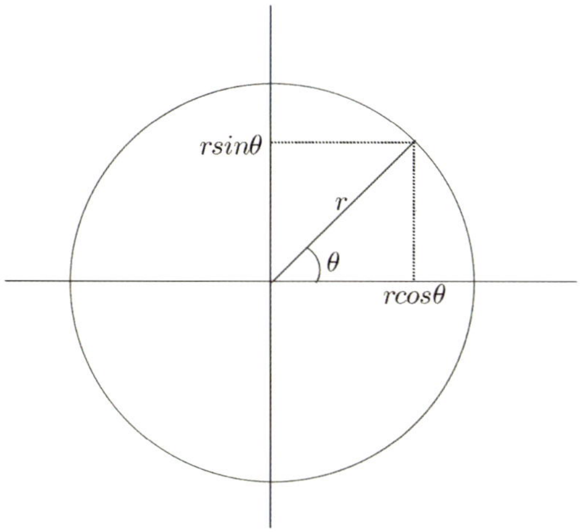

반지름이 r인 원을 직교 좌표로 표현하면 x축 성분은 $rcos\theta$, y축 성분은 $rsin\theta$이다.

타원 궤도에서 행성의 위치

타원의 방정식

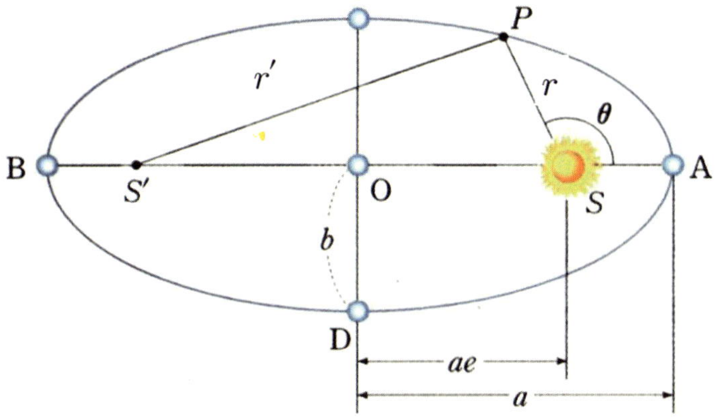

코사인 법칙에 의해 $r'^2 = r^2 + (2ae)^2 - 2r2aecos(\pi - \theta)$이므로

$r'^2 = r^2 + (2ae)^2 + 4aercos\theta$이다.

타원의 정의에 의해 $r' + r = 2a$이므로 $(2a - r)^2 = r^2 + (2ae)^2 + 4aercos\theta$

이다.

이를 정리하면 $r = \frac{a(1 - e^2)}{1 + ecos\theta}$이다.

타원 궤도에서 행성의 위치

반지름이 r인 타원을 직교 좌표로 표현하면

x축 성분은 $\frac{a(1 - e^2)}{1 + ecos\theta} \times cos\theta$,

y축 성분은 $\frac{a(1 - e^2)}{1 + ecos\theta} \times sin\theta$이다.

관측 자료

❶ 표는 한국천문연구원에서 결정한 태양계 행성의 장반경과 이심률이다.

행성	장반경	이심률
수성	0.387	0.2056
금성	0.723	0.0068
지구	1	0.0167
화성	1.524	0.0934
목성	5.204	0.0488
토성	9.582	0.0558
천왕성	19.224	0.0447
해왕성	30.092	0.0112

탐구 활동

원 궤도에서의 행성의 운동 시뮬레이션

활동 과정

행성의 위치 결정

1. 회전각 θ를 360°까지 10° 단위로 입력한다.
2. 엑셀은 기본적으로 각을 '라디안'으로 인식한다. 따라서 도(°) 단위의 회전각을 라디안으로 바꾸어야 한다. 180°는 πrad이므로 x°를 라디안으로 바꾸면 $x° \times \frac{\pi rad}{180°}$와 같다. 따라서 '=A3*PI( )/180'로 표시한다.
3. 수성의 운동에서 x축 성분은 $r cos\theta$이므로 다음과 같이 표현할 수 있다.

   '=$N$3*COS(B3)'

   여기에서 행 번호와 열 문자 앞의 '$' 기호는 '절대 참조'로 값을 고정시킨다.
4. x축 성분의 모든 행에도 드래그하여 셀 자동 채우기 기능으로 동일하게 설정한다.
5. 수성의 운동에서 y축 성분은 $r sin\theta$이므로 다음과 같이 표현할 수 있다.

   '=$N$3*SIN(B3)'
6. y축 성분의 모든 행에도 드래그하여 동일하게 설정한다.
7. 동일한 과정을 금성, 지구, 화성에도 적용하여 완성한다.

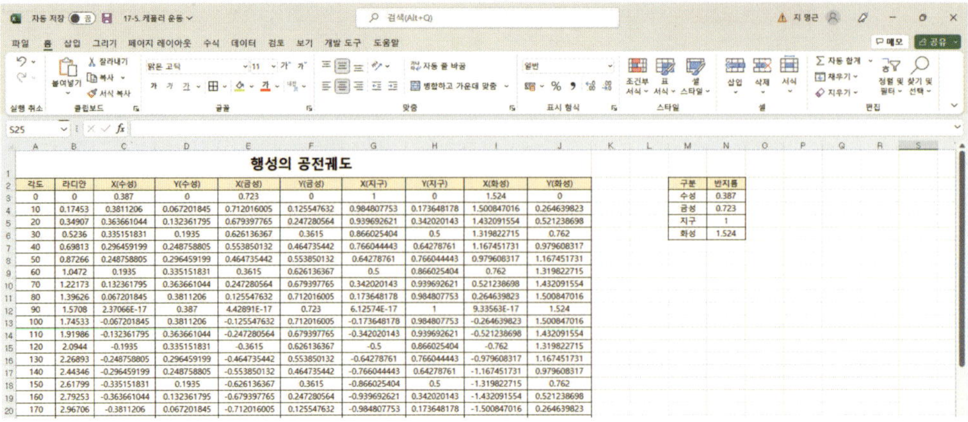

행성의 공전궤도

각도	라디안	X(수성)	Y(수성)	X(금성)	Y(금성)	X(지구)	Y(지구)	X(화성)	Y(화성)
0	0	0.387	0	0.723	0	1	0	1.524	0
10	0.17453	0.3811206	0.067201845	0.712016005	0.125547632	0.984807753	0.173648178	1.500847016	0.264639823
20	0.34907	0.363661044	0.132361795	0.679397765	0.247280564	0.939692621	0.342020143	1.432091554	0.521238698
30	0.5236	0.335151831	0.1935	0.626136367	0.3615	0.866025404	0.5	1.319822715	0.762
40	0.69813	0.296459199	0.248758805	0.553850132	0.464735442	0.766044443	0.64278761	1.167451731	0.979608317
50	0.87266	0.248758805	0.296459199	0.464735442	0.553850132	0.64278761	0.766044443	0.979608317	1.167451731
60	1.0472	0.1935	0.335151831	0.3615	0.626136367	0.5	0.866025404	0.762	1.319822715
70	1.22173	0.132361795	0.363661044	0.247280564	0.679397765	0.342020143	0.939692621	0.521238698	1.432091554
80	1.39626	0.067201845	0.3811206	0.125547632	0.712016005	0.173648178	0.984807753	0.264639823	1.500847016
90	1.5708	2.37066E-17	0.387	4.42891E-17	0.723	6.12574E-17	1	9.33563E-17	1.524
100	1.74533	-0.067201845	0.3811206	-0.125547632	0.712016005	-0.173648178	0.984807753	-0.264639823	1.500847016
110	1.91986	-0.132361795	0.363661044	-0.247280564	0.679397765	-0.342020143	0.939692621	-0.521238698	1.432091554
120	2.0944	-0.1935	0.335151831	-0.3615	0.626136367	-0.5	0.866025404	-0.762	1.319822715
130	2.26893	-0.248758805	0.296459199	-0.464735442	0.553850132	-0.64278761	0.766044443	-0.979608317	1.167451731
140	2.44346	-0.296459199	0.248758805	-0.553850132	0.464735442	-0.766044443	0.64278761	-1.167451731	0.979608317
150	2.61799	-0.335151831	0.1935	-0.626136367	0.3615	-0.866025404	0.5	-1.319822715	0.762
160	2.79253	-0.363661044	0.132361795	-0.679397765	0.247280564	-0.939692621	0.342020143	-1.432091554	0.521238698
170	2.96706	-0.3811206	0.067201845	-0.712016005	0.125547632	-0.984807753	0.173648178	-1.500847016	0.264639823

구분	반지름
수성	0.387
금성	0.723
지구	1
화성	1.524

행성의 궤도 가시화

❶ Excel에서 [삽입] - [분산형]을 클릭한다.

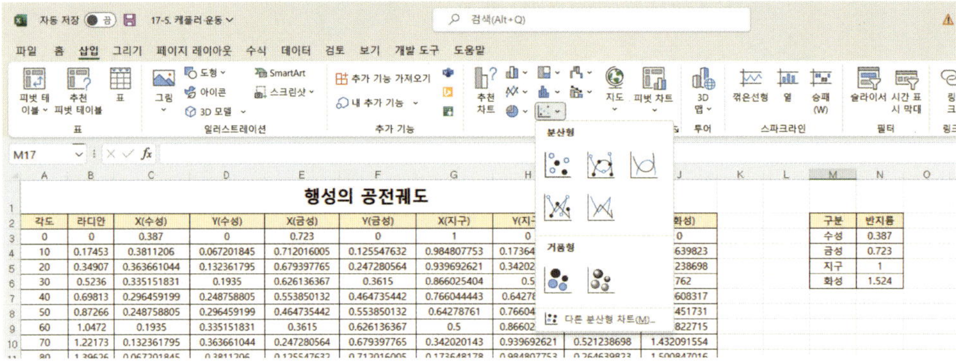

❷ 그래프에 커서를 위치한 후 마우스의 오른쪽 버튼을 누른 후 [데이터 선택]을 클릭한다.

❸ '추가'를 클릭한 후 *X*값을 클릭하여 '*X*(수성)' 전체를 선택하고, *Y*값을 클릭하여 '*Y*(수성)' 전체를 선택하고 [확인]을 클릭한다.

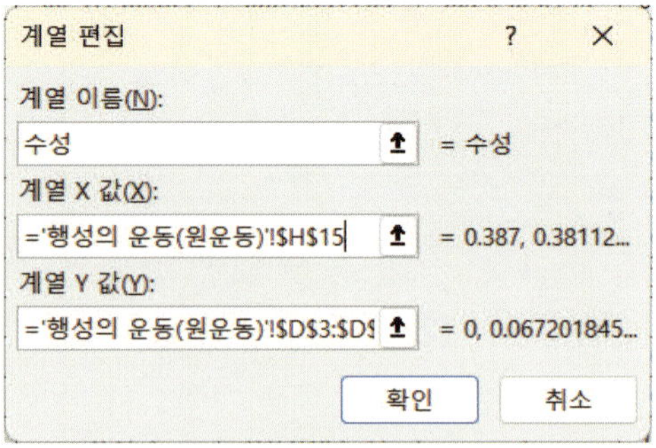

행성의 궤도를 선으로 표현하기

1. 공전 궤도선을 나타내는 표식에 커서를 놓고 오른쪽 버튼을 클릭한 후 [데이터 계열 서식]을 클릭한다.
2. [표식 옵션]을 클릭한 후 '없음'을 선택하고, [선 색]에서 '자동'을 선택한다.
3. 각 행성에 대하여 동일한 과정을 반복하여 행성 궤도를 완성하도록 한다.

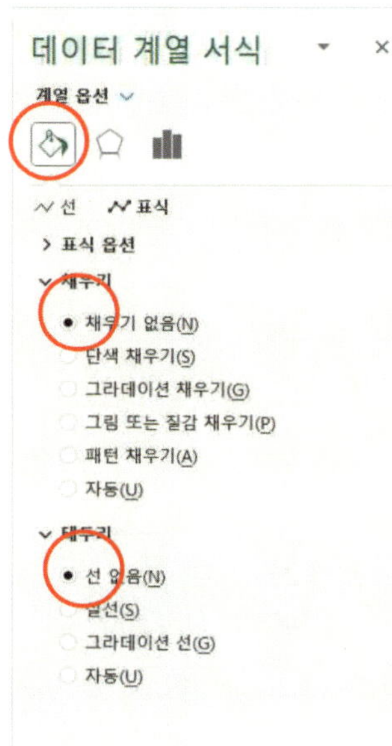

시간 변화 표현하기

1. [개발 도구] - [삽입]에서 '스크롤 막대 '를 클릭하여 적당한 크기로 만든다.

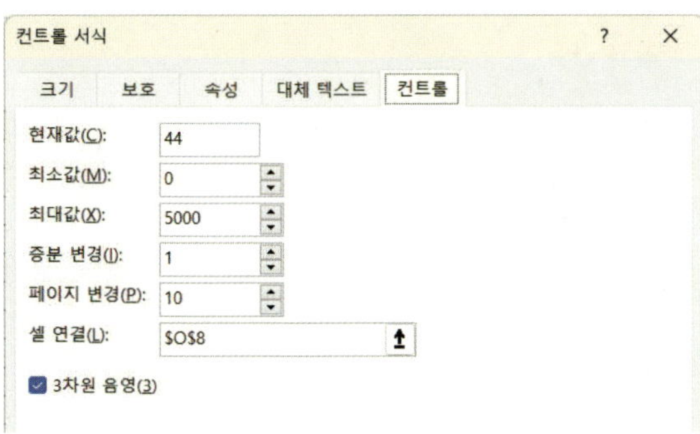

2. 커서를 스크롤바에 위치한 후 오른쪽 버튼을 눌러 '컨트롤 서식'을 클릭한다. 그리고 시간을 표현하기 위하여 '셀 연결'에 $O$8로 표시하고, 시작일이 0이므로 '최솟값'에 0, 마지막일 '최댓값'에 5000을 입력한다.

행성의 이동을 표식으로 표현하기

❶ 수성 궤도의 x축 성분은 $rcos\theta$이다.

❷ 이를 행성의 공전각으로 표현해 보자.

케플러 제3법칙 $P^2=a^3$에서 $P=a^{3/2}$이다. 행성은 P년 동안 360° 공전하므로 m일 동안 공전 각도 n°와는 P년:360°=m일:n°의 관계가 성립된다.

따라서 $n° = \frac{360° \times m\text{일}}{P\text{년}} = \frac{360° \times m\text{일}}{365.2422(\text{일/년}) \times a^{3/2}(\text{년})}$이다.

수성 궤도의 x축 성분은 $rcos\theta$이고, 원의 경우 장반경 a는 반지름 r로 일정하므로 다음과 같다.

$$rcos\theta = r \times cos(\frac{360° \times m}{365.2422 \times a^{3/2}})$$

이를 엑셀로 표현하면 다음과 같다.

'=$N$3*COS(360/365.2422*$O$8/$N$3^1.5*PI( )/180)'

❸ 수성 궤도의 y축 성분은 $rsin\theta$이므로 다음과 같다.

'=$N$3*SIN(360/365.2422*$O$8/$N$3^1.5*PI( )/180)'

❹ 커서를 그래프에 위치해 놓고 마우스 오른쪽을 클릭한 후 '데이터 선택'을 클릭한다. '추가'를 클릭한 후 '계열 이름'에 '수성 표식'을 입력하고, '계열 X값'에는 수성의 'X값', '계열 Y값'에는 수성의 'Y값'을 선택한 후 '확인'을 클릭한다.

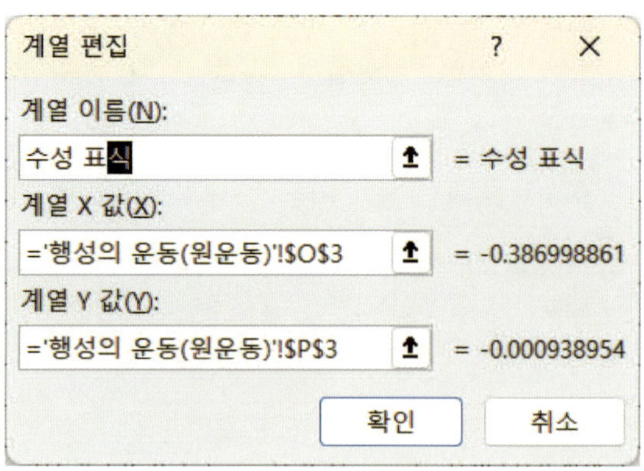

❺ 수성의 표식에 커서를 놓고 오른쪽 버튼을 클릭한 후 [데이터 계열 서식]을 클릭한다.

❻ [표식 옵션]을 클릭한 후 [기

본 제공]에서 '원'을 선택하고 크기를 '11' 정도로 선택한다.

7. 각 행성에 대하여 동일한 과정을 반복한다.

태양 표시하기

1. 태양의 위치는 $x=0$, $y=0$이므로, M7셀에 '태양', O7셀에 '0', P7셀에 '0'을 입력한다.
2. 커서를 그래프에 놓고 마우스 오른쪽을 클릭, [데이터 선택]을 클릭한 후 '계열 이름'에 '태양', 계열 X값에 'O7', 계열 Y값에 'P7'을 입력한다.
3. 태양의 표식에 커서를 놓고 오른쪽 버튼을 클릭한 후 [데이터 계열 서식]을 클릭한다.
4. [표식 옵션]을 클릭한 후 [기본 제공]에서 '원'을 선택하고 크기를 '13'으로 선택한다.

결과

1. 수성, 금성, 지구, 화성을 원 궤도 운동으로 시뮬레이션한 결과는 다음과 같다.

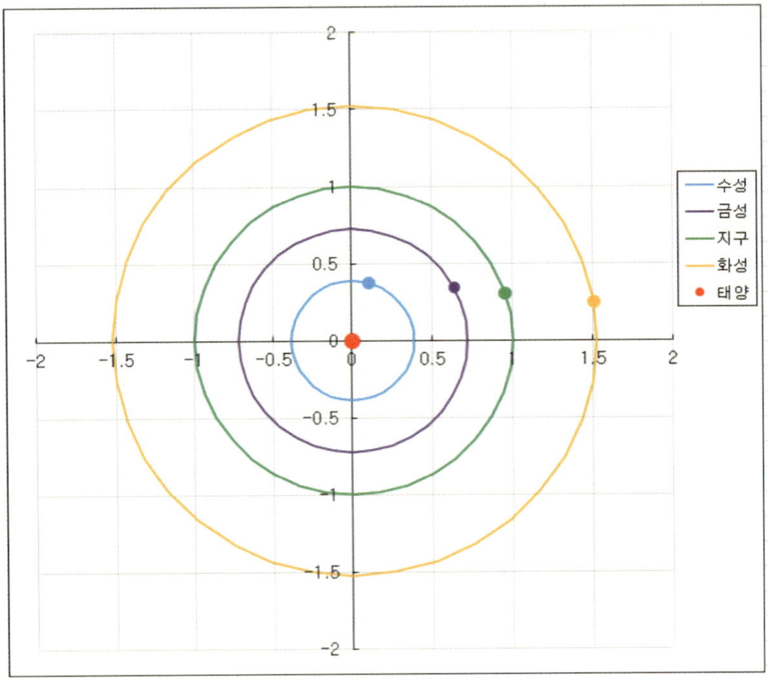

도전 과제

타원 궤도에서 행성의 움직임 시뮬레이션하기

1. 태양계 행성의 움직임을 타원 궤도 운동으로 시뮬레이션해 보자.

2. 원 궤도 운동과 타원 궤도 운동의 차이점은 다음과 같다.

구분		원 궤도 운동	타원 궤도 운동
반경		r	a
이심률		0	e
x	위치	$rcos\theta$	$\frac{a(1-e^2)}{1+ecos\theta}\times cos\theta$
	표현식	$rcos(\frac{360°\times m}{365.2422\times r^{3/2}})$	$\frac{a(1-e^2)}{1+ecos\theta}\times cos(\frac{360°\times m}{365.2422\times a^{3/2}})$
y	위치	$rsin\theta$	$\frac{a(1-e^2)}{1+ecos\theta}\times sin\theta$
	표현식	$rsin(\frac{360°\times m}{365.2422\times r^{3/2}})$	$\frac{a(1-e^2)}{1+ecos\theta}\times sin(\frac{360°\times m}{365.2422\times a^{3/2}})$

결과

1. 태양계 행성의 움직임을 타원 궤도 운동으로 시뮬레이션한 결과는 다음과 같다.

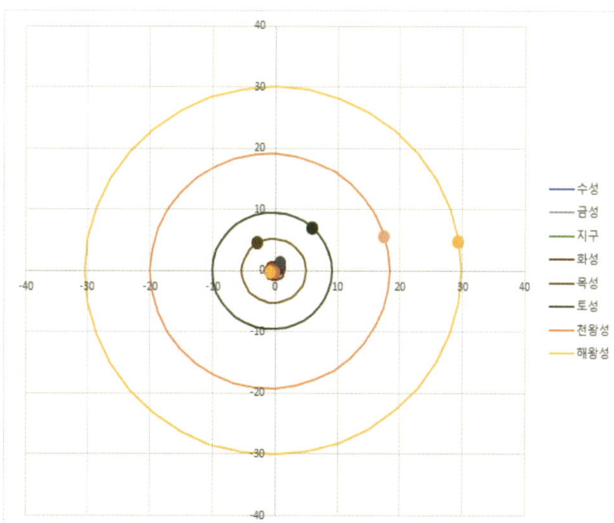

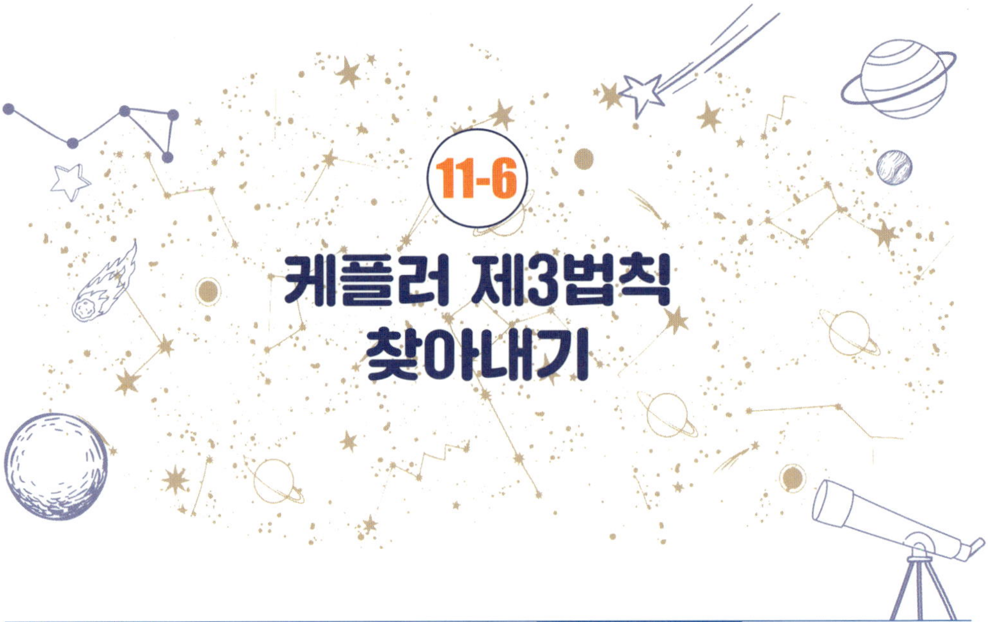

11-6

케플러 제3법칙 찾아내기

분류	행성의 관측	난이도	★★★
준비물	Excel 프로그램		
탐구 목표	행성 시뮬레이션 파일을 이용하여 케플러 제3법칙을 찾아낼 수 있다.		

케플러 제3법칙은 케플러 제1, 2법칙 못지않게 매우 중요하다. 이 법칙은 행성이 태양으로부터의 거리에 따라 어떤 규칙성을 갖고 운동하는지 서술하는데, 이는 천체가 임의로 운동하는 것이 아니라 정확한 법칙에 의해 운동하고 있음을 의미한다. 과학사를 연구한 학자에 의하면 뉴턴은 케플러 제3법칙을 이용하여 만유인력 법칙을 유도하였다고 한다. 우리도 행성의 관측 자료를 이용하여 케플러 제3법칙을 유도해 보자.

역사적 배경

1609년 케플러가 발표한 타원 궤도의 법칙으로 태양이 여러 행성에 영향을 미치고, 그 영향으로 각 행성의 운동이 결정됨을 알 수 있게 되었다. 특히 케플러는 태양계 전체 활력의 원천이 태양에 있으며, 모든 행성은 태양으로부터 물리적 작용과 생명 에너지의 영향을 받아 움직인다고 생각하였다. 게다가 케플러는 태양이 행성에 미치는 영향이 거리가 멀어짐에 따라 점차 감소한다고 보았으며, 나아가 점광원에서 나온 빛이 거리의 제곱에 반비례하는 현상을 정량적으로 계산하여 행성의 공전 주기를 궤도 반경과 연관지어 설명하고자 하였다.

1609년 제1, 2법칙을 발표한 후, 케플러는 다시 튀코 브라헤의 관측 자료를 오랜 시간 동안 분석하여 태양으로부터 행성까지의 거리인 장반경의 세제곱은 행성의 공전 주기 제곱에 비례한다는 케플러 제3법칙을 찾아냈다. 우리는 이를 조화의 법칙이라 부른다. 케플러는 이를 1619년에 『세계의 조화(Harmony of the Worlds)』라는 책으로 출판하였다.

활동 과정

1. [탐구활동 11-5]에서 완성한 행성의 시뮬레이션 파일을 실행시킨다.
2. 태양계 행성이 합 또는 충에 위치한 후 시간이 지나 다시 합 또는

충에 위치하는 데 걸리는 시간인 회합 주기를 구한다.

❸ 행성의 회합 주기를 이용하여 공전 주기를 계산한다.

내행성 $\frac{1}{S}=\frac{1}{P}-\frac{1}{E}$ $P=\frac{SE}{S+E}$

외행성 $\frac{1}{S}=\frac{1}{E}-\frac{1}{P}$ $P=\frac{SE}{S-E}$

(S: 회합 주기, P: 행성의 공전 주기, E: 지구의 공전 주기)

❹ 엑셀을 이용하여 x축을 장반경(a), y축을 공전 주기(P)로 설정한 후 분산형 그래프를 작성한다.

❺ 추세선을 이용하여 a와 P의 관계를 찾아낸다.

결과 및 토의

1. [탐구활동 11-5]에서 완성한 시뮬레이션 파일을 이용하여 행성의 회합 주기를 구해 보자.

행성	수성	금성	지구	화성	목성	토성
회합 주기(일)	116	584	-	780	399	378

2. 행성의 회합 주기를 이용하여 공전 주기를 구해 보자. (단, 지구의 공전 주기는 365.2422일이다.)

행성	수성	금성	지구	화성	목성	토성
공전 주기(년)	0.24	0.62	1.0	1.88	11.86	29.46

수성의 경우

$P=\frac{SE}{S+E}=\frac{116\times365.2422}{116+365.2422}=88.03day/365(day/year)=0.24year$

3. 표는 태양계 행성의 장반경을 나타낸 것이다. 엑셀을 이용하여 장반경과 공전 주기에 관한 그래프를 작성한 후 관계식을 찾아보자.

행성	수성	금성	지구	화성	목성	토성
장반경(AU)	0.4	0.7	1.0	1.5	5.2	9.5

❶ 엑셀을 이용하여 x축을 a, y축을 P로 설정한 후 분산형 그래프를 작성하고, 추세선을 추가해 보자.

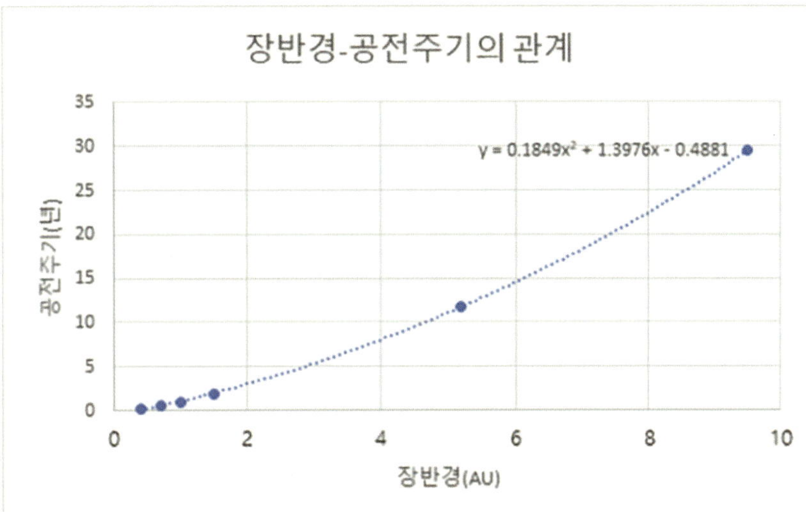

❷ a와 P의 관계는 어떠한가?

알 수 없다.

❸ 임의의 숫자가 나열되어 있을 때 두 숫자의 관계식을 찾아내기는 쉽지 않다. 이때 수학의 어떤 함수를 이용하면 무질서한 숫자의 관계를 찾아낼 수 있을까?

로그(log)

④ 엑셀을 이용하여 x축을 $loga$, y축을 $logP$로 설정한 후 분산형 그래프를 작성한 후, 추세선을 추가해 보자.

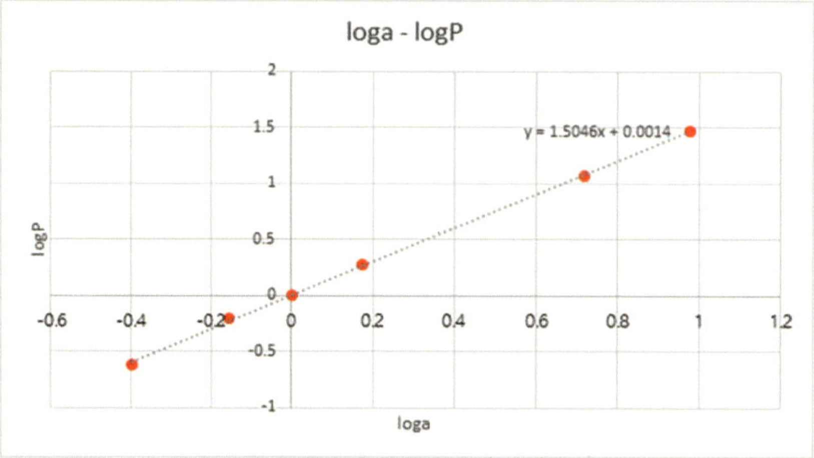

⑤ a와 P의 관계는 어떠한가?

그래프에서 추세선을 확인하면 $logP = 1.5046loga + 0.0014$이고,

간단히 $logP = 1.5loga$이다.

이는 $logP = \frac{3}{2}loga$가 되어, $P^2 = a^3$이 됨을 알 수 있다.

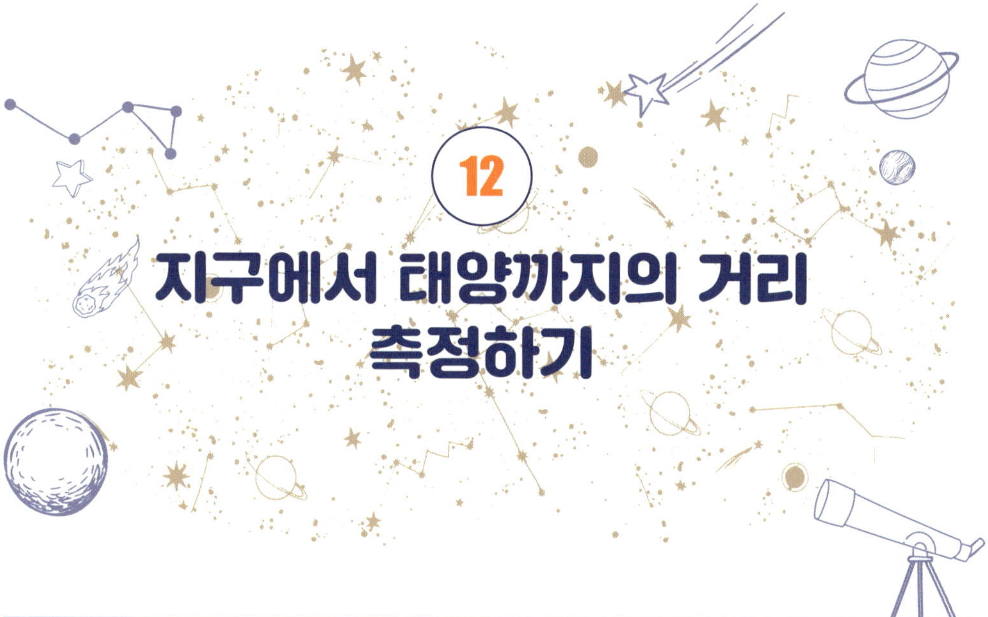

12

지구에서 태양까지의 거리 측정하기

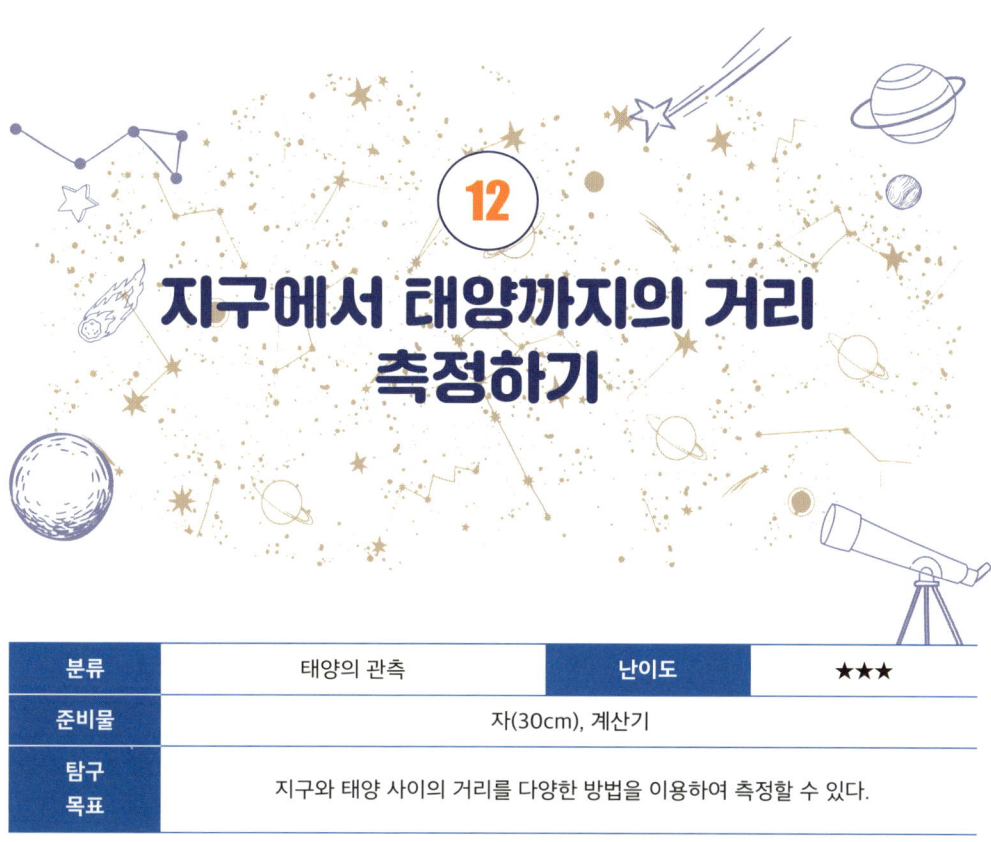

분류	태양의 관측	난이도	★★★
준비물	자(30cm), 계산기		
탐구 목표	지구와 태양 사이의 거리를 다양한 방법을 이용하여 측정할 수 있다.		

기원전부터 태양과 지구 사이의 거리를 측정하기 위한 다양한 시도가 있었지만 17세기까지 그 결과를 정확히 알지 못하였다. 따라서 당시 천문학자들은 지구와 태양 사이의 거리를 1AU로 정의한 후, 태양과 행성까지의 거리를 AU 단위로 표시하여 사용하였다.
그럼 태양과 지구 사이의 거리를 어떻게 측정할 수 있을까? 이 주제로 오랜 시간 노력을 기울였던 위대한 천문학자들의 흔적을 찾아 여행을 떠나 보자. 한 가지 당부하고 싶은 사항은 당시 측정한 값이 얼마나 정확했는지 아는 일도 중요하지만, 어떤 방법으로 알아냈는지에 더 관심을 두고 살펴보자는 것이다.

이론적 배경

1. 지구 표면에서 두 지점 사이의 거리

지표 위의 한 지점은 위도(φ)와 경도(λ)로 표시할 수 있다.

A 지점 (φ_1, λ_1)과 B 지점 (φ_2, λ_2) 사이의 곡선 거리(s)는 다음과 같다.

$s = cos^{-1}(cos\varphi_1 cos\varphi_2 + sin\varphi_1 sin\varphi_2 cos(\lambda_2 - \lambda_1)) \times R$

위 복잡한 계산을 QR코드를 이용하여 간단하게 계산할 수 있다.

A 지점과 B 지점 사이의 기선 거리(직선 거리, d)는 다음과 같다.

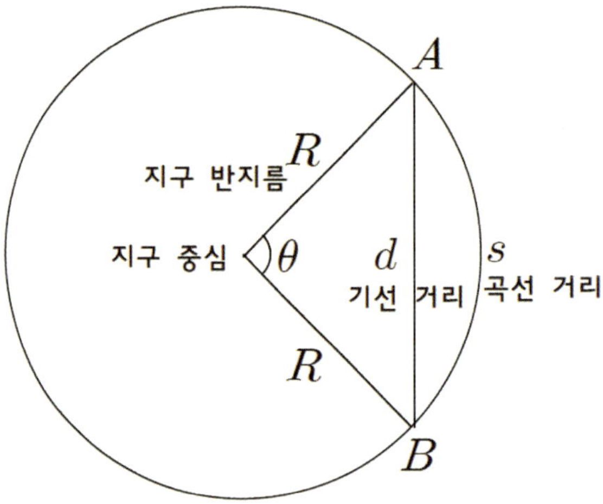

코사인 법칙 $a^2=b^2+c^2-2bccosA$에 의해 $d^2=R^2+R^2-2R^2cos\theta$

$d=\sqrt{2R^2(1-cos\theta)}=\sqrt{2R^2(1-cos(\frac{s}{R}))}$이다.

탐구 방법 1

태양-지구-달 사이의 각을 이용한 방법

결과 및 토의

기원전 3세기 아리스타르코스(Aristarchos of Samos, B.C. 310~B.C. 230)는 상현달일 때 지구에서 태양-지구-달 사이의 각을 측정했는데 그 결과는 87°이었다.

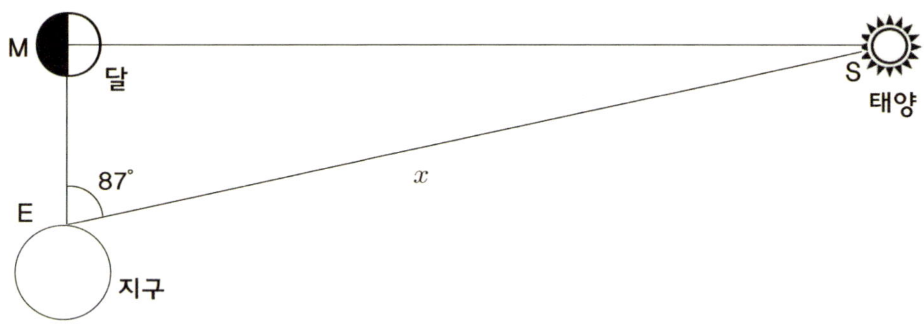

1. 지구에서 태양까지의 거리를 계산해 보자.

① 아리스타르코스의 관측(태양-지구-달 사이의 각이 87°)

삼각형에서 다음 관계식이 성립한다. $cos\theta = \frac{\overline{EM}}{x}$

$x = \frac{\overline{EM}}{cos87°} = 19.1 \times \overline{EM}$ 달과 지구 사이의 거리의 19.1배로 측정하였다.

② 현대의 관측(태양-지구-달 사이의 각이 89.85°)

$x = \frac{\overline{EM}}{cos89.85°} = 381.9 \times \overline{EM}$ 달과 지구 사이의 거리의 381.9배로 측정하였다.

2. 지구와 달 사이의 거리는 평균 384,000*km*이다. 이를 이용하여 태양과 지구 사이의 거리를 계산해 보자.

❶ 아리스타르코스의 관측(태양-지구-달 사이의 각이 87°)

$$x=\frac{\overline{EM}}{\cos 87°}=19.1\times\overline{EM}=19.1\times384{,}000km=7{,}334{,}400km$$

❷ 현대의 관측(태양-지구-달 사이의 각이 89.85°)

$$x=\frac{\overline{EM}}{\cos 89.85°}=381.9\times\overline{EM}=381.9\times384{,}000km=146{,}649{,}600km$$

※ 태양과 지구 사이의 거리는 $1.496\times10^8 km$이다.

탐구 방법 2

화성의 시차를 이용한 방법

역사적 배경

조반니 도메니코 카시니(Giovanni Domenico Cassini, 1625~1712)는 이탈리아에서 태어나 겨우 25살의 나이에 볼로냐 대학교의 천문학 교수가 되었다. 그는 1665년 목성의 대적반을 관찰하였고, 목성의 자전 주기가 9시간 56분임을 알아냈다. 1669년 프랑스의 국왕 루이 14세의 초청을 받아 프랑스인으로 귀화하여 장 도미니크 카시니(Jean-Dominique Cassini)로 개명하였고, 초대 파리 천문대장에 취임하였다.

조반니 도메니코 카시니

카시니는 화성이 지구에 접근하면 지구에서도 시차를 측정할 수 있으리라 판단했다. 즉, 지구의 서로 다른 두 지점에서 화성을 바라보았을 때, 멀리 떨어진 배경별을 기준으로 보이는 화성의 겉보기 위치 차를 각으로 측정할 수 있으리라 생각한 것이다. 그래서 1671년 조수 장 리셰르(Jean Richer, 1630~1696)를 남아메리카의 프랑스령 기아나(Guyane francaise)의 카옌(Cayenne)으로 보냈다. 1672년 9월과 10월에 리셰르는 사전에 약속한 시간에 화성 근처에 있는 밝은 별(물병자리)을 배경으로 화성의 위치를 정밀 관측하였고, 같은 시각 파리에서는 카시니가 같은 관측을 수행하였다. 그리고 이 자료를 종합하여 화성의 시차를 측정하였고, 이를 이용하여 지구와 태양 사이의 거리를 결정하였다.

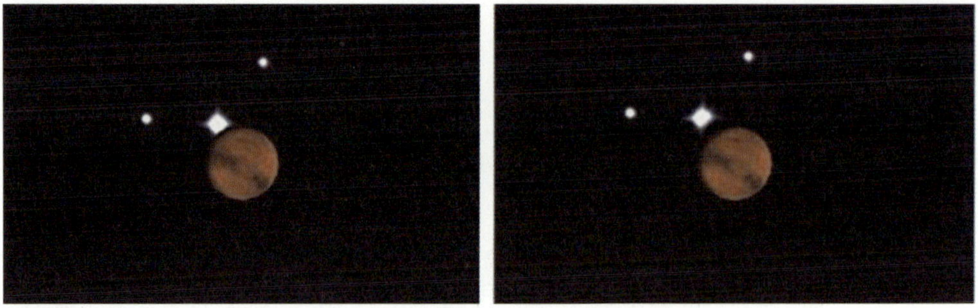

화성의 시차

결과 및 토의

1. 카시니가 시차를 측정한 시기를 화성이 지구에 가장 가까울 때로 정한 이유는?

화성과 지구 사이의 거리가 가까울수록 시차가 증가하기 때문이다.

2. 카시니가 파리(48.8647°N, 2.3490°E)와 카옌(4.9372°N, 52.3260°W)에서 측정한 화성의 시차 P는 19″이었다. 이를 이용하여 지구에서 화성까지의 거리를 구해 보자.

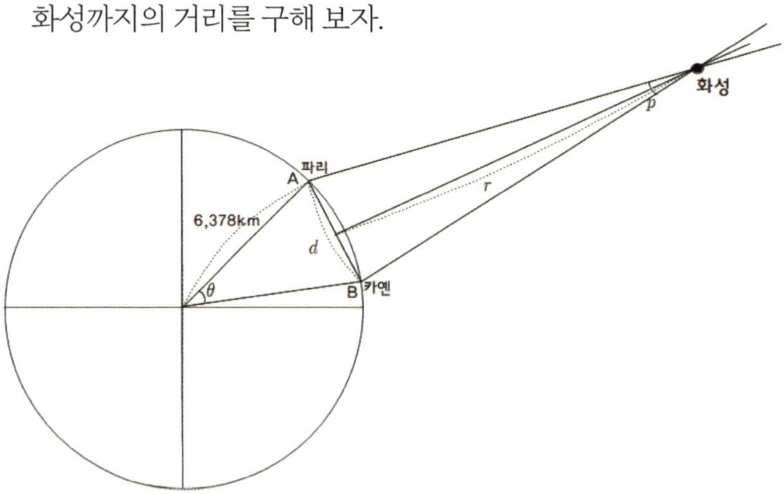

❶ 파리와 카옌 사이의 거리를 계산해 보자.

(단, 지구의 반지름은 6,378km이다.)

파리에서 카옌까지의 곡선 거리(S)는 QR코드를 이용하여 계산한 결과 7,073km이다.

파리에서 카옌까지의 기선 거리(직선 거리, d)는 코사인 법칙에 의해 $d=\sqrt{2R^2(1-cos(\frac{S}{R}))}$ 와 같이 표현할 수 있다.

$$d=\sqrt{2(6,378km)^2(1-cos(\frac{7,073km}{6,378km}))}=6,716km$$

❷ 지구에서 화성까지의 거리를 시차를 이용하여 계산해 보자.

$tan\frac{p}{2}=\frac{\overline{AB}/2}{r}$이다. 따라서 지구에서 화성까지의 거리 $r=\frac{\overline{AB}/2}{tan\frac{p}{2}}$이다.

$$r=\frac{\overline{AB}/2}{tan\frac{p}{2}}=\frac{6,716km/2}{tan9.5''}=\frac{3,358km}{tan(9.5''\times\frac{1^\circ}{60'}\times\frac{1'}{60''})}=72,909,180km$$

❸ 카시니가 살았던 시대에는 케플러의 법칙이 널리 사용되고 있었다. 지구와 화성까지의 거리를 계산해 보자.

ⓐ 화성의 회합 주기를 이용하여 화성의 공전 주기를 구해 보자.

(단, 화성의 회합 주기가 779.96일이다.)

외행성의 회합 주기는 $\frac{1}{S}=\frac{1}{E}-\frac{1}{P}$이다.

$$P=\frac{SE}{S-E}=\frac{779.96일\times365.2422일}{779.96일-365.2422일}=686.91일=686.91일/365.2422일/년$$
$$=1.88년$$

ⓑ 케플러 법칙을 이용하여 태양에서 화성까지의 거리를 구해 보자.

케플러 제3법칙 $P^2=a^3$에서 지구에 적용하면 다음과 같다.

$\frac{P^2}{P_E^2}=\frac{a^3}{a_E^3}$에서 $\frac{1.88년^2}{1년^2}=\frac{a^3}{1AU^3}$이다. 따라서 $a=1.5232AU$이다.

ⓒ 태양과 지구 사이의 거리는 몇 km인가?

지구에서 화성까지의 거리는 $1.5232AU - 1AU = 0.5232AU$이다.

$0.5232AU : 72{,}909{,}180km = 1AU : x$

$x = \frac{72{,}909{,}180km \times 1AU}{0.5232AU} = 1.39 \times 10^8 km$이다.

※ 태양과 지구 사이의 거리는 $1.496 \times 10^8 km$이다.

ⓓ 태양과 지구 사이의 거리에서 오차는 몇 %인가?

$\frac{1.39 \times 10^8 km - 1.496 \times 10^8 km}{1.496 \times 10^8 km} \times 100 = -7.0\%$

❹ 카시니가 구한 태양과 지구 사이의 거리에서 오차가 발생한 주요 원인은 무엇인가?

화성의 이심률이 큰 편인데, 타원 궤도 운동에 의해 오차가 발생하였다.

탐구 방법 3

금성의 태양면 통과를 이용한 방법

역사적 배경

금성이 태양의 앞을 지나가는 현상은 매우 드물어 1639년 이후 현재까지 고작 7번 발생하였다. 앞으로 이 현상을 관찰하려면 2117년과 2125년까지 기다려야 한다.

금성의 태양면 통과를 처음 예측한 사람은 '케플러의 법칙'으로 잘 알려진 독일의 천문학자 요하네스 케플러였다. 그는 1631년 수성과 금성이 태양면을 통과한다고 예측하였다. 이 사실을 바탕으로 프랑스의 수학자 피에르 가상디(Pierre Gassendi, 1592~1655)는 파리에서 케플러의 예언대로 수성의 태양면 통과 현상을 관측했지만, 금

제러마이아 호록스

성의 태양면 통과 현상은 하루 종일 기다려도 관찰할 수 없었다. 이 현상은 당일 해가 뜨기 전에 이미 끝났기 때문이었다.

케플러는 1631년뿐만 아니라 1761년에도 금성의 태양면 통과 현상이 발생할 것으로 예측하였다. 하지만 영국의 천문학자 제러마이아 호록스(Jeremiah Horrocks, 1618~1641)는 케플러의 금성 궤도 계산을 수정하여 8년의 간격을 두고 이 현상이 발생한다는 사실을 알아차렸고, 1639년 12월 4일에 태양면 통과가 발생할 것으로 예측하였다. 그는 1639년 12월 4일 영국의 머치 훌(Much Hoole) 마을에서 천체망원경에 맺힌 상을 종이 위에 투영시키는 방법으로 금성의 태양면 통과 현상을 기다렸다. 하루 종일 흐렸으나 해가 지기 직전 하늘이 개었고, 그는 금성의 태양면 통과 현상을 최초로 관측하는 데 성공하였다. 호록스는 관측 결과를 바탕으로 금성의 크기, 지구와 태양 사이의 거리를 계산하였지만 이는 실제 거리의 64%에 지나지 않을 정도로 오차가 컸다.

이후 금성의 태양면 통과 현상이 과학자들의 큰 관심을 받기 시작한 것은 '핼리 혜성'의 존재를 발견한 영국의 천문학자 에드먼드 핼리(Edmond Halley, 1656~1742) 때문이다. 1716년 핼리는 지구상의 서로 다른 지역에서 수성이나 금성의 태양면 통과를 관측하여 태양 시차를 결정하면 태양과 지구 사이의 거리를 정확하게 계산할 수 있다는 논문을 발표하였다. 정작 핼리 자신은 1761년과 1769년에 일어난 금성의 태양면 통과를 보지 못하고 1742년에 사망하였다.

유럽의 강대국들은 1761년 금성의 태양면 통과를 먼저 관측하려고 경쟁하였다. 그들은 남태평양, 시베리아, 남아프리카, 인도네시아, 아일랜드 등 전 세계로 탐사를 떠났지만 상당수의 탐사선이 난파당

검은 방울 현상(Black Drop)

했다. 또한 프랑스와 영국의 전쟁으로 오인 사격도 발생하였고 수많은 과학자가 목숨을 잃었다. 각국 정부는 금성의 태양면 통과 관측을 위해 항해하는 배는 공격하지 말라는 서한을 각국에 보낼 정도였다.

막강한 해군력을 자랑하던 영국은 1769년 금성의 태양면 통과 관측에 총력을 기울였다. 영국의 조지 3세는 왕립학회에 4,000만 파운드를 하사하여 금성의 태양면 통과 관측 사업을 적극적으로 추진하였다. 영국의 제임스 쿡(James Cook, 1728~1779) 선장과 영국의 천문학자 찰스 그린(Charles Green, 1735~1771)은 구름 한 점 없는 남태평양 타히티의 언덕에서 금성의 태양면 통과를 관측하였다. 불운하게도 이 시기에는 검은 방울 현상(Black Drop) 때문에 식의 시작과 종료 시각을 정확하게 측정할 수 없었다. 검은 방울 현상은 두 개의 면이 만날 때 생기는 빛의 산란 현상으로 당시 천문학자들은 이 현상이 금성의 대기 때문에 발생한다고 생각하였다. 그러나 현재 밝혀진 검은 방울 현상의 원인은 지구 대기의 떨림 및 관측 장비의 자체 결함으로 밝혀졌다.

1771년 프랑스 천문학자 조제프 제롬 르 프랑수아 드 랄랑드(Joseph

Jérôme Le fransois de Lalande, 1732~1807)는 1761년과 1769년의 관측 자료를 종합하여 1*AU* 거리를 1억 5,300만*km*로 계산하였다. 이후 1874년과 1882년의 관측 자료를 토대로 1*AU* 값은 더 정확하게 수정되었는데, 미국의 천문학자 사이먼 뉴컴(Simon Newcomb, 1835~1909)은 이전 관측 자료를 종합하여 1*AU*를 1억 4,959만*km*로 계산하였다.

이론적 배경

금성의 시차

그림은 에드먼드 핼리가 제안한 금성의 태양면 통과 현상을 이용하여 태양과 지구 사이의 거리를 구하는 방법을 나타낸 것이다.

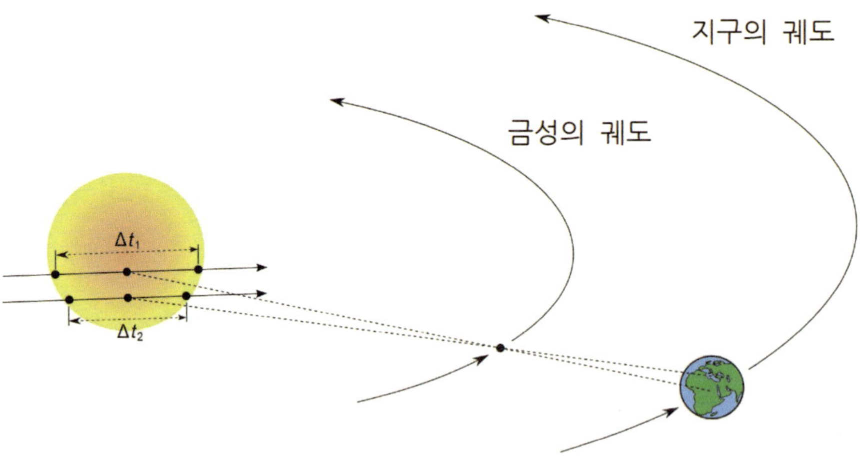

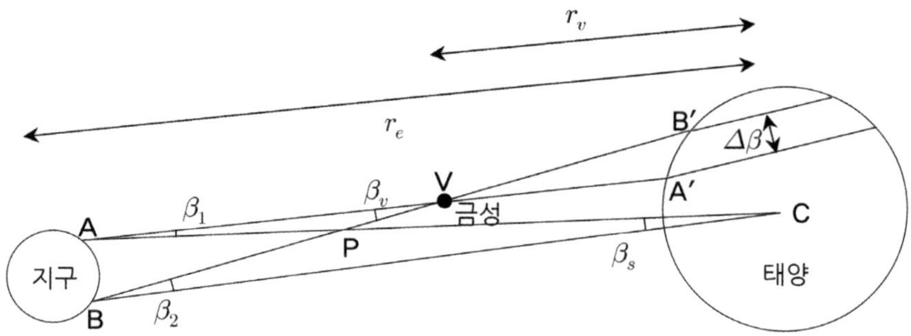

금성이 태양면을 통과할 때, 두 지점 A와 B의 관측자가 관측한 금성의 궤적이 A′와 B′라고 가정하자

계산을 간단히 하기 위해 그림에서 지구의 중심, A, B, V, A′, B′, C 모두는 같은 평면에 있고, 지구와 금성은 원 궤도로 공전한다고 가정한다.

앞선 그림에서 $\angle APV = \angle BPC$이므로 $180° - (\beta_V + \beta_1) = 180° - (\beta_S + \beta_2)$이다.

이를 정리하면 $\beta_V + \beta_1 = \beta_S + \beta_2$이고, $\beta_V - \beta_S = \beta_2 - \beta_1$이다.

아래 그림에서 $\beta_2 - \beta_1 = \Delta\beta$이므로, $\beta_V - \beta_S = \beta_2 - \beta_1 = \Delta\beta$이다.

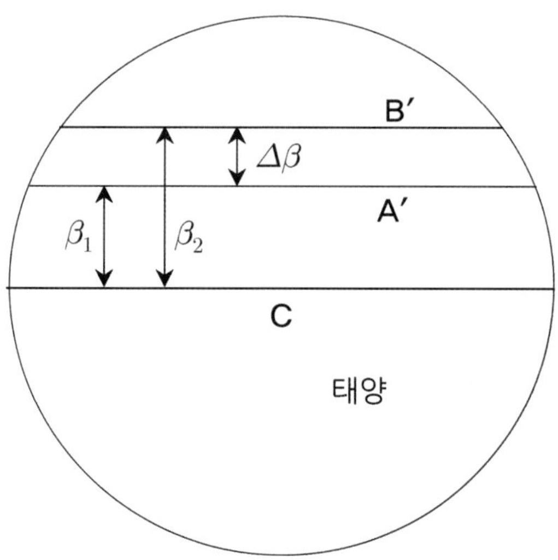

△AVB와 △ACB를 부채꼴로 가정하고 부채꼴 호의 길이 공식을 이용하면, $\beta_V = \frac{\overline{AB}}{r_e - r_V}$, $\beta_S = \frac{\overline{AB}}{r_e}$이다.

$\beta_v - \beta_S = \Delta\beta$에서 $\Delta\beta = \beta_S(\frac{\beta_V}{\beta_S} - 1) = \beta_S(\frac{r_e}{r_e - r_V} - 1) = \beta_S \frac{r_V}{(r_e - r_V)}$이다.

따라서 $\beta_S = \Delta\beta(\frac{r_e}{r_V} - 1)$이다.

지구 공전 주기는 365.25일, 금성 공전 주기는 224.7일이므로, 케플러 제3법칙을 이용하면

$(\frac{r_e}{r_V})^3 = (\frac{365.25}{224.7})^2$이므로 $\frac{r_e}{r_V} = 1.38248$이다.

이를 태양 시차에 대입하면 $\beta_S = \Delta\beta(\frac{r_e}{r_V} - 1) = \Delta\beta(1.38248 - 1)$이고,

$\beta_S = 0.38248\Delta\beta$이다.

$\beta_S = \frac{\overline{AB}}{r_e}$에서 태양과 지구 사이의 거리 $r_e = \frac{\overline{AB}}{\beta_S} = \frac{\overline{AB}}{0.38248\Delta\beta}$이다.

관측 자료

사진은 2004년 6월 8일 금성의 태양면 통과 현상을 스페인의 테이데봉(El Teide), 오스트레일리아의 리어몬스(Learmonth), 인도의 우다이푸르(Udaipur)에서 관측한 것이다.

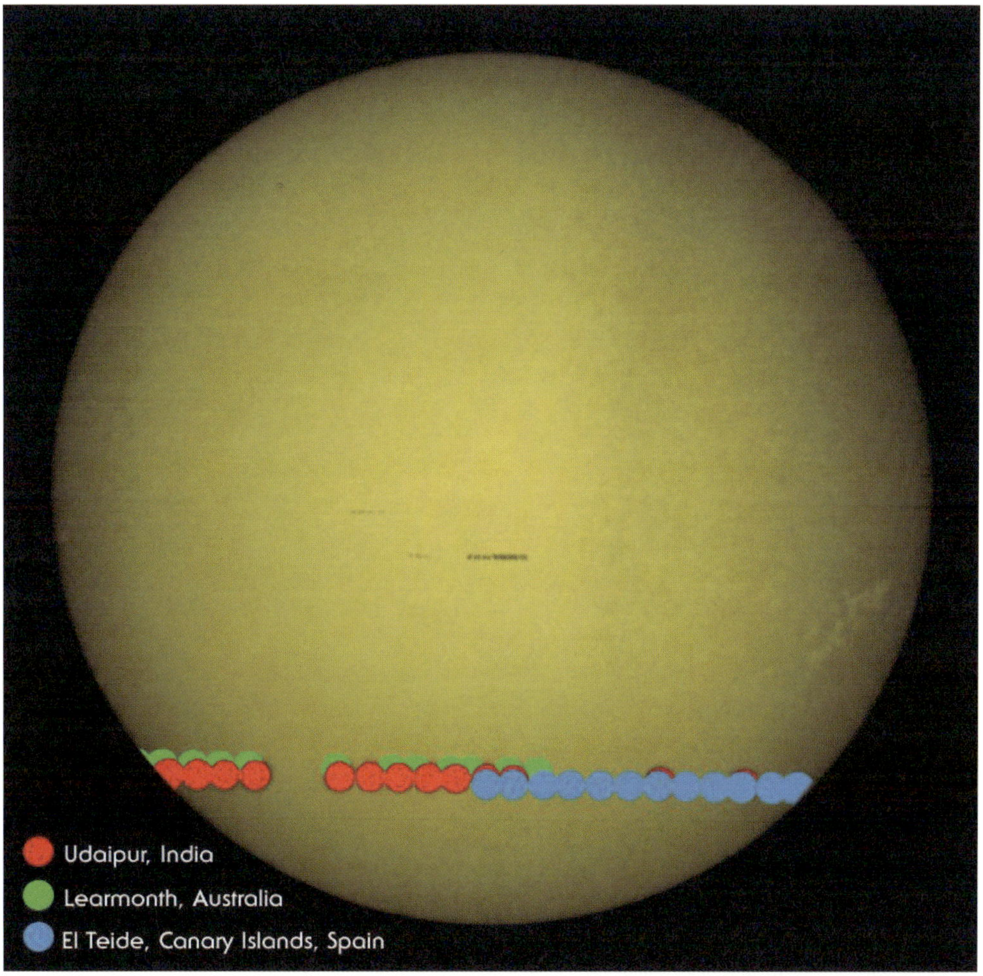

GONG(Global Oscillation Network Group)은 국립 태양 천문대(National Solar Observatory)에서 태양을 연구하기 위해 세계 6곳에 천문대를 설치한 후 연합하여 연구하는 단체이다.

지역	위도	경도	고도
Learmonth	S 022° 13′ 06.6″	E 114° 06′ 09.8″	14.7*m*
Udaipur	N 024° 36′ 53.8″	E 073° 40′ 10.9″	676.9*m*
El Teide	N 028° 18′ 03.0″	W 016° 30′ 43.0″	2425.0*m*
Cerro Tololo	S 030° 10′ 04.2″	W 070° 48′ 19.7″	2190.0*m*
Tucson	N 032° 16′ 47.8″	W 110° 56′ 08.8″	715.2*m*
Big Bear	N 034° 15′ 37.2″	W 116° 55′ 17.1″	2063.1*m*
Mauna Loa	N 019° 32′ 10.1″	W 155° 34′ 33.3″	3471.3*m*

결과 및 토의

1. 금성의 시차가 크게 나타나는 관측소는 스페인의 테이데봉(28.1°N, 16.4°W)과 오스트레일리아의 리어몬스(22.22°S, 114.10°E) 관측소에서 관측한 값이다. 이 자료를 이용해 보자.

① 두 관측소 사이의 위도 차에 해당하는 기선 거리(직선 거리)는 얼마인가? (단, 지구의 반지름은 6,378*km*이다.)

테이데봉과 리어몬스 관측소 사이의 곡선 거리는 15,013*km*이다.

테이데봉과 리어몬스 관측소 사이의 기선 거리(직선거리, *d*)는 코사인 법칙에 의해 $d=\sqrt{2R^2(1-cos(\frac{S}{R}))}$ 이다.

$d=\sqrt{2(6,378km)^2(1-cos(\frac{15,013km}{6,378km}))}=11,779km$

2. 테이데봉과 리어몬스를 잇는 기선의 방향과 금성의 태양면 통과 방향에 따라 시차는 달라진다. 기선의 방향과 금성의 태양면 통과 방향 사이의 각을 θ라 할 때, θ가 90°인 경우 시차는 최대가 되고, 0°인 경우 시차는 발생하지 않는다.

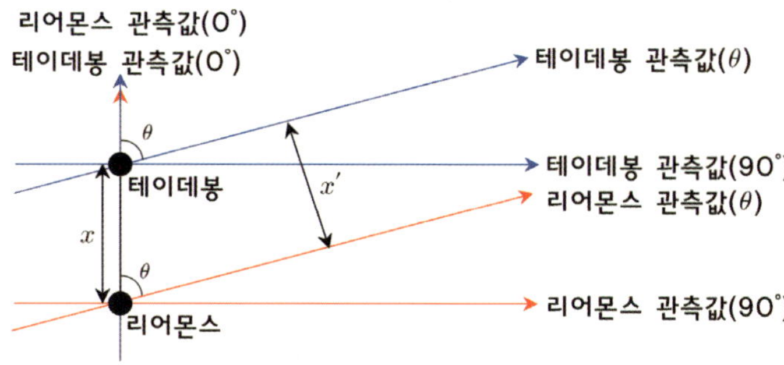

① 관측 지점의 기선 거리(x)와 태양면 통과 방향에서의 기선 거리(x')는 어떤 관계가 있는가?

$x\sin\theta = x'$

② 2004년 6월 8일 금성의 태양면 통과 현상이 발생하였을 때 θ는 43°이었다. 태양면 통과 방향에서의 기선 거리(x')는 몇 km인가?

$11{,}779km \times \sin 43° = 8{,}033km$

3. 스페인의 테이데봉과 오스트레일리아의 리어몬스에서 관측한 금성의 시차를 구해 보자.

① 금성의 태양면 통과 사진에서 자를 이용하여 다음 물리량을 측정하자.

$\overline{A'B'}$의 길이($\Delta\beta$의 길이)	태양의 각지름
$1.7mm$	$115.7mm$

② 시차 $\Delta\beta$를 계산해 보자. (단, 이날 태양의 시직경은 31.3′이었다.)

그림에서 $\overline{A'B'}:\Delta\beta = D:31.3'$이다. (단, D는 태양의 시직경이다.)

이를 정리하면 $\Delta\beta = \frac{31.3' \times \overline{A'B'}}{D}$이다.

$$\Delta\beta = 31.3' \times \frac{\pi(rad)}{180°} \times \frac{1°}{60'} \times \frac{\overline{A'B'}}{D} = 31.3' \times \frac{\pi(rad)}{180°} \times \frac{1°}{60'} \times \frac{1.7mm}{115.7mm}$$

$$= 1.3377 \times 10^{-4} rad$$

4. 태양과 지구 사이의 거리는 몇 km인가?

$$r_e = \frac{\overline{AB}}{0.38248\Delta\beta} = \frac{8{,}033km}{0.38248 \times 1.3377 \times 10^{-4} rad} = 1.57 \times 10^8 km$$이다.

※ 태양과 지구 사이의 거리는 $1.496 \times 10^8 km$이다.

5. 태양과 지구 사이의 거리에서 오차는 몇 %인가?

$$\frac{1.57 \times 10^8 km - 1.496 \times 10^8 km}{1.496 \times 10^8 km} \times 100 = 4.9\%$$이다.

6. 태양과 지구 사이의 거리에서 오차가 발생한 이유는?

지구의 공전 궤도와 금성의 공전 궤도는 타원 궤도이지만 모두 원 궤도로 가정하였다.

7. 금성의 태양면 통과 현상이 자주 발생하지 않는 이유는?

금성의 태양면 통과 현상 발생 주기는 금성과 지구의 공전 주기 그리고 궤도 기울기에 의해 결정된다. 금성의 공전 주기는 224.7일로 지구보다 140일 정도 빠르다. 금성이 태양면을 통과한 후 금성이 다시 태양을 중심으로 2.6바퀴 돌고 지구는 1.6바퀴 돌 때 태양과 금성, 지구는 일렬로 정렬된다. 그런데 지구의 궤도 평면은 금성의 궤도 평면과 3.39° 차이가 있어, 태양 근처에서 금성을 관측할 수 있는 위치는 지구 공전 궤도면과 금성 공전 궤도면의 교차점 2곳뿐이다. 즉, 금성이 태양면을 통과한 후 1.6년 후에 다시 금성과 태양은 일직선상에 위치하지만, 이 위치는 교차점이 아니다. 따라서 금성의 태양면 통과 현상은 나타나지 않는다. 이를 종합하면 지구 공전 궤도면과 금성 공전 궤도면의 교차점에서 태양-금성-지구가 일렬로 정렬되는 경우에만 지구에서 금성이 태양면을 통과하는 모습을 볼 수 있게 된다. 이런 이유로 금성의 태양면 통과 현상을 자주 관찰할 수 없는 것이다. 이는 일식 현상이 자주 일어나지 않는 것과 동일한 원리이다. 금성의 태양면 통과 현상은 '8년 → 105.5년 → 8년 → 121.5년' 간격으로 발생하며, 243년(8년 + 105.5년 + 8년 + 121.5년) 주기로 반복한다.

금성의 태양면 통과는 금성 궤도면과 지구 궤도면이 일치하는 연장선상에서 일어난다.

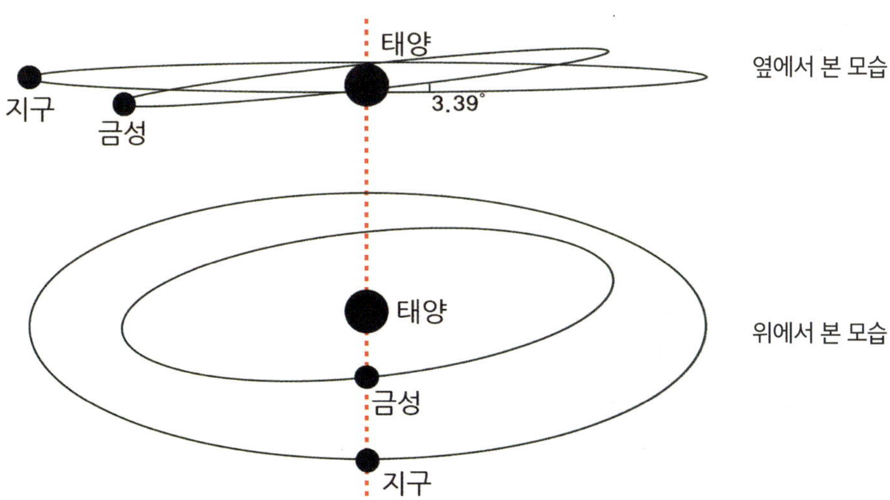

탐구 방법 4

레이더를 이용한 방법

역사적 배경

레이더(*Rad*AR)는 '전파 이용 탐지 및 거리 측정(*Rad*io Detection And Ranging)'의 줄임말로, 발사한 전자기파가 대상에 부딪힌 뒤 되돌아오는 반사파를 측정하여 대상을 탐지하고 그 방향, 거리, 속도 등을 파악하는 정보 시스템을 말한다.

레이더는 1941년 제2차 세계대전이 발생한 시기에 영국에서 최초로 사용했으며, 레이더 덕분에 영국군은 물량의 열세에도 불구하고

1961년 금성 관측에 활용된 JPL의 26m 레이더

독일군을 상대로 영국 본토 항공전에서 승리를 거두었다. 해상권에서도 독일의 잠수함 유보트(U-boat)와 치른 전투에서 수송선에 레이더를 설치하여 유보트 잠수함을 먼저 탐지해 내고 능동적으로 대응할 수 있었다. 전파는 물속을 투과하지 못하므로 물속의 잠수함은 발견할 수 없다. 하지만 당시 잠수함은 공격 시에만 잠수하여 작전을 수행하고 평상시에는 물 위를 항해하였기에 레이더로 탐지가 가능했다. 이로 인해 잠수함은 레이더에 탐지되지 않도록 물속으로 잠수할 수밖에 없어 작전에 방해가 되었다.

제2차 세계대전에서 발전시킨 레이더 기술은 1946년 달의 관측에 사용하여 달 표면의 거칠기와 극 부근의 그림자 영역 지도를 작성하는 데 사용되었다.

레이더를 이용하여 본격적으로 관측한 행성은 금성이었다. 미국의 제트추진연구소(JPL, Jet Propulsion Laboratory)에서는 1961년 3월 6일부터 5월 18일까지 행성 레이더 시스템을 이용하여 금성을 관측한 결과 1천문단위(*AU*)를 149,598,500*km*로 결정하였고, 자전 주기, 금성 표면에 대한 정보를 알게 되었다.

1962년 6월 소련의 천문학자 블라디미르 코텔니코프(Vladimir Kotelnikov, 1908~2005)는 레이더 신호를 수성으로 발사한 후 반사된 자료를 수신하는 데 성공했다. 3년 후인 1965년 미국의 레이더 천문학자 고든 페튼길(Gordon Pettengill, 1926~2021)과 롤프 다이스(Rolf B. Dyce, 1929~2019)는 푸에르토리코에 있는 직경 300*m*의 아레시보 전파망원경을 이용하여 수성의 자전 주기를 59일로 결정하였다.

관측 자료

1. 표는 1961년 3월 6일부터 5월 18일까지 미국의 제트추진연구소 에서 레이더를 이용하여 금성을 관측한 결과를 나타낸 것이다.

❶ 1961년 3월 1일 0시를 기준으로 경과일을 계산해 보자.

날짜	금성에서의 전파 반사 추정 시각			경과일(일)	왕복 소요 시간(초)
	시	분	초		
3월 6일	21	34	28	5.90	425.2230
3월 7일	18	47	31	6.78	419.4121
3월 14일	16	25	52	13.68	376.3695
3월 16일	17	40	58	15.74	364.4073
3월 22일	18	12	14	21.76	332.9159
3월 23일	21	0	16	22.88	327.6940
3월 24일	0	33	17	23.02	327.0435
3월 27일	19	24	25	26.81	311.1564
3월 31일	19	37	31	30.82	297.7762
4월 3일	19	43	35	33.82	290.3877
4월 3일	21	30	35	33.90	290.2464
4월 5일	23	39	37	35.99	286.6264
4월 8일	18	16	24	38.76	283.7176
4월 10일	21	24	49	40.89	283.0845
4월 12일	17	29	53	42.73	283.5996
4월 12일	22	3	44	42.92	283.7396
4월 18일	20	17	26	48.85	292.5937
4월 20일	18	3	3	50.75	297.5433

4월 21일	17	7	30	51.71	300.4085
4월 24일	19	8	49	54.80	311.1873
4월 26일	17	32	40	56.73	319.0662
4월 28일	17	32	44	58.73	328.0724
5월 3일	14	17	18	63.60	353.1356
5월 16일	14	21	28	76.60	436.1257
5월 18일	9	45	51	78.41	448.9659

3월 6일 21시 34분 28초의 경우 3월 1일 0시를 기준으로 경과일은 다음과 같다.

$$5day+\frac{21h}{24h/day}+\frac{34m}{24h/day}\times\frac{1h}{60m}+\frac{28s}{24h/day}\times\frac{1h}{60m}\times\frac{1m}{60s}=5.90day$$

결과 및 토의

1. 천문단위(*AU*)를 결정하기 위해 태양계 행성 중 금성을 가장 먼저 관측한 이유는 무엇인가?

천체까지의 거리가 멀수록 반사되어 오는 신호의 세기는 약해진다. 따라서 정확한 측정을 위해서는 가급적 가까운 천체를 측정해야 한다. 지구로부터 화성은 0.52*AU*, 금성은 0.3*AU* 떨어져 있으므로 금성을 관측하는 것이 바람직하다.

2. 천문단위(*AU*)를 결정하기 위해 금성을 관측할 때, 가장 적합한 금성의 위치는 어디일까? 그 이유는?

내합에 위치한 금성이다. 내합에 위치한 금성은 거리가 가장 가 짧고 신호가 가장 강하며, 반사되어 되돌아오는 시간도 가장 짧아 가장 정확하게 측정할 수 있기 때문이다.

3. *X*축을 경과일, *Y*축을 왕복 소요 시간으로 설정한 후 그래프를 작성해 보자.

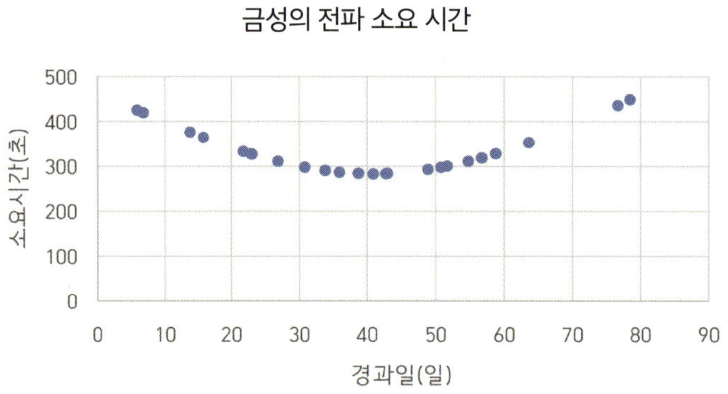

❶ 그래프에서 금성의 내합은 언제라고 생각되는가?

경과일이 40일 부근이다. 이는 4월 10일 21시 부근으로 소요 시간이 가장 짧다.

※ 금성의 내합은 1961년 4월 10일 24시였다.

❷ 내합에 위치한 금성까지 전자기파의 왕복 소요 시간은 얼마인가?

4월 10일 21시 24분 49초(40.8922일)에서 왕복 소요 시간은 283.0845*s*이고, 4월 12일 17시 29분 53초(42.7291일)에서는 283.5996*s*이다.

4월 10일 24시(41.0000)에서 왕복 소요 시간은 다음과 같이 계산할 수 있다.

$(42.7291일-40.8922일):(283.5996s-283.0845s)$

$=(41.0000일-40.8922일):x$

$x=0.0302s$이다. 따라서 $283.0845s+0.0302s=283.1147s$이다.

4. 금성과 지구 사이의 거리를 계산해 보자. (단, 광속은 299,792km/s이다.)

$d=299{,}792km/s\times\frac{283.1147s}{2}=42{,}437{,}761km$

5. 태양과 지구 사이의 거리를 계산해 보자.

❶ 금성의 회합 주기 583.921일을 이용하여 금성의 공전 주기를 구해 보자.

내행성의 회합 주기는 $\frac{1}{S}=\frac{1}{P}-\frac{1}{E}$이므로

$P=\frac{S\times E}{S+E}=\frac{583.921\times365.2422}{583.921+365.2422}=224.695일=224.695일/365.2422(일/년)$

$=0.6151년$이다.

※ 금성의 공전 주기는 0.615197년이다.

❷ 케플러 제3법칙을 이용하여 태양에서 금성까지의 거리를 구해 보자.

케플러 제3법칙 $P^2=a^3$에서 $\frac{P^2}{P_E^{\,2}}=\frac{a^3}{a_E^{\,3}}$이고, $\frac{0.6151년^2}{1년^2}=\frac{a^3}{1AU^3}$이다.

따라서 $a=0.7233AU$이다.

❸ 태양에서 지구까지 거리를 구해 보자.

$(1AU-0.7233AU):42{,}437{,}761km=1AU:x$

$x=\frac{42{,}437{,}761km\times1AU}{(1AU-0.7233AU)}=1.533\times10^8km$

※ 태양과 지구 사이의 거리는 1.496×10^8km이다.

④ 태양과 지구 사이의 거리에서 오차는 몇 %인가?

$\frac{1.533\times10^8 km - 1.496\times10^8 km}{1.496\times10^8 km}\times100 = 2.4\%$이다.

6. 1천문단위(AU) 결괏값에 오차가 생기는 원인은 무엇인가?

첫째, 지구의 공전 궤도와 금성의 공전 궤도는 타원 궤도이지만 모두 원 궤도로 가정하였다.

둘째, 실제 지구의 공전 궤도면과 금성의 공전 궤도면은 3.39° 차이를 보이지만, 이를 같다고 가정하였다.

셋째, 내합에 위치한 금성에서의 전파 소요 시간을 측정하는 데 오차가 발생하였다.

13

61 Cygni 별의 고유 운동

분류	별의 관측	난이도	★★★★
준비물	30cm 자, 계산기		
탐구 목표	61 Cygni 별의 관측 자료를 이용하여 고유 운동을 설명할 수 있다.		

우리가 하늘의 별을 보았을 때 별은 항상 제자리에 있는 것처럼 보이지만, 긴 시간 간격을 두고 관찰하면 별이 조금씩 이동한다는 사실을 알 수 있다. 그런데 이상한 점은 별이 움직인다는 사실이 아니라, 별이 움직이지 않는 것처럼 보인다는 사실이다. 천체는 만유인력에 의해서 서로 당기는 힘을 받고 있으므로 별이 운동하지 않고 멈추어 있으면 만유인력에 의해 서로 부딪혀 파괴될 것이다. 이 재난을 방지하기 위해서는 천체들이 끊임없이 운동해야 한다. 따라서 별의 위치는 항상 그대로 있는 것이 아니라 계속 움직여야 한다. 그런데 왜 이러한 움직임을 체감할 수 없을까? 이는 별이 너무 멀리 떨어져 있기 때문이다. 따라서 고유 운동이 관측되는 별은 그만큼

우리와 가까운 별임을 유추할 수 있다. 자! 지금부터 별의 고유 운동에 대해 알아보자.

역사적 배경

고유 운동

우리가 관찰 가능한 별은 모두 우리은하를 중심으로 회전하는 별이다. 은하의 회전 운동을 살펴보면 은하 중심에 가까운 별일수록 빠르게 회전하고, 은하 중심에서 멀수록 느리게 회전한다. 따라서 태양에서 별을 관찰하면 위치와 방향에 따라 속도가 다르게 나타난다. 속도는 시선 방향과 접선 방향(시선 방향과 수직인 방향)으로 구분할 수 있는데, 접선 방향에서의 별의 상대적인 움직임을 고유 운동(Proper motion)이라 한다. 고유 운동은 별이 1년 동안 천구상을 이동한 각거리("/*year*)로 표현한다. 고유 운동은 1년 동안 움직인 각도를 의미하므로, 같은 속도로 움직여도 거리에 따라 값이 달라진다. 가까운 별의 고유 운동은 크고, 먼 별의 고유 운동은 작다.

고유 운동은 1718년 영국의 천문학자 에드먼드 핼리(Edmund Halley, 1656~1742)가 처음 발견하였다. 그는 시리우스와 아르크투루스, 알데바란의 위치가 약 2,000년 전 히파르코스(Hipparchus, B.C. 190~ B.C. 120)가 기록한 위치에서 0.5° 이상 움직였다는 점을 알아냈고, 이로써 별들도 천구상에서 조금씩 움직인다는 것을 알게 되었다.

61 Cygni

61 Cygni는 백조자리(Cygnus)의 61번째 별이라는 의미이다. 1753년 영국의 천문학자 제임스 브래들리(James Bradley, 1692~1762)가 처음 관측하였고, 쌍성이라는 사실을 알게 되었다. 이후 영국의 천문학자 윌리엄 허셜(William Herschel, 1738~1822)이 쌍성에 관한 체계적인 관측을 시작했고 폭넓은 연구가 진행되었다. 61 Cygni 쌍성은 주성과 동반성을 분리 관찰할 수 있었으며, 시차를 관측할 수 있어 지구와 쌍성 사이의 거리를 측정할 수 있었다.

1792년 이탈리아의 천문학자인 주세페 피아치(Giuseppe Piazzi, 1746~1826)는 40년 전 브래들리의 관측 자료를 통해 61 Cygni는 매우 큰 고유 운동 값을 갖는다는 사실을 알게 되었다. 이로 인해 61

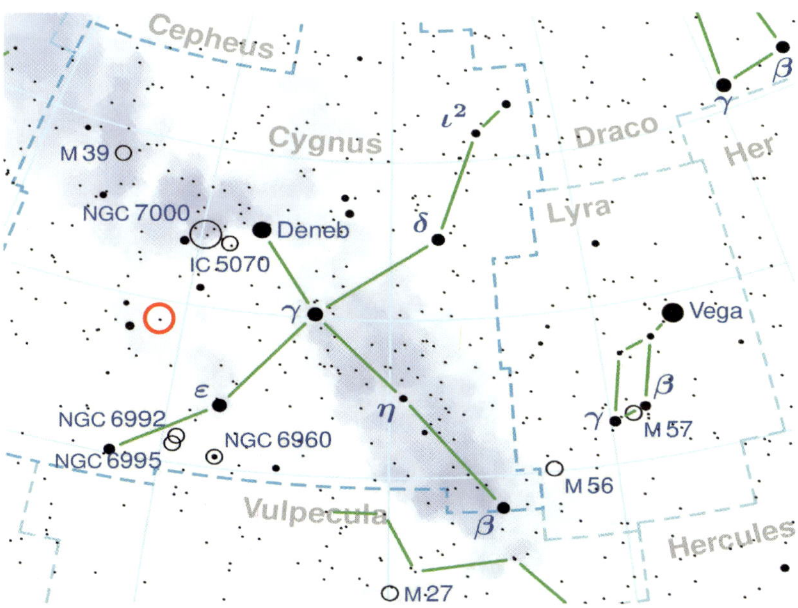

61 Cygni의 위치(붉은 원)

Cygni는 당시 천문학자들 사이에 주요 관심 대상이 되었다. 피아치는 지속적으로 관측을 수행하였고, 연구 결과를 정리하여 1804년에 출판하였다. 피아치는 61 Cygni를 'Flying Star'라 불렀다. 왜 이런 이름을 붙이게 되었을까?

관측 자료

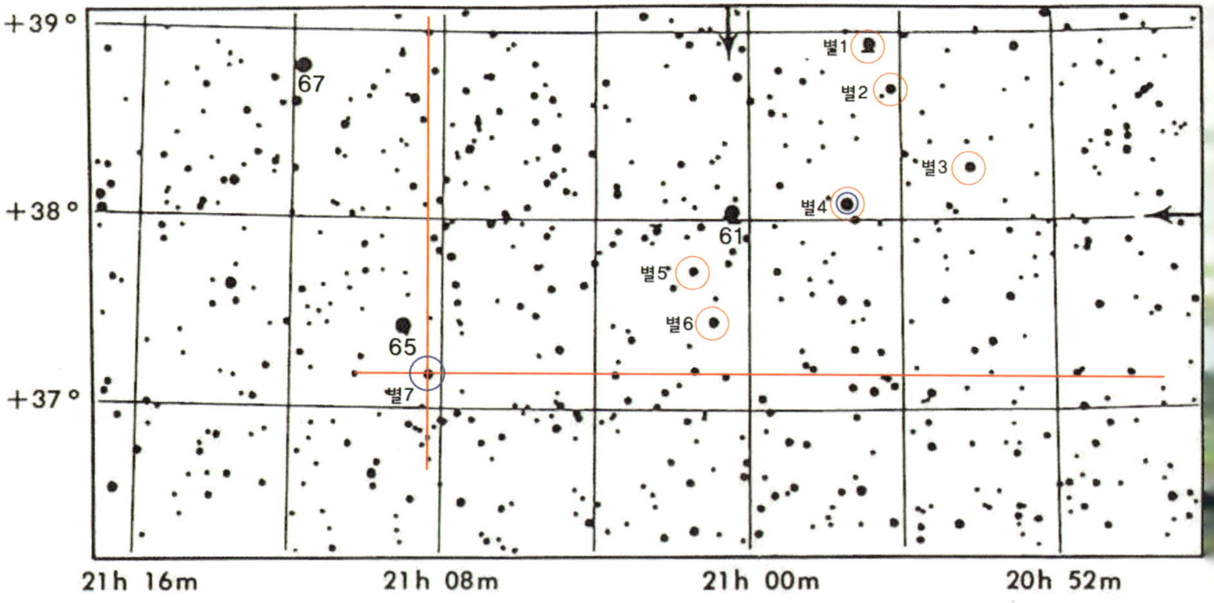

(가) 「소천성표」 하늘 지도(Atlas, 1855)

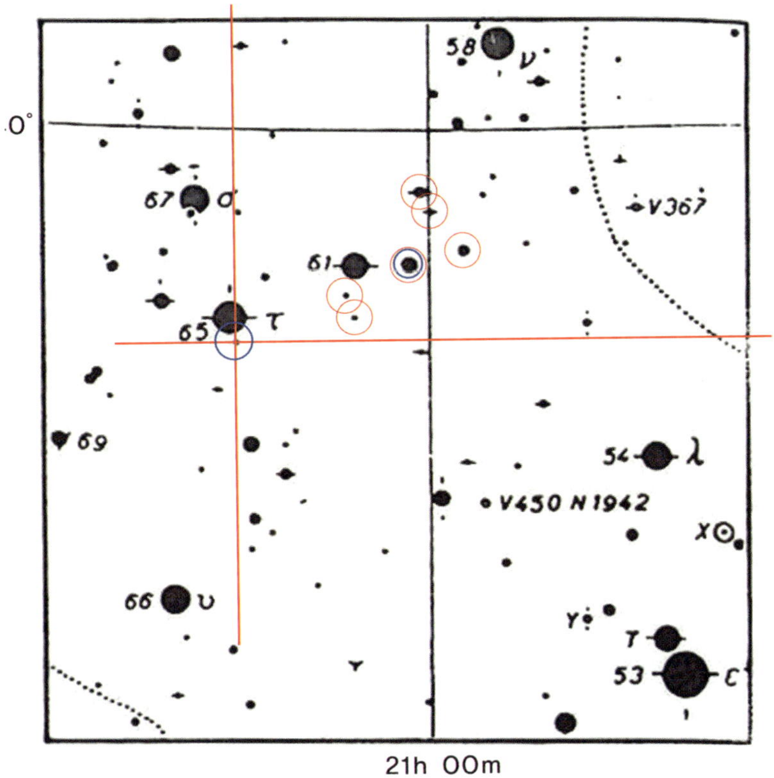

(나) 베츠바르의 하늘 지도(Atlas, 1950)

그림 (가)는 1855년 독일에서 출판된 「소천성표(Bonner Durchmusterung)」라는 하늘 지도(Atlas)이고, (나)는 1950년 안토닌 베츠바르(Antonín Bečvář, 1901~1965)가 출판한 하늘 지도(Atlas)이다.

활동 과정

1. 「소천성표」 하늘 지도와 베츠바르 하늘 지도에서 61 Cygni 별 주위에 공통적으로 존재하는 어두운 별 7개를 선택한다.

❷ 7개의 별 중에서 가장 외곽에 있는 별을 중심으로 적경*과 적위**에 나란한 직선 2개를 각각 Atlas(1855)와 Atlas(1950)에 표시한다.

❸ 직선에 위치한 별에서 61 Cygni, 별1~별6까지의 거리(*mm*) *x*, *y*를 측정한다.

❹ 별1~별7 중 별 2개를 선택(파란색 원)한 후 해당 거리(*mm*)를 측정한다. 이 거리를 $\overline{Atlas(1885)}$, $\overline{Atlas(1950)}$이라 하자.

❺ Atlas(1950)의 관측 자료를 Atlas(1855)에 맞춰 자료를 변환[Atlas(1950_변환)]한다.

$$x_{1950\_변환} : x_{1950} = \overline{Atlas(1885)} : \overline{Atlas(1950)}$$

$$x_{1950\_변환} = x_{1950} \times \frac{\overline{Atlas(1885)}}{\overline{Atlas(1950)}}$$

❻ [Atlas(1950_변환) - Atlas(1855)]를 계산한다.

❼ Atlas(1855)에서 적경 1*mm*에 해당하는 각(″)과 적위 1*mm*에 해당하는 각(″)을 계산한다.

❽ 61 Cygni의 적경과 적위의 고유 운동, 그리고 전체 고유 운동을 계산한다.

결과 및 토의

1. 피아치는 61 Cygni를 왜 'Flying Star'라 불렀을까?

61 Cygni는 고유 운동이 크므로 별 사이를 이동하는 것처럼 보이기 때문이다.

---

* 춘분점으로부터 어느 천체의 시간권까지 적도를 따라 동쪽으로 잰 각

** 천체의 시간권을 따라 천구의 적도를 기준으로 잰 각

2. 별 2의 적경이 Atlas(1855)에서는 20h 56m이고, Atlas(1950)에서는 21h 00m으로, 4m의 차이가 발생한다. 시간을 달리했을 때 별의 적경이 변한 이유는? 그리고 이를 증명해 보자.

세차 운동 때문이다. 지구의 자전축은 25,800년 주기로 360° 회전한다. 따라서 1885년부터 1950년까지의 세차 운동을 계산하면 다음과 같다.

25,800년 : 360° = (1950년 - 1855년) : x

$$x = \frac{360° \times (1950년 - 1855년)}{25{,}800년} = 1.325581°$$

적경 24h는 360°에 해당하므로 24h×60m : 360° = y : 1.325581°

$y = 5.3m$

3. 별 7에서 61 Cygni와 별 1~6까지의 거리를 자를 이용하여 측정해 보자.

① 61 Cygni의 고유 운동을 측정하기 위한 배경별 1~7은 밝은 별보다는 어두운 별을 선택하는 것이 좋다. 그 이유는?

61 Cygni의 고유 운동을 측정하기 위해서는 움직이지 않는 배경별이 필요하다. 별은 모두 밝기가 다르지만, 일반적으로 밝은 별은 지구와 가깝고, 어두운 별은 지구와 멀리 떨어져 있다. 따라서 어두운 별은 지구와 멀리 떨어져 있어 고유 운동이 거의 나타나지 않기 때문에 배경별로 적합하다.

구분	Atlas(1950)(mm)		Atlas(1885)(mm)	
	x	y	x	y
61 Cygni	14.90	9.42	40.35	22.06
별 1	23.14	18.50	58.42	44.66

별 2	24.07	15.85	61.23	38.63
별 3	28.59	11.18	72.09	28.14
별 4	21.61	9.44	55.46	23.04
별 5	13.94	5.72	35.36	13.84
별 6	14.88	2.96	38.01	6.99

4. Atlas(1855)와 Atlas(1950)에서 별 2개(별 4, 별 7) 사이의 거리(mm)를 측정해 보자.

① $\overline{Atlas(1885)} = 60.184mm$　　② $\overline{Atlas(1950)} = 23.837mm$

5. Atlas(1855)와 Atlas(1950)의 천구 지도의 크기가 같지 않다. Atlas(1950)의 지도를 Atlas(1855)의 크기로 변환해 보자.

구분	Atlas(1950)(mm)		Atlas(1885)(mm)		Atlas(1950_변환) - Atlas(1885)	
	x	y	x	y	Δx	Δy
61 Cygni	37.62	23.78	40.35	22.06	-2.73	1.72
별 1	58.42	46.71	58.42	44.66	0.00	2.05
별 2	60.77	40.02	61.23	38.63	-0.46	1.39
별 3	72.18	28.23	72.09	28.14	0.09	0.09
별 4	54.56	23.83	55.46	23.04	-0.90	0.79
별 5	35.20	14.44	35.36	13.84	-0.16	0.60
별 6	37.57	7.47	38.01	6.99	-0.44	0.48
별 1~6 평균 오차					-0.31	0.90

61 Cygni의 경우

$$x_{1950\_변환} = x_{1950} \times \frac{\overline{Atlas(1885)}}{\overline{Atlas(1950)}} = 14.90mm \times \frac{\overline{60.184mm}}{23.837mm} = 37.62mm$$

❶ 매우 멀리 있는 별의 경우 Δx, Δy는 어떠한가? 그 이유는?

0이어야 한다. 멀리 있는 배경별의 경우 고유 운동이 거의 나타나지 않기 때문이다.

❷ 적경과 적위의 평균 오차 중 어느 것이 더 많은 오차를 보이는가? 그 근기는?

적위이다. 적위의 오차 Δy는 0.9이고, 적경의 오차 Δx는 -0.31이다.

❸ Δx, Δy를 고려할 때, 61 Cygni의 관측값은 오차를 포함하고 있다. 이 오차를 어떻게 보정할 수 있는가?

61 Cygni의 관측값에서 Δx, Δy값을 뺀다. 거의 고정된 배경별의 관측값에 오차가 있고, 이 오차가 61 Cygni의 관측값에도 포함되어 있기 때문이다.

6. 61 Cygni의 관측값에서 오차를 보정해 보자.

구분	Atlas(1950_변환) - Atlas(1885)	
	Δx	Δy
보정 전 61 Cygni	-2.73	1.72
별 1~6 평균 오차	-0.31	0.90
보정 후 61 Cygni	-2.42	0.82

Δx = (보정 전 61 Cygni) - (별 1~6 평균 오차) = -2.73 - (-0.31) = -2.42

7. Atlas(1855)에서 적경 1mm에 해당하는 각(″)과 적위 1mm에 해당하는 각(″)을 구해 보자.

❶ 적경 1mm에 해당하는 각(″)

적경 12m에 해당하는 길이는 60.93mm이다.

적경 24h는 360°에 해당하므로 $24h \times 60m/h : 360° = 12m : x$

$$x = \frac{12m \times 360°}{24h \times 60m} = \frac{12m \times 360° \times \frac{60'}{1°} \times \frac{60''}{1'}}{24h \times 60m/h} = 10{,}800''\text{이다.}$$

적경 1mm에 해당하는 각(″)은 $10{,}800''/60.93mm = 177.252''/mm$ 이다.

❷ 적위 1mm에 해당하는 각(″)

적위 1°에 해당하는 길이는 25.48mm이다.

$1° \times 60'/1° \times 60''/1' = 3{,}600''$이므로 적위 1$mm$에 해당하는 각(″)은 $3{,}600''/25.48mm = 141.287''/mm$이다.

8. Atlas(1855)와 Atlas(1950)는 서로 다른 해에 출판하였다. 이를 고려하여 61 Cygni의 적경과 적위의 고유 운동, 그리고 전체 고유 운동을 계산해 보자.

❶ 적경 고유 운동 : $\frac{-2.42mm \times 177.252''/mm}{(1950\text{년} - 1855\text{년})} = -4.51''/\text{년}$

❷ 적위 고유 운동 : $\frac{0.82mm \times 141.287''/mm}{(1950\text{년} - 1855\text{년})} = 1.22''/\text{년}$

❸ 전체 고유 운동 : $\sqrt{4.51''^2 + 1.22''^2} = 4.67''/\text{년}$

※ 61 Cygni의 적경 고유 운동은 4.12″/년이고, 적위 고유 운동은 3.18″/년이고, 전체 고유 운동은 5.20″/년이다.

9. 61 Cygni의 고유 운동에서 오차가 발생한 원인은 무엇이라 생각되는가?

첫째, 61 Cygni는 쌍성을 이루고 있어 동반성에 의한 영향을 많이 받기 때문이다.

둘째, 관측 및 길이 측정 과정에서 오차가 발생하기 때문이다.

셋째, 관측상의 오차가 포함되어 있기 때문이다.

14 버나드 별의 운동

분류	별의 관측	난이도	★★★★
준비물	자(30cm), 계산기		
탐구 목표	버나드 별의 관측 자료를 이용하여 버나드 별의 공간 운동을 설명할 수 있다.		

별은 우주 공간에서 임의의 방향으로 움직인다. 별이 어떤 방향으로, 어떤 속도로 움직이는지 어떻게 알아낼 수 있을까? 천문학자들은 별의 운동을 시선 운동과 접선 운동으로 구분한다. 시선 운동은 우리에게 멀어지거나 가까워지는 방향으로 움직이는 것으로, 도플러 효과를 이용하여 알아낸다. 시선 방향과 수직으로 움직이는 접선 운동은 시간을 두고 이동한 각거리인 고유 운동을 이용하여 알아낸다. 우리는 시선 속도와 접선 속도를 이용하여 공간을 움직이는 별의 속도를 알아낼 수 있다. 우리와 가까운 버나드 별의 공간 운동에 대하여 알아보자.

이론적 배경

연주시차

지구가 태양을 중심에 두고 1년 주기로 공전하므로 지구에서 바라보는 위치에 따라 별의 시차가 발생한다. 이때 지구 공전 궤도의 양 끝에서 별을 바라보았을 때 생기는 각(시차)의 1/2을 연주시차(Annual parallax)라 부른다.

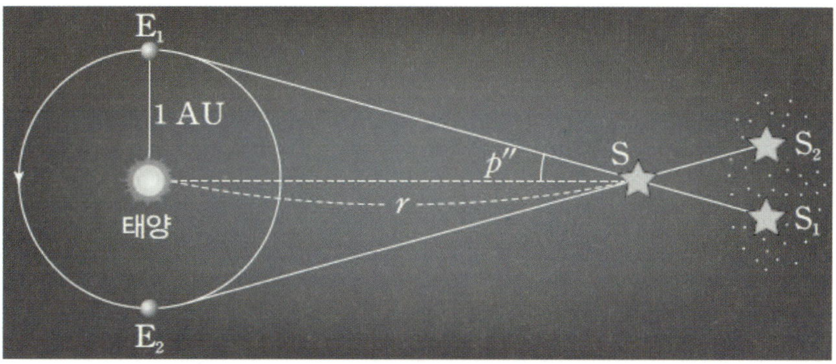

연주시차를 이용하여 별까지의 거리를 구해 보자. 관계식 $l=r\theta$를 적용하면 $1AU=rp''$이다.

즉, $r=\frac{1AU}{p''}=\frac{1AU}{p''\times\frac{\pi(rad)}{180°}\times\frac{1°}{60'}\times\frac{1'}{60''}}$이다.

$$r=\frac{180°\times60'\times60''AU}{p''\times\pi(rad)\times1°\times1'}=\frac{206,265AU}{p''}=\frac{1pc}{p''}$$

따라서 $r=\frac{1}{p''}(pc)$이다.

별의 운동

별이 공간상을 움직일 때 다음과 같이 표현할 수 있다.

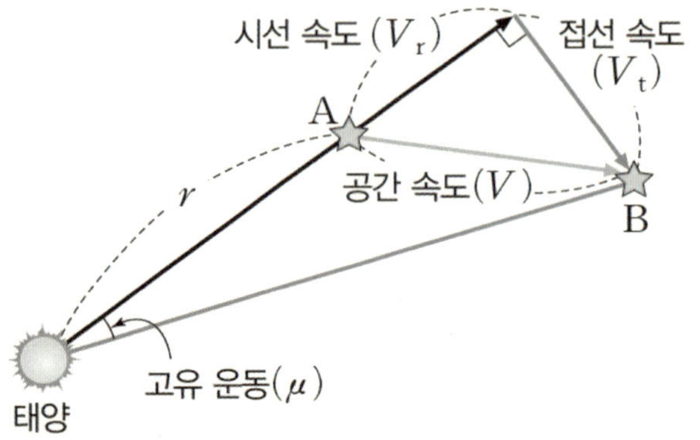

접선 속도(v_t)는 별까지의 거리(r)와 고유 운동(μ)을 이용하여 계산할 수 있다. 고유 운동(μ)은 별이 1년 동안 천구상을 이동한 각거리 ("/년)를 의미한다.

$$v_t = \frac{s}{t} = \frac{r\theta}{t} = \frac{r(pc)\mu''}{1\text{년}}$$

$$= \frac{r(pc\times 206{,}265(\frac{AU}{pc})\times 1.5\times 10^{8}(\frac{km}{AU}))\times(\mu''\times\frac{\pi(rad)}{180°}\times\frac{1°}{60'}\times\frac{1'}{60''}}{365day\times\frac{24h}{1day}\times\frac{60m}{1h}\times\frac{60s}{1m}} = 4.74\mu''r(km/s)$$

시선 속도(v_r)는 스펙트럼선의 파장 변화(도플러 효과)를 이용하여 계산할 수 있다.

$$\frac{\Delta\lambda}{\lambda_0} = \frac{\lambda - \lambda_0}{\lambda_0} = \frac{v_r}{c}$$ ($\Delta\lambda$: 파장의 변화량, λ_0 : 기존파장, v_r : 시선 속도, c : 광속)

공간 속도(V)는 접선 속도(v_t)와 시선 속도(v_r)를 이용하여 계산한다.

$$V = \sqrt{v_t^2 + v_r^2}$$

관측 자료

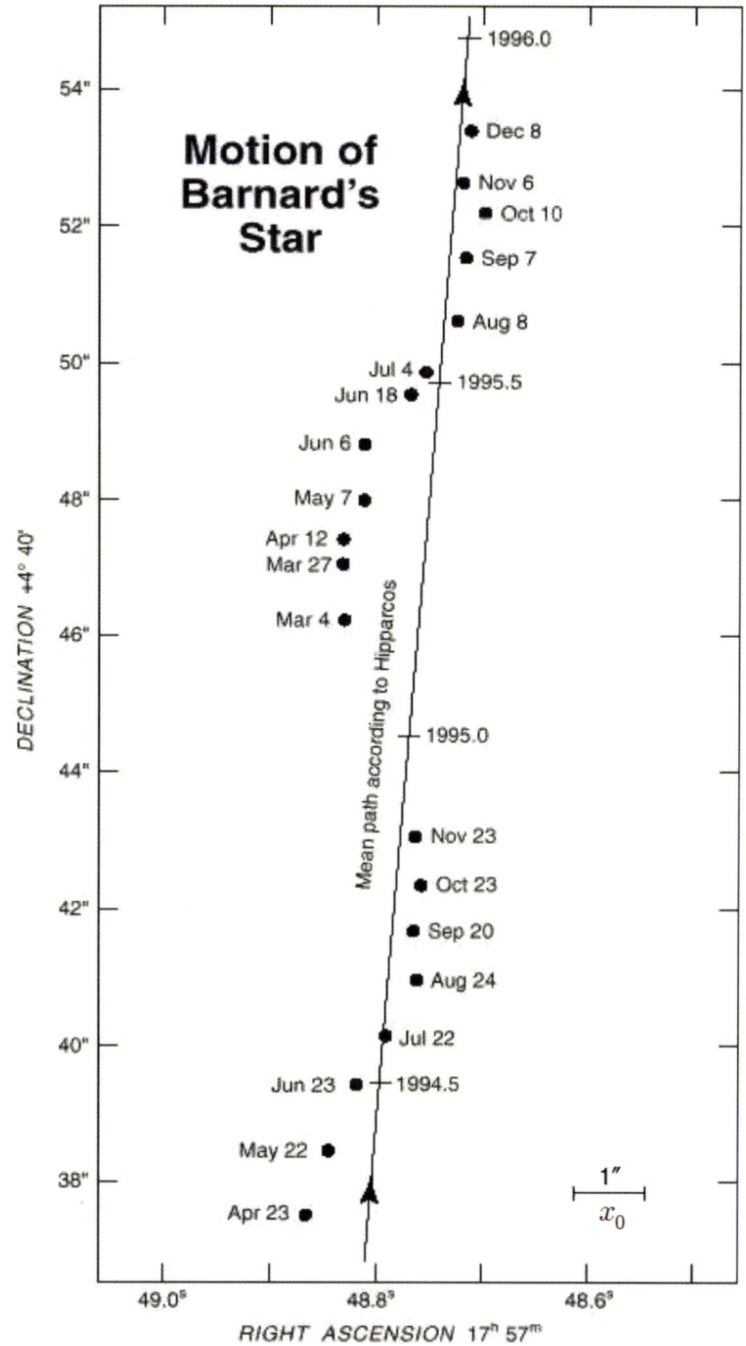

(가) 버나드 별의 공간 운동

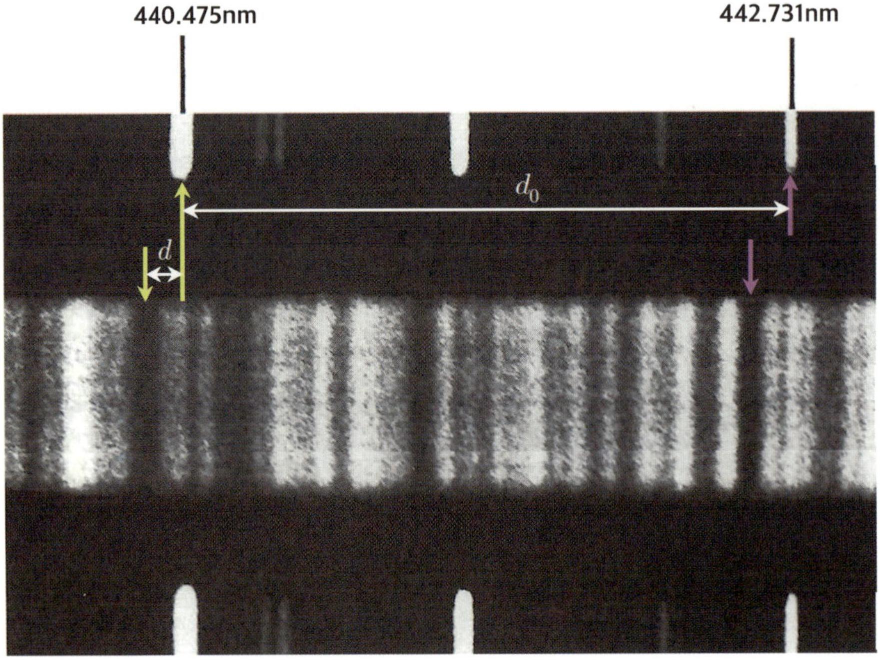

(나) 버나드 별의 스펙트럼

그림 (가)는 1994년부터 1996년까지 버나드 별의 공간 운동을 나타낸 것이고, (나)는 버나드 별의 스펙트럼을 나타낸 것이다. (단, 스펙트럼에서 2개의 노란색 선은 같은 원소에 의해 형성되었지만, 버나드 별의 운동에 따른 도플러 효과에 의해 편이가 발생한 것이다. 보라색도 같은 원리이다.)

활동 과정

❶ 그림 (가)에서 버나드 별의 위치에 적합한 S자 모양의 선을 그린다.

❷ 버나드 별의 공간 운동 자료에서 1″에 해당하는 길이(x_0)를 자를

이용하여 측정한다.

❸ 버나드 별의 시차에 해당하는 길이(x)를 자를 이용하여 측정하고, x의 1/2인 연주시차(p'')를 구한다. (힌트: 시차는 버나드 별의 운동에서 좌우로 이동한 최대각에 해당한다.)

$1'':x_0=p'':\frac{x}{2}$ $\qquad p''=\frac{x}{2x_0}\times1''$

❹ 버나드 별까지의 거리를 계산한다. $r=\frac{1}{p''}(pc)$

❺ 버나드 별의 고유 운동에 해당하는 길이(y)를 자를 이용하여 측정한다. (힌트: 고유 운동은 버나드 별의 운동에서 1년 동안 상하 방향으로의 이동에 해당한다.)

$1'':x_0=\mu:y$ $\qquad \mu=\frac{y}{x_0}\times1''$

❻ 버나드 별의 고유 운동(μ)을 이용하여 접선 속도(v_t)를 계산한다.

$v_t=4.74\mu''r(km/s)$

❼ 그림 (나)에서 440.475nm와 442.731nm 사이의 길이(d_0)를 자를 이용하여 측정한다.

❽ 비교 스펙트럼과 버나드 스펙트럼의 편이량에 해당하는 길이(d)를 측정하고, 편이량($\Delta\lambda$)을 계산한다.

$(442.731nm-440.475nm):d_0=\Delta\lambda:d$

$\Delta\lambda=\frac{d}{d_0}\times(442.731nm-440.475nm)$

❾ 편이량($\Delta\lambda$)을 이용하여 시선 속도(v_r)를 계산한다.

$\frac{\Delta\lambda}{\lambda_0}=\frac{\lambda-\lambda_0}{\lambda_0}=\frac{v_r}{c}$ $\qquad v_r=\frac{\Delta\lambda}{\lambda_0}\times c$

❿ 접선 속도(v_t)와 시선 속도(v_r)를 이용하여 공간 속도를 계산한다.

$v=\sqrt{v_t^2+v_r^2}$

결과 및 토의

1. 버나드 별의 공간 운동 자료를 살펴보면 시간이 지남에 따라 버나드 별은 S자 형태로 움직인다는 것을 알 수 있다. 버나드 별의 공간 운동에 대하여 알아보자.

❶ 좌우 방향의 이동은 지구의 어떤 운동과 관련이 있는가? 이를 어떻게 확인하는가?

지구의 공전 운동과 관련이 있다. 그래프에서 S자 형태의 주기를 확인해 보면 1년임을 알 수 있다.

❷ 상하 방향의 이동은 버나드 별의 어떤 운동과 관련이 있는가? 이를 어떻게 확인하는가?

버나드 별의 고유 운동과 관련이 있다. 그래프에서 주기성이 없이 일정한 방향으로 계속 멀어져만 간다.

❸ 버나드 별의 연주시차를 계산해 보자.

구분	값
1″에 해당하는 길이(x_0)	9.2mm
시차에 해당하는 길이(x)	13.8mm
연주시차(p'') $p''=\frac{x}{2x_0}\times1''$	$p''=\frac{13.8mm}{2\times9.2mm}\times1''=0.75''$
별까지의 거리(r) $r=\frac{1}{p''}(pc)$	$r=\frac{1}{0.75''}=1.33pc$

※ 버나드 별까지의 거리는 1.8282pc이다.

④ 버나드 별의 고유 운동을 계산해 보자.

구분	값
1″에 해당하는 길이(x_0)	9.2mm
고유 운동에 해당하는 길이(y)	92mm
고유 운동(μ) $\mu = \frac{y}{x_0} \times 1''$	$\mu = \frac{92mm}{9.2mm} \times 1'' = 10''$/년
접선 속도(v_t) $v_t = 4.74\mu'' r$	$v_t = 4.74\mu'' r = 4.74 \times 10'' \times 1.33pc = 63.04km/s$

※ 버나드 별의 고유 운동은 10.3″/년이다.

2. 버나드 별의 스펙트럼 자료를 이용하여 시선 속도를 계산해 보자.

구분	값
440.475nm와 442.731nm 사이의 길이(d_0)	80.6mm
편이량에 해당하는 길이(d)	-5.21mm(청색편이)
편이량($\Delta\lambda$) $\Delta\lambda = \frac{d}{d_0} \times (442.731nm - 440.475nm)$	$\Delta\lambda = \frac{-5.21mm}{80.6mm} \times (442.731nm - 440.475nm)$ $= -0.1458nm$
시선 속도(v_r) $v_r = \frac{\Delta\lambda}{\lambda_0} \times c$	$v_r = \frac{-0.1458nm}{440.475nm} \times 3 \times 10^5 km/s = -99.3km/s$

※ 버나드 별의 시선 속도는 –110.6km/s이다.

3. 버나드 별의 접선 속도(v_t)와 시선 속도(v_r)를 이용하여 공간 속도를 계산해 보자.

$v = \sqrt{v_t^2 + v_r^2} = \sqrt{63.04^2 + 99.3^2} = -117.6km/s$

※ 버나드 별의 공간 속도는 -142.6km/s이다.

(-)는 청색편이를 표현하기 위해 표시하였다.

4. 버나드 별의 공간 속도에서 오차는 몇 %인가?

$$\frac{-117.6km/s-(-142.6km/s)}{-142.6km/s}\times 100=-17.5\%$$

5. 버나드 별의 공간 속도에서 오차가 발생한 주요 원인은 무엇인가?

첫째, 버나드 별의 위치를 관측하는 과정에서 많은 오차가 발생한다.

둘째, 버나드 별의 스펙트럼을 측정하는 과정에서 오차가 발생한다.

셋째, 버나드 별의 연주시차와 고유 운동을 결정하는 과정에서 오차가 발생한다.

15 별의 스펙트럼 탐구하기

분류	별의 관측	난이도	★★
준비물	CLEA 프로그램	동영상 강의	
탐구 목표	스펙트럼형에 따른 별의 특징을 알아보고, 관측 자료를 이용한 별의 스펙트럼형 분류, 분광시차를 이용한 거리 결정, 별의 표면 온도를 구할 수 있다.		

일반인들이 별의 스펙트럼을 분류하는 것은 그리 쉬운 일이 아니다. 분광기를 이용하여 별의 스펙트럼을 촬영하려면 먼저 고가의 관측 장비가 필요하며, 관측 과정이 생각보다 쉽지 않다. 게다가 아래 스펙트럼과 같이 무질서하게 나열된 검은 선을 보고 각 별들의 특징을 알아내어 별을 분류하는 일도 만만치 않다. 그럼 어떻게 스펙트럼을 분류할 수 있을까?

태양의 스펙트럼

역사적 배경

19세기 중반, 사진 기술이 발달하면서 별의 스펙트럼을 사진으로 찍을 수 있게 되었다. 피커링(Edward Pickering, 1846~1919)은 1877년부터 1919년까지 하버드대학교 천문대장으로 재직하면서 별의 스펙트럼 사진을 분류하였다. 자료가 매우 많았지만 당시에는 컴퓨터가 없었기 때문에 사람이 일일이 자료를 비교하고 분석하였다. 처음에 피커링은 남성 연구원들을 고용하였는데, 그들은 자료를 원활하게 분류하지 못했다. 이에 자신의 집에서 가사 도우미로 일하던 플레밍(Williamina Fleming, 1857～1911)에게 분류 작업을 맡겼더니 훨씬 정확하게 분류해 냈다. 그 후 피커링은 역량이 뛰어난 여성 연구원을 다수 고용하였고, 이후 전문 교육을 받은 여성도 고용하였다. 사람들은 이들을 '하버드의 계산수(computer)'라 불렀다.

피커링의 지도 아래 여성 연구원들은 286,000개 이상의 스펙트럼을 분류하였다. 그중에서 두각을 보인 애니 캐넌(Annie Cannon, 1863~1941)은 대부분의 별에서 잘 나타나는 수소 흡수선의 상대적인 세기를 기준으로 스펙트럼을 분류하였다. 수소 흡수선이 강한 순서대로 A부터 16개의 알파벳으로 나열한 것이다. 이후 특징적인 몇 개의 분류형을 떼어 내어 온도가 높은 순서부터 O - B - A - F - G - K – M, 7가지로 재배열하였다. 이것을 '분광형'이라고 부른다. O형으로 갈수록 별의 표면 온도가 높고 M형으로 갈수록 별의 표면 온도가 낮다. 이 분류의 특징을 살펴보면 수소선은 O형에서 B형으로 갈수록 점점 강해져 A형에서 최대가 되었고, F, G, K, M형으로 갈수록 약해졌다. 헬륨, 칼슘, 그리고 다른 원소의 선들도 마찬가지였다. 스펙트럼을 좀 더 분석한 결과, 각 스펙트럼에는 미세한 차이가 있었고, 이를 기반으로 0부터 9로 다시 세분류하였다. 즉, …… F8 F9 G0 G1 G2……G9 K0 K1……이다.

1890년에는 연구 결과를 별의 위치, 밝기, 분광형으로 구분하여 『헨리 드레이퍼 목록(*Henry Draper Catalog*)』을 출판하였다. 특히 캐넌의 분광 분류법은 천체 분류의 기초가 되었으며, 현재까지도 이용되고 있다. 이렇듯 피커링과 함께 연구하였던 여성 연구원들의 뛰어난 성과는 천문학 발전의 밑바탕이 되었다.

피커링과 계산수(computer), 피커링(오른쪽 위), 애니 캐넌(오른쪽 아래)

HD(Henry Draper) 분류법

❶ HD 분류법에 의해 다음과 같이 별의 스펙트럼을 분류하였다.

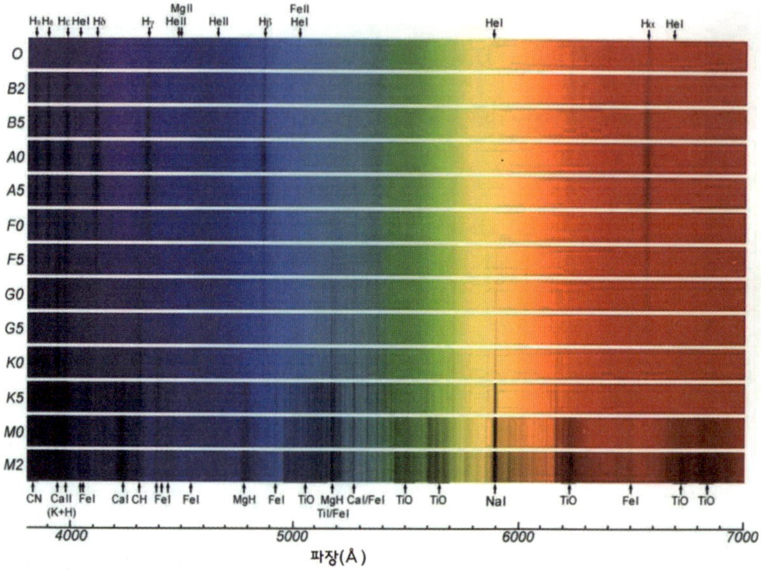

❷ 그림은 표준 스펙트럼을 빛의 세기로 나타낸 것이다.

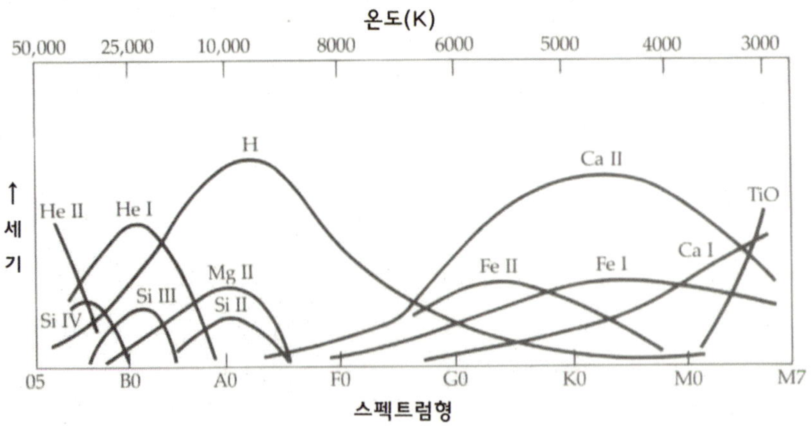

별의 스펙트럼(온도)에 따른 각 원소의 흡수선 세기

MK 광도 분류법

1943년 모건(willia, W. Morgan, 1906~1994)과 키넌(Philip C. Keenan, 1908~2000)은 별을 광도에 따라 7계급으로 분류하였다.

광도계급	별의 종류	광도계급	별의 종류
Ⅰa	밝은 초거성	Ⅳ	준거성
Ⅰb	덜 밝은 초거성	Ⅴ	주계열성
Ⅱ	밝은 거성	Ⅵ	준왜성
Ⅲ	거성	Ⅶ	백색왜성

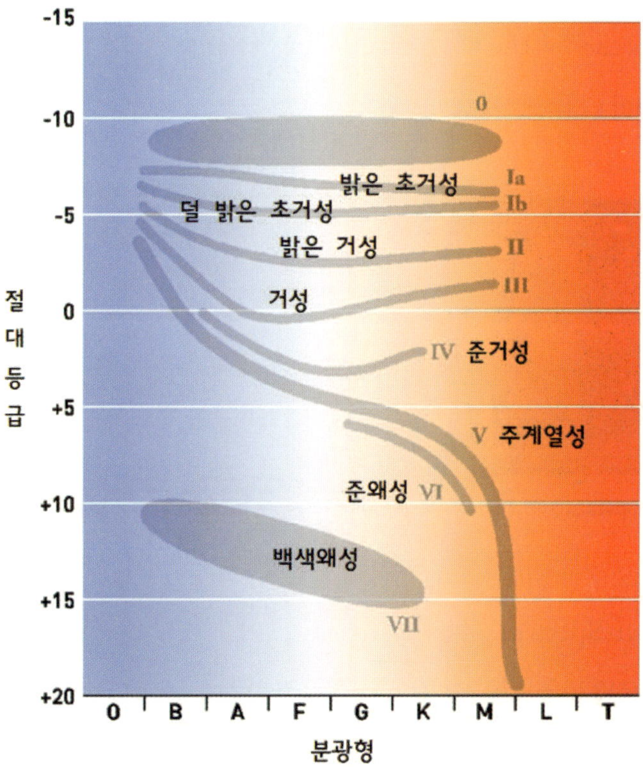

별의 광도에 따른 분류

탐구 과제 1

별의 스펙트럼 분류하기

CLEA는 미국 게티즈버그 대학과 국립과학협회에서 개발한 천문실습 프로그램이다. 이 프로그램 중에서 VIREO를 다운로드해 설치한다. 자세한 설치과정은 부록을 참고하기 바란다.

활동 과정

1. Setup을 더블 클릭한다.
2. File → Login → Student Name 입력 → OK
3. File → RunExercise → The Classification of Stellar Spectra 실행
4. Tools → Spectral Classification

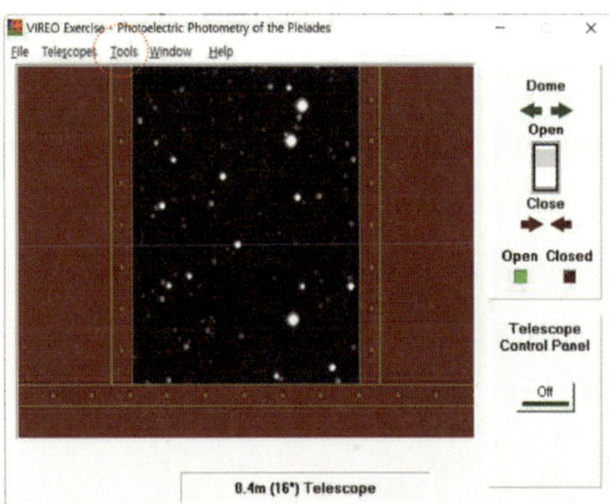

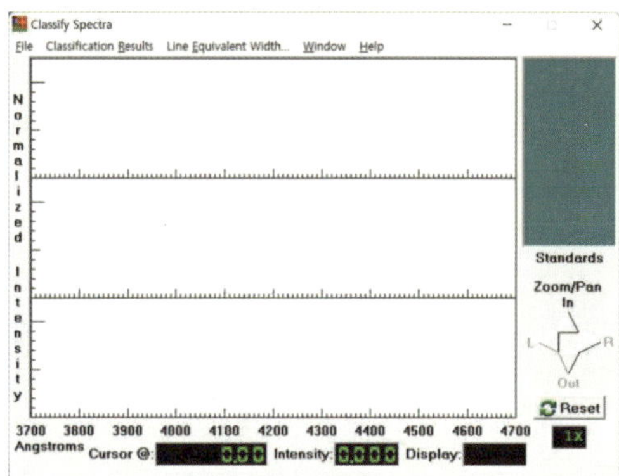

5. File → Unknown Spectra → Program List
6. 목록에서 HD 124320을 더블 클릭

❼ File → Atlas of Standard Spectra → Main Sequence를 더블 클릭

여기에서는 모두 주계열성(Main sequence)에 한정하여 실험할 예정이다.

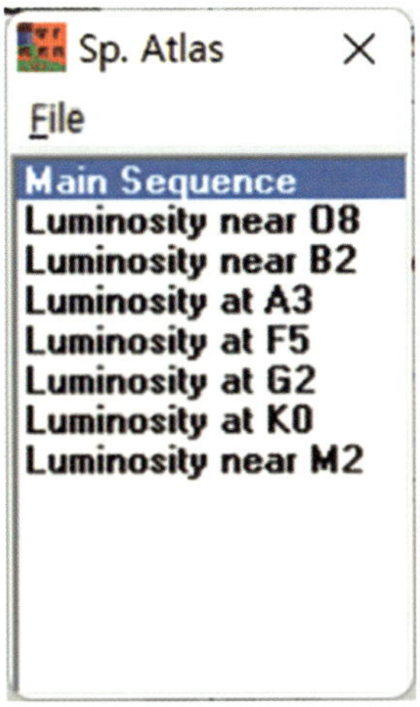

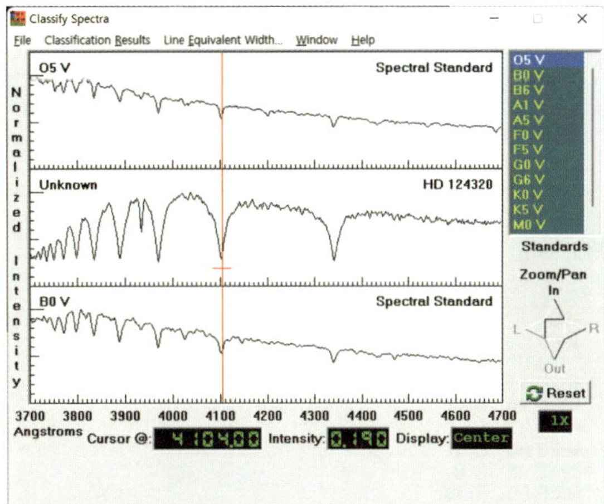

❽ 13개의 표준 스펙트럼 중에서 관측 대상과 가장 비슷한 스펙트럼형을 찾는다.

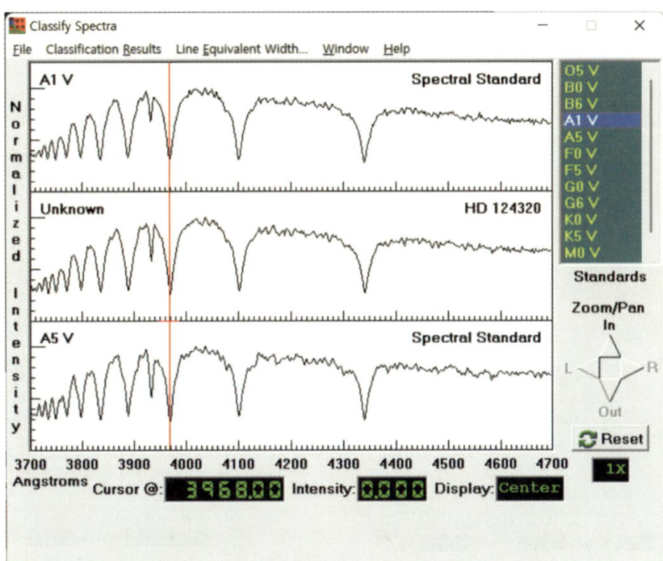

13개의 표준 스펙트럼 가운데 관측 중인 천체와 일치하는 스펙트럼을 찾는 방법은 두 단계로 이루어진다. 첫째, 전체적인 스펙트럼의 형태인 연속 스펙트럼과 거의 비슷한 것을 찾고, 둘째, 각 흡수선의 강도(intensity)가 비슷한 것을 찾는다. HD 124320에 가장 적합한 스펙트럼은 A1~A5에 해당한다.

⑨ File → Spectral Line Table

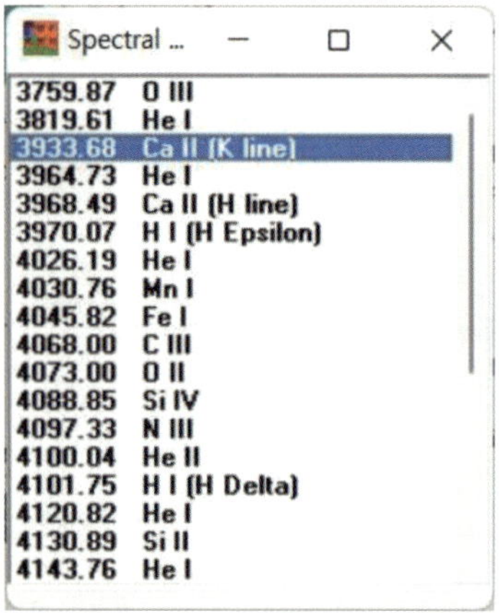

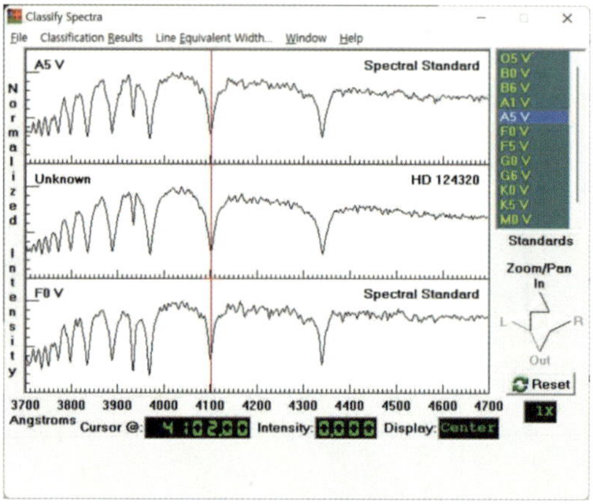

알고자 하는 흡수선을 더블 클릭하면 해당하는 스펙트럼선이 표시된다.

⑩ File → Display → Show Difference

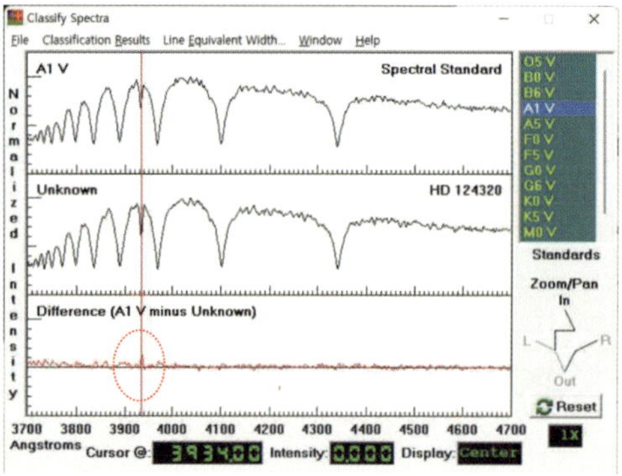

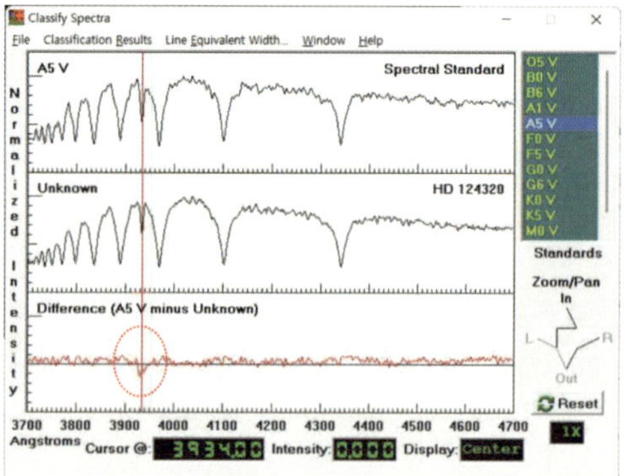

3번째 그래프는 [A1-HD 124320]의 값을 나타낸다. 그래프에서 4340Å(H_{γ})와 4104Å(H_{δ})의 값은 거의 일치한다. A1의 경우 3933Å인 Ca II(K line)선은 [A1-HD 124320]=(+) 값이 나타나고, A5의 경우 3933Å인 Ca II(K line)선은 [A5-HD 124320]=(-) 값이 나타난다. 따라서 HD 124320의 스펙트럼은 A1~A5의 중간값인 A2에 해당한다.

결과 및 토의

1. 다음 천체에 대하여 스펙트럼형을 결정해 보자.

별	실습 스펙트럼형	실제 스펙트럼형	별	실습 스펙트럼형	실제 스펙트럼형
HD 124320	A2V	A2V	Feige 40	B3V	B4V
HD 37767	B3V	B3V	Feige 41	B8V	A1V
HD 35619	O7V	O7V	HD 6111	G3V	G5V
HD 23733	F0V	A9V	HD 23863	A6V	A7V
O 1015	B6V	B8V	HD 221741	A3V	A3V
HD 24189	F5V	F6V	HD 242936	B1V	O8V
HD 107399	G0V	F9V	HD 5351	K3V	K4V
HD 240344	B2V	B5V	SAO 81292	M4V	M4V
HD 17647	G5V	G5V	HD 27685	G6V	G4V
BD +63 137	K9V	K7V	HD 21619	A5V	A6V
HD 66171	G3V	G2V	HD 23511	F5V	F5V
HZ 948	F3V	F3V	HD 158659	B0V	B0V
HD 35215	B1V	B1V			

탐구 과제 2

분광시차를 이용하여 별까지의 거리 구하기

활동 과정

분광시차(Spectroscopic Parallax)는 별까지의 거리를 측정하는 방법이지만, 이름에서 느껴지는 바와 달리 기하학적 시차를 이용하지 않는다. 이 방법은 스펙트럼이 분석된 어떤 주계열성에도 적용할 수 있다. 분광시차를 결정하는 과정은 다음과 같다.

1. 먼저 별의 겉보기등급을 측정하고, 별의 스펙트럼을 분석하여 스펙트럼형과 광도계급을 결정한다.
2. 별의 광도계급을 결정한 결과, 주계열성인 경우, 별의 스펙트럼형을 표준주계열의 스펙트럼형에서 찾는다. 이 표준주계열의 절대등급이 바로 관측 스펙트럼형의 절대등급이 된다.
3. 별의 겉보기등급(m)과 절대등급(M)을 알아내면 거리지수 공식

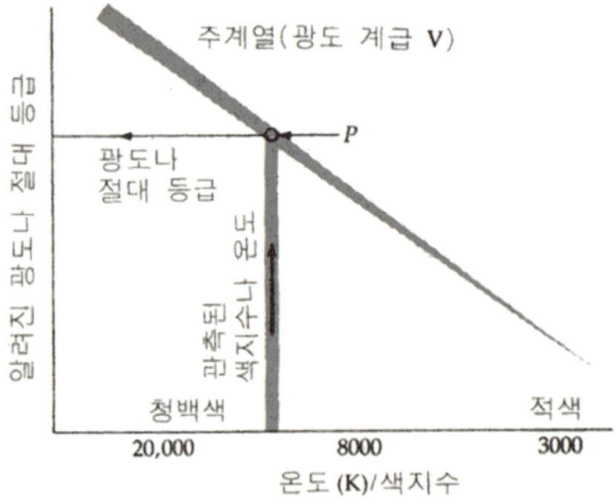

광도계급	별의 종류	광도계급	별의 종류
Ia	밝은 초거성	IV	준거성
Ib	덜 밝은 초거성	V	주계열성
II	밝은 거성	VI	준왜성
III	거성	VII	백색왜성

인 $m-M=-5+5logr$를 사용하여 별까지의 거리(r)를 계산한다.

관측 자료

1. 표는 천문학자들이 결정한 표준주계열을 나타낸 것이다.

스펙트럼형	절대등급(Mv)	표면온도(K)	스펙트럼형	절대등급(Mv)	표면온도(K)
O5	-5.8	41,400	G0	4.4	5,930
B0	-4.1	31,400	G5	5.1	5,660
B5	-1.1	15,700	K0	5.9	5,270
A0	0.7	9,700	K5	7.3	4,440
A5	2.0	8,100	M0	9.0	3,850
F0	2.6	7,200	M5	11.8	3,240
F5	3.4	6,550	M8	16.0	2,660

결과 및 토의

1. '탐구 과제 1'에서 결정한 별의 스펙트럼형 자료를 이용하여 절대등급과 거리를 계산해 보자.

별	스펙트럼형	겉보기등급	절대등급	측정 거리(pc)	실제 거리(pc)
HD 124320	A2V	8.84	1.22	334	194
HD 37767	B3V	8.94	-2.3	1770	602
HD 35619	O7V	8.67	-5.12	5727	65
HD 23733	F0V	8.44	2.6	147	49
HD 24189	F5V	8.51	3.4	105	99
HD 107399	G0V	9.07	4.4	85	73
HD 17647	G5V	8.72	5.1	53	62
HD 66171	G3V	8.24	4.82	48	47
HD 221741	A3V	8.94	1.48	310	2,127
HD 5351	K3V	9.25	6.74	31	24
HD 21619	A5V	8.82	2	231	251

HD 124320의 경우 스펙트럼형이 A2V이다.

A2는 A0과 A5 사이에 해당한다. A0의 절대등급은 0.7, A5의 절대등급은 2.0이므로 A2의 절대등급은 $0.7+(\frac{2.0-0.7}{5})\times 2=1.22$이다.

겉보기등급은 8.84이므로 $m-M=-5+5logr$에서

$8.84-1.22=-5+5logr$이다.

따라서 $r=10^{2.524}=334pc$이다.

2. 분광시차에 의해 측정한 거리와 실제 거리의 차는 어떠한가? 차이가 발생하는 이유는?

오차가 큰 편이다. 그 이유는 H-R도에서 주계열성이 넓게 분포하고 있기 때문이다.

3. 분광시차에 의한 별까지의 거리 결정 방법의 장단점은 무엇인가?

분광 관측만으로 별까지의 거리를 간단하게 결정한다는 장점이 있지만 거리가 정확하지 않다는 단점이 있다.

4. 그림은 A3에 해당하는 초거성(Supergiant)과 주계열성(Mainsequence)의 스펙트럼을 나타낸 것이다.

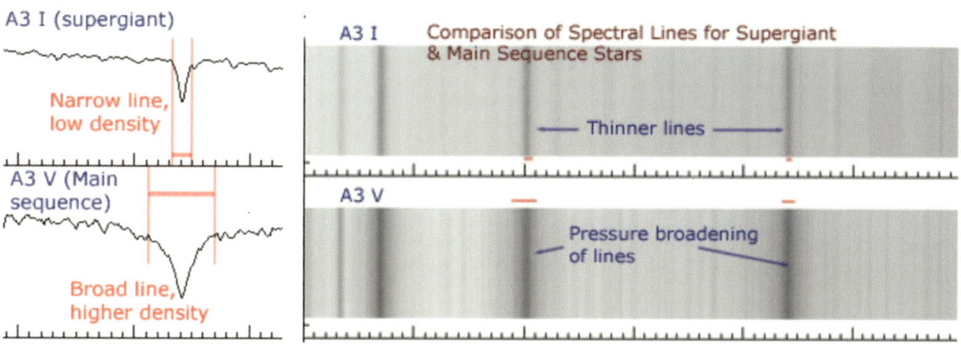

❶ 초거성과 주계열의 스펙트럼의 차이점은 무엇인가?

초거성의 선폭은 좁고, 주계열성의 선폭은 넓다.

❷ ❶의 차이가 발생하는 이유는?

초거성의 대기 밀도는 낮고 주계열성의 대기 밀도는 높다. 초거성은 대기 밀도가 낮기 때문에 대기를 구성하는 입자들의 충돌 가능성이 낮아 속도 분포가 좁게 나타난다. 주계열성은 대기 밀도가 높기 때문에 입자들의 충돌 가능성이 높아 넓은 속도 분포를 보인다. 따라서 초거성의 선폭은 좁고, 주계열성의 선폭은 넓다.

탐구 과제 3

연속 스펙트럼을 이용하여 별의 표면온도 구하기

1. 별의 스펙트럼을 이용하여 별의 표면온도를 구해 보자.

별	스펙트럼형	최대 파장 (λ_{max})Å	표면온도 (K)	별	스펙트럼형	최대 파장 (λ_{max})Å	표면온도 (K)
HD 124320	A2V	3988	7264	HD 17647	G5V	4526	6400
HD 37767	B3V	3828	7567	HD 66171	G3V	4528	6397
HD 35619	O7V	3760	7704	HD 221741	A3V	3968	7300
HD 23733	F0V	3964	7308	HD 5351	K3V	4644	6238
HD 24189	F5V	4104	7058	HD 21619	A5V	3994	7253
HD 107399	G0V	4508	6426				

HD 124320의 경우를 보면 스펙트럼의 윤곽을 가상으로 연결한 연속 스펙트럼을 그린 후, 값이 최대인 위치에 마우스를 클릭하여 결정한 최대파장은 3,988Å이다.

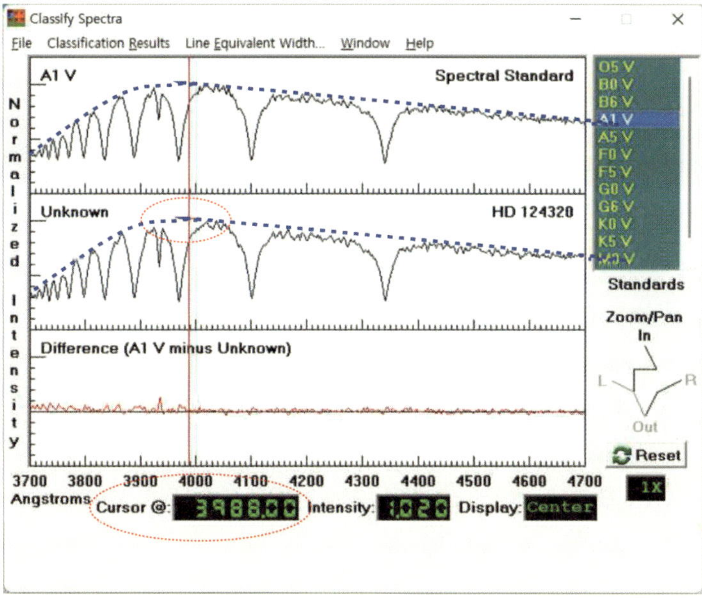

빈의 법칙에 의해 $T = \frac{2.897 \times 10^7(\mathring{A}K)}{\lambda_{max}} = \frac{2.897 \times 10^7(\mathring{A}K)}{3{,}988\mathring{A}} = 7{,}264K$

2. 표준주계열과 관측 자료에 대하여 스펙트럼형에 따른 표면온도 그래프를 그려 보자.

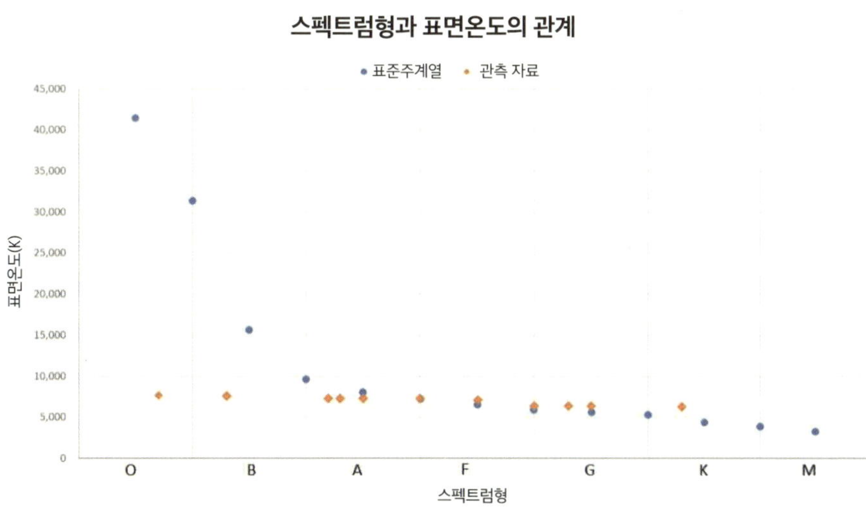

❶ 표준주계열과 관측 자료의 표면온도 차가 큰 스펙트럼형은 어떤 것인가?

온도가 높은 O, B형 같은 별이 표준주계열과 관측 자료 사이의 차가 크다.

❷ '문제 ❶'의 결과가 나타난 이유는 무엇인가?

표면온도가 높은 별은 최대파장이 짧고 자외선 영역이 넓다. 그리고 지구의 대기에 의해 자외선이 대부분 차단되어 지표에 도달하지 못한다. 따라서 별의 스펙트럼에서 파장이 짧으면 빛의 세기는 낮게 나타나므로, 스펙트럼의 윤곽을 연결한 연속 스펙트럼에서 온도가 낮게 나타난다.

16

플레이아데스성단의 거리와 나이 측정

분류	별의 관측	난이도	★★★
준비물	CLEA 프로그램	동영상 강의	
탐구 목표	광전 측광기를 이용하여 플레이아데스성단을 관측한 후, 성단까지의 거리와 성단의 나이를 결정할 수 있다.		

별의 물리량을 알아내기 위해 가장 먼저 알아야 할 것은 바로 지구에서 별까지의 거리이다. 별까지의 거리를 결정하는 방법은 여러 가지가 있지만, 주계열 맞추기를 이용하여 성단까지의 거리를 구하는 방법은 어렵지 않고 매우 효과적이다. 본 활동에서는 황소자리에 위치한 플레이아데스성단의 광전 측광 자료를 이용하여 성단까지의 거리와 성단의 나이를 결정하고자 한다. 이 활동은 고등학교 지구과학 교육과정에 소개될 정도로 매우 중요한 방법이다.

탐구 과제 1

주계열 맞추기를 이용한 플레이아데스성단까지의 거리 구하기

활동 과정

1. VIREO 실행

① setup을 더블 클릭한다.

② VIREO → File → login → student name 입력 → OK

③ File → Run Exercise → Photoelectric Photometry of the Pleiades 실행

④ Telescopes → Optical → Access 0.4 Meter 선택

⑤ Dome(open)→ Telescope Control Panel(On)

⑥ Tracking(on) → View(Telescope)

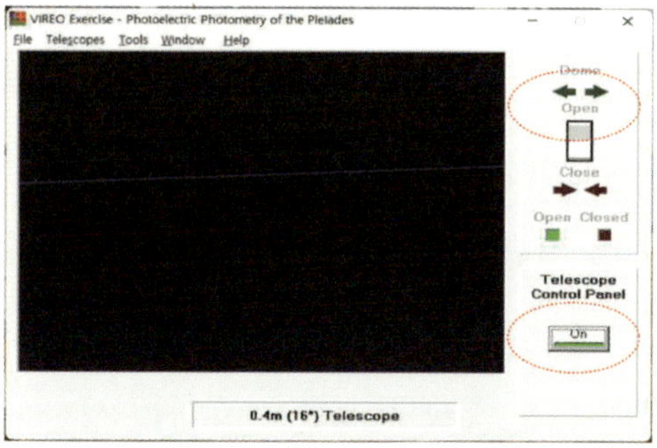

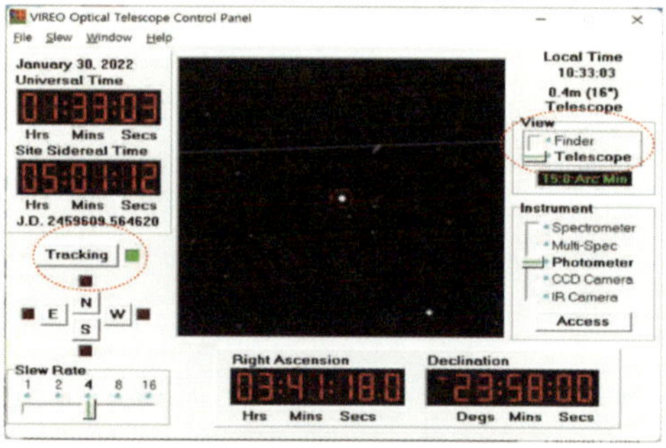

2. sky값 결정

밤하늘은 어두워 보이지만 완전히 어둡지 않기 때문에 우리가 별을 관측할 때 광전 측광기에 들어오는 빛은 별빛뿐만 아니라 하늘(sky)

에서 오는 빛도 함께 포함되어 있다. 그러므로 별빛만을 정확하게 측정하기 위해서는 별을 관측한 값에서 sky 값을 빼 주어야 한다.

❶ N, E, W, S를 클릭하여 별이 전혀 없는 하늘로 이동

❷ Photometer → Access 클릭

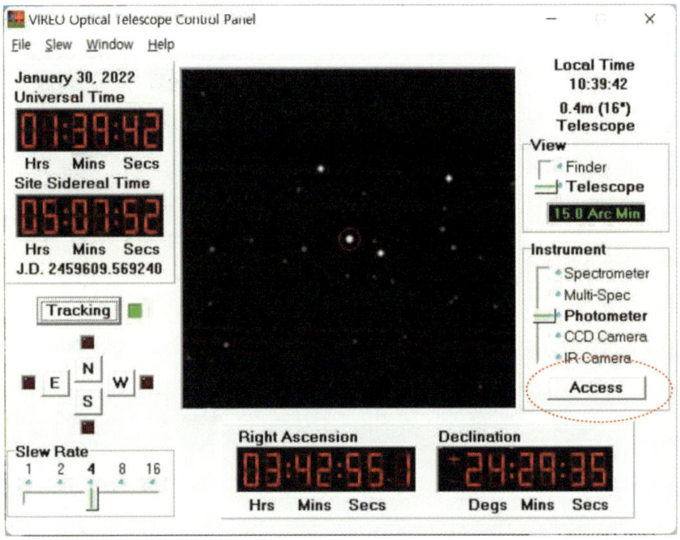

❸ Reading(sky) → Filter(U) → Integration Seconds(10.0)

→ # of Integrations(3) → Start

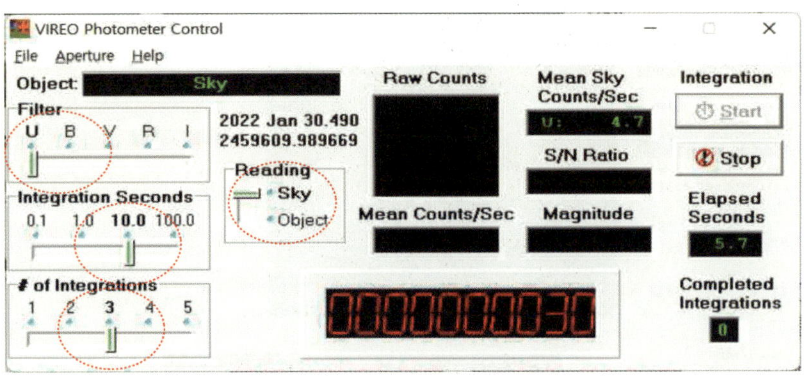

노출 시간을 10초로 설정하여 3회 측정, 총 30초 소요

④ B, V 필터에 대해 ③과정을 반복 실행

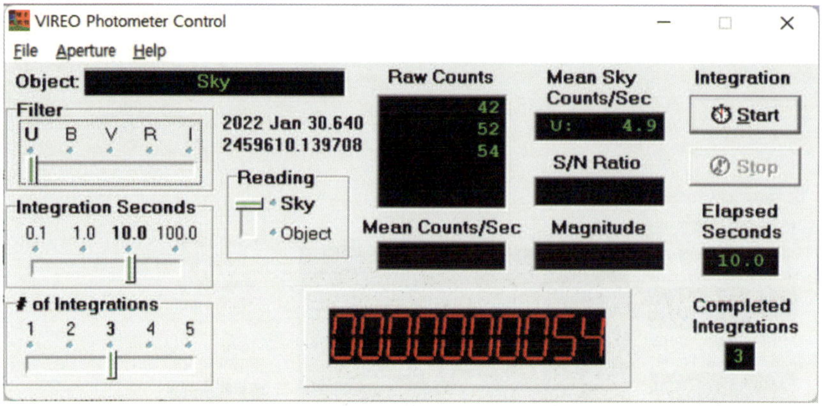

3. 플레이아데스 산개성단의 관측

플레이아데스 산개성단에 속한 24개의 별을 광전 측광기를 이용하여 관측해 보자.

① 광전 측광기 화면을 닫는다.

② Slew → Observation Hot List → View/Selection from List

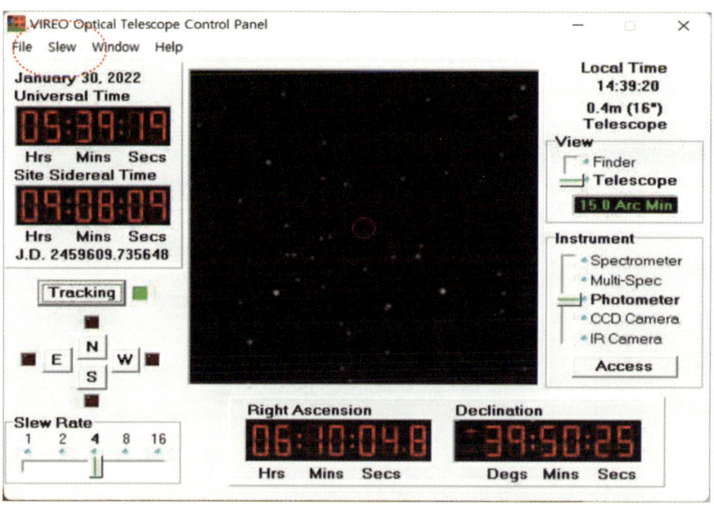

❸ List에서 관측하고자 하는 목록을 더블클릭 → OK → Yes

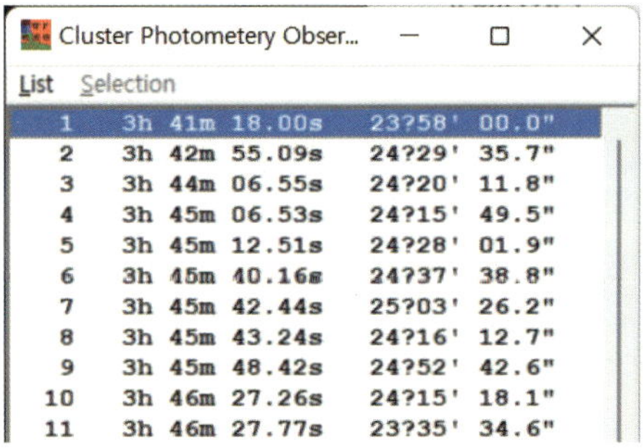

❹ Photometer → Access 클릭

❺ Reading(Object) → Filter(B) → Integration Seconds(10.0)

→ # of Integrations(3) → Start

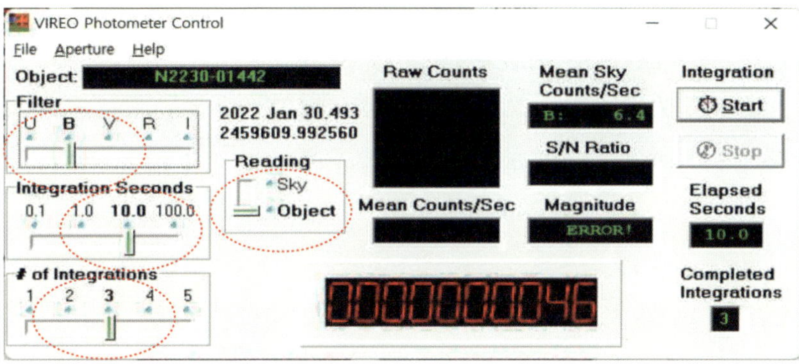

❻ File → Data → Record / Review → OK

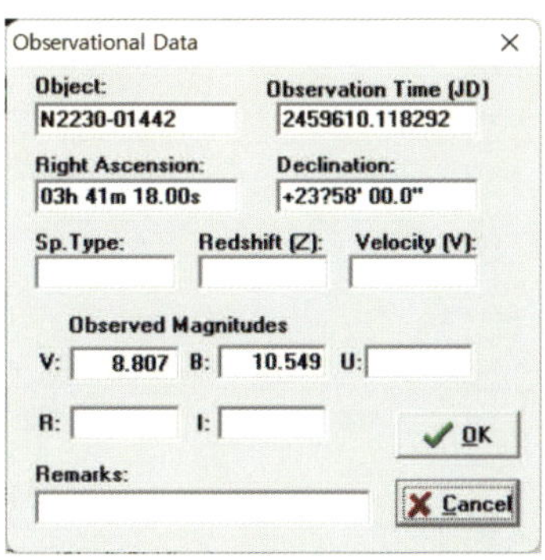

❼ Reading(Object) → Filter(V) → Integration Seconds(10.0)

→ # of Integrations(3) → Start

❽ File → Data → Record/Review → OK

❾ 다른 별 23개에 대하여 ❶~❽ 과정 실행

❿ Tools → Results Editors → Observed Results

→ Display/Print/Save text

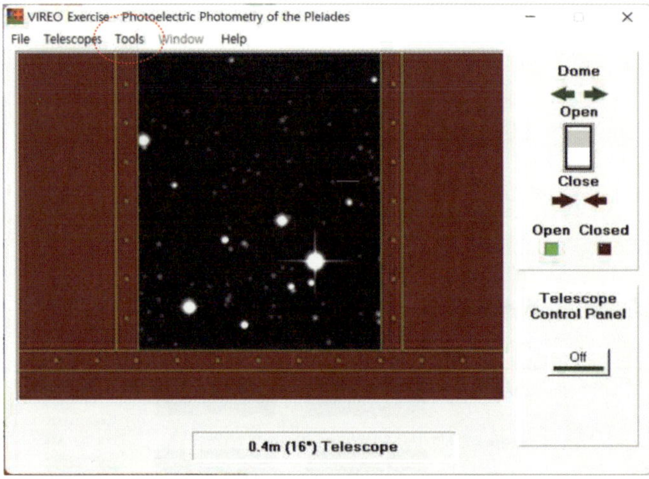

⓫ List → Save Text → Comma Delimit(for spreadsheet)

→ csv 파일로 저장

Recorded Results - Computed Magnitudes

List Edit

Object ID	MJD (Days)	RA	Dec	U	B	V	R	I	Z	Spectrum	Comments
N2230-01442	9610.141900	3h41m18.0s	23?8'00"		10.544	8.807					
N2230-00478	9610.143310	3h42m55.1s	24?9'36"		9.954	9.466					
N2230-00526	9610.144515	3h44m06.6s	24?0'12"		12.140	11.316					
N2230-00306	9610.145728	3h45m06.5s	24?5'50"		8.920	8.578					
N2230-01585	9610.146854	3h45m12.5s	24?8'02"		4.180	4.290					
N2230-00156	9610.147975	3h45m40.2s	24?7'39"		10.271	9.706					
N2230-01554	9610.149088	3h45m42.4s	25?3'26"		14.548	13.436					
N2230-00319	9610.150781	3h45m43.2s	24?6'13"		11.227	10.543					
N2230-00990	9610.151912	3h45m48.4s	24?2'43"		13.046	12.054					
N2230-01908	9610.153246	3h46m27.3s	24?5'18"		7.511	7.399					
N2230-02089	9610.154525	3h46m27.8s	23?5'35"		13.014	12.013					
N2230-01621	9610.155677	3h46m34.2s	23?7'27"		8.470	8.111					
N2230-01627	9610.156875	3h46m50.5s	23?4'22"		10.447	9.894					
N2230-02081	9610.158007	3h46m59.3s	24?1'12"		6.830	6.810					
N2230-01820	9610.159261	3h47m01.4s	24?2'24"		13.814	12.583					
N2230-02202	9610.160372	3h47m29.1s	24?6'18"		2.780	2.870					
N2230-02192	9610.161543	3h47m36.9s	23?6'34"		8.942	7.708					
N2230-02091	9610.162656	3h47m50.8s	24?0'45"		14.961	13.700					
N2230-02449	9610.163772	3h48m13.4s	25?5'56"		11.641	10.914					
N2230-02207	9610.164941	3h48m20.8s	23?5'16"		5.370	5.440					
N2230-01601	9610.166102	3h48m30.1s	24?0'44"		7.081	6.949					

[방법 1] 엑셀을 이용한 주계열 맞추기

결과 및 토의

1. CLEA 프로그램으로 관측한 플레이아데스성단의 관측 자료를 이용하여 다음 표를 완성해 보자.

구분	적경			적위			겉보기등급		
	h	m	sec	°	'	"	m_B	m_V	$m_B - m_V$
1	3	41	5	24	5	11	10.544	8.807	1.737
2	3	42	15	24	19	57	9.954	9.466	0.488
3	3	42	33	24	18	55	12.14	11.316	0.824
4	3	42	41	24	28	22	8.92	8.578	0.342
5	3	43	8	24	42	47	4.18	4.29	-0.11
6	3	43	8	25	0	46	10.271	9.706	0.565
7	3	43	39	23	28	58	14.548	13.436	1.112
8	3	43	42	23	20	34	11.227	10.543	0.684
9	3	43	56	23	25	46	13.046	12.054	0.992
10	3	44	3	24	25	54	7.511	7.399	0.112
11	3	44	11	24	7	23	13.014	12.013	1.001
12	3	44	19	24	14	16	8.47	8.111	0.359
13	3	44	27	23	57	57	10.447	9.894	0.553
14	3	44	39	23	27	17	6.83	6.81	0.02
15	3	44	39	24	34	47	13.814	12.583	1.231
16	3	44	45	23	24	52	2.78	2.87	-0.09

17	3	45	9	24	50	59	8.942	7.708	1.234
18	3	45	27	23	17	57	14.961	13.7	1.261
19	3	45	28	23	53	41	11.641	10.914	0.727
20	3	45	33	24	12	59	5.37	5.44	-0.07
21	3	46	26	23	41	11	7.081	6.949	0.132
22	3	46	26	23	49	58	11.639	10.821	0.818
23	3	46	57	24	4	51	12.21	11.347	0.863
24	3	47	29	24	20	34	7.631	7.548	0.083

2. 표는 표준주계열의 절대등급과 색지수를 나타낸 것이다.

절대등급(Mv)	색지수(B-V)	절대등급(Mv)	색지수(B-V)
-5.70	-0.33	4.00	0.52
-5.50	-0.33	4.40	0.58
-5.20	-0.32	4.70	0.63
-4.90	-0.32	4.83	0.68
-4.50	-0.31	4.83	0.64
-4.00	-0.30	5.10	0.68
-3.20	-0.26	5.50	0.74
-2.40	-0.24	5.90	0.81
-1.60	-0.20	6.10	0.86
-1.20	-0.17	6.40	0.91
-0.90	-0.15	6.60	0.96
-0.60	-0.13	7.00	1.05
-0.20	-0.11	7.40	1.15
0.20	-0.07	8.10	1.33

0.60	-0.02	8.80	1.40
1.00	0.01	9.30	1.46
1.30	0.05	9.90	1.49
1.50	0.08	10.40	1.51
1.90	0.15	11.30	1.54
2.20	0.20	12.30	1.64
2.40	0.25	13.50	1.73
2.70	0.30	14.30	1.80
3.00	0.35	16.00	1.93
3.60	0.44		

① X축을 색지수(B-V), Y축을 절대등급(Mv)으로 설정한 후, 표준주계열과 플레이아데스성단의 색-등급도를 그려 보자.

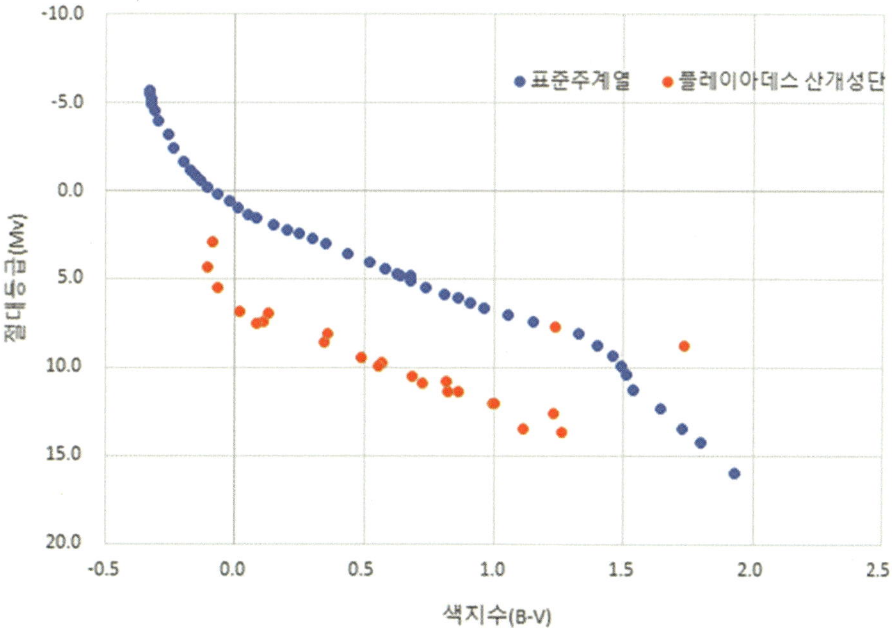

❷ 플레이아데스성단의 겉보기등급(m_v)과 표준주계열의 절대등급(M_v)의 차는 얼마인가?

약 5.58등급이다.

❸ $m-M=-5+5logr$의 관계식을 이용하여 지구에서 플레이아데스성단까지의 거리를 구해 보자.

$m-M=-5+5logr$에서 $5.58=-5+5logr$ $r=10^{10.58/5}=130.6pc$

※ 플레이아데스성단까지의 거리는 136.2pc이다.

❹ 플레이아데스성단의 관측 자료에서 경향성을 벗어난 별을 찾아보고, 이 별이 플레이아데스성단인지 말해 보자.

오른쪽 위에 위치한 2개의 별이다. 이 별은 플레이아데스성단에 소속된 별이 아니라 단지 우리 시야에 겹쳐 보이는 별이기 때문에 관측 자료의 경향성을 벗어나 있다.

3. 표준주계열과 관측값을 비교하여 지구에서 성단까지의 거리를 구하는 방법을 '주계열 맞추기'라고 한다.

❶ '주계열 맞추기'를 이용하여 성단까지의 거리를 측정할 수 있는 원리는 무엇인가?

별은 주계열성에서 일생 대부분(90% 이상)을 보내고, 별의 질량에 의해 표면 온도(색지수), 광도(절대등급)가 결정된다. 즉, 같은 질량의 주계열성은 표면 온도와 광도가 같다. 이러한 이유로 표면온도와 광도로 나타낸 H-R도에서 주계열성은 직선 형태로 분포한다. 이를 이용하여 '주계열 맞추기'를 적용할 수 있다.

❷ H-R도에서 주계열성은 직선이 아닌 넓은 띠 형태로 분포한다. 그 이유는?

첫째, 수소 핵융합 반응으로 중심핵에 헬륨이 쌓일수록 항성 질량에 비하여 수소의 양은 점차 줄어들기 때문에 핵융합 반응의 빈도는 줄어든다. 이를 보완하기 위해 핵의 온도와 압력은 서서히 증가하며, 이는 전반적인 항성의 핵융합 반응 빈도를 증가시킨다. 이로 인해 별은 시간이 지나면서 밝기와 반지름이 점차 커진다. 태양이 처음 태어났을 때의 밝기는 지금의 70% 수준에 불과하였다. 별은 시간이 지날수록 광도가 증가하여 H-R도의 주계열성 내에서 위치가 변하게 된다.

둘째, 별까지의 거리는 불확실하며, 분해되지 않은 쌍성이 존재하여 우리가 관측하는 별의 물리량의 정확도에 영향을 주기 때문이다.

셋째, 만일 완벽한 관측을 수행한다고 해도 주계열은 넓게 퍼진 띠로 나타날 것이다. 그 이유는 색과 광도를 결정하는 유일한 변수가 별의 질량이 아니기 때문이다. 별의 화학적 조성, 진화 상태, 쌍성일 경우 동반성과의 상호작용, 빠른 자전, 자기장 등 다양한 요소가 작용해 별의 물리량에 영향을 주기 때문에 H-R도에서 주계열성의 위치는 변하게 된다.

❸ '주계열 맞추기'를 적용하기 위하여 천문학자들은 ❷의 의문을 어떻게 해결하였을까?

색지수마다 주계열성을 대표할 수 있는 '표준주계열'을 선정하여 이를 해결하였다.

[방법 2] CLEA를 이용한 주계열 맞추기

활동 과정

1. VIREO → File → Login → Student Name 입력 → OK
2. File → Run Exercise → HR Diagram of Star Clusters 클릭
3. Tools → Results Editors → Observational Results → Load Saved Data → 탐구 방법 1에서 얻은 플레이아데스성단의 관측 자료 클릭
4. Tools → HR Diagram Analysis
5. Tools → Zero-Age Main Sequence

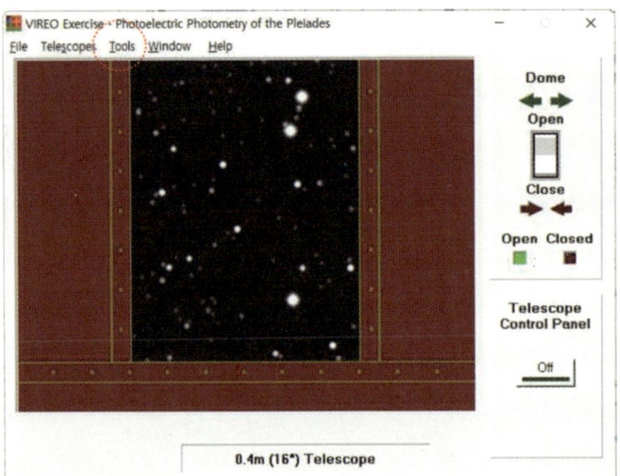

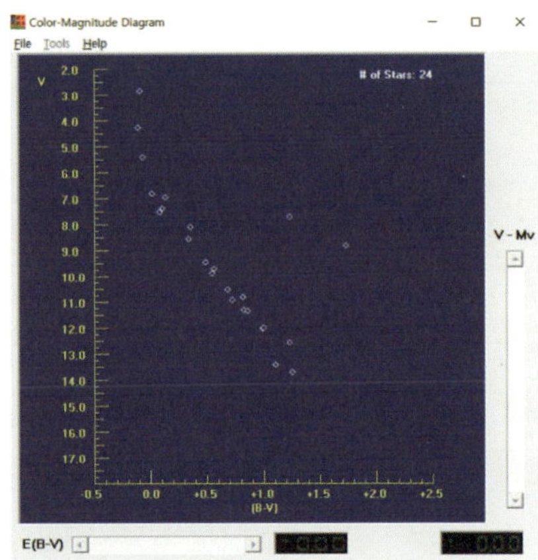

⑥ E(B-V)와 V-Mv 스크롤 막대를 이용하여 적합하게 fitting한다.

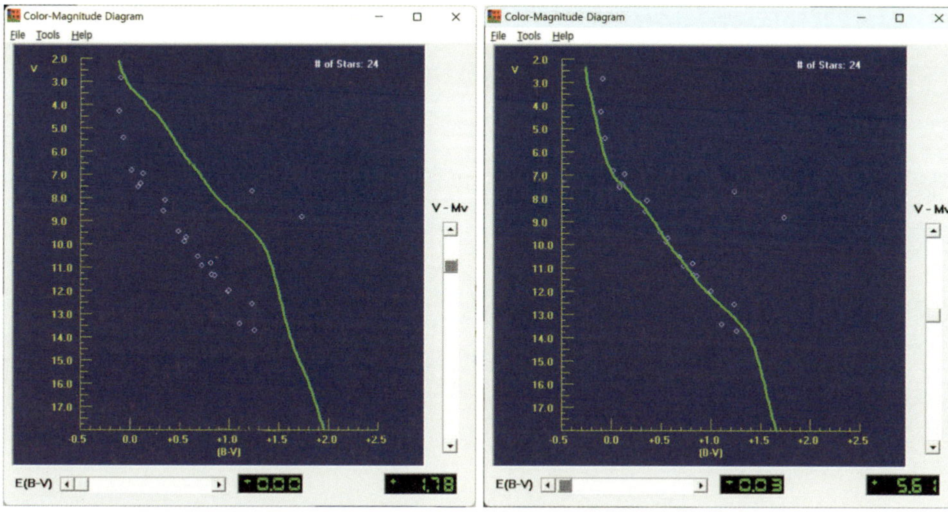

결과 및 토의

1. 플레이아데스성단의 V-Mv(겉보기등급과 절대등급의 차이)는 얼마인가?

약 5.61등급이다.

2. $m\text{-}M = -5 + 5logr$의 관계식을 이용하여 지구에서 플레이아데스성단까지의 거리를 구해 보자.

$m\text{-}M = -5 + 5logr$에서 $5.61 = -5 + 5logr$ $\quad r = 10^{10.61/5} = 132.4pc$

※ 플레이아데스성단까지의 거리는 $136.2pc$이다.

탐구 과제 2

플레이아데스성단의 나이 구하기

등시선(Isochrone)은 항성의 진화 이론에 기초하여 같은 시기에 태어난 서로 다른 질량의 별을 진화단계에 따라 H-R도 위에 표시하여 연결한 선을 말한다. 등시선을 이용하여 플레이아데스성단의 나이를 구해 보자.

활동 과정

① VIREO → File → Login → Student Name에 입력 → OK

② File → Run Exercise → HR Diagram of Star Clusters 실행

③ Tools → HR Diagram Analysis

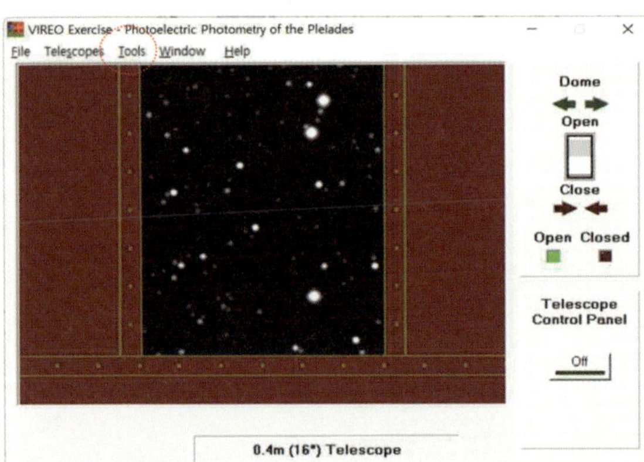

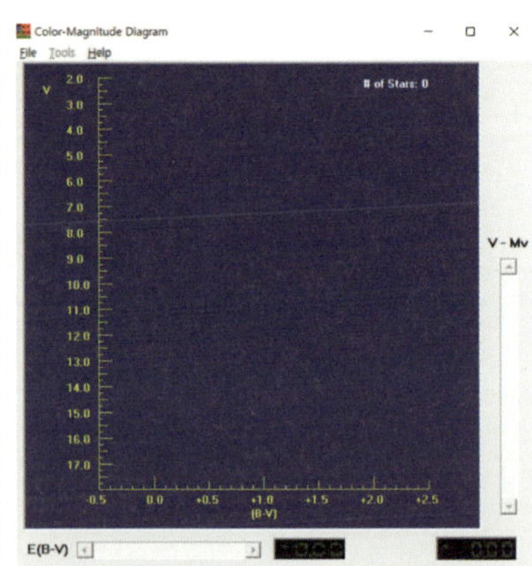

❹ File → Load/Plot → Select Cluster Data 클릭

Clusters for Study

List Selection

Star Clusters with sufficient data for HR Diagrams, other studies.

Double-click entry to plot HR diagram.

Name/ID	Right Ascn.	Declination	Diam(')	Notes
	Hr Mn Sec	? ' "		
NGC 752	01 57 48.0	+37 41 00	75	Old cluster
M 34 (NGC 1039)	02 42 00.0	+42 47 00	25	
Mel 20 (Alpha-Per)	03 24 19.0	+49 51 42	300	
M 45 (Pleiades)	03 47 29.0	+24 06 18	120	
Hyades	04 26 54.0	+15 52 00	329	
30 Doradus (LMC)	05 39 00.0	-69 06 00	450	Many(!) OB *s & SGs
M 41 (NGC 2287)	06 46 04.0	-20 45 30	40	
M 44 (NGC 2632)	08 40 24.0	+19 40 00	70	Praesepe, "Beehive"
IC 2391	08 40 32.0	-53 02 06	60	
M 67 (NGC 2682)	08 51 24.0	+11 49 00	25	Old cluster
Mel 111 (Coma)	12 25 06.0	+26 07 00	120	
IC 4665	17 46 12.0	+05 53 00	70	
M 7 (NGC 6475)	17 53 51.0	-34 47 36	80	
M 16 (NGC 6611)	18 18 48.0	-13 45 00	7	Young cluster
Cyg OB2	20 32 56.0	+41 16 38	50	OB Association
M 39 (NGC 7092)	21 32 12.0	+48 27 00	30	

❺ M45(Pleiades)를 더블 클릭

❻ Tools → Zero-Age Main Sequence

❼ V-Mv 스크롤 막대를 이용하여 데이터와 최대한 일치하게 맞춘다.

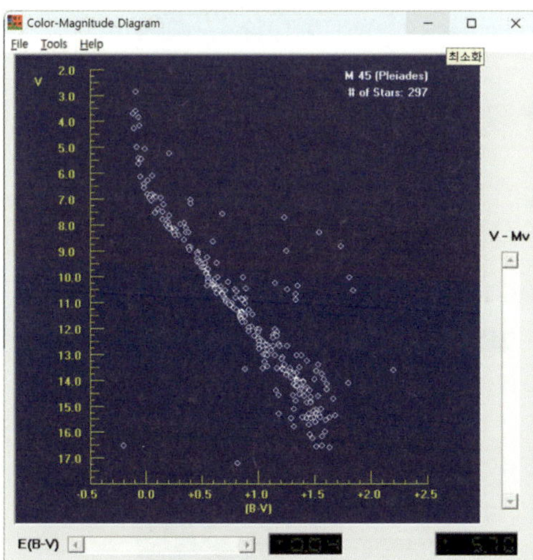

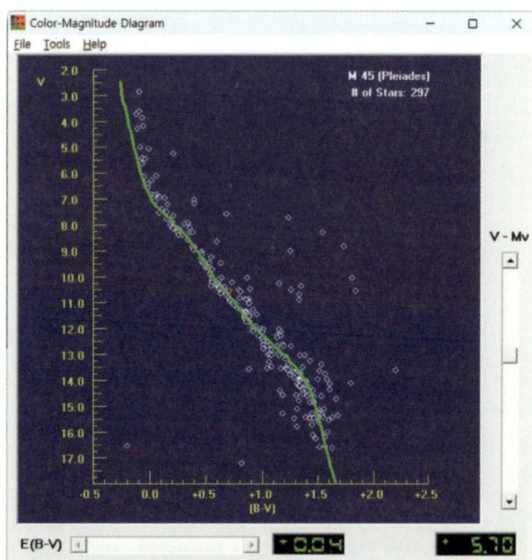

❽ Tools → Isochrones

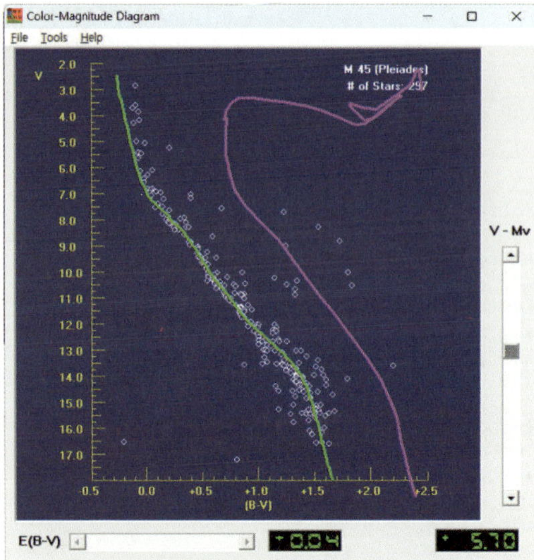

❾ Metallicity, Adjust(B-V), Log(age/yr) 스크롤 막대를 이용하여 최대한 적절하게 맞춘다(Metallicity에서 Y는 헬륨의 함량, Z는 헬륨보다 무거운 금속의 함량을 의미한다).

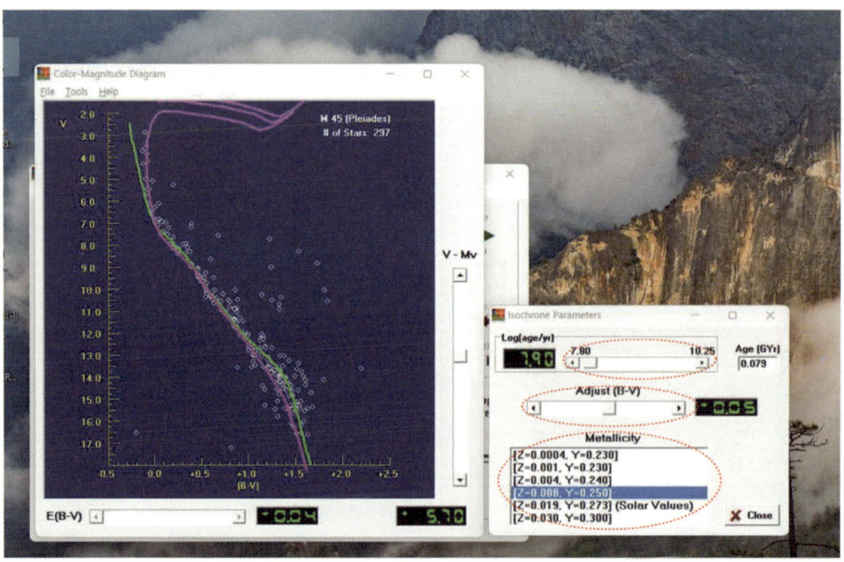

결과 및 토의

1. 플레이아데스성단의 V-Mv(겉보기등급과 절대등급의 차)는 얼마인가?

약 5.7등급이다.

2. m-M=-5+5logr의 관계식을 이용하여 지구에서 플레이아데스 성단까지의 거리를 구해 보자.

$m-M=-5+5logr$에서 $5.7=-5+5logr$ $r=10^{10.7/5}=138pc$이다.

※ 플레이아데스성단까지의 거리는 136.2pc이다.

3. 플레이아데스성단의 나이는 얼마인가?

0.079GYr(0.79억 년)에 해당한다.

※ 플레이아데스성단의 나이는 0.75억 년~1.5억 년으로 추정된다.

도전 과제

여러 성단의 거리와 나이 구하기

결과 및 토의

1. CLEA 프로그램을 이용하여 다음 성단과 지구 사이의 거리와 각 성단의 나이를 구해 보자.

성단	거리지수 (V - Mv)	거리지수로 구한 거리 (pc)	실제 거리 (pc)	나이 (10억 년)	실제 나이 (10억 년)
NGC 752	8.38	474.2	400	1.259	1.34
Mel 20 (Alpha Per)	6.48	197.7	175	0.063	0.05~0.07
The Pleiades (M45)	5.7	138	136	0.071	0.07~0.15
The Hyades	2.91	38.2	47	0.794	0.625
Praesepe (M44)	6.15	169.8	187	0.631	0.6~0.7
M67	9.45	776.2	800	5.012	3.2~5
IC 4665	7.93	385.5	352	0.063	0.04

NGC 752의 경우 $V\text{-}M_v = -5 + 5logr$에서 $8.38 = -5 + 5logr$

$r = 10^{13.38/5} = 474.2pc$이다.

17

세페이드 변광성을 이용하여 M100 은하까지의 거리 구하기

분류	별의 관측	난이도	★★★
준비물	계산기		
탐구 목표	세페이드 변광성을 이용하여 M100 은하까지의 거리를 계산할 수 있다.		

천체까지의 거리를 결정하는 방법은 연주시차, 주계열 맞추기, 운동성단 이용하기 등 다양하지만, 이는 우리은하에 존재하는 별에만 적용할 수 있다. 외부 은하에 있는 별은 거리가 너무 멀어 이 방법으로는 얼마나 멀리 떨어져 있는지 측정이 불가능하다. 그럼 외부 은하까지의 거리는 어떻게 구할 수 있을까? 많은 천문학자가 외부 은하까지의 거리를 측정하는 방법을 알아내기 위해 많은 노력을 하였지만 쉽지 않았다. 이 과정에서 하버드 천문대에서 관측 자료를 분석하던 헨리에타 스완 레빗(Henrietta S. Leavitt, 1868~1921)은 '변광성의 주기가 길면 밝기가 밝다.'라는 사실을 발견하였다.

즉, 변광성의 주기-광도 관계를 알아낸 것이다. 변광성을 관측하여 변광 주기를 알아내면 별의 광도를 알아낼 수 있다. 별의 광도를 알면 쉽게 변광성까지의 거리를 계산할 수 있다. 이 방법은 단순하고 관측하기 어렵지 않아 우리은하를 벗어난 외부 은하까지의 거리를 결정할 수 있어 천문학에 혁명을 가져왔다. 과연 어떻게 찾아냈는지 알아보자.

이론적 배경

헨리에타 스완 레빗

래드클리프칼리지를 졸업한 헨리에타 스완 레빗은 하버드대학교 천문대에서 사진건판에 있는 별의 밝기를 측정하고 분류하는 '계산수(computer)'로 근무하였다.

하버드 천문대 책임자였던 피커링은 페루 아레키파의 보이든 관측소에서 찍은 사진건판 연구를 레빗에게 맡겼다. 거기에는 소마젤란성운과 대마젤란성운이 기록되어 있었고 그녀는 1,777개의 변광성을 확인하여 그중 47개를 세페이드 변광성으로 분류하였다. 1908년 레빗은 오랫동안 관측 자료를 분석하는 과정에서 '밝은 변광성은 주기가 길고, 어두운 변광성은 주기가 짧다.'는 사실을 발견하고, 이를 하버드대학의 『천문대 연감(Annals of the Astronomical Observatory)』에 발표하였다.

소마젤란성운(위쪽)과 대마젤란성운(아래쪽)

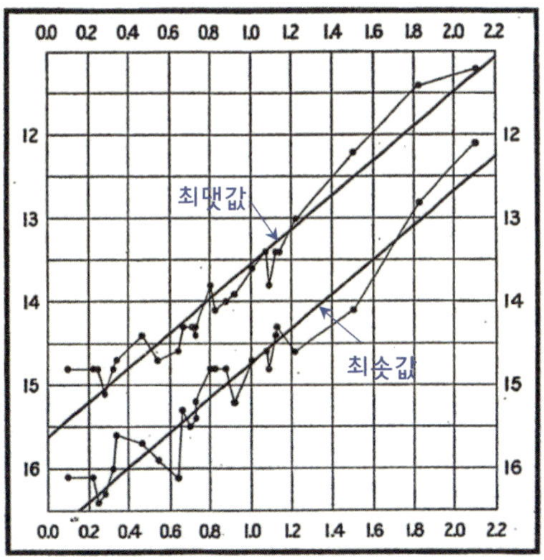

세페이드 변광성의 주기-광도 관계

이후 피커링은 레빗의 작업에 기초하여 1912년에 소마젤란성운에 있는 25개 세페이드 변광성의 주기와 밝기(광도) 관계에 대한 논문을 발표하였다. 그 주요 내용은 다음과 같다.

최댓값과 최솟값에 해당하는 점을 연결하면 직선이 된다. 따라서 변광성 주기와 밝기 사이에는 비례 관계가 있다는 것을 보여 준다.

레빗이 발견한 변광성의 주기-광도 관계를 이용하여 거리를 구하는 방법은 천문학에 혁명을 가져왔다.

1920년 4월 26일, 스미소니언 자연사 박물관에서 하버드대학의 천문학자 할로 섀플리(Harlow Shapley, 1885~1972)와 릭 천문대의 천문학자 히버 커티스(Heber D. Curtis, 1872~1942) 사이에 우주의 크기와 관련한 대논쟁이 있었다.

섀플리는 우리은하가 우주 전체라고 생각하였으며, 따라서 안드로메다 성운은 우리은하의 일부라고 주장하였다. 아드리안 판 마넌(Adriaan van Maanen, 1884~1946)은 나선은하인 바람개비 은하의 회전을 관측한 결과 바람개비 은하가 외부 은하일 경우 바람개비 은하에 있는 별의 공전 속도가 빛의 속도를 넘어가므로 물리법칙에 위배된다고 발표하였다. 따라서 이 은하는 우리은하의 일부가 되어야 한다고 주장하였다.

이와 달리 커티스는 우리은하의 크기가 지름 4만 광년의 타원체임을 주장하는 허셜-캅테인 모형을 받아들여 섬 우주론(Island universe)을 지지하였고, 안드로메다 성운은 50만 광년 떨어져 있는 외부 은하라고 주장하였다. 섬 우주론은 독일의 철학자 이마누엘 칸트(Immanuel Kant, 1724~1804)가 주장한 이야기로 우리은하 바깥에도 무수한 은하들이 섬처럼 흩어져 있으며, 우리은하는 그 수많은 은하 중의 하나라는 이야기다.

섀플리와 커티스의 논쟁은 3년이 지나도록 누가 옳고 그른지 판정할 수 없었는데, 당시의 기술로는 정확한 거리 측정이 불가능했기 때문이다.

1922년 에드윈 허블(Edwin P. Hubble, 1889~1953)은 캘리포니아 지

역의 윌슨산 천문대에 있는, 당시 최대의 천체망원경이었던 구경 100인치 후커 망원경을 이용하여 안드로메다를 관측하던 중 세페이드 변광성을 찾아냈고, 1912년 레빗이 발견한 세페이드 변광성의 주기-광도 관계를 이용하여 안드로메다 성운까지의 거리가 약 86만 광년임을 알아냈다. 이 거리는 우리은하의 가장 먼 별들 사이의 거리(약 10만 광년)보다 8배나 먼 것이었다. 이를 통해 안드로메다 '성운(nebula)'이 우리은하의 변두리에 놓인 가스와 먼지 덩어리 성운이 아니라 별개의 먼 '은하(galaxy)'이며, 2,000억 개 이상 존재하는 외부 은하 중 하나라는 사실을 1924년 11월 23일 발표하였다.

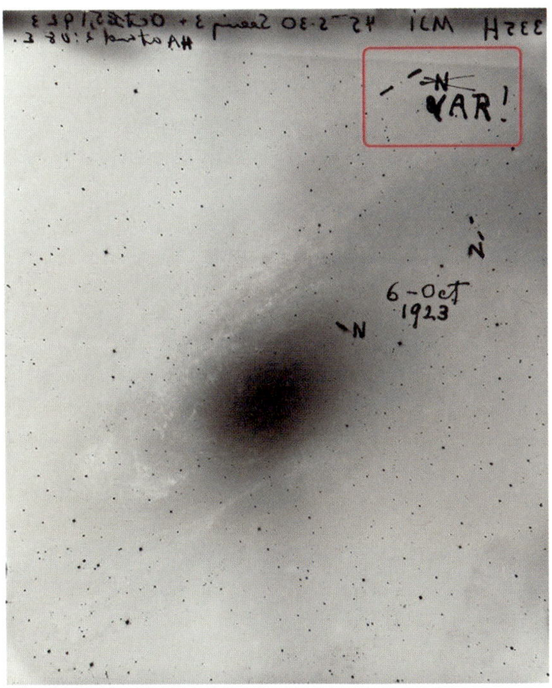

허블은 처음에 신성이라 생각하여 N(Nova)이라 표시하였지만 나중에 변광성 VAR(Variable Star)임을 알게 된 후 사진 건판을 수정하였다.

사진에서 N은 신성(Nova)을, VAR은 변광성(Variable Star)을 가리킨다. 허블은 안드로메다 성운을 관측하던 중 처음에는 신성을 발견했다고 생각하였지만, 며칠이 지난 후 변광성이라는 사실을 알게 되었다. 이 변광성의 주기를 측정하여 안드로메다 성운의 거리가 86만 광년임을 계산하였고, 천문학자들의 오랜 난제를 해결하였다.

1956년 천문학자인 월터 바데(Walter Baade, 1893~1960)는 안드로메다 은하의 변광성을 연구

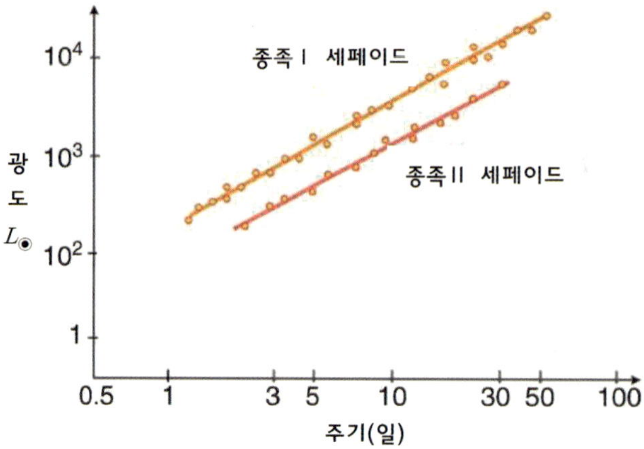

세페이드 변광성의 주기-광도 관계

하여, 변광성에는 종족I 세페이드 변광성과 종족II 세페이드 변광성이 있음을 발표하였다. 이를 통해 세페이드 변광성의 거리를 보다 정확하게 측정할 수 있게 되었다.

종족I 세페이드 변광성과 종족II 세페이드 변광성의 광도곡선은 다음과 같다.

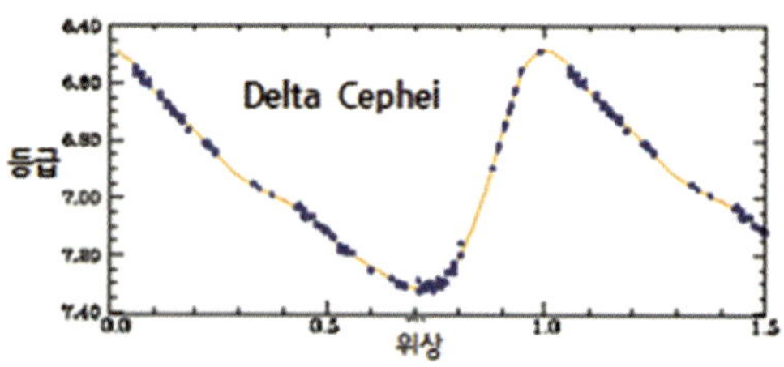

종족 I 세페이드 변광성의 광도곡선

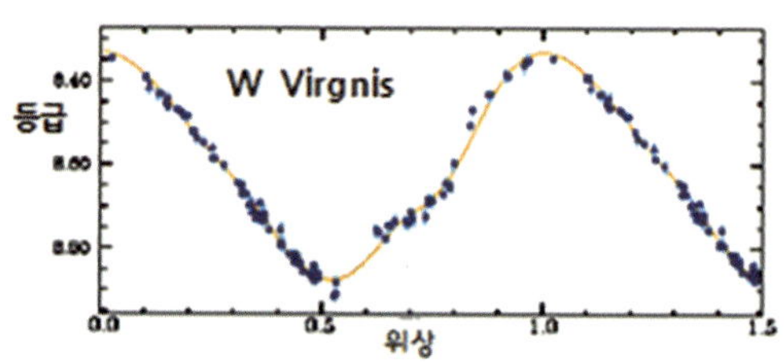

종족 II 세페이드 변광성의 광도곡선

최근 천문학자들에 의해 결정된 종족I 세페이드 변광성의 주기-광도 관계는 다음 수식으로 표현된다.

$$M = -2.43 \log P - 1.62$$

(M: 별의 절대등급, P: 주기(일))

세페이드 변광성의 주기를 알아내면 주기-광도 관계를 이용하여 변광성의 절대등급을 계산할 수 있고, 거리지수 공식인 $m\text{-}M = -5 + 5\log r$을 이용하여 변광성까지의 거리를 계산할 수 있다.

관측 자료

M100 은하는 처녀자리 은하단에 소속된 은하로, 우리은하와 비슷하게 공전하는 가스, 먼지, 별들의 집단이다. 다음은 허블 망원경을 이용하여 M100에 있는 세페이드 변광성을 관측한 자료이다.

M100 은하

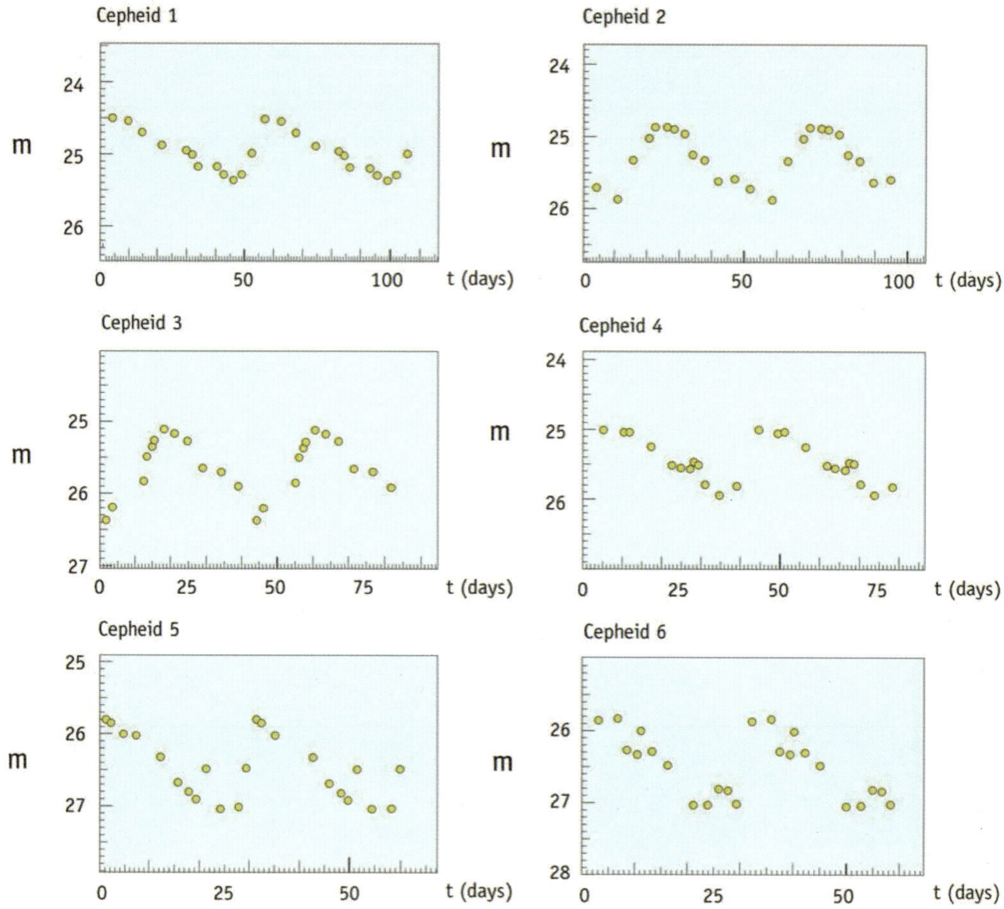

활동 과정

❶ M100에 있는 6개 세페이드 변광성의 광도곡선을 이용하여 주기 P를 결정한다.

❷ 세페이드 변광성의 주기-광도 관계($M = -2.43 \log P - 1.62$)를 이용하여 절대등급 M을 결정한다.

③ 세페이드 변광성의 광도곡선을 이용하여 겉보기등급 m을 결정한다.

④ $m-M=-5+5logr$을 이용하여 M100까지의 거리를 Mpc 단위로 결정한다.

결과 및 토의

1. M100에 있는 6개 세페이드 변광성을 이용하여 거리를 구해 보자.

① 다음 표를 완성해 보자.

변광성	P(일)	M	m_{max}	m_{min}	m_{avg}	r(Mpc)	$r_{평균}$(Mpc)
1	52	-5.8	24.5	25.4	24.95	14.0	17.8
2	46	-5.7	24.8	25.9	25.35	15.9	
3	43	-5.6	25.1	26.4	25.75	18.5	
4	39	-5.5	24.9	25.9	25.4	15.0	
5	30	-5.2	25.8	27.1	26.45	21.5	
6	30	-5.2	25.8	27.1	26.45	21.5	

변광성 1의 경우 주기는 약 52일이다.

절대등급은 $M=-2.43logP-1.62=-2.43log52-1.62=-5.78$이다.

최대 겉보기등급 m_{max}은 24.5, 최소 겉보기등급 m_{min}은 25.4이다.

따라서 평균 겉보기등급 $m_{avg}=\frac{24.5+25.4}{2}=24.95$이다.

거리는 $m-M=-5+5logr$에서

$24.95-(-5.78)=-5+5logr$이므로 $r=10^{7.146}=14.0$Mpc이다.

❷ M100에 있는 6개 세페이드 변광성은 종족I 세페이드 변광성과 종족II 세페이드 변광성 중 어느 것에 해당하는가? 그 근거는?

종족I 세페이드 변광성에 해당한다. M100에 있는 6개 세페이드 변광성의 광도곡선이 종족I 세페이드 변광성 형태이기 때문이다.

❸ M100 은하까지의 거리는 몇 Mpc인가?

17.8Mpc이다.

※ M100 은하까지의 거리는 17.1Mpc이다.

2. 1908년 레빗은 세페이드 변광성의 주기-광도 관계를 가깝고 관측하기 쉬운 우리은하가 아니라 멀리 떨어져 있는 소마젤란 은하에서 발견하였다. 소마젤란 은하에 위치한 변광성에서 주기-광도 관계를 찾아낼 수 있었던 이유는?

변광성의 밝기는 변광성 자체의 밝기 변화뿐만 아니라 별까지의 거리 차에 의한 밝기 변화도 포함한다. 따라서 우리은하에 존재하는 변광성이 주기-광도의 관계가 존재하더라도 별까지 거리 차에 의한 밝기 변화를 고려하지 않으면 주기-광도 관계를 찾아낼 수 없다. 그런데 외부 은하 내 변광성 간의 거리 차는 우리은하에서 외부 은하까지의 거리에 비해 상대적으로 작아 무시할 수 있다. 예를 들어 소마젤란 은하까지의 거리는 200,000광년이고, 반지름의 크기는 1,750광년이다. 따라서 소마젤란 은하에 있는 가장 먼 별은 201,750광년, 가장 가까운 별은 198,250광년으로 모든 별이 200,000광년 떨어져 있다고 가정해도 큰 차이가 없다. 그래서 소마젤란 은하 내의 거리를 고려하지 않고, 관측된 변광성의 밝기 변화를 변광성 자체의 밝기 변화로 간주하여 주기-광도 관계를 찾아낼 수 있다.

3. 레빗이 발견한 주기-광도 관계를 이용하여 정확한 관계식을 결정하려면 변광성까지의 정확한 거리 혹은 절대등급을 알아야 한다. 천문학자들은 변광성의 절대등급을 알아내어 주기-광도에서 기준이 되는 영점(Zero-point)을 알아내려고 하였다. 세페이드 변광성의 주기-광도에서 기준이 되는 영점은 어떻게 결정될까?

연주시차를 이용하여 거리를 구할 수 있는 세페이드 변광성은 하나도 없었다. 따라서 변광성까지의 거리를 간접적인 방법으로 추정하였다.

1913년 헤르츠스프룽(Ejnar Hertzsprung, 1873~1967)은 우리 은하에 존재하는 13개 세페이드 변광성의 고유 운동을 측정하여 거리를 추정하였다. 당시의 결과는 현재와 10배의 오차가 있었다.

1918년 섀플리는 산개성단처럼 같은 거리에 있는 별의 집단의 시선 속도와 고유 운동의 분산으로부터 거리를 추정하는 통계 시차 방법으로 거리를 추정하였다.

1997년 마이클 피스트(Michel W. Feast, 1926~2019)와 로빈 캐치폴(Robin M. Catchpole)은 히파르코스 위성을 이용하여 삼각시차 방법으로 외부 은하에 있는 세페이드 변광성의 거리를 결정하였고, 이를 이용하여 세페이드 변광성의 영점을 정확하게 조정하였다.

18

SN1987A까지의 거리 구하기

분류	별의 관측	난이도	★★★★★
준비물	계산기		
탐구 목표	SN1987A의 관측 자료를 이용하여 초신성까지의 거리를 구할 수 있다.		

1987년 2월 23일에 대마젤란 은하(Large Magellanic Cloud, LMC)에서 맨눈으로도 관측 가능한 초신성이 폭발하였다. 대마젤란 은하는 우리 은하의 이웃 은하 중 가장 가까운 은하로, 초신성의 폭발은 천문학의 역사에서 흥미진진한 사건 중 하나였다. 맨눈으로 볼 수 있는 초신성 폭발은 거의 400년 만에 일어났기 때문이다.

천문학자들은 새롭게 관측된 초신성을 주제로 다양한 연구를 진행하였다. 만약 여러분이 천문학자라면 어떤 주제로 연구를 진행하겠는가?

이론적 배경

SN1987A

아래 두 사진은 1987년 2월 23일에 대마젤란 은하에 나타난 초신성 SN1987A의 모습이다.
왼쪽 사진은 초신성 폭발 전의 모습이고, 오른쪽 사진은 초신성 폭발 후의 모습이다. 화살표가 가리키는 곳이 초신성의 위치이다.

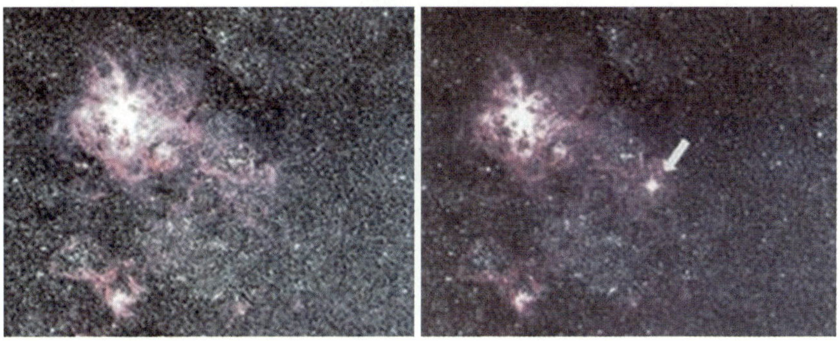

초신성 폭발 전(왼쪽) 모습과 초신성 폭발 후(오른쪽) 모습

고리

허블 우주망원경은 1990년에 발사되었기 때문에 SN1987A의 초기 영상을 촬영할 수 없었다. 허블 우주망원경을 이용한 SN1987A의 첫 영상은 초신성이 폭발한 지 7년이 지난 1994년에 촬영되었다. 허블 우주망원경이 촬영한 SN1987A의 사진에서 우리는 초신성을 둘러싼 3개의 타원형 성운(1개의 작은 안쪽 고리와 2개의 큰 바깥 고리)을 볼 수 있다.

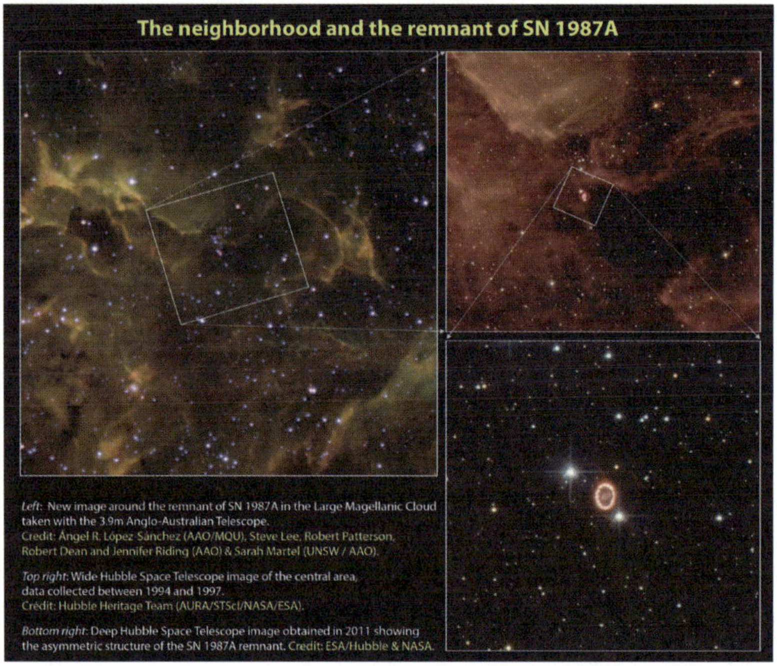

3.9m 지상 망원경(왼쪽), 허블 망원경(오른쪽 위, 오른쪽 아래)으로 촬영한 초신성 SN1987A의 모습

지구에서 SN1987A를 관찰하면 3개의 고리가 같은 면에 있는 모습이 보인다(왼쪽). 하지만 다른 각도에서 관찰하면 중심에 작은 고리 1개와 큰 고리 2개가 평행하게 있는 모습이 보인다(오른쪽). 위 사진의 오른쪽 아래의 이미지를 확대하면 다음과 같다.

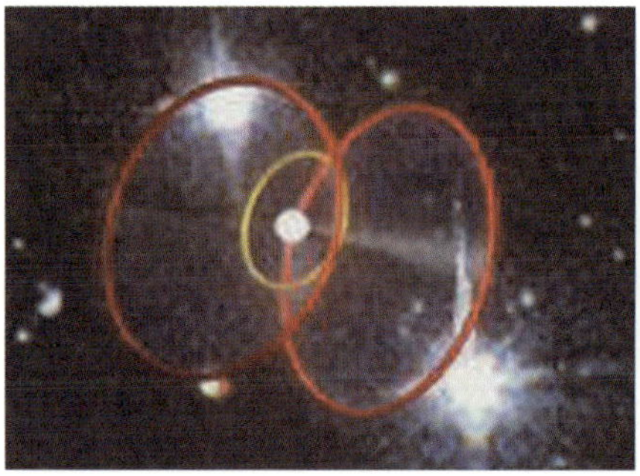

광도의 변화

초신성이 폭발할 때 매우 강한 섬광을 방출한다. 이 섬광은 빛의 속도로 주변으로 퍼져나가 시간이 지나면 별 주변의 고리를 빛나게 한다. 고리가 원형이고 그 중심에 초신성이 위치한다면, 초신성의 고리는 중심에서 방출된 섬광에 의해 전체가 동시에 빛날 것이다. 고리의 모든 부분에서 동시에 초신성 섬광이 방출되지만 고리가 경사각만큼 기울어져 있는 경우에는 동시에 빛나지 않는다. 그 이유는 지구에서 가까운 부분(A)에서 반사된 빛이 먼저 도착하고, 먼 부분(B)에서 반사된 빛이 나중에 도착하기 때문이다. 고리의 밝기는

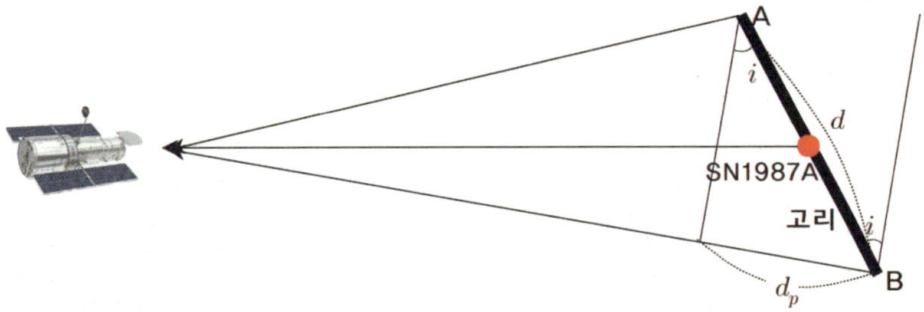

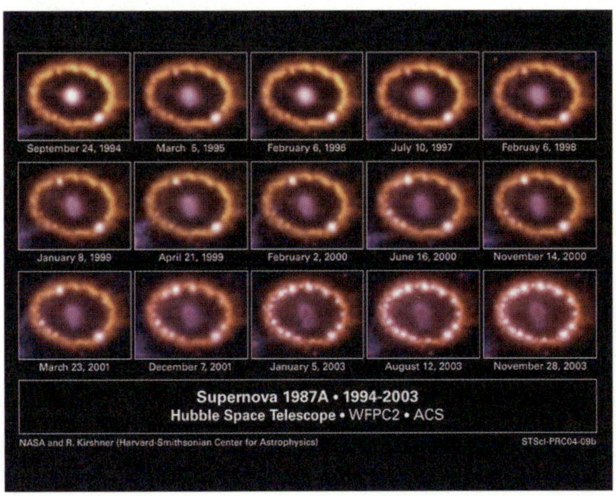

시간에 따른
SN1987A의 밝기 변화

지구에서 가까운 부분(A)에서 반사된 빛이 지구에 도착하면 증가하기 시작하여 먼 부분(B)에서 반사된 빛이 지구에 도착하면 최대가 된다.

관측 자료

- 다음 사진은 허블 우주망원경이 촬영한 SN1987A의 모습과, 별 1, 2, 3을 표시한 것이다.

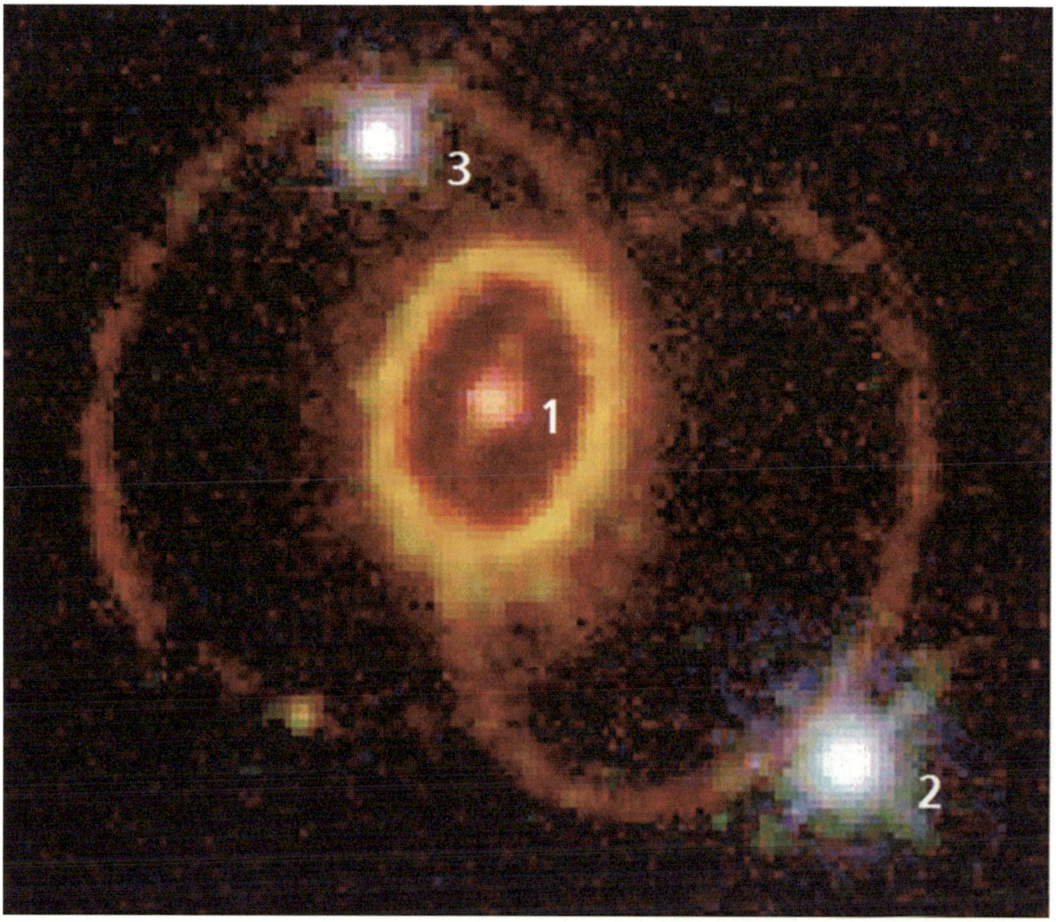

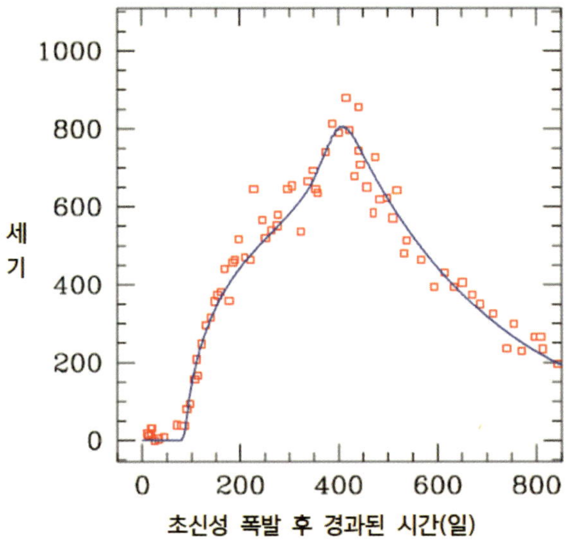

• 다음은 SN1987A의 시간에 따른 광도곡선을 나타낸 것이다.

결과 및 토의

1. SN1987A의 각거리(″)를 이용하여 사진의 축척을 계산해 보자.

구분	각거리(mm)	각거리(″)	축척(″/mm)	평균 축척(″/mm)
별 1과 2의 상대적 거리	67.32	3.0	0.04456	0.04108
별 1과 3의 상대적 거리	37.85	1.4	0.03698	
별 2와 3의 상대적 거리	103.11	4.3	0.04170	

별 1과 2의 상대적 거리의 경우 축척은 $3.0''/67.32mm = 0.04456''/mm$ 이다.

2. SN1987A의 고리에 대하여 알아보자.

❶ 흰 종이 위에 원을 그린 후, 원이 시선 방향과 직각이 되도록 종

이를 잡는다. 종이를 앞뒤로 혹은 좌우로 기울일 경우, 원의 길이가 어떻게 변하는지 관찰해 보자.

ⓐ 종이를 앞뒤로 기울일 경우, 원의 길이는 어떻게 변하는가?
세로 길이는 짧아지지만, 가로 길이는 변하지 않는다.

ⓑ 종이를 좌우로 기울일 경우, 원의 길이는 어떻게 변하는가?
가로 길이는 짧아지지만, 세로 길이는 변하지 않는다.

ⓒ 원 궤도가 기울어지거나 회전한 겉보기 타원 궤도는 원래의 원 궤도 모양과 다르다. 그렇다면 원 궤도와 겉보기 타원 궤도의 장반경의 길이는 같다고 가정할 수 있을까? 그 이유는?
같다. 원 궤도와 겉보기 타원 궤도의 모양은 다르지만 어떤 방향에서 관측하더라도 장반경의 길이는 변함이 없기 때문이다.

❷ SN1987A의 고리는 원형일까? 아니면 타원형일까? 그렇게 보이는 이유는?
원형이다. 초신성의 폭발 과정에서 강력한 충격파에 의해 주변에 있는 성운 물질은 사방으로 밀려 퍼져 나간다. 그리고 고리의 중심에 위치한 초신성에서 방출된 빛이 성운 물질에 반사되어 밝게 빛나게 된다. 따라서 고리는 초신성의 중심에서 같은 거리에 위치하여 원형으로 나타난다.

❸ 고리의 평면과 시선 방향이 θ인 경우 경사각(i)은 $90° - \theta$로 표현된다. 일례로 고리의 평면과 시선 방향이 90°인 경우 경사각(i)은 0°이고, 고리는 원으로 보인다. 그리고 고리의 평면과 시선 방향이 0°인 경우 경사각(i)은 90°이고 고리는 직선으로 보인다. 또한 경사각(i)이 $0° < i < 90°$인 경우 고리는 타원으로 보인다.

경사각(i)을 장반경(a)과 단반경(b)으로 표현해 보자.

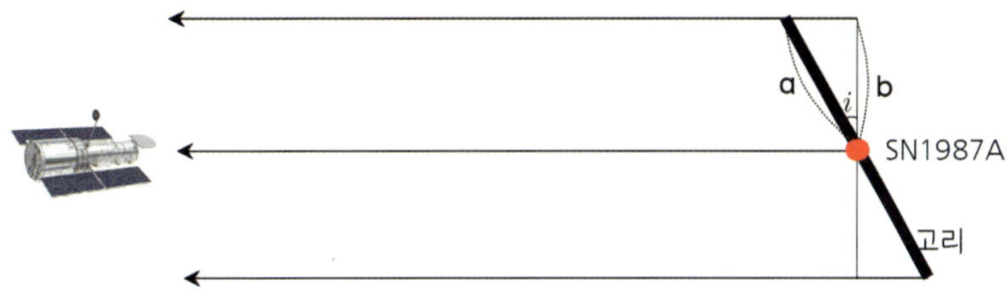

그림에서 $cos i = \frac{b}{a}$ 이다.

❹ SN1987A의 가운데 고리의 경사각은 얼마인가?

장반경(a)은 19.25mm, 단반경(b)은 14.28이므로 $cos i = \frac{14.28mm}{19.25mm}$ 이다.

$i = cos^{-1}(\frac{14.28mm}{19.25mm}) = 42.1°$이다.

※ SN1987A의 경사각은 42.8°이다.

3. 3개의 고리 중 가운데 작은 고리의 장축의 각지름(″)은 얼마인가?

가운데 고리의 장축의 각지름은 39.59mm이다.

따라서 각지름은 39.59mm×0.04108″/mm = 1.6263″이다.

※ SN1987A의 장축의 각지름은 1.616″이다.

4. 지구에서 가장 가까운 지점 A를 연결한 선과 지구에서 가장 먼 지점 B를 연결한 선은 평행하지 않지만, 고리의 각지름이 매우

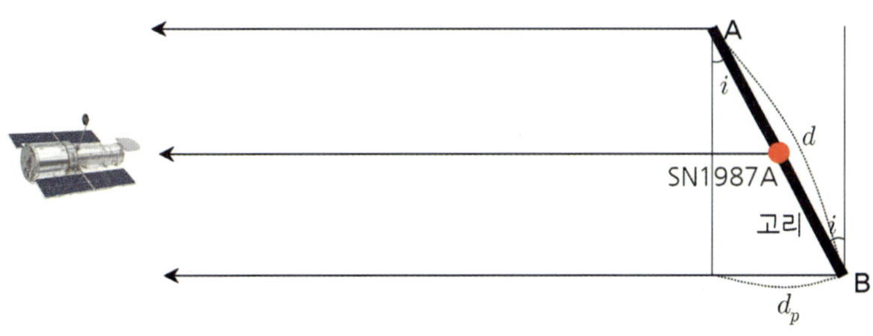

작고 거리가 매우 멀기 때문에 평행하다고 가정해도 무방하다.

❶ 지구에서 가장 가까운 지점 A와 가장 먼 지점 B의 거리 차를 d_p, 고리의 실제 지름을 d, 경사각을 i, 빛의 속도를 c, 경과 시간을 t라 할 때, 실제 지름 d에 관한 관계식을 유도해 보자.

$d_p = ct$이고, $sini = \frac{d_p}{d} = \frac{ct}{d}$이다. 따라서 $d = \frac{ct}{sini}$이다.

❷ SN1987A의 가운데 고리에 대한 광도곡선에서 경과 시간 t는 어떻게 찾을 수 있을까?

경과 시간 t는 d_p를 이동하는 데 걸린 시간에 해당한다.

광도곡선에서 밝기가 밝아지기 시작한 시각은 중심별에서 출발한 빛이 A에서 반사되어 지구에 도착한 시각이고, 광도곡선에서 가장 밝은 시각은 B에서 반사된 빛이 지구에 도착한 시각이다. 따라서 d_p를 이동하는 데 걸린 시간 t는 광도곡선에서 밝기가 증가하기 시작한 시각부터 최대 밝기가 되는 시각까지 걸린 시간으로 310일에 해당한다.

❸ 고리의 실제 지름 d의 길이는 몇 km인가?

$$d = \frac{ct}{sini} = \frac{3\times10^5 km/s \times 310 day \times \frac{24h}{1day} \times \frac{60m}{1h} \times \frac{60s}{1m}}{sin42.1°} = 1.19\times10^{13} km$$

❹ SN1987A까지의 거리는 몇 kpc인가?(단, $1pc$은 $3.086\times10^{13} km$이다.)

$l = r\theta$에서 $r = \frac{l}{\theta} = \frac{1.19\times10^{13} km}{1.6263'' \times \frac{\pi(rad)}{180°} \times \frac{1°}{60'} \times \frac{1'}{60''}} = 1.52\times10^{18} km$

$1pc = 3.086\times10^{13} km$이므로 $\frac{1.52\times10^{18} km}{3.086\times10^{13}(km/pc)} = 49.2kpc$이다.

※ SN1987A까지의 거리는 $51.2kpc$이다.

5. 그림은 SN1987A 초신성 폭발에 의한 고리의 형성 과정을 설명한 것이다.

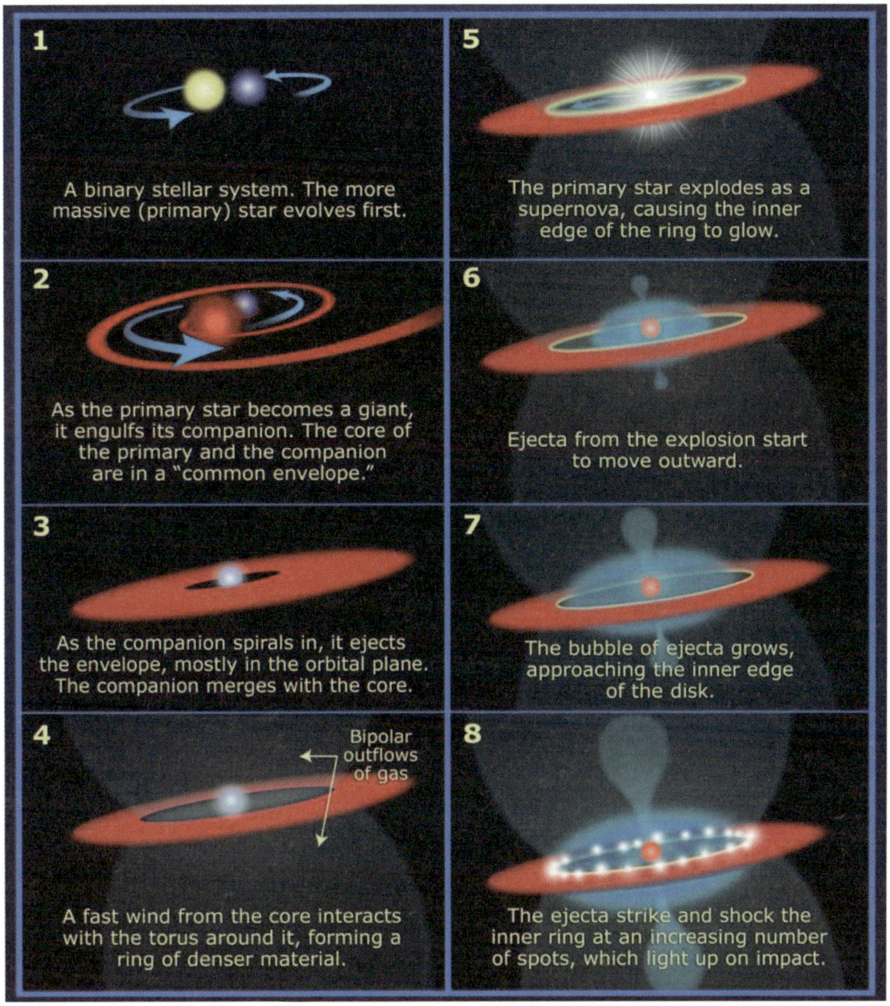

① SN1987A는 쌍성계를 이루고 있었으며, 질량이 큰 별이 먼저 진화하였다.

② 질량이 큰 주성은 거성으로 진화하였고, 거성에서 방출된 물질은 동반성에 유입되어 공동 외층을 형성하였다.

❸ 주성과 동반성이 충돌하여 하나로 합쳐졌고, 별에서 방출된 물질은 도넛 모양의 원반을 형성하였다.

❹ 중심핵과 도넛 모양 원반의 상호작용으로 수직 방향의 쌍극 분출(Bipolar outflow)을 유발했다. 이로 인해 2개의 외곽 고리가 형성되었다.

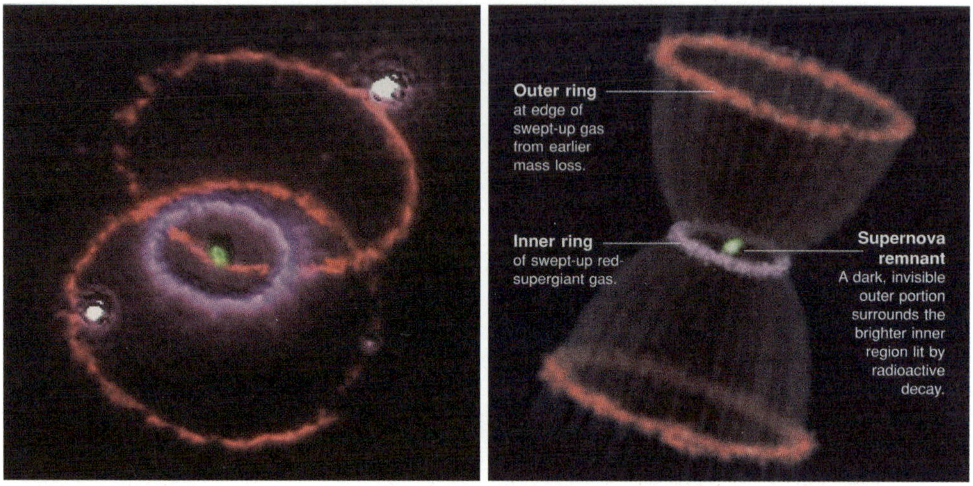

ⓐ SN1987A의 중심에 위치한 별은 어떤 천체이고, 왜 밝게 빛나는가?

초신성 폭발 후 남겨진 중성자별 혹은 블랙홀이다. SN1987A의 폭발 과정에서 다량의 방사성 물질이 형성되는데, 이 방사성 물질이 붕괴하면서 빛을 방출하는 것이다.

ⓑ SN1987A의 고리는 왜 밝게 빛나는가?

중심의 밝은 별빛이 사방으로 퍼져 나가다 고리에서 반사되어 밝게 빛나는 것이다.

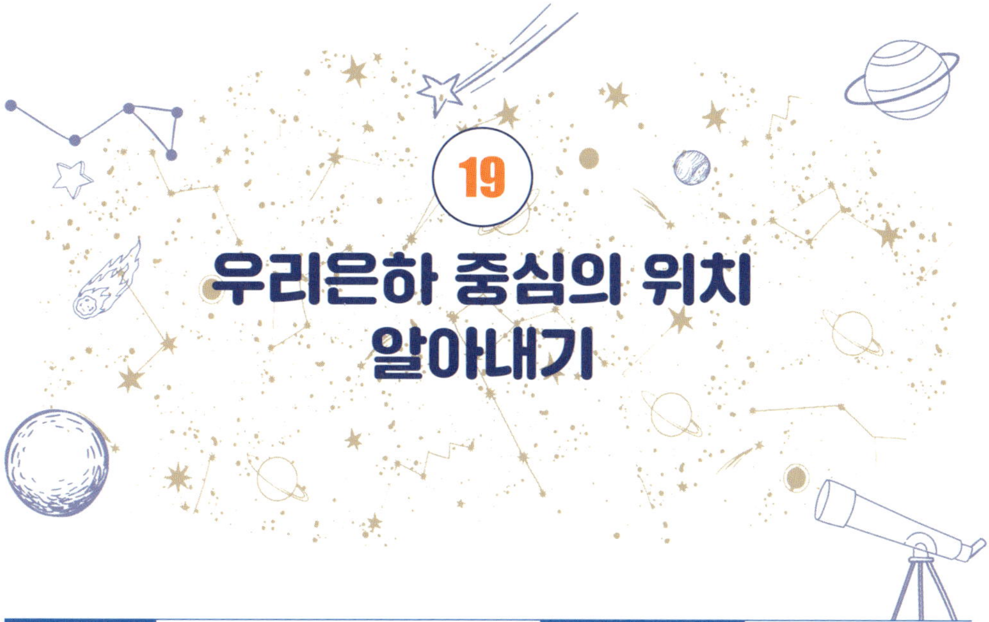

19

우리은하 중심의 위치 알아내기

분류	은하의 관측	난이도	★★★
준비물	Excel 프로그램		
탐구 목표	구상성단의 분포를 이용하여 우리은하 중심의 위치를 결정할 수 있다.		

해외 여행이 일반화된 시대, 도시 문명을 벗어나 순수한 자연을 찾아 떠나는 사람들이 증가하고 있다. 눈 쌓인 산맥을 따라 걷는 트래킹, 사하라 사막에서의 하룻밤, 하늘에서 춤을 추듯 요동치는 오로라의 불빛 향연, 거대한 빙하가 만들어 낸 피오르 협곡 등 자연의 경이로움을 온전히 느끼는 경험은 무척 의미 있는 일일 것이다. 필자도 미국 그랜드캐니언에서 보았던 은하수를 지금도 잊지 못한다. 수많은 별과 암흑 성운이 어우러진 은하수가 마치 3D 영화를 보듯 눈앞에 다가오는 경험은 일생일대 최고의 선물이었다.

이러한 놀라운 경험을 넘어, 이 아름다운 세상이 무엇인지 궁금해하던 천문학자들이 있었다. 그들은 은하수의 아름다움을 넘어, 은하수의 정체를 알고 싶어 했다. 그들은 무엇을 알아냈고, 또 어떻게 알아냈을까?

역사적 배경

영국의 천문학자 윌리엄 허셜(F. William Herschel, 1738~1822)은 1785년 자신이 직접 만든 24인치 반사망원경을 이용하여 전체 하늘을 683개의 영역으로 나눈 후 밝기별, 방향별로 별의 개수를 측정하였다. 당시에는 별까지의 거리를 측정할 수 있는 방법을 알지 못해 별의 절대등급이 같다고 가정하여 거리를 추측하였다. 관측 결과, 태양 주위에는 별이 은하수를 따라 띠 모양으로 뻗어 있는데 가로 방향은 850단위(허셜이 임의로 설정한 기본 거리 단위)로 길고, 세로 방향의 두께는 155단위로 얇고 편평한 모양이라고 결론 내렸다. 태양은 은하의 중심 부근에 위치하였다.

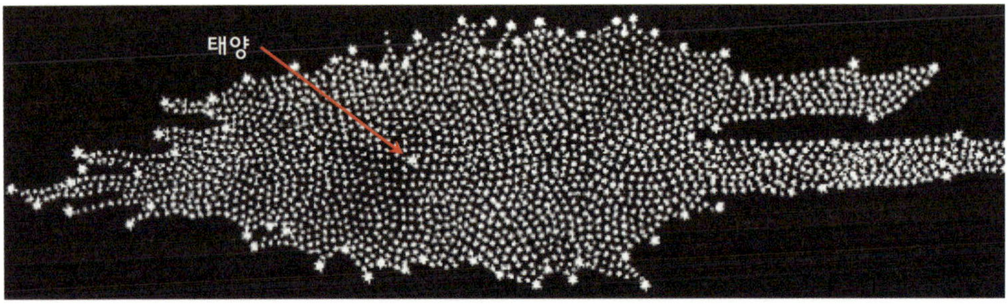

1906년 네덜란드의 천문학자 야코뷔스 코르넬리위스 캅테인(Jacobus C. Kapteyn, 1851~1922)은 전체 하늘을 206개 영역으로 나눈 다음 별의 겉보기등급, 분광형, 시선 속도, 고유 운동을 측정하여

별의 분포를 연구하였다. 이 연구는 천문학 역사에서 최초의 조직적 통계분석 사례였으며, 40개 천문대가 참여하였다. 캅테인은 시선 방향과 거리에 따른 별의 개수 밀도를 이용하여 우리은하의 모양을 연구하였고, 1922년 우리은하는 중심에서 멀어질수록 별의 밀도가 감소하는 렌즈 모양이라고 결론 내렸다. 캅테인의 우주 모형에서 은하의 크기는 지름이 약 17kpc, 두께는 약 3kpc이었고, 태양은 은하 중심으로부터 다소 떨어져 있었다.

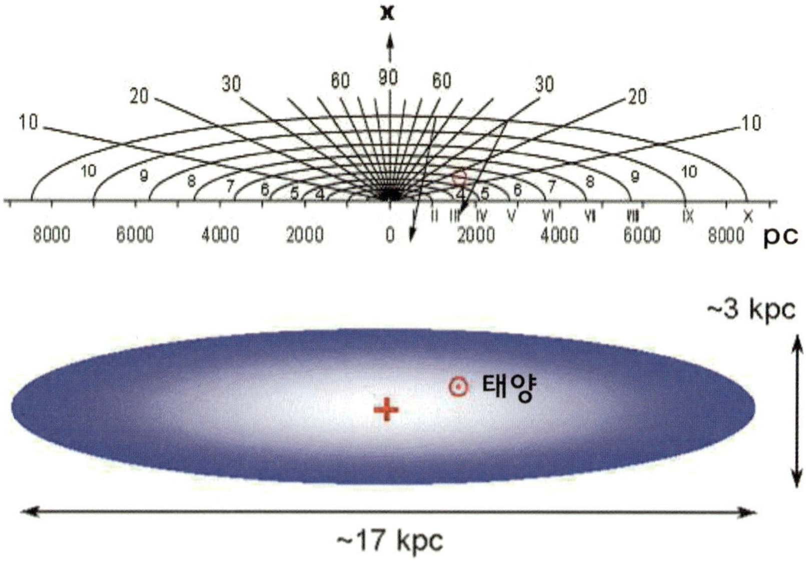

1912년 헨리에타 레빗은 세페이드 변광성의 주기-광도 관계를 알아냈다. 할로 섀플리는 1915년부터 1919년까지 구상성단에 있는 변광성의 주기를 측정하여 성단까지의 거리를 측정하였고, 이 자료를 이용하여 우리은하를 연구하였다. 연구 결과 우리은하의 지름은 약 100kpc이며, 은하의 중심은 궁수자리 방향으로 태양에서 약 15kpc 떨어진 곳에 위치하였다. 그리고 가장 멀리 떨어진 구상성단은 우리은하의 중심으로부터 약 55kpc 떨어진 곳에 위치하였다.

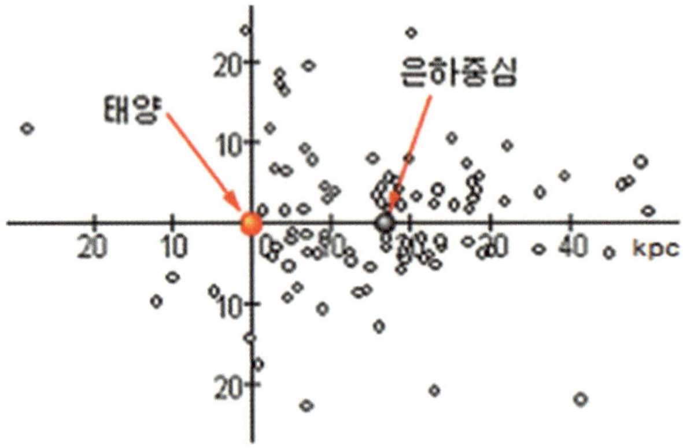

이론적 배경

은하 좌표계

은하 중심 방향을 x축으로 할 때 x축을 중심으로 시계 반대 방향으로 잰 각을 은경(l), 은하 적도면과 이루는 각을 은위(b)라 한다. 그리

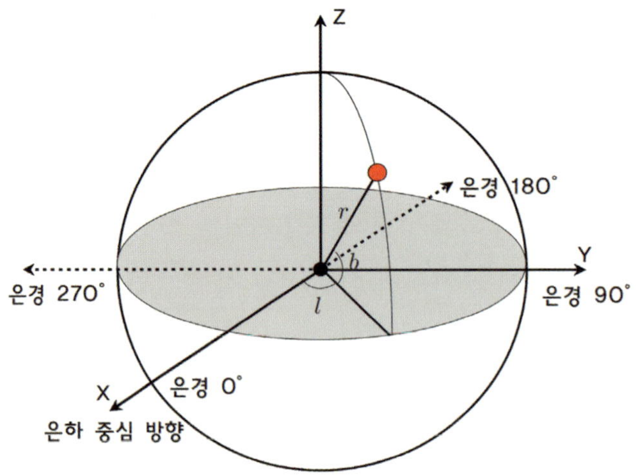

고 지구에서 구상성단까지의 거리를 r이라 할 때 은하 좌표계에서 천체의 위치 x, y, z는 다음 관계가 성립한다.

$x = rcosb \times cosl, \ y = rcosb \times sinl, \ z = rsinb$

무게 중심

공간에 분포한 세 지점의 좌표가 $A(x_1, y_1, z_1)$, $B(x_2, y_2, z_2)$, $C(x_3, y_3, z_3)$라 할 때, 세 지점의 무게 중심 좌표는 $(\frac{x_1+x_2+x_3}{3}, \frac{y_1+y_2+y_3}{3}, \frac{z_1+z_2+z_3}{3})$이다.

관측 자료

표는 2010년 12월 맥매스터대학에서 발표한 우리은하의 구상성단 목록 중 일부이다.

구상성단	은경(°)	은위(°)	지구로부터 거리(kpc)
NGC 104	305.89	-44.89	4.5
NGC 288	152.3	-89.38	8.9
NGC 362	301.53	-46.25	8.6
Whiting 1	161.22	-60.76	30.1
NGC 1261	270.54	-52.12	16.3
Pal 1	130.06	19.03	11.1
AM 1	258.34	-48.47	123.3

구상성단	은경(°)	은위(°)	지구로부터 거리(kpc)
Eridanus	218.1	-41.33	90.1
Pal 2	170.53	-9.07	27.2
NGC 1851	244.51	-35.03	12.1
NGC 1904	227.23	-29.35	12.9
NGC 2298	245.63	-16	10.8
NGC 2419	180.37	25.24	82.6
Ko 2	195.12	25.54	34.7
Pyxis	261.32	7	39.4
NGC 2808	282.19	-11.25	9.6
E 3	292.27	-19.02	8.1
Pal 3	240.15	41.86	92.5
NGC 3201	277.23	8.64	4.9
Pal 4	202.31	71.8	108.7
Ko 1	260.99	70.75	48.3
NGC 4147	252.85	77.19	19.3
NGC 4372	300.99	-9.88	5.8
Rup 106	300.88	11.67	21.2
NGC 4590	299.63	36.05	10.3
NGC 4833	303.6	-8.02	6.6
NGC 5024	332.96	79.76	17.9
NGC 5053	335.7	78.95	17.4
NGC 5139	309.1	14.97	5.2
…	…	…	…

활동 과정

❶ 구상성단의 은경, 은위, 거리를 이용하여 x, y, z 값을 계산해 보자.

(단, $x = rcosb \times cosl$, $y = rcosb \times sinl$, $z = rsinb$이다.)

구상성단	x(kpc)	y(kpc)	z(kpc)
NGC 104	1.87	-2.58	-3.18
NGC 288	-0.09	0.04	-8.90
NGC 362	3.11	-5.07	-6.21
Whiting 1	-13.92	4.73	-26.26
NGC 1261	0.09	-10.01	-12.87
Pal 1	-6.75	8.03	3.62
AM 1	-16.52	-80.06	-92.30
Eridanus	-53.24	-41.75	-59.50
Pal 2	-26.49	4.42	-4.29
NGC 1851	-4.26	-8.94	-6.95
NGC 1904	-7.64	-8.25	-6.32
NGC 2298	-4.28	-9.46	-2.98
NGC 2419	-74.71	-0.48	35.22
Ko 2	-30.23	-8.17	14.96
Pyxis	-5.90	-38.66	4.80
NGC 2808	1.99	-9.20	-1.87
E 3	2.90	-7.09	-2.64
Pal 3	-34.29	-59.75	61.73
NGC 3201	0.61	-4.81	0.74
Pal 4	-31.41	-12.89	103.26

구상성단	x(kpc)	y(kpc)	z(kpc)
Ko 1	-2.49	-15.73	45.60
NGC 4147	-1.26	-4.09	18.82
NGC 4372	2.94	-4.90	-1.00
Rup 106	10.66	-17.82	4.29
NGC 4590	4.12	-7.24	6.06
NGC 4833	3.62	-5.44	-0.92
NGC 5024	2.83	-1.45	17.61
NGC 5053	3.04	-1.37	17.08
NGC 5139	3.17	-3.90	1.34
NGC 5272	1.48	1.34	10.00
NGC 5286	7.64	-8.60	2.15
AM 4	20.65	-17.16	17.78
NGC 5466	3.35	3.03	15.35
NGC 5634	15.66	-5.02	19.09
NGC 5694	26.43	-14.61	17.69
IC 4499	10.69	-14.00	-6.57
NGC 5824	26.40	-13.71	12.06
Pal 5	16.16	0.24	16.65
NGC 5897	10.32	-3.16	6.30
NGC 5904	5.12	0.35	5.47
NGC 5927	6.41	-4.22	0.65
NGC 5946	8.92	-5.67	0.77
BH 176	16.05	-9.87	1.43
NGC 5986	9.32	-3.95	2.39
Lynga 7	6.83	-4.14	-0.39

구상성단	x(kpc)	y(kpc)	z(kpc)
Pal 14	49.70	27.25	51.38
NGC 6093	9.35	-1.20	3.33
NGC 6121	2.09	-0.33	0.61
NGC 6101	10.97	-9.96	-4.20
NGC 6144	8.48	-1.20	2.41
NGC 6139	9.56	-3.04	1.22
Terzan 3	7.82	-2.08	1.31
NGC 6171	5.88	0.35	2.50
1636-283	8.03	-1.14	1.74
NGC 6205	2.76	4.60	4.65
NGC 6229	6.55	22.32	19.73
NGC 6218	4.14	1.17	2.13
FSR 1735	9.16	-3.48	-0.32
NGC 6235	11.18	-0.21	2.69
NGC 6254	3.91	1.06	1.72
NGC 6256	10.05	-2.17	0.59
Pal 15	38.89	13.30	18.56
NGC 6266	6.70	-0.76	0.87
NGC 6273	8.67	-0.47	1.43
NGC 6284	15.06	-0.43	2.64
NGC 6287	9.23	0.02	1.80
NGC 6293	9.40	-0.39	1.29
NGC 6304	5.86	-0.43	0.55
NGC 6316	10.33	-0.51	1.04
NGC 6341	2.51	6.33	4.74

구상성단	x(kpc)	y(kpc)	z(kpc)
NGC 6325	7.72	0.13	1.09
NGC 6333	7.73	0.75	1.47
NGC 6342	8.35	0.72	1.44
NGC 6356	14.76	1.74	2.68
NGC 6355	9.16	-0.07	0.87
NGC 6352	5.27	-1.77	-0.70
IC 1257	23.13	6.87	6.53
Terzan 2	7.48	-0.48	0.30
NGC 6366	3.19	1.06	0.97
Terzan 4	7.18	-0.50	0.16
HP 1	8.19	-0.37	0.30
NGC 6362	5.97	-4.10	-2.29
Liller 1	8.17	-0.74	-0.02
NGC 6380	10.72	-1.86	-0.65
Terzan 1	6.69	-0.28	0.12
Ton 2	8.08	-1.31	-0.49
NGC 6388	9.52	-2.45	-1.16
NGC 6402	8.38	3.27	2.38
NGC 6401	10.56	0.64	0.74
NGC 6397	2.09	-0.84	-0.48
Pal 6	5.79	0.21	0.18
NGC 6426	17.45	9.31	5.76
Djorg 1	13.66	-0.79	-0.59
Terzan 5	6.88	0.46	0.20
NGC 6440	8.40	1.14	0.56

구상성단	x(kpc)	y(kpc)	z(kpc)
NGC 6441	11.48	-1.30	-1.01
Terzan 6	6.79	-0.17	-0.26
NGC 6453	11.54	-0.86	-0.78
UKS 1	7.77	0.70	0.10
NGC 6496	10.89	-2.31	-1.96
Terzan 9	7.08	0.45	-0.25
Djorg 2	6.29	0.30	-0.27
NGC 6517	9.94	3.47	1.25
Terzan 10	5.78	0.45	-0.20
NGC 6522	7.68	0.14	-0.53
NGC 6535	5.95	3.05	1.23
NGC 6528	7.88	0.16	-0.57
NGC 6539	7.24	2.75	0.92
NGC 6540	5.28	0.30	-0.31
NGC 6544	2.98	0.31	-0.12
NGC 6541	7.23	-1.37	-1.46
2MS-GC01	3.54	0.65	0.01
ESO-SC06	20.34	-4.73	-4.66
NGC 6553	5.97	0.55	-0.32
2MS-GC02	4.83	0.83	-0.05
NGC 6558	7.36	0.03	-0.78
IC 1276	4.99	2.00	0.53
Terzan 12	4.75	0.70	-0.18
NGC 6569	10.83	0.09	-1.27
BH 261	6.46	0.38	-0.60

구상성단	x(kpc)	y(kpc)	z(kpc)
GLIMPSE02	5.33	1.34	-0.06
NGC 6584	12.33	-3.97	-3.81
NGC 6624	7.82	0.38	-1.09
NGC 6626	5.42	0.74	-0.53
NGC 6638	9.24	1.28	-1.17
NGC 6637	8.66	0.26	-1.57
NGC 6642	7.93	1.37	-0.91
NGC 6652	9.80	0.26	-1.97
NGC 6656	3.13	0.54	-0.42
Pal 8	12.33	3.10	-1.51
NGC 6681	8.78	0.44	-1.95
GLIMPSE01	3.59	2.18	-0.01
NGC 6712	6.22	2.95	-0.52
NGC 6715	25.58	2.51	-6.45
NGC 6717	6.80	1.55	-1.34
NGC 6723	8.31	0.01	-2.59
NGC 6749	6.37	4.66	-0.30
NGC 6752	3.31	-1.44	-1.73
NGC 6760	5.96	4.35	-0.51
NGC 6779	4.27	8.26	1.36
Terzan 7	21.38	1.27	-7.82
Pal 10	3.59	4.67	0.28
Arp 2	26.44	3.98	-10.15
NGC 6809	4.90	0.76	-2.13
Terzan 8	23.80	2.40	-10.93

구상성단	x(kpc)	y(kpc)	z(kpc)
Pal 11	10.97	6.80	-3.60
NGC 6838	2.19	3.33	-0.32
NGC 6864	17.66	6.53	-9.08
NGC 6934	9.07	11.65	-5.05
NGC 6981	11.70	8.24	-9.18
NGC 7006	17.17	34.86	-13.69
NGC 7078	3.90	8.38	-4.77
NGC 7089	5.57	7.49	-6.72
NGC 7099	4.93	2.53	-5.91
Pal 12	11.02	6.49	-14.05
Pal 13	0.97	19.08	-17.63
NGC 7492	7.00	9.43	-23.53

NGC 104의 경우

$x = rcob \times cosl = 4.5kpc \times cos(-44.89°) \times cos(305.89°) = 1.87kpc$

$y = rcob \times sinl = 4.5kpc \times cos(-44.89°) \times sin(305.89°) = -2.58kpc$

$z = rsinb = 4.5kpc \times sin(-44.89°) = -3.18kpc$

② xy 좌표평면, xz 좌표평면, yz 좌표평면에 대하여 구상성단의 위치를 분산형 그래프로 작성한다.

③ 구상성단의 질량이 모두 같다고 가정한 후, 표에 주어진 좌푯값과 무게 중심 찾는 법을 이용하여 우리은하 중심의 좌표를 결정한다.

결과 및 토의

1. 그림은 은하 좌표계를 이용하여 우주 공간에서 구상성단, 태양계, 우리은하를 3차원으로 나타낸 것이다.

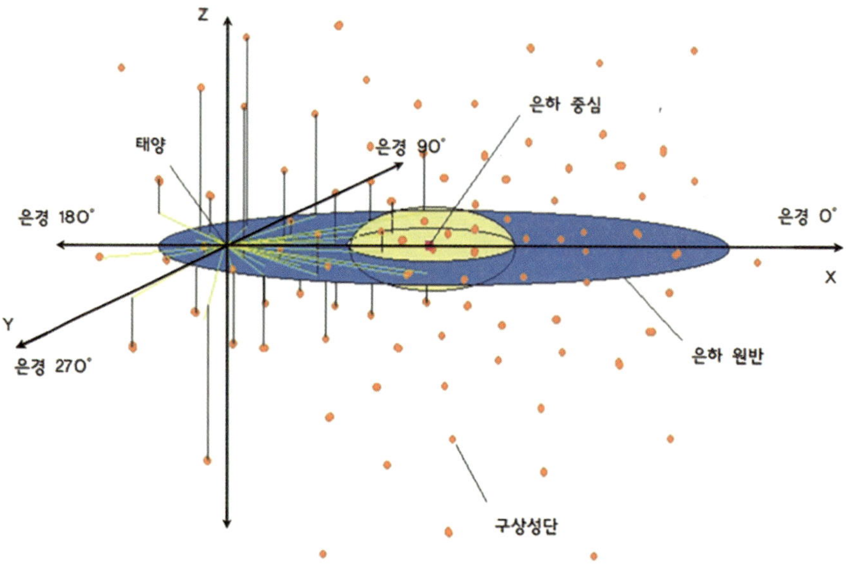

① XY 좌표평면, XZ 좌표평면, YZ 좌표평면에서 우리은하를 바라보았을 때 어떤 모습일지 말해 보자.

XY 좌표평면은 Z축에서 우리은하를 바라본 것으로 우리은하를 위에서 바라본 모습에 해당하고, XZ 좌표평면은 Y축에서 우리은하를 옆에서 바라본 모습에 해당하며, YZ 좌표평면은 X축에서, 즉 지구에서 우리은하의 중심을 바라본 모습에 해당한다.

2. XY 좌표평면, XZ 좌표평면, YZ 좌표평면에 대하여 구상성단의 위치를 분산형 그래프로 만들어 보자.

XY평면

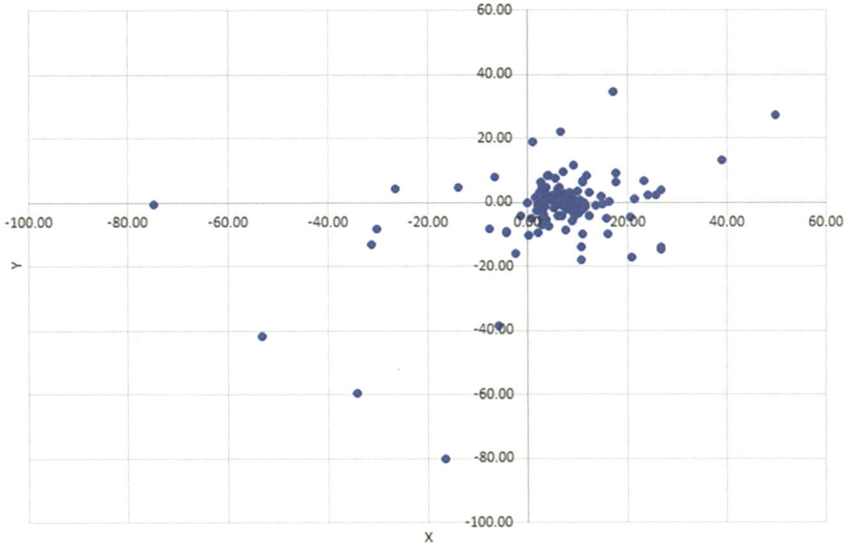
60.00
40.00
20.00
0.00
-20.00
-40.00
-60.00
-80.00
-100.00
-100.00
-80.00
-60.00
-40.00
-20.00
0.00
20.00
40.00
60.00
Y
X

XZ평면

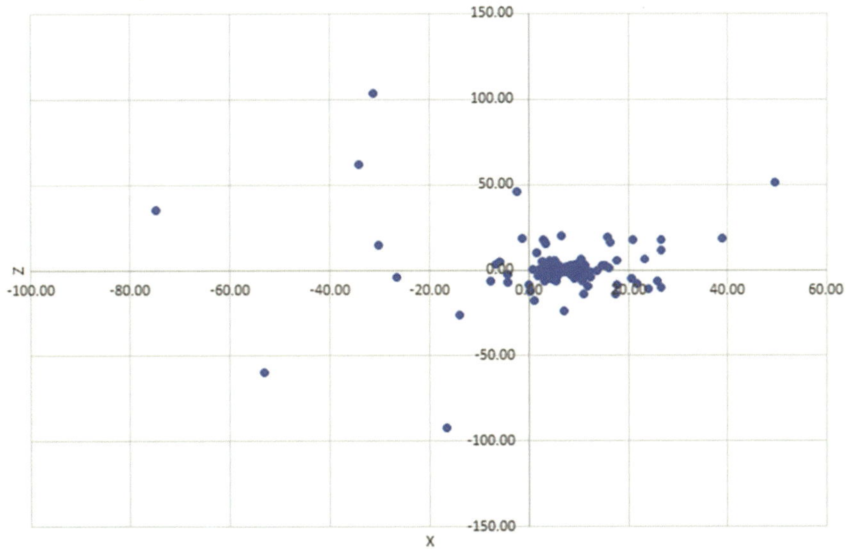
150.00
100.00
50.00
0.00
-50.00
-100.00
-150.00
-100.00
-80.00
-60.00
-40.00
-20.00
0.00
20.00
40.00
60.00
Z
X

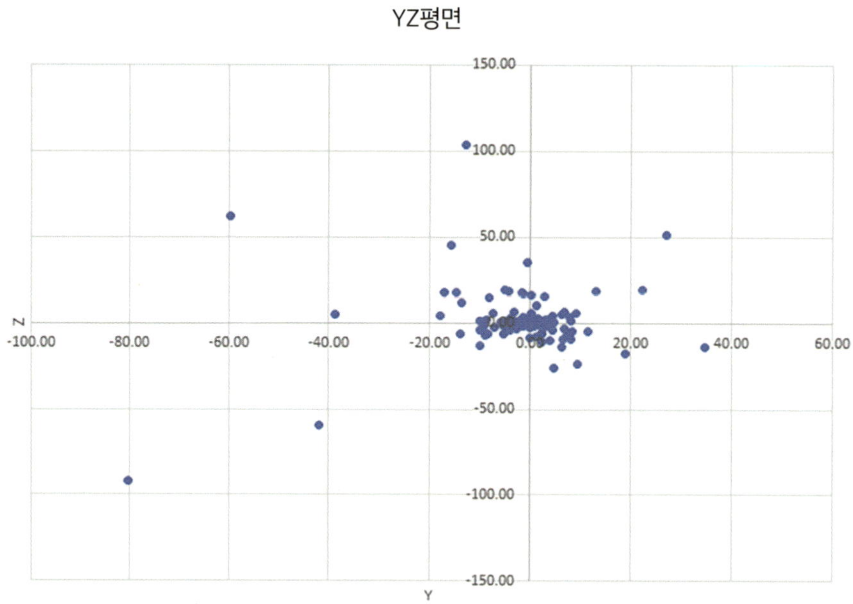

❶ XY 좌표평면, XZ 좌표평면, YZ 좌표평면 중 어느 평면을 이용하여 은하의 중심을 구하는 것이 바람직한가? 그리고 어떻게 구할 수 있을까?

XY 좌표평면과 XZ 좌표평면, X 평균값을 구한다.

❷ 무게 중심 원리를 이용하여 우리은하 중심이 태양으로부터 얼마나 멀리 떨어져 있는지 계산해 보자.

6.01*kpc*

※ 단, 태양에서 우리은하 중심까지의 거리는 7.93~8.27*kpc*이다.

❸ 오차의 원인은 무엇이라 생각되는가?

우리은하 중심에서 멀리 떨어진 소수의 구상성단의 거리가 매우 멀어 은하의 중심 위치를 결정하는 데 지나치게 많은 영향을 미친다.

❹ 어떻게 하면 오차를 줄일 수 있을까?

구상성단 전체가 아닌 우리은하 중심 부근에 위치한 구상성단을 중심으로 결정한다.

❺ 우리은하 중심 부근에 위치한 구상성단을 중심으로 우리은하 중심까지의 거리를 결정해 보자.

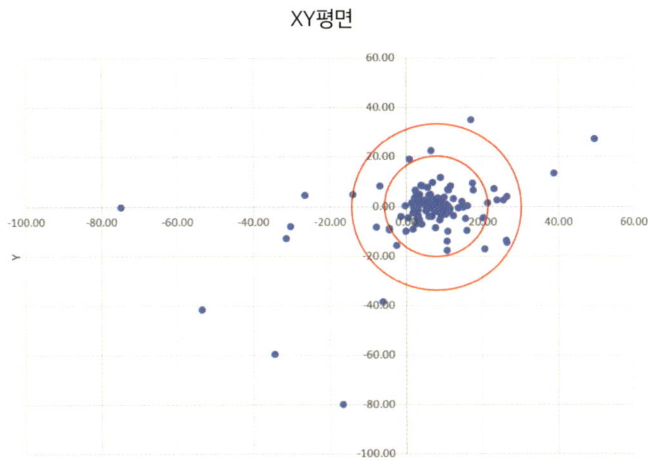

7.88kpc

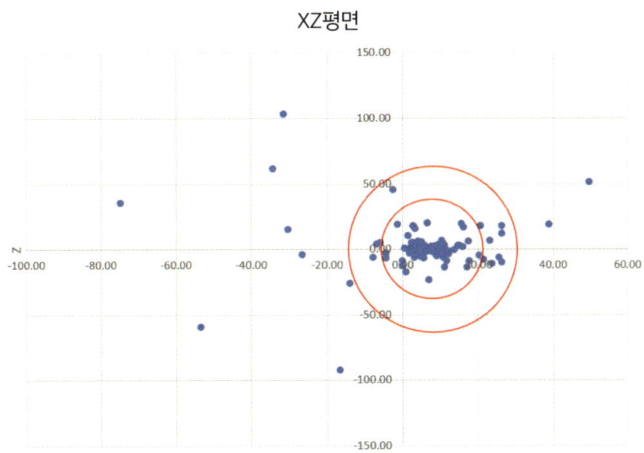

7.82kpc

XY 평면에서 X의 길이는 7.88kpc, XZ 평면에서 X의 길이는 7.82kpc으로 결정되었다.

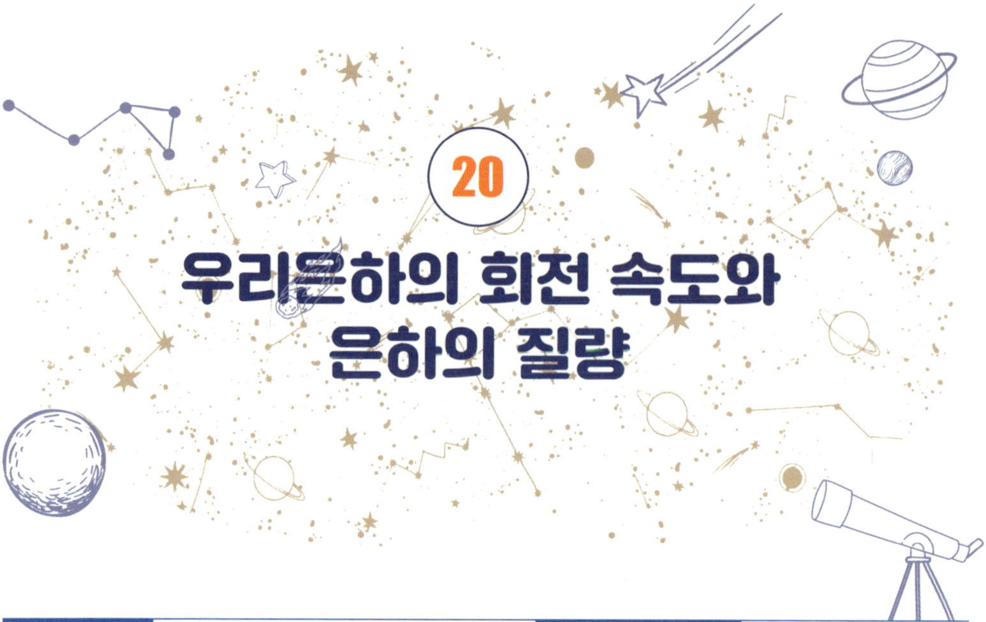

20

우리은하의 회전 속도와 은하의 질량

분류	은하의 관측	난이도	★★★★
준비물	계산기		
탐구 목표	21cm파를 이용하여 우리은하의 회전 속도와 질량을 구할 수 있다.		

고등학교 지구과학 교과서에는 중성수소 21cm파를 이용하여 우리은하의 회전 속도를 알아냈다는 내용이 있다. 그런데 아쉽게도 전파망원경을 이용하여 우리은하를 관측하고 싶어도 전파망원경을 접할 수도 없고 사용할 수도 없기에 이는 그림의 떡에 불과하다. 필자는 2002년 경기과학고등학교로 근무지를 이동하였고, 이때 미국 MIT에서 제작한 지름 2.3m의 소형전파망원경을 처음으로 접하게 되었다. 이 전파망원경이 수입됐던 당시 국내에는 조립과 사용법을 아는 사람이 없었으며, 학교에서도 어렵게 구입하였지만 사정이 여의치 않아 조립도 미뤄져 있던 상태였다. 필자는 1년 동안 학생들과 매뉴얼을 참고하고 수많은 시행착오를 겪으며 조립을 완료하였고,

전파망원경 사용법과 관측 방법, 전파천문학에 대한 기본 원리를 배워나갔다. 그리고 전파망원경을 이용하여 우리은하의 회전 속도를 측정하여 우리은하의 중력과 암흑물질의 양을 측정하였을 때 그 기쁨은 이루 형언할 수 없었다. 자! 전파망원경을 이용하여 어떻게 우리은하의 회전 속도와 질량을 구할 수 있을지 알아보자.

이론적 배경

중성수소 21cm 전파의 발생

성간 기체는 대부분 양성자 1개와 전자 1개로 이루어진 중성수소 형태로 존재한다. 성간 기체는 온도가 매우 낮아 중성수소의 전자는 대부분 에너지가 낮은 바닥 상태(ground state)에 존재하므로 전자의 궤도천이에 의한 복사가 잘 발생하지 않는다. 전자는 스핀*을 갖고 있는데 이 스핀의 방향이 양성자와 같은 방향일 때와 반대 방향일 때 에너지 준위에는 미세한 차이가 발생한다. 전자의 스핀 방향이 양성자와 같을 때 에너지는 반대일 때보다 약간 높은데, 전자의 스핀이 양성자와 같은 방향에서 반대 방향으로 바뀌면서 복사를 방출한다. 이와 같은 상태 변화를 미세천이(hyperfine transition)라고 부르며 중성수소운에서 방출되는 21cm 전파 방출선이 바로 여기에 해당한다. 이 미세천이가 발생할 확률은 매우 낮지만 우리은

* 양자역학에서 입자의 운동과 무관한 고유 각운동량

하는 거대한 분자운을 이루므로 실제 21cm 전파의 강도는 매우 세다. 그리고 21cm 전파는 성간 물질에 의해 거의 흡수되지 않아 우리 은하의 끝부분까지 관측할 수 있다.

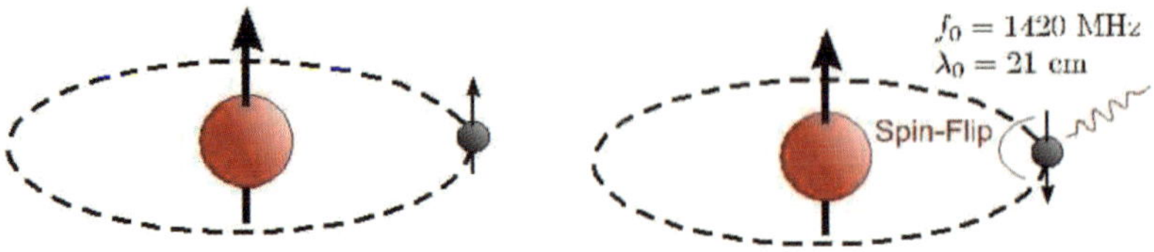

우리은하 나선팔의 회전 속도

지구에서 관측하였을 때 은하 중심으로부터 은경 l만큼 떨어진 중성수소운은 다음과 같이 표현된다.

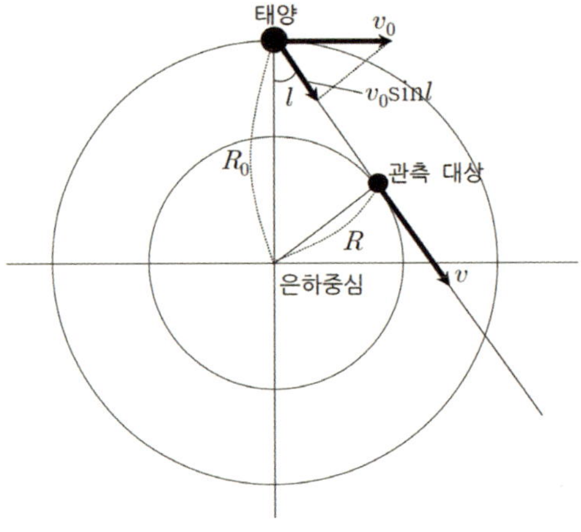

지구에서 관측 대상인 중성수소운을 관찰하였을 때 최대 시선 속도 $v_{max} = v - v_0 \sin l$이다.

따라서 중성수소운의 회전 속도 $v = v_{max} + v_0 \sin l$이다.

그리고 은하 중심부터 중성수소운까지의 거리 $R = R_0 \sin l$이다.

우리은하의 질량

중성수소운이 은하의 중심을 기준으로 회전할 때 궤도 안쪽의 은하 질량은 다음과 같다.

$$\frac{GMm}{R^2}=\frac{mv^2}{R},\quad \frac{GM}{R}=v^2,\quad M=\frac{Rv^2}{G}$$

(M: 궤도 안쪽의 은하 질량, R: 은하 중심까지의 거리, v: 중성수소운의 회전 속도, G: 만유인력 상수)

관측 방법

❶ 관측 장비 : SRT(Small Radio Telescope)

SRT(Small Radio Telescope)는 MIT 헤이스택 천문대에서 제작한 소형 전파망원경이다. 지름 2.3m, 관측 가능한 주파수 영역은

SRT(소형 전파망원경)

1,370~1,800MHz로 중성수소 21cm파의 중심주파수 1420.4MHz를 효과적으로 관측할 수 있다. SRT는 MIT에서 교육용으로 제작한 전파망원경으로 가격이 저렴한 편이며, 사용법이 간단하여 고등학교 학생과 대학교 천문학과 학부생의 실습 및 연구용으로 전 세계에서 널리 사용된다.

② 관측 기간 : 2004. 11. 12～2005. 1. 20

③ 기상 상태 : 기상에 의한 영향을 최소화하기 위해 날씨가 맑은 날을 선정하여 관측

④ 관측 대상 : 우리은하(은하수)

⑤ 사용 주파수 영역 : 1420.4MHz (21cm)

⑥ 관측 영역 : 은경 20°～ 90°(은경 5° 단위)

관측 결과

1. 그림은 2004년부터 2005년까지 SRT를 이용하여 우리은하의 나선팔을 관측한 결과를 그래프로 나타낸 것이다.

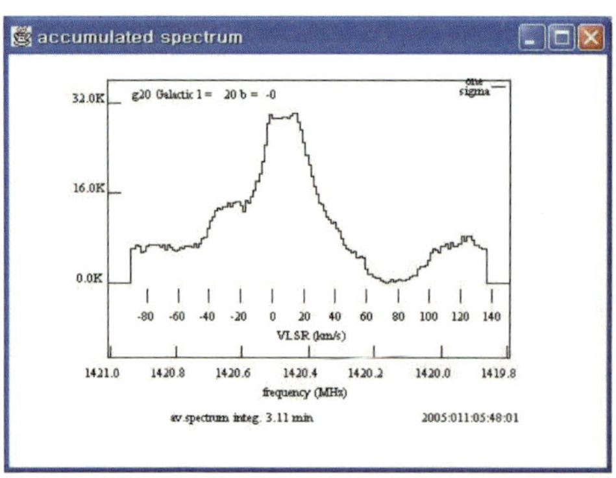

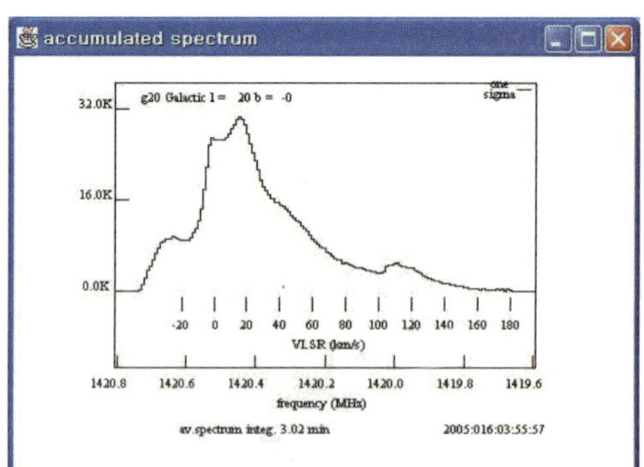

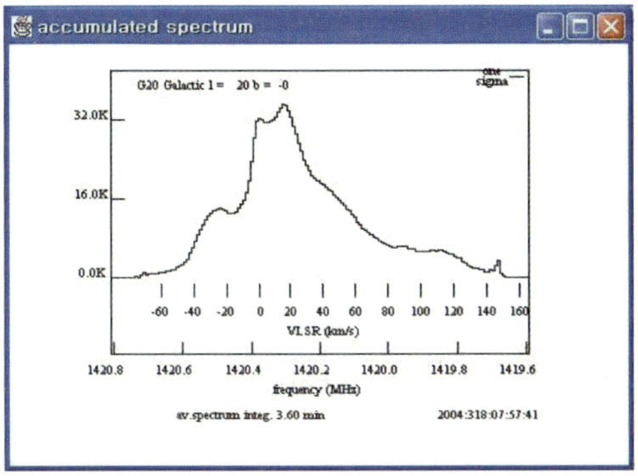
accumulated spectrum
G20 Galactic l = 20 b = -0
one sigma
32.0K
16.0K
0.0K
-60 -40 -20 0 20 40 60 80 100 120 140 160
VLSR (km/s)
1420.8 1420.6 1420.4 1420.2 1420.0 1419.8 1419.6
frequency (MHz)
av.spectrum integ. 3.60 min
2004:318:07:57:41

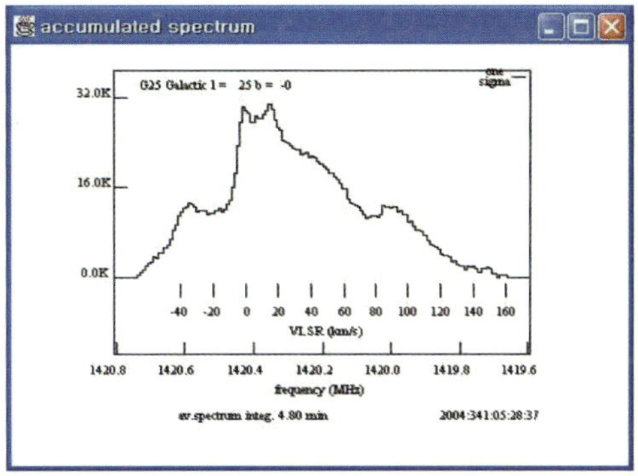
accumulated spectrum
G25 Galactic l = 25 b = -0
one sigma
32.0K
16.0K
0.0K
-40 -20 0 20 40 60 80 100 120 140 160
VLSR (km/s)
1420.8 1420.6 1420.4 1420.2 1420.0 1419.8 1419.6
frequency (MHz)
av.spectrum integ. 4.80 min
2004:341:05:28:37

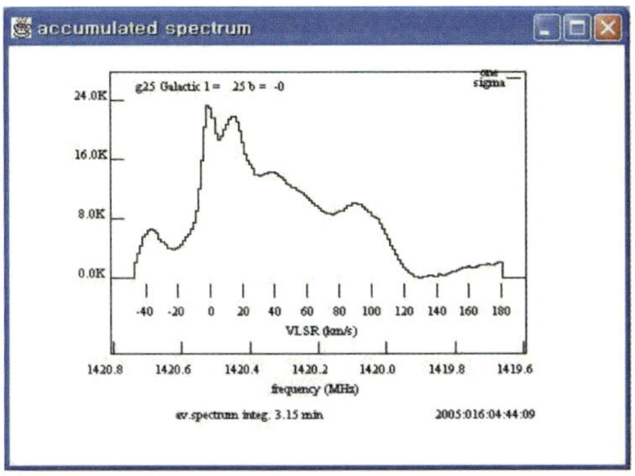
accumulated spectrum
g25 Galactic l = 25 b = -0
one sigma
24.0K
16.0K
8.0K
0.0K
-40 -20 0 20 40 60 80 100 120 140 160 180
VLSR (km/s)
1420.8 1420.6 1420.4 1420.2 1420.0 1419.8 1419.6
frequency (MHz)
av.spectrum integ. 3.15 min
2005:016:04:44:09

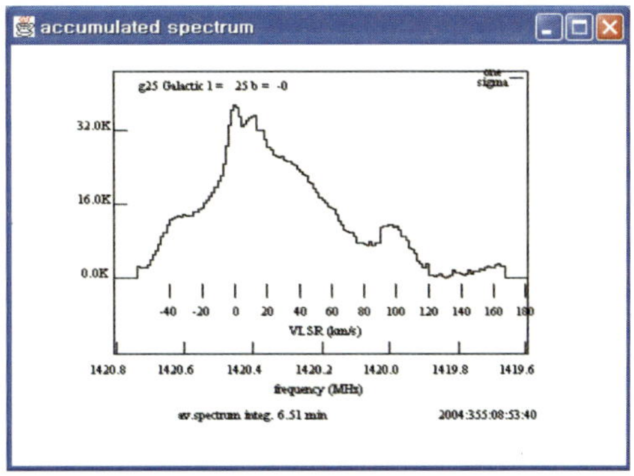
accumulated spectrum
g25 Galactic l = 25 b = -0
one sigma
32.0K
16.0K
0.0K
-40 -20 0 20 40 60 80 100 120 140 160 180
VLSR (km/s)
1420.8 1420.6 1420.4 1420.2 1420.0 1419.8 1419.6
frequency (MHz)
av.spectrum integ. 6.51 min
2004:355:08:53:40

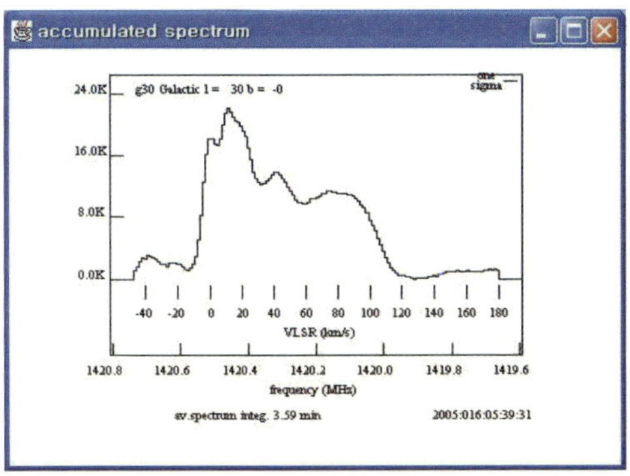
accumulated spectrum
g30 Galactic l = 30 b = -0
one sigma
24.0K
16.0K
8.0K
0.0K
-40 -20 0 20 40 60 80 100 120 140 160 180
VLSR (km/s)
1420.8 1420.6 1420.4 1420.2 1420.0 1419.8 1419.6
frequency (MHz)
av.spectrum integ. 3.59 min
2005:016:05:39:31

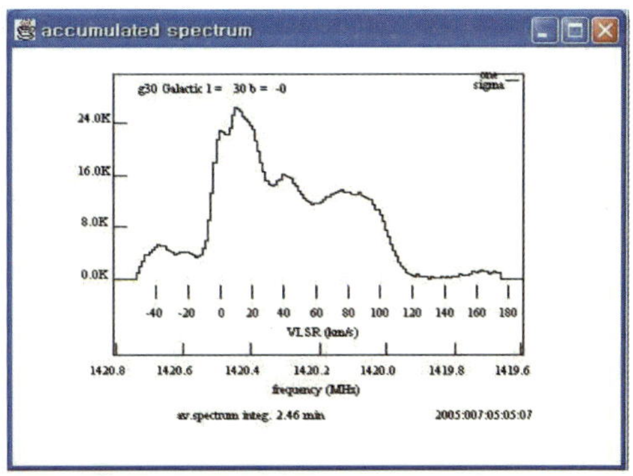
accumulated spectrum
g30 Galactic l = 30 b = -0
one sigma
24.0K
16.0K
8.0K
0.0K
-40 -20 0 20 40 60 80 100 120 140 160 180
VLSR (km/s)
1420.8 1420.6 1420.4 1420.2 1420.0 1419.8 1419.6
frequency (MHz)
av.spectrum integ. 2.46 min
2005:007:05:05:07

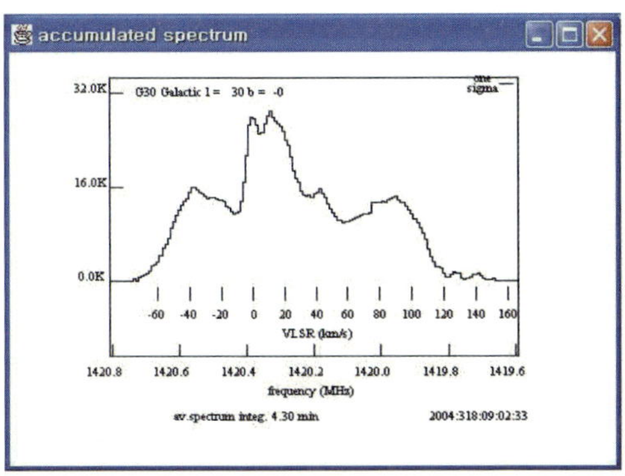
accumulated spectrum
G30 Galactic l = 30 b = -0
one sigma
32.0K
16.0K
0.0K
-60 -40 -20 0 20 40 60 80 100 120 140 160
VLSR (km/s)
1420.8 1420.6 1420.4 1420.2 1420.0 1419.8 1419.6
frequency (MHz)
av.spectrum integ. 4.30 min
2004:318:09:02:33

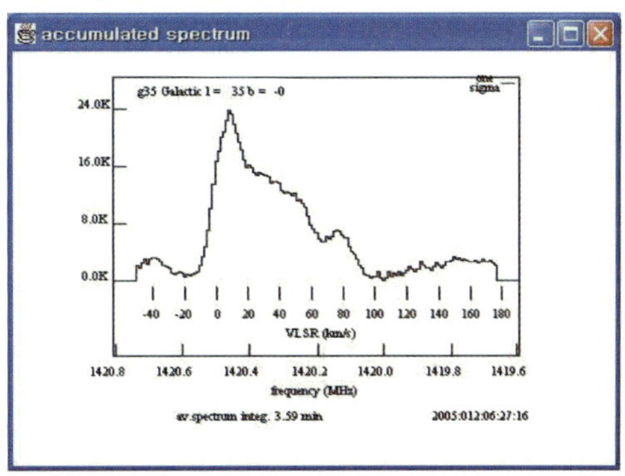
accumulated spectrum
g35 Galactic l = 35 b = -0
one sigma
24.0K
16.0K
8.0K
0.0K
-40 -20 0 20 40 60 80 100 120 140 160 180
VLSR (km/s)
1420.8 1420.6 1420.4 1420.2 1420.0 1419.8 1419.6
frequency (MHz)
av.spectrum integ. 3.59 min
2005:012:06:27:16

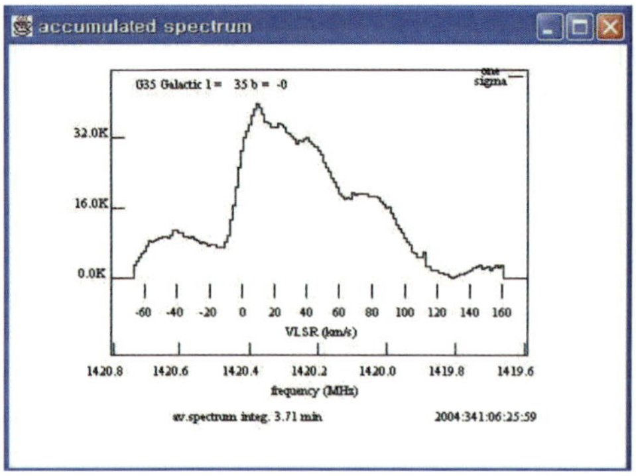
accumulated spectrum
G35 Galactic l = 35 b = -0
one sigma
32.0K
16.0K
0.0K
VLSR (km/s)
frequency (MHz)
av.spectrum integ. 3.71 min
2004:341:06:25:59

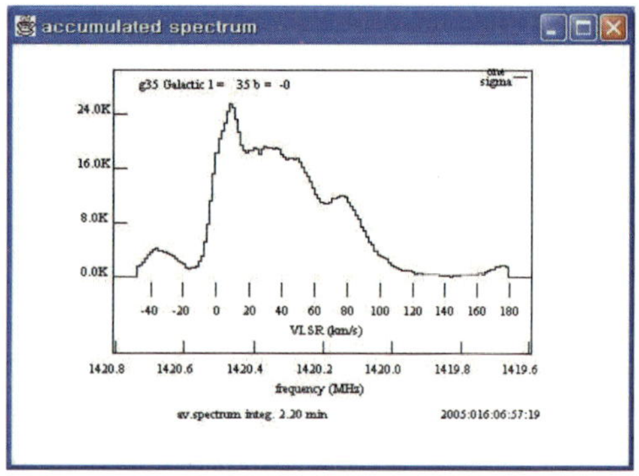
accumulated spectrum
g35 Galactic l = 35 b = -0
one sigma
24.0K
16.0K
8.0K
0.0K
VLSR (km/s)
frequency (MHz)
av.spectrum integ. 2.20 min
2005:016:06:57:19

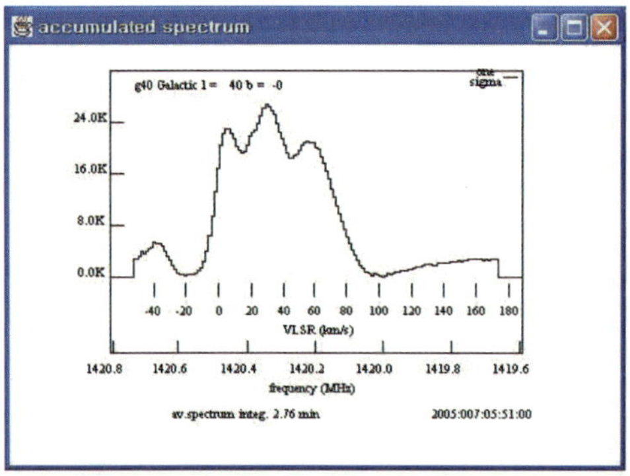
accumulated spectrum
g40 Galactic l = 40 b = -0
one sigma
24.0K
16.0K
8.0K
0.0K
VLSR (km/s)
frequency (MHz)
av.spectrum integ. 2.76 min
2005:007:05:51:00

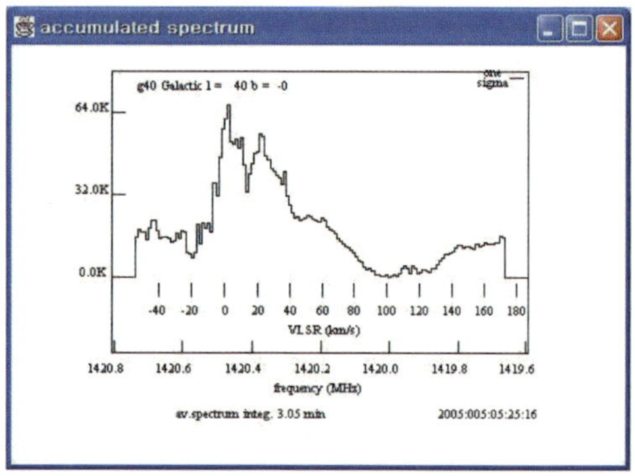
accumulated spectrum
g40 Galactic l = 40 b = -0
one sigma
64.0K
32.0K
0.0K
VLSR (km/s)
frequency (MHz)
av.spectrum integ. 3.05 min
2005:005:05:25:16

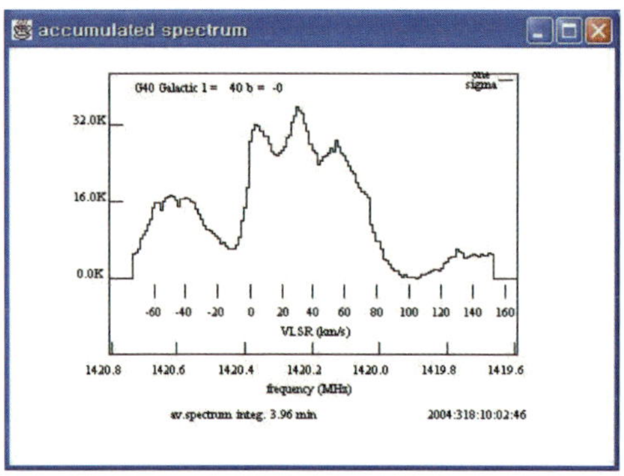
accumulated spectrum
G40 Galactic l = 40 b = -0
one sigma
32.0K
16.0K
0.0K
VLSR (km/s)
frequency (MHz)
av.spectrum integ. 3.96 min
2004:318:10:02:46

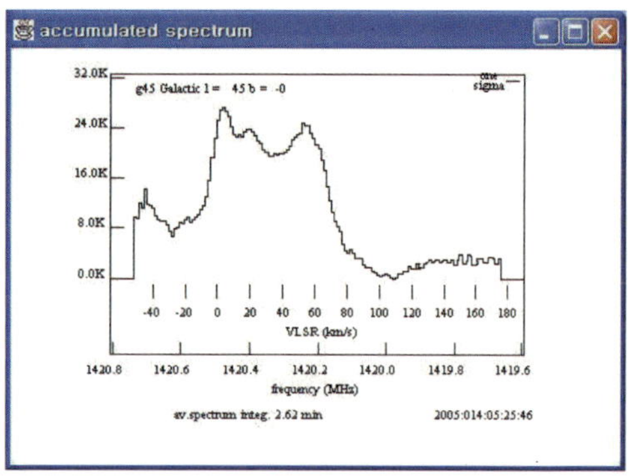
accumulated spectrum
g45 Galactic l = 45 b = -0
one sigma
32.0K
24.0K
16.0K
8.0K
0.0K
VLSR (km/s)
frequency (MHz)
av.spectrum integ. 2.62 min
2005:014:05:25:46

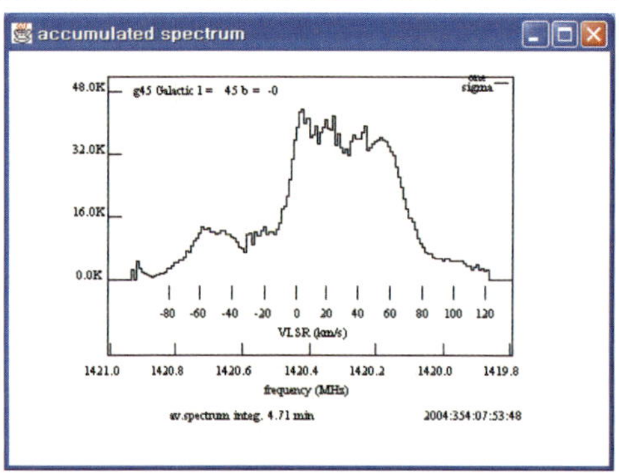
accumulated spectrum
g45 Galactic l = 45 b = -0
one sigma
48.0K
32.0K
16.0K
0.0K
VLSR (km/s)
frequency (MHz)
av.spectrum integ. 4.71 min
2004:354:07:53:48

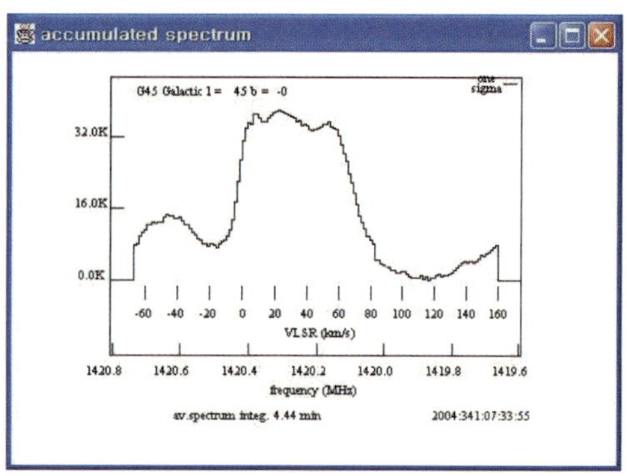
accumulated spectrum
G45 Galactic l = 45 b = -0
one sigma
32.0K
16.0K
0.0K
VLSR (km/s)
frequency (MHz)
av.spectrum integ. 4.44 min
2004:341:07:33:55

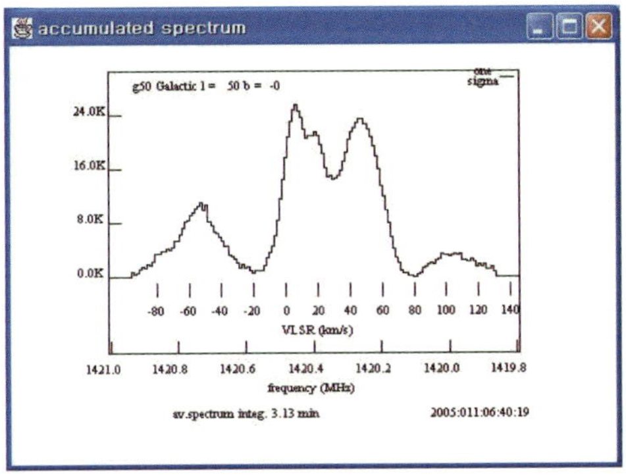
accumulated spectrum
g50 Galactic l = 50 b = -0
VLSR (km/s)
frequency (MHz)
av.spectrum integ. 3.13 min
2005:011:06:40:19

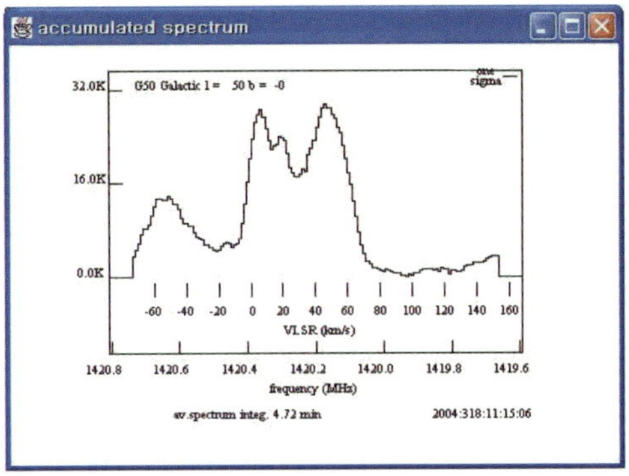
accumulated spectrum
G50 Galactic l = 50 b = -0
VLSR (km/s)
frequency (MHz)
av.spectrum integ. 4.72 min
2004:318:11:15:06

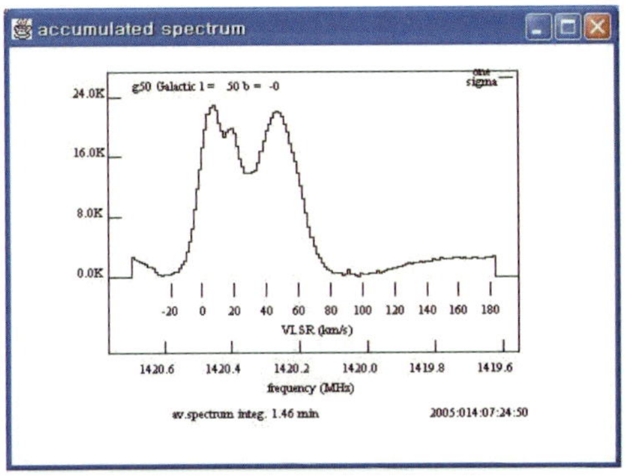
accumulated spectrum
g50 Galactic l = 50 b = -0
VLSR (km/s)
frequency (MHz)
av.spectrum integ. 1.46 min
2005:014:07:24:50

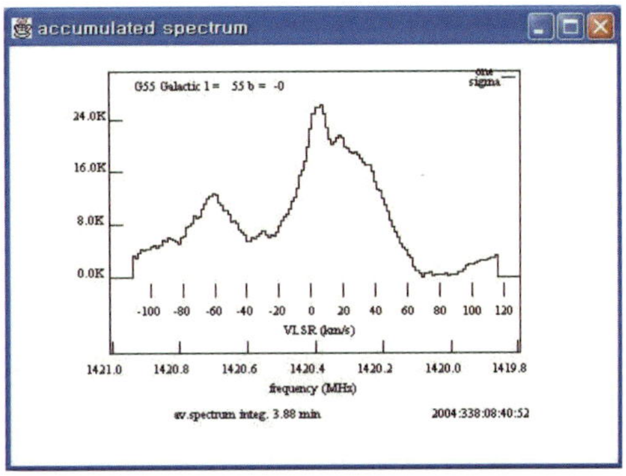
accumulated spectrum
G55 Galactic l = 55 b = -0
VLSR (km/s)
frequency (MHz)
av.spectrum integ. 3.88 min
2004:338:08:40:52

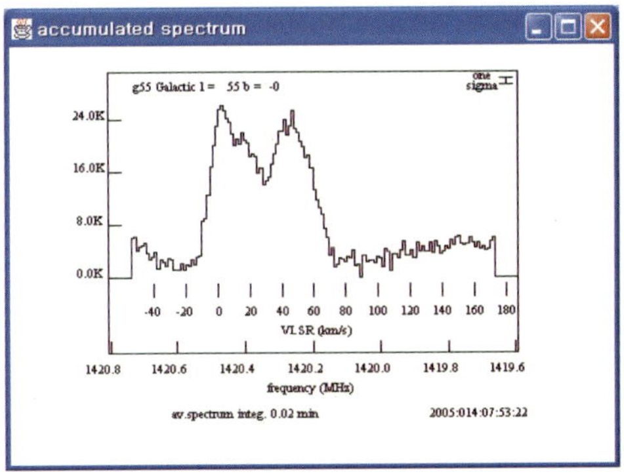
accumulated spectrum
g55 Galactic l = 55 b = -0
VLSR (km/s)
frequency (MHz)
av.spectrum integ. 0.02 min
2005:014:07:53:22

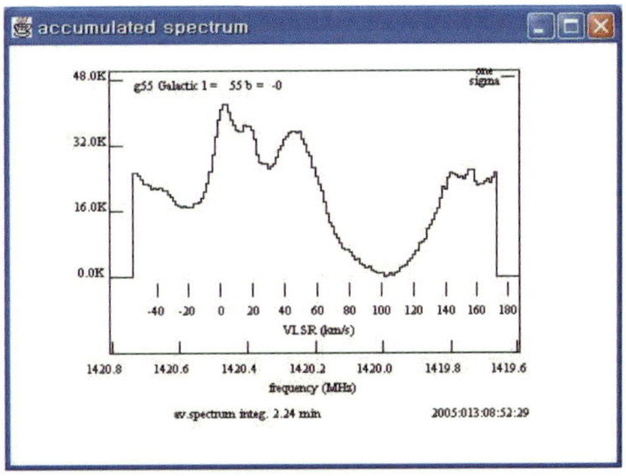
accumulated spectrum
g55 Galactic l = 55 b = -0
VLSR (km/s)
frequency (MHz)
av.spectrum integ. 2.24 min
2005:013:08:52:29

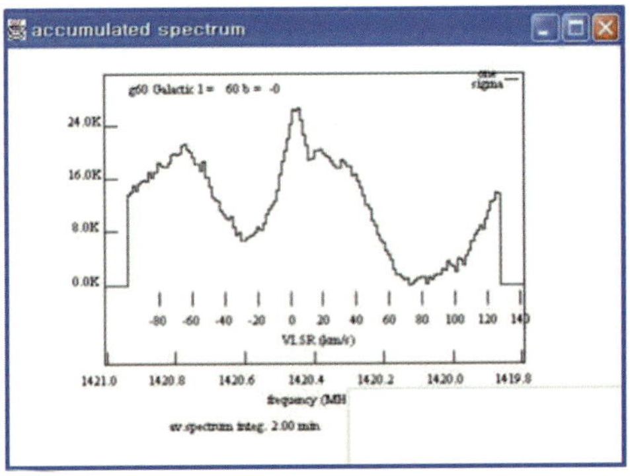
accumulated spectrum
g60 Galactic l = 60 b = -0
VLSR (km/s)
av.spectrum integ. 2.00 min

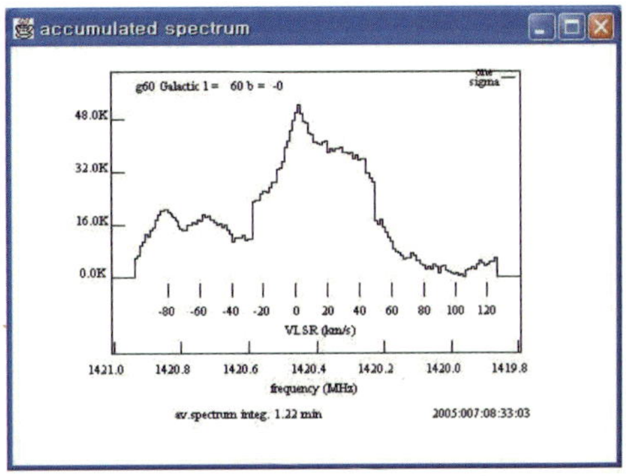
accumulated spectrum
g60 Galactic l = 60 b = -0
VLSR (km/s)
frequency (MHz)
av.spectrum integ. 1.22 min
2005:007:08:33:03

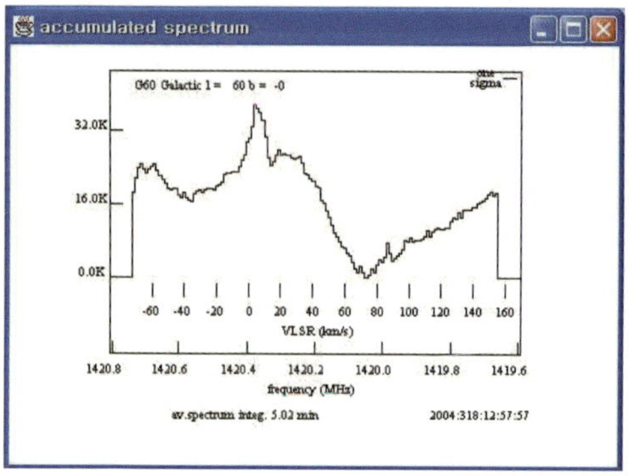
accumulated spectrum
G60 Galactic l = 60 b = -0
one sigma
VLSR (km/s)
frequency (MHz)
av.spectrum integ. 5.02 min
2004:318:12:57:57

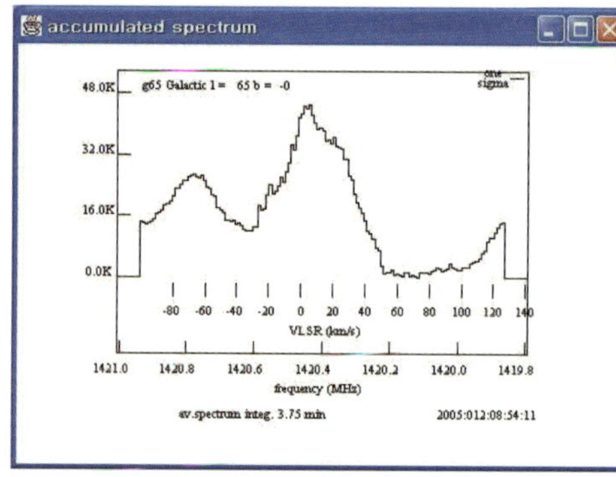
accumulated spectrum
g65 Galactic l = 65 b = -0
one sigma
VLSR (km/s)
frequency (MHz)
av.spectrum integ. 3.75 min
2005:012:08:54:11

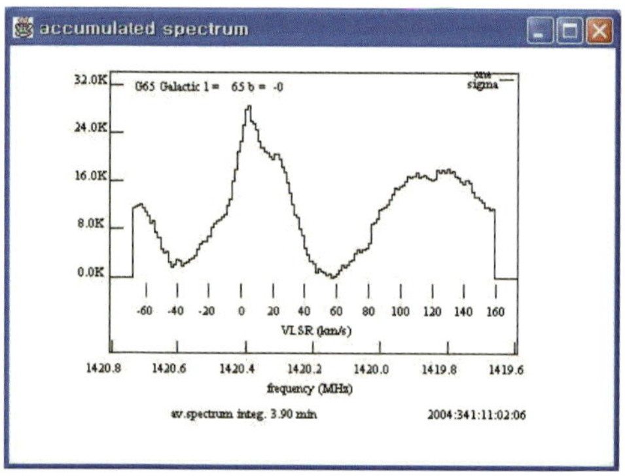
accumulated spectrum
G65 Galactic l = 65 b = -0
one sigma
VLSR (km/s)
frequency (MHz)
av.spectrum integ. 3.90 min
2004:341:11:02:06

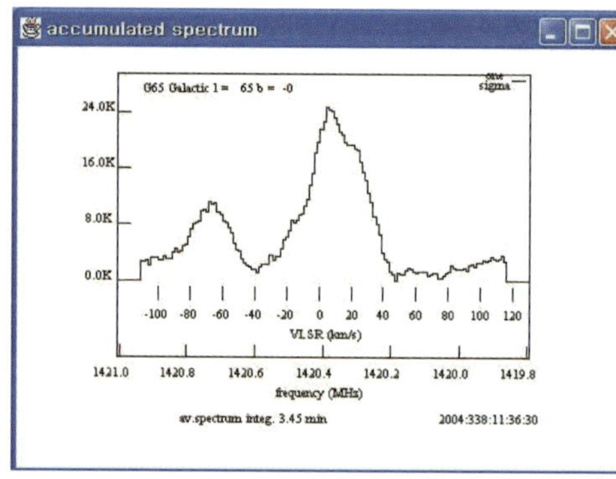
accumulated spectrum
G65 Galactic l = 65 b = -0
one sigma
VLSR (km/s)
frequency (MHz)
av.spectrum integ. 3.45 min
2004:338:11:36:30

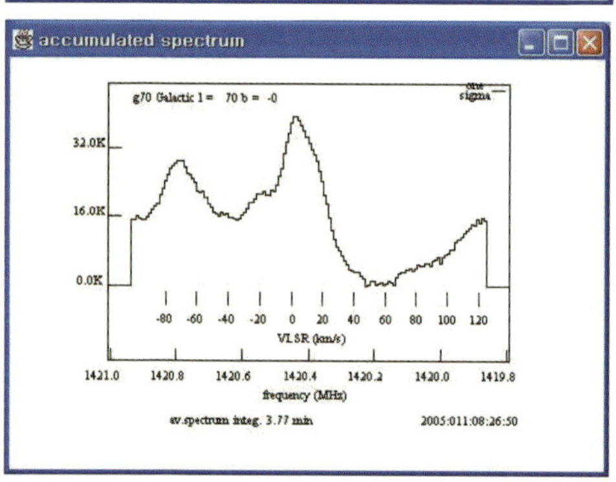
accumulated spectrum
g70 Galactic l = 70 b = -0
one sigma
VLSR (km/s)
frequency (MHz)
av.spectrum integ. 3.77 min
2005:011:08:26:50

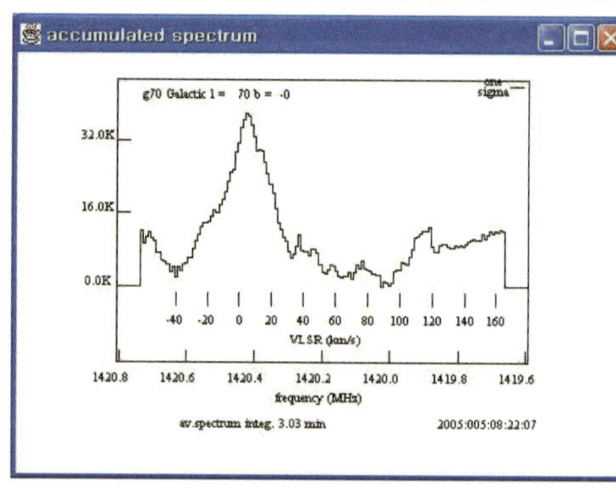
accumulated spectrum
g70 Galactic l = 70 b = -0
one sigma
VLSR (km/s)
frequency (MHz)
av.spectrum integ. 3.03 min
2005:005:08:22:07

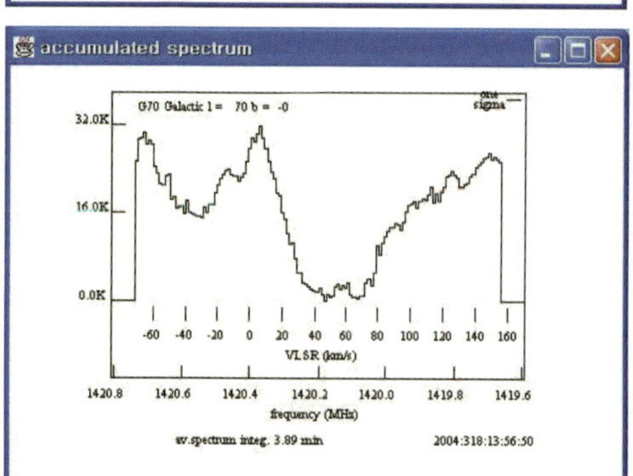
accumulated spectrum
G70 Galactic l = 70 b = -0
one sigma
VLSR (km/s)
frequency (MHz)
av.spectrum integ. 3.89 min
2004:318:13:56:50

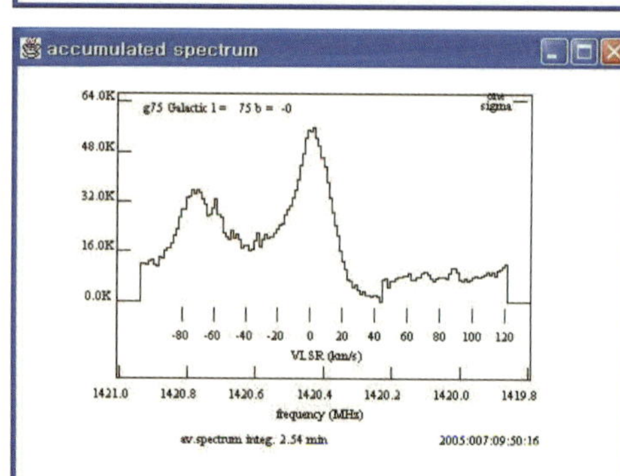
accumulated spectrum
g75 Galactic l = 75 b = -0
one sigma
VLSR (km/s)
frequency (MHz)
av.spectrum integ. 2.54 min
2005:007:09:50:16

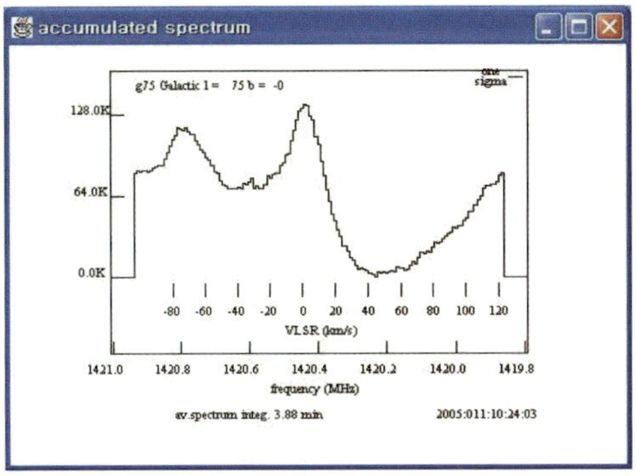
accumulated spectrum
g75 Galactic l = 75 b = -0
one sigma
128.0K
64.0K
0.0K
-80 -60 -40 -20 0 20 40 60 80 100 120
VLSR (km/s)
1421.0 1420.8 1420.6 1420.4 1420.2 1420.0 1419.8
frequency (MHz)
av.spectrum integ. 3.88 min
2005:011:10: 24:03

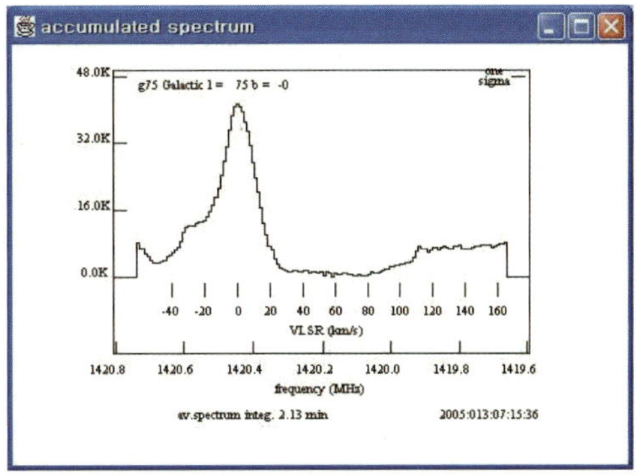
accumulated spectrum
g75 Galactic l = 75 b = -0
one sigma
48.0K
32.0K
16.0K
0.0K
-40 -20 0 20 40 60 80 100 120 140 160
VLSR (km/s)
1420.8 1420.6 1420.4 1420.2 1420.0 1419.8 1419.6
frequency (MHz)
av.spectrum integ. 2.13 min
2005:013:07:15:36

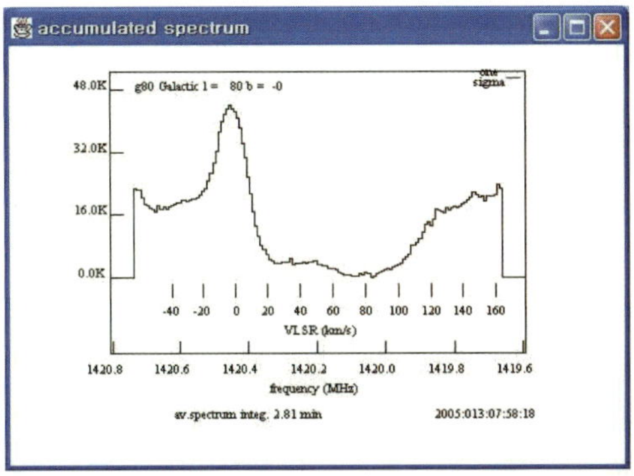
accumulated spectrum
g80 Galactic l = 80 b = -0
one sigma
48.0K
32.0K
16.0K
0.0K
-40 -20 0 20 40 60 80 100 120 140 160
VLSR (km/s)
1420.8 1420.6 1420.4 1420.2 1420.0 1419.8 1419.6
frequency (MHz)
av.spectrum integ. 2.81 min
2005:013:07:58:18

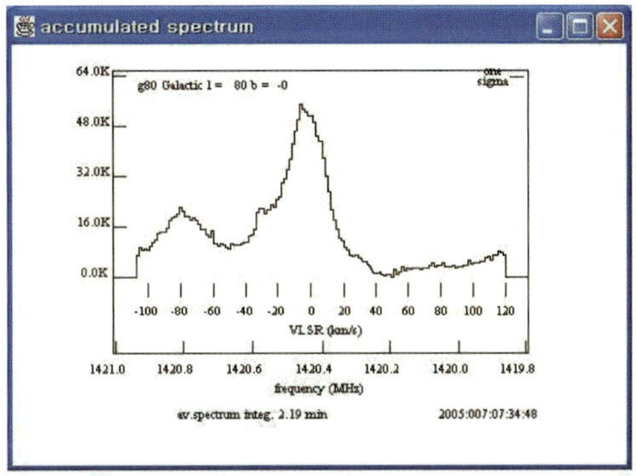
accumulated spectrum
g80 Galactic l = 80 b = -0
one sigma
64.0K
48.0K
32.0K
16.0K
0.0K
-100 -80 -60 -40 -20 0 20 40 60 80 100 120
VLSR (km/s)
1421.0 1420.8 1420.6 1420.4 1420.2 1420.0 1419.8
frequency (MHz)
av.spectrum integ. 2.19 min
2005:007:07:34:48

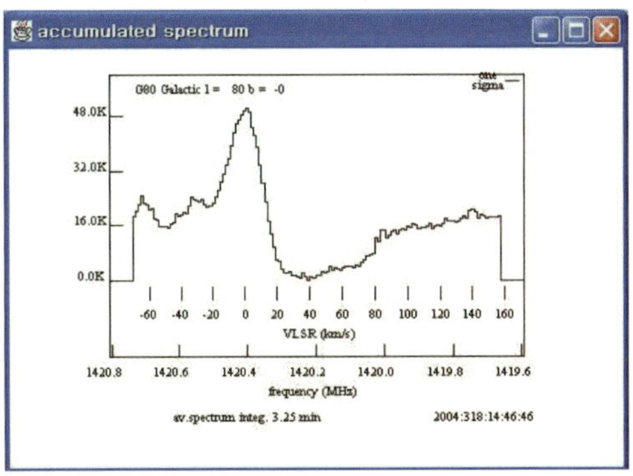
accumulated spectrum
G80 Galactic l = 80 b = -0
one sigma
48.0K
32.0K
16.0K
0.0K
-60 -40 -20 0 20 40 60 80 100 120 140 160
VLSR (km/s)
1420.8 1420.6 1420.4 1420.2 1420.0 1419.8 1419.6
frequency (MHz)
av.spectrum integ. 3.25 min
2004:318:14:46:46

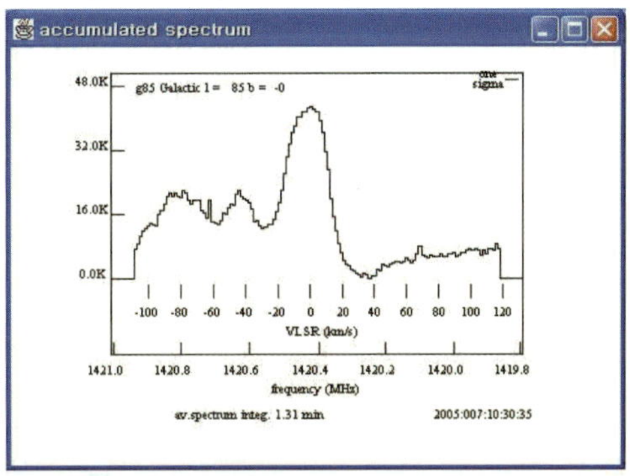
accumulated spectrum
g85 Galactic l = 85 b = -0
one sigma
48.0K
32.0K
16.0K
0.0K
-100 -80 -60 -40 -20 0 20 40 60 80 100 120
VLSR (km/s)
1421.0 1420.8 1420.6 1420.4 1420.2 1420.0 1419.8
frequency (MHz)
av.spectrum integ. 1.31 min
2005:007:10:30:35

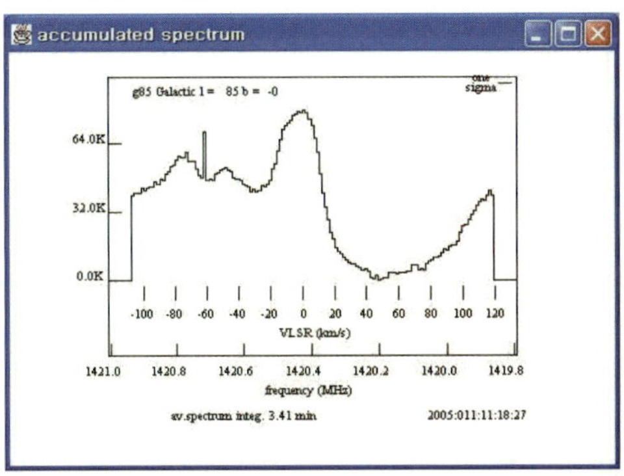
accumulated spectrum
g85 Galactic l = 85 b = -0
one sigma
64.0K
32.0K
0.0K
-100 -80 -60 -40 -20 0 20 40 60 80 100 120
VLSR (km/s)
1421.0 1420.8 1420.6 1420.4 1420.2 1420.0 1419.8
frequency (MHz)
av.spectrum integ. 3.41 min
2005:011:11:18:27

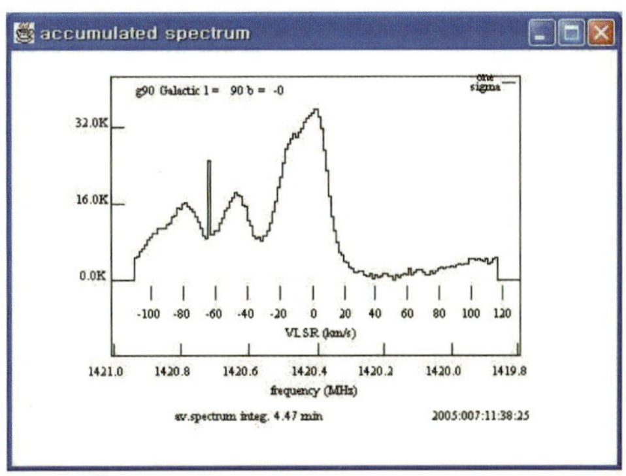
accumulated spectrum
g90 Galactic l = 90 b = -0
one sigma
32.0K
16.0K
0.0K
-100 -80 -60 -40 -20 0 20 40 60 80 100 120
VLSR (km/s)
1421.0 1420.8 1420.6 1420.4 1420.2 1420.0 1419.8
frequency (MHz)
av.spectrum integ. 4.47 min
2005:007:11:38:25

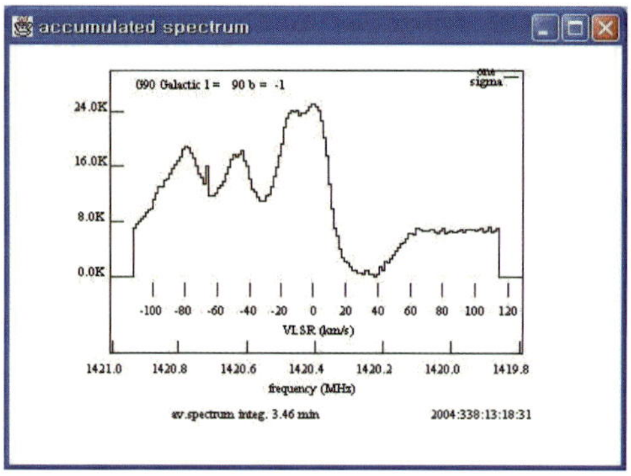

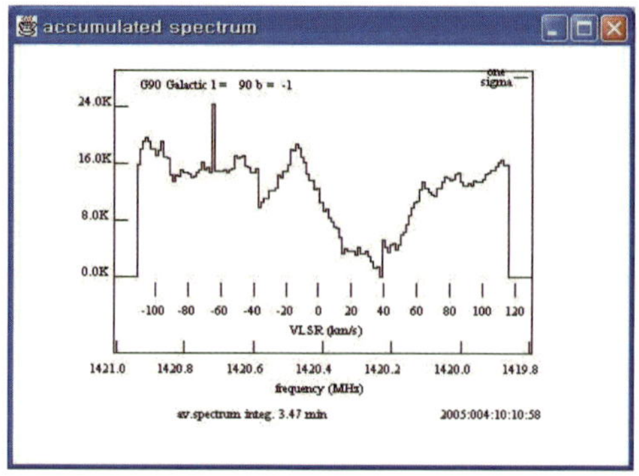

관측 자료 해석

1. 그림은 SRT를 이용하여 관측한 자료이다. 이 그래프를 해석하기 위한 정보는 다음과 같다.

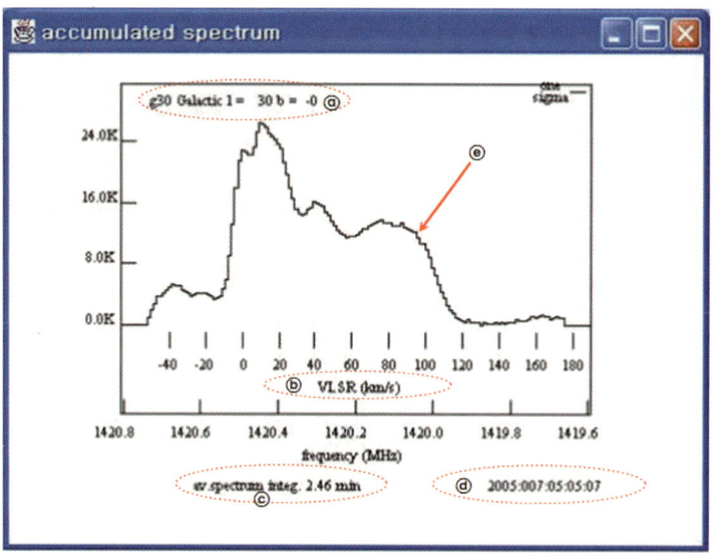

ⓐ Galactic $l = 30$ b = 0 ⇨ [은경 30°, 은위 0°]

ⓑ VLSR(km/s) ⇨ [은하면의 회전 속도(km/s)]

ⓒ av.spectrum integ 2.46min ⇨ [관측 노출 시간 2.46분]

ⓓ 2005 : 007 : 05 : 05 : 07 [관측 일시]

⇨ [2005 → 2005년, 007(1월 1일 0시 기준 소요 일수)

→ 1월 7일, 05 → 오전 5시, 05 → 5분, 07 → 7초]

ⓔ 관측값

2. 중성수소 21cm파의 주파수는 1420.4MHz이므로 아주 가느다란 선으로 나타나야 한다. 그런데 은하면의 관측 결과 21cm파의 세기는 폭넓게 분포한다. 그 이유는 무엇인가?

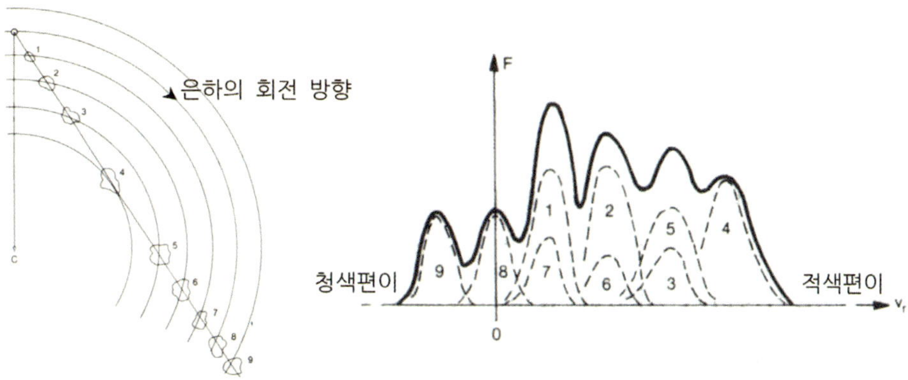

은하 중심으로부터 떨어진 거리에 따라 나선팔의 회전 속도는 달라진다. 지구에서 임의의 방향을 바라보았을 때, 우리에게 도달하는 21cm파는 그림의 1~9번처럼 회진 속도가 다른 여러 지점에서 방출된다. 즉, 어떤 지점에서는 회전 속도가 태양보다 느려 적색편이가 발생하고, 어느 지점에서는 태양보다 회전 속도가 빨라 청색편이가 발생한다. 따라서 1~9번의 편이와 전파의 세기를 고려하면 그림과 같은 형태가 된다. 이러한 이유로 지구에서 관측한 우리은하에서의 중성수소 21cm파의 세기는 가느다란 선이 아닌, 일정한 폭을 지닌 형태로 나타난다.

3. [문제 2]의 결과를 고려할 경우 우리가 측정하고자 하는 대상(은하 중심으로부터 R만큼 떨어져 있는 분자운)의 속도는 어떻게 알아낼까?

우리가 관측하려는 대상은 은하 중심에서 가장 가까운 부분으로, 회전 속도가 가장 빠르다. 따라서 SRT의 21cm파에서 적색편이가 가장 크게 나타난다. 그래프에서 회전 속도가 가장 큰 값을 찾으면 된다.

4. [문제 3]을 고려하여 은경 30°에서의 나선팔의 회전 속도를 구해보자.

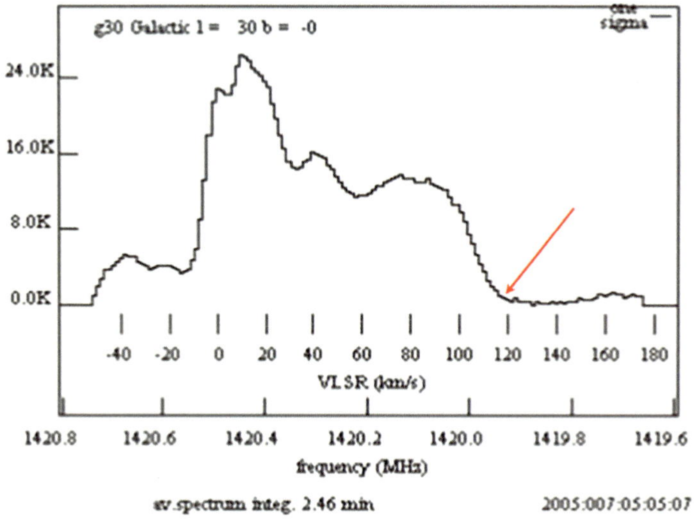

21cm파의 세기 그래프에서 회전 속도가 가장 큰 값은 120km/s이다.

활동 과정

❶ 관측 자료를 이용하여 나선팔의 회전 속도를 구한다.

❷ SRT의 관측 자료를 이용하여 지구에서 관측하였을 때 은하 중심으로부터 은경 l만큼 떨어진 중성수소운의 최대 시선 속도 v_{max}를 구한다.

❸ 중성수소운의 최대 시선 속도의 평균과 표준편차를 구한다.

❹ 은하 중심부터 중성수소운까지의 거리 R을 구한다.

❺ 중성수소운의 회전 속도 v를 계산한다.

결과 및 토의

1. 관측 자료를 이용하여 다음 표를 완성해 보자.

은경 \ 횟수	$v_{ob, max}(km/s)$					$R(kpc)$	$v(km/s)$
	1	2	3	평균	표준편차		
20	140	140	자료 없음	140.00	0.0	2.91	215.2
25	130	125	120	125.00	5.0	3.59	218.0
30	115	117	120	117.33	2.5	4.25	227.3
35	95	120	100	105.00	13.2	4.88	231.2
40	90	80	90	86.67	5.8	5.46	228.1
45	90	80	80	83.33	5.8	6.01	238.9
50	70	75	80	75.00	5.0	6.51	243.5
55	65	70	70	68.33	2.9	6.96	248.5

60	70	70	70	70.00	0.0	7.36	260.5
65	50	50	45	48.33	2.9	7.70	247.7
70	40	30	30	33.33	5.8	7.99	240.1
75	25	30	25	26.67	2.9	8.21	239.2
80	20	20	20	20.00	0.0	8.37	236.7
85	20	20	자료 없음	20.00	0.0	8.47	239.2
90	15	15	15	15.00	0.0	8.50	235.0

은경 30°의 경우 $R = R_0 sinl = 8.5kpc \times sin30° = 4.25kpc$

$v = v_{max} + v_0 sinl = 117.33km/s + 220km/s \times sin30° = 227.3km/s$

(단, 태양에서 은하중심까지의 거리 R_0는 8.5kpc이다.)

2. 표는 버슈(Gerrit L. Verschuur, 1937~)와 켈러만(Kenneth I. Kellermann, 1937~)이 관측한 우리은하의 회전 속도이다. 버슈와 켈러만의 자료와 우리가 결정한 자료를 이용하여 은하의 회전 속도 그래프를 그려 보자.

버슈와 켈러만의 관측 자료(1988)

은경 \ 물리량	R(kpc)	v(km/s)
5	0.74	241.67
10	1.48	215.95
15	2.20	209.19
20	2.91	206.87
25	3.59	217.48

30	4.25	229.50
35	4.88	234.94
40	5.46	238.04
45	6.01	236.06
50	6.51	244.28
55	6.96	245.84
60	7.36	242.65
65	7.70	238.64
70	7.99	238.61
75	8.21	238.00
80	8.37	239.28
85	8.47	238.04

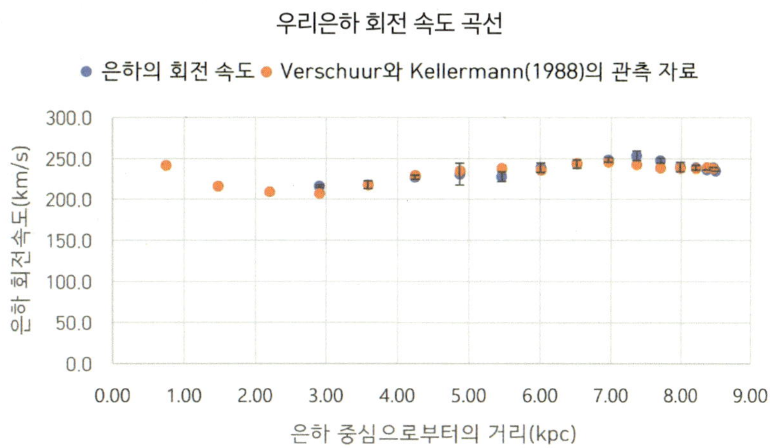

❶ 그래프는 어떤 분포를 보이는가?

거리에 관계없이 회전 속도가 거의 일정하다.

❷ 관측 전 천문학자들은 나선팔의 속도 분포가 어떨 것이라 생각하였는가?

$\frac{GMm}{r^2} = \frac{mv^2}{r}$이므로 $\sqrt{\frac{GM}{r}} = v$이 된다. 즉, 나선팔에 있는 별들은 우리은하를 중심으로 공전하므로 거리에 따라 속도는 줄어들 것으로 생각하였다.

3. 그림은 M33 은하의 모습 위에 예측값과 관측된 은하의 회전 속도 곡선을 함께 나타낸 것이다.

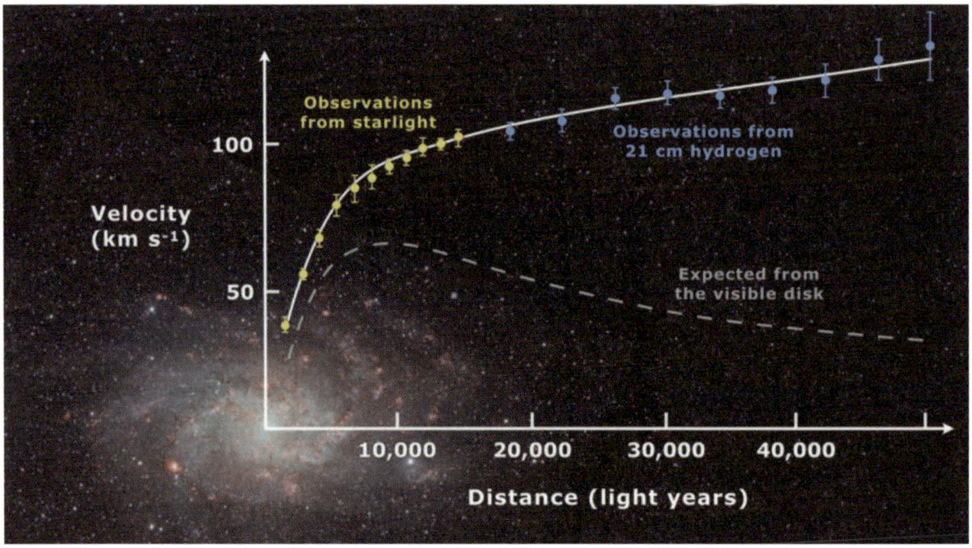

❶ M33 은하의 회전 속도 곡선은 어떤 분포를 보이는가?

은하의 중심에서 8,000광년까지의 속도는 급격히 증가하지만, 8,000광년보다 먼 거리에서는 거의 일정한 형태이다.

❷ M33 은하의 회전 속도 곡선에서 은하의 모습과 회전 속도 곡선을 함께 볼 때, 특이한 점은 무엇인가?

M33 은하의 나선팔 바깥 공간에서도 은하의 회전 속도는 일정하거나 증가한다.

❸ 천문학자들은 은하의 회전 속도가 거리에 따라 일정한 이유를 해석하기 위해 은하 내부 물질의 분포에 따라 은하 회전 속도가 어떻게 달라지는지 계산하였다. 만유인력과 원심력이 평형을 이룬 경우 은하의 회전 속도는 다음과 같이 표현된다.

$\frac{GMm}{R^2} = \frac{mV(R)^2}{R}$ 따라서 $V(R) = \sqrt{\frac{GM}{R}}$ 이다.

ⓐ 은하 내부 물질이 중심에만 밀집해 있는 경우 $V(R) \propto \frac{1}{\sqrt{R}}$, 즉 은하의 중심으로부터 거리가 증가하면 은하의 회전 속도는 감소한다.

예) 태양계 행성의 공전 운동

ⓑ 은하 내부 물질이 균일하게 분포하는 경우 ($\rho(r) = \rho$로 일정)

$M = \int_O^R \rho(r) 4\pi r^2 dr$ 이므로 $V(R) = \sqrt{\frac{4\pi G}{R} \int_O^R \rho(r) r^2 dr}$ 이다.

$$V(R) = \sqrt{\frac{4\pi G}{R} \int_O^R \rho(r) r^2 dr} = \sqrt{\frac{4\pi G}{R} \int_O^R \rho r^2 dr} = \sqrt{\frac{4\pi G}{3} \rho R^2} = R\sqrt{\frac{4\pi G}{3} \rho} \propto R$$

은하의 중심으로부터 거리가 증가하면 은하의 회전 속도도 증가한다.

예) 딱딱한 물체(강체 회전), 우리은하 중심핵에서의 운동

ⓒ 은하 내부 물질의 밀도가 은하 중심으로부터의 거리의 제곱에 반비례하는 경우 ($\rho(r) \propto \frac{1}{r^2}$)

$$V(R) = \sqrt{\frac{4\pi G}{R} \int_O^R \rho(r) r^2 dr} = \sqrt{\frac{4\pi G}{R} \int_O^R \frac{1}{r^2} r^2 dr} = \sqrt{4\pi G}$$

은하의 회전 속도는 거리와 무관하고 일정하다.

❹ 우리은하의 회전 속도 곡선을 참고할 때 우리은하의 내부 물질은 어떻게 분포한다고 생각되는가?

우리은하의 회전 곡선은 은하 중심으로부터의 거리에 관계없이

거의 일정한 값을 가진다. 따라서 우리은하의 물질 밀도는 은하 중심으로부터 거리의 제곱에 반비례하여 감소한다는 사실을 알 수 있다.

5 은하의 회전 속도 곡선에서 은하 바깥에서의 회전 속도가 일정하게 유지되기 위해서는 은하의 바깥에도 물질이 분포하여야 한다. 그런데 사진을 보면 알 수 있듯이 물질은 존재하지 않는다. 이를 어떻게 설명할 수 있을까?

우리 눈에 보이지 않은 암흑 물질 개념을 도입하여야 한다.

6 우리은하의 보통 물질과 암흑 물질의 분포를 그림으로 표현하고 이를 설명해 보자.

우리은하 중심에는 보통 물질이 매우 많고 암흑 물질은 거의 없다. 반대로 우리은하 중심에서 멀어질수록 보통 물질은 거의 없고 암흑 물질은 매우 많아진다. 특히 우리은하의 나선팔 바깥에는 암흑 물질이 더 많이 존재한다. 마치 우리은하가 암흑물질이라는 솜사탕 안에 존재하는 형태와 같다.

4. 태양은 은하 중심으로부터 8.5kpc 떨어져 220km/s의 속도로 공전하고 있다.

❶ 태양이 우리은하를 공전하는 주기는 얼마인가?

$$t=\frac{2\pi r}{v}=\frac{2\pi\times 8.5kpc}{220km/s}=\frac{2\pi\times 8.5\times 10^3 pc\times 206{,}265(\frac{AU}{pc})\times\frac{1.5\times 10^8 km}{1AU}}{220km/s}$$

$$=7.5\times 10^{15}s=2.38\times 10^8\text{년}$$

❷ 태양 궤도 안쪽의 은하 질량을 구해보자.

$$M=\frac{R\cdot v^2}{G}=\frac{8.5kpc\times(220km/s)^2}{6.67\times 10^{-11}N\cdot m^2/kg^2}$$

$$=\frac{8.5\times 10^3 pc\times 206{,}265(\frac{AU}{pc})\times 1.5\times 10^{11}(\frac{m}{AU})\times(220\times 10^3 m/s)^2}{6.67\times 10^{-11}N\cdot m^2/kg^2}$$

$$=1.9\times 10^{41}kg=\frac{1.9\times 10^{41}kg}{2\times 10^{30}kg/M_\odot}=0.95\times 10^{11}M_\odot$$

❸ 우리은하의 질량은 태양 질량의 몇 배인가?

태양 질량의 1×10^{11}(1천 억)배 이다.

④ 그래프는 은하 중심으로부터 떨어진 거리에 따른 은하 질량을 나타낸 것이다. 그래프는 어떤 분포를 보이는가?

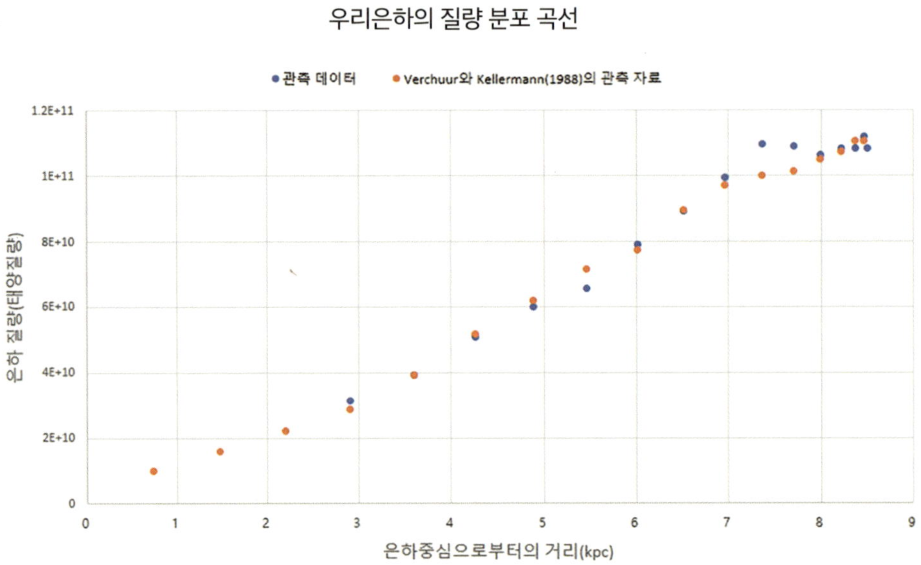

※ 1.2E+11은 1.2×10^{11}을 의미한다.

은하의 중심으로부터 거리가 멀어질수록 은하 질량도 비례하여 증가한다.

21 허블의 법칙

분류	은하의 관측	난이도	★★★
준비물	CLEA 프로그램, Excel	동영상 강의	
탐구 목표	은하의 스펙트럼을 관측하여 허블 상수를 구할 수 있다.		

2021년 12월 25일 우주로 발사된 제임스웹 우주망원경의 첫 번째 관측 사진이 2022년 7월 12일에 발표되었다. 이 발표는 전 세계 천문학자뿐만 아니라 사회적으로도 큰 화제가 되었다.

이때 전 세계인의 열광 뒤에 조용히 침묵하고 있는 망원경이 있으니 바로 허블 우주망원경(Hubble Space Telescope)이다. 현재는 제임스웹 우주망원경에게 세계 최고의 망원경 자리를 양보하였지만, 지난 30년 동안 최고의 천체 사진을 제공하였고, 천문학의 발전에 지대한 공을 세웠다. 아마 천문학에 관심이 없는 사람도 허블 우주망원경으로 촬영한 사진을 한 번쯤 봤을 거라는 생각이 든다. 그런데 막상 사람들에게 허블이 누구인지, 어떤 업적을 이루었는지 물

제임스 웹 우주망원경으로 관측한 스테판의 5중주 소은하군(왼쪽)과 SMACS 0723 은하단(오른쪽)

어보면 잘 모른다는 대답이 많다.

1920년 4월 26일 스미소니언 자연사박물관에서 두 천문학자가 우주의 크기에 대하여 합동 토론회를 실시하였다. 한 명은 할로 섀플리로 우리은하가 우주 전체라고 주장하였고, 다른 한 명은 히버 다우스트 커티스 (Heber D. Curtis, 1872~1942)로 안드로메다와 같은 성운은 우리은하 밖에 있는 다른 은하라고 주장하였다. 이 논쟁은 3년 동안 지속되었지만 결론을 내리지 못하였다. 그런데 1922년 허블이 캘리포니아 윌슨 천문대에 있는 당시 최대 구경 100인치의 후커 망원경을 이용하여 안드로메다 성운에서 세페이드 변광성을 찾아냈고, 세페이드 변광성의 주기-광도 관계를 이용하여 안드로메다 성운까지의 거리를 측정하였다. 관측 결과 그 거리는 우리은하 지름의 8배가 넘는다는 사실이 밝혀졌고, 커티스가 옳다고 판명되었다.

1917년 아인슈타인은 일반상대성 이론에 기반하여 우주의 모형을 연구 중이었다. 그런데 아무리 우주가 균질하여 밀도의 변화가 없다고 하더라도 중력 방정식을 적용하면 우주는 자체의 질량 때문에 수축한다는 결론이 나왔다. 하지만 아인슈타인은 '우주는 전체적으로 정지해 있고 우주의 모습은 영원히 지속된다.'라고 생각하였기 때문에 우주의 모습을 유지하기 위해 중력 반대 방향의 힘을 나타내는 '우주 상수'를 도입하여 문제를 해결하였다.

1922년 알렉산드르 프리드만(Alexander A. Friedmann, 1888~1925)은 아인슈타인의 중력 방정식을 풀어 우주는 내부 물질의 밀도에 따라 일정 기간 팽창하다가 다시 수축하거나, 무한히 팽창한다고 주장하였다. 1927년 벨기에의 신부이자 천문학자였던 조르주 르메트르(Georges Lemaitre, 1894~1966)도 같은 결과를 발표하였다.

처음에는 아인슈타인과 프리드만, 르메트르의 우주 모형 중 아인슈타인 우주 모형의 승리로 돌아가는 듯했으나 허블의 등장으로 분위기가 바뀌었다. 1929년 허블은 성운 24개를 관측하여 「은하 외부 성운들의 거리와 시선 속도 사이의 관계」라는 논문을 발표하였다. 일명 '허블의 법칙'이라 불리는 이 법칙은 프리드만과 르메트르의 우주 모형이 옳다는 강력한 관측적 증거였다. 1931년 아인슈타인은 허블이 있는 윌슨 천문대를 방문하였고, '우주 상수는 내 인생 최대의 실수였다.'라며 자신의 잘못을 인정하였다.

역사적 배경

1912년 로웰 천문대의 베스토 멜빈 슬라이퍼(Vesto M. Slipher, 1875~1969)는 15개의 나선 성운 중 11개에서 적색편이가 발생한다는 사실을 처음 발견하였고, 1917년에는 17개 성운에서 적색편이를 관측하여 평균 후퇴 속도가 700km/s임을 밝혀냈다. 그런데 당시에는 성운까지의 거리를 측정하는 방법을 알지 못해 은하의 후퇴속도와 거리의 관계는 알아내지 못했다.

1929년 허블은 슬라이퍼가 관측한 43개의 성운 스펙트럼에 3개를 더한 46개의 성운을 관측하였다. 이 관측 결과를 이용하여 논문 「은하 외부 성운들의 거리와 시선 속도 사이의 관계」를 발표하였다. 이 결과가 그 유명한 허블의 법칙이었다.

활동 과정

❶ setup을 더블 클릭한다.

❷ VIREO → File → Login → Student Name 입력 → OK

❸ File → Run Exercise → "The Hubble Redshift-Distance Relation" 실행

❹ Telescopes → Optical → Access 4.0 Meter 선택

※ 관측에 소요되는 시간을 줄이기 위해 가급적 4.0 Meter 망원경을 선택하도록 한다.

❺ Dome(open) → Telescope Control Panel(On)

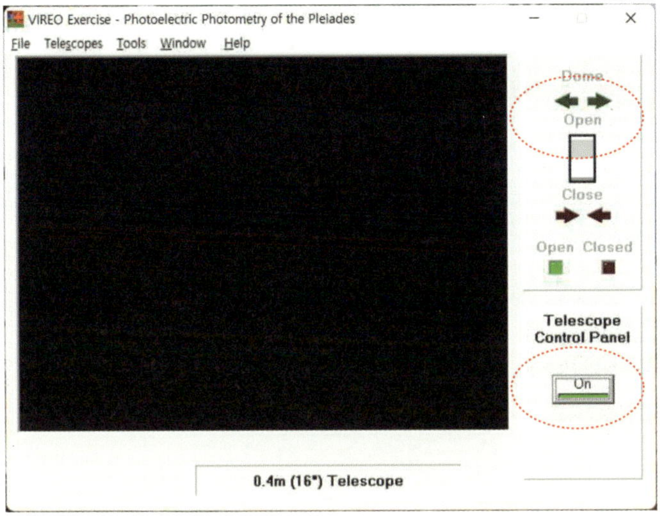

❻ Tracking(on) → View(Telescope)

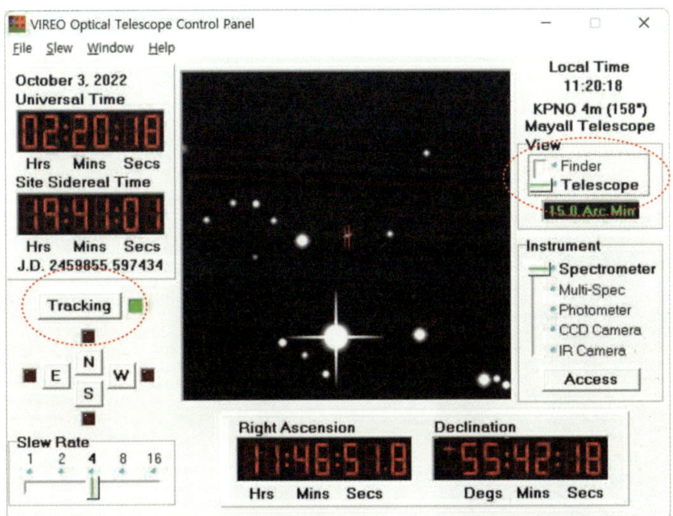

❼ Slew → Observation Hot list → View/Select from List

❽ List에 관측하고자 하는 천체 목록을 더블 클릭 → OK → Yes

→ Access

⑨ Go → Stop (Signal to Noise Ratio가 30 이상일 때)

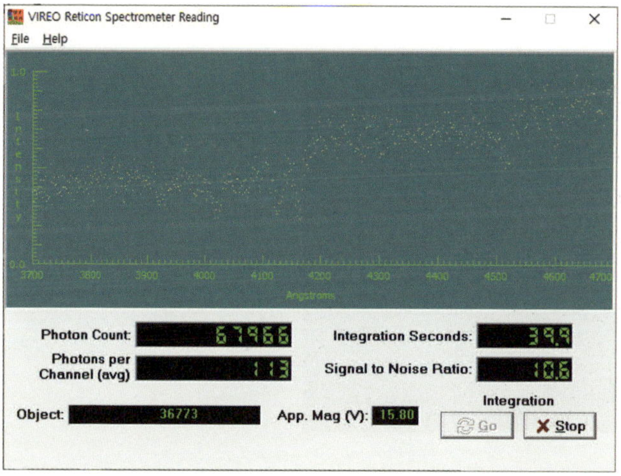

⑩ File → Data → Save Spectrum → 각 은하별로 다른 파일명에 저장

⑪ 나머지 12개의 은하에 대하여 ⑦~⑩ 과정을 반복

⑫ Tools → Spectrum Measuring → File → Data

→ Load Saved Spectrum

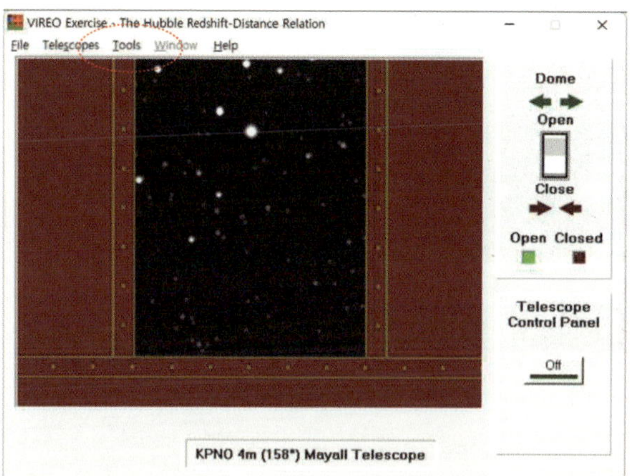

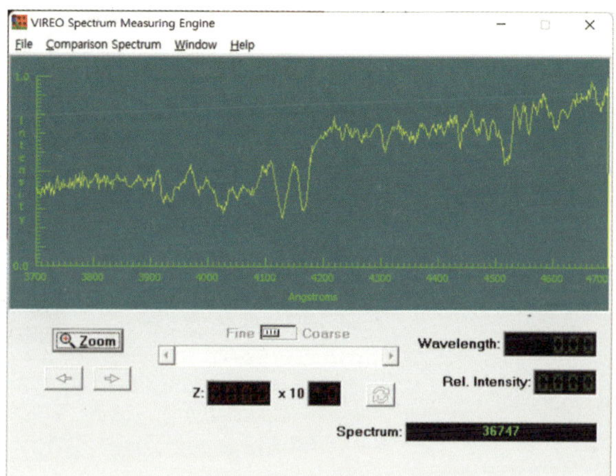

⑬ 스펙트럼선 동정하기

은하의 스펙트럼에서 CaII K 흡수선(3933.7Å), CaII H 흡수선(3968.5Å), G 밴드(4305.0Å)를 찾아 보자.

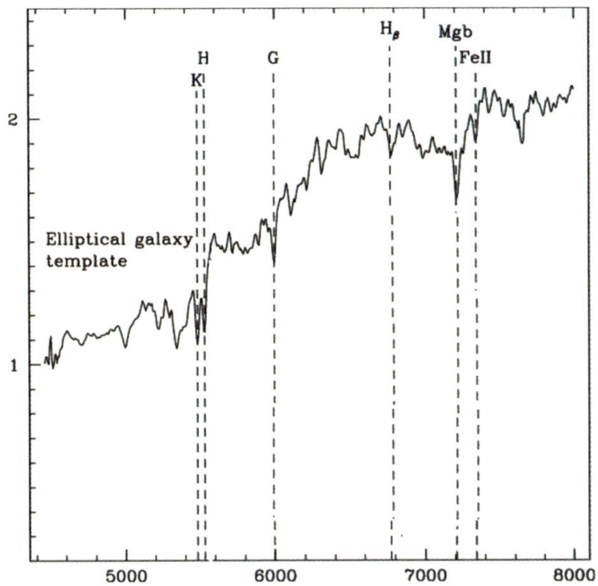

⑭ Comparison Spectrum → Select

⑮ Absorption lines in normal galaxies (H, K & G band) 선택

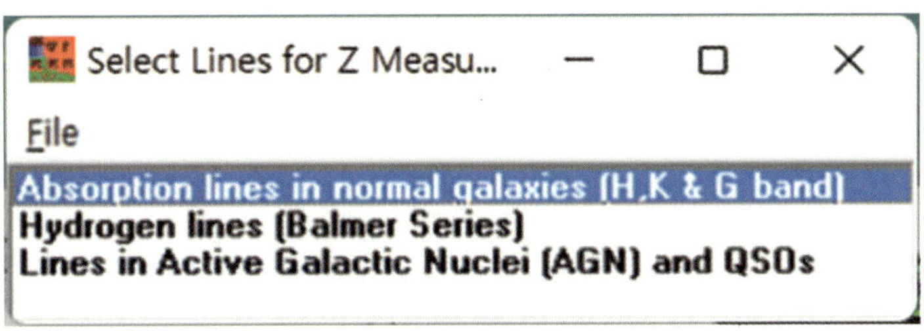

⑯ Coarse 선택 → 붉은 선을 대략 K line[CaII], H line[CaII], G band [Blend] 흡수선에 위치 → Fine 선택 후 스펙트럼 흡수선에 붉은 선을 정확하게 일치시킨다.

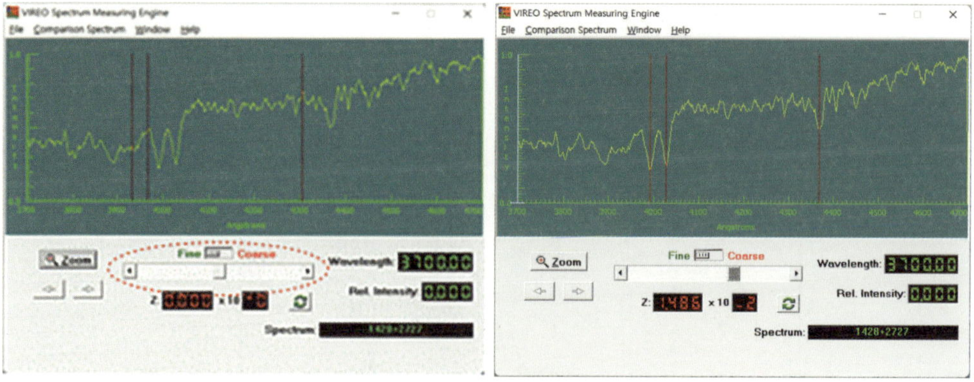

※ 흡수선은 왼쪽부터 차례대로 K line[Ca II], H line[Ca II], G band[Blend]이다.

⑰ File → Data → Record Measurements

⑱ 나머지 12개의 은하에 대하여 ⑫~⑰과정을 반복

⑲ Tools → Results Editors → Observed Results → Display/Print/Save text

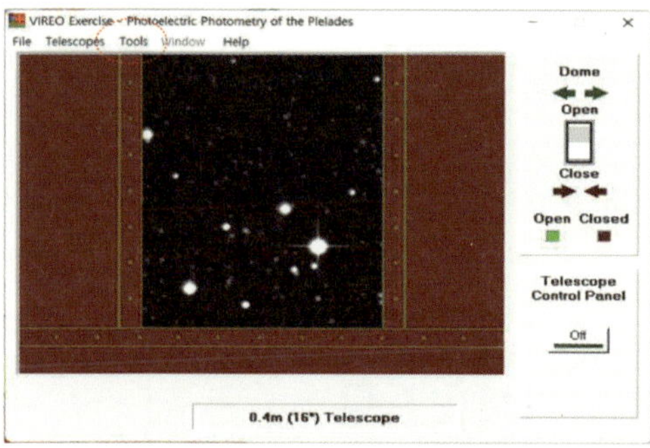

⑳ List → Save text → Comma Delimit(for spreadsheet) → csv 파일로 저장

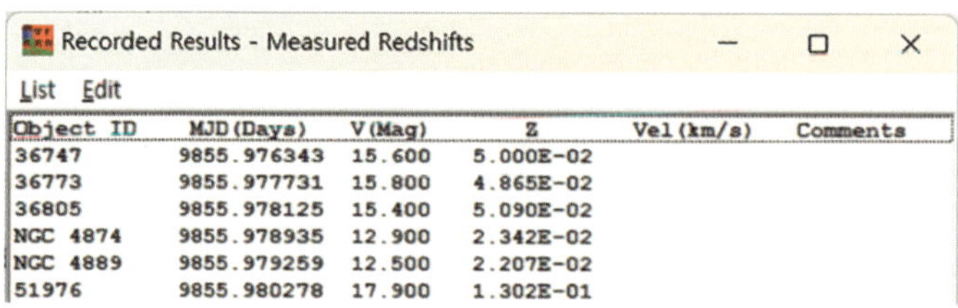

Object ID	MJD (Days)	V (Mag)	Z	Vel (km/s)	Comments
36747	9855.976343	15.600	5.000E-02		
36773	9855.977731	15.800	4.865E-02		
36805	9855.978125	15.400	5.090E-02		
NGC 4874	9855.978935	12.900	2.342E-02		
NGC 4889	9855.979259	12.500	2.207E-02		
51976	9855.980278	17.900	1.302E-01		

결과 및 토의

1. 다음 표를 완성해 보자.

번호	천체명	절대등급 (M)	겉보기등급 (m)	거리 (Mpc)	적색편이 $z=\frac{\Delta\lambda}{\lambda_0}$	후퇴속도 $v(km/s)$
1	36747	-21	15.6	208.9	5.00×10^{-2}	15,000
2	36773	-21	15.8	229.1	4.87×10^{-2}	14,595
3	36805	-21	15.4	190.5	5.09×10^{-2}	15,270
4	NGC 4874	-21	12.9	60.3	2.34×10^{-2}	7,026
5	NGC 4889	-21	12.5	50.1	2.21×10^{-2}	6,621
6	51976	-21	17.9	602.6	1.30×10^{-2}	39,060
7	51975	-21	18.5	794.3	1.31×10^{-2}	39,330
8	54876	-21	16.0	251.2	6.94×10^{-2}	20,811
9	54875	-21	16.9	380.2	7.93×10^{-2}	23,784
10	54891	-21	16.3	288.4	7.34×10^{-2}	22,026
11	NGC 7499	-21	14.1	104.7	3.92×10^{-2}	11,757
12	NGC 7501	-21	14.7	138.0	4.23×10^{-2}	12,702
13	NGC 7503	-21	14.4	120.2	4.41×10^{-2}	13,242

36747의 경우 $m-M=-5+5logr$

$15.6-(-21)=-5+5logr$ $\quad r=10^{(41.6/5)}=208.9Mpc$

$z=\frac{\Delta\lambda}{\lambda_0}=\frac{v}{c}$에서 $v=cz=3\times10^5km/s\times5\times10^{-2}=15,000km/s$

2. X축은 거리, Y축은 속도로 설정한 후 엑셀을 이용하여 은하의 관측 자료를 그래프로 그려 보자.

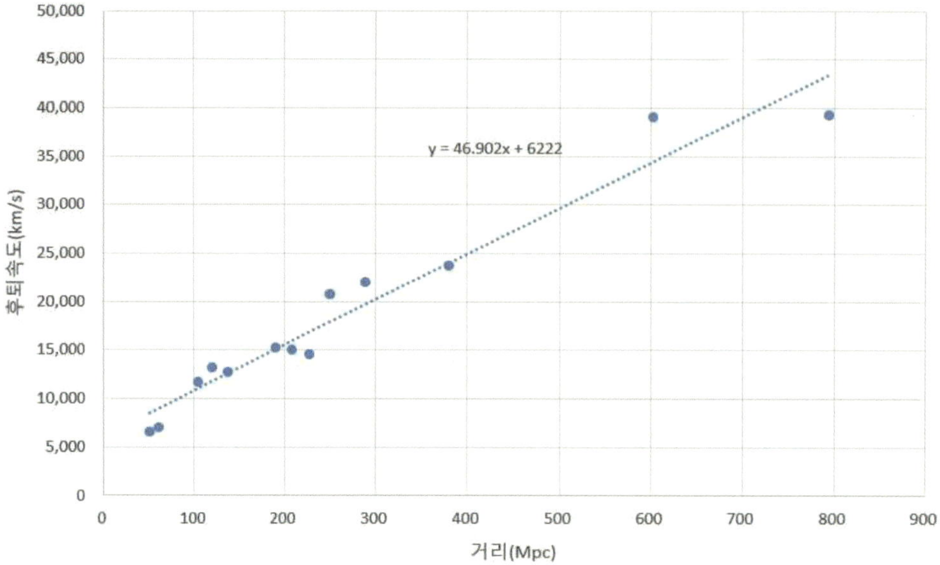

❶ 거리(r)와 후퇴속도(v)의 관계를 수식으로 표현해 보자.

$v=Hr$ (H는 허블 상수이다.)

❷ 그래프를 이용하여 허블 상수를 구해 보자.

허블 상수는 직선의 기울기로 46.9$km/s/Mpc$에 해당한다.

※현재의 허블 상수는 71$km/s/Mpc$이다.

❸ 여기에서는 은하의 절대등급을 모두 –21로 설정한 후 계산하였다. 이 결과는 타당하다고 할 수 있는가? 그렇게 생각한 이유는 무엇인가?

은하의 밝기는 모두 같지 않으므로 절대등급이 같다는 가정하에 결정한 은하까지의 거리는 정확하지 않다. 하지만 가까운 거리에 위치한 은하의 밝기 차는 크지 않으므로 그래프의 일반적인 경향에서 크게 벗어나지 않는다.

3. 건포도가 들어 있는 빵을 이용하여 허블의 법칙을 이해하자.

건포도가 있는 가로 길이 30cm의 빵을 1시간 동안 오븐에 구워 2배 커졌을 경우를 가정해 보자.

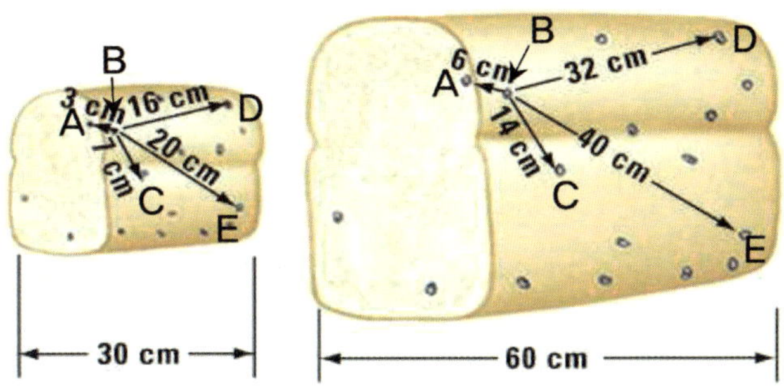

❶ 이 탐구활동에서 빵과 건포도는 각각 무엇을 의미하는가?

빵은 우주를, 건포도는 은하를 의미한다.

❷ 관측자가 B에 위치할 때 탐구활동 결과를 정리해 보자.

구분	처음(30cm)	나중(60cm)	상대 이동속도(cm/h)
A	3*cm*	6*cm*	3
C	7*cm*	14*cm*	7
D	16*cm*	32*cm*	16
E	20*cm*	40*cm*	20

❸ 관측자가 E에 위치할 때 탐구활동 결과를 정리해 보자.

구분	처음(30cm)	나중(60cm)	상대 이동속도(cm/h)
A	23cm	46cm	23
B	20cm	40cm	20
C	13.3cm	26.6cm	13.3
D	14.7cm	29.4cm	14.7

❹ B와 E를 중심으로 하였을 때 각각의 거리와 상대속도를 그래프로 그려 보자. 기울기는 무엇을 의미하는가?

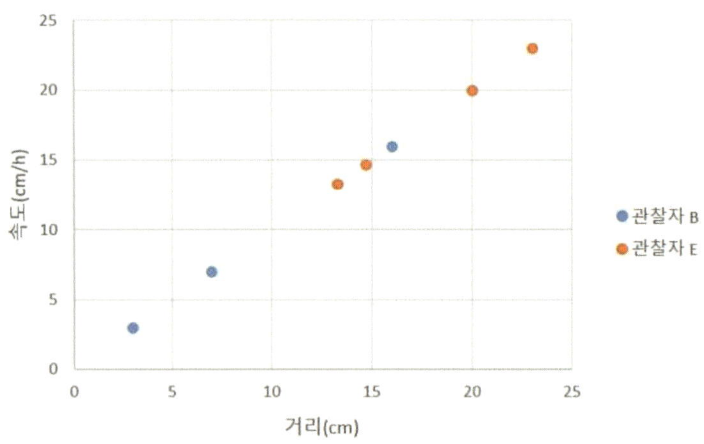

기울기는 $\frac{속도}{거리}=\frac{v}{r}=H$이다. 즉 기울기는 허블 상수에 해당한다.

❺ ❹의 결과는 무엇을 의미하는가?

건포도가 있는 빵이 일정한 속도로 커질 때, A는 3cm → 6cm 이동하고, E는 20cm → 40cm 이동한다. 즉, 멀리 떨어져 있는 건포도가 더 빨리 이동했음을 알 수 있다. 이와 같은 원리로 멀리 있는 은하가 더 빠른 속도로 멀어진다. 이는 우주가 팽창하고 있음을 의미한다.

4. 표는 허블의 관측 자료(1929년)와 미국의 천문학자 브렌트 툴리(R. Brent Tully)의 관측 자료(2013년)를 나타낸 것이다.

천체	허블의 관측값(1929)			툴리의 관측값(2013)	
	거리 (Mpc)	후퇴속도 (km/s)	거리 결정 방법	거리 (Mpc)	후퇴속도 (km/s)
소마젤란	0.032	170	세페이드 변광성	0.06	10
대마젤란	0.034	290	세페이드 변광성	0.05	74
NGC6822	0.214	-130	세페이드 변광성	0.48	51
NGC598	0.263	-70	세페이드 변광성	0.91	-36
NGC221	0.275	-185	세페이드 변광성	0.78	-4
NGC224	0.275	-220	세페이드 변광성	0.77	-97
NGC5457	0.45	200	별(구상성단)의 밝기	6.95	366
NGC4736	0.5	290	별(구상성단)의 밝기	4.59	370
NGC5194	0.5	270	별(구상성단)의 밝기	7.1	463
NGC4449	0.63	200	별(구상성단)의 밝기	4.27	260
NGC4214	0.8	300	별(구상성단)의 밝기	2.93	313
NGC3031	0.9	-30	별(구상성단)의 밝기	3.61	77
NGC3627	0.9	650	별(구상성단)의 밝기	9.04	637
NGC4826	0.9	150	별(구상성단)의 밝기	5.24	401
NGC5236	0.9	500	별(구상성단)의 밝기	4.66	367

NGC1068	1	920	별(구상성단)의 밝기	14.4	1137
NGC5055	1.1	450	별(구상성단)의 밝기	9.04	571
NGC7331	1.1	500	별(구상성단)의 밝기	13.87	1047
NGC4258	1.4	500	별(구상성단)의 밝기	7.31	520
NGC4151	1.7	960	별(구상성단)의 밝기	10	995
NGC4382	2	500	은하 전체의 밝기	15.85	678
NGC4472	2	850	은하 전체의 밝기	16.07	906
NGC4486	2	800	은하 전체의 밝기	16.52	1223
NGC4649	2	1090	은하 전체의 밝기	17.38	1055

※ 허블의 거리 결정 방법

ⓐ 별(구상성단)의 밝기: 은하에서 가장 밝게 보이는 별(구상성단)의 최대 밝기가 -6.3등급으로 일정하다고 가정한 후, 거리를 측정하고자 하는 은하에서 가장 밝은 별(구상성단)을 찾아 겉보기등급을 측정하여 거리를 결정

ⓑ 은하 전체의 밝기: 은하의 전체 밝기의 평균을 -15.2등급으로 가정한 후, 거리를 알고자 하는 은하의 겉보기등급을 측정하여 거리 결정

❶ 허블과 툴리의 관측 자료를 X축은 거리(Mpc), Y축은 후퇴속도(km/s)로 설정한 후 엑셀을 이용하여 그래프를 그려 보자.

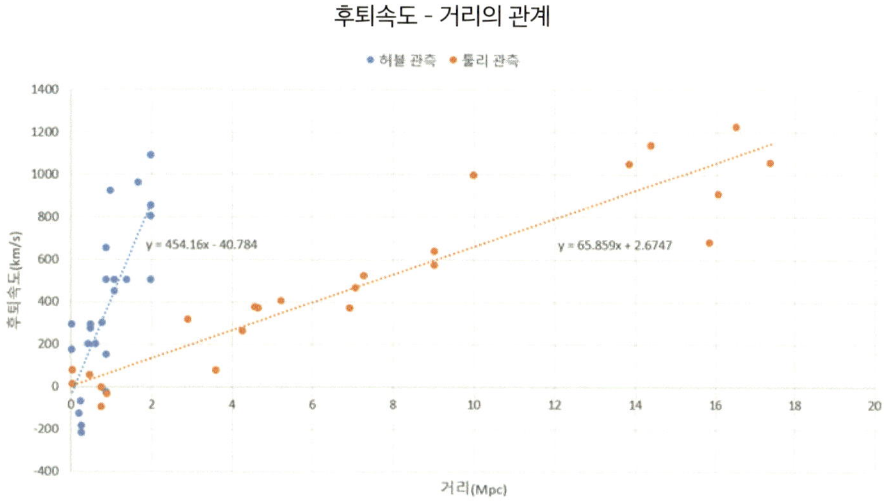

❷ 그래프의 추세선을 이용하여 허블 상수를 각각 구해 보자.

허블의 관측 자료: $H=\frac{v}{r}=454km/s/Mpc$

툴리의 관측 자료: $H=\frac{v}{r}=65.8km/s/Mpc$

❸ 허블 상수를 이용하여 우주의 나이를 계산해 보자.

(단, 우주의 나이는 $\frac{2}{3H}$이다.)

허블의 관측 자료

$$t=\frac{2}{3H}=\frac{2}{3\times454km/s/Mpc}=\frac{2\times1s\times1Mpc}{3\times454km}$$

$$=\frac{2\times1s\times10^{6}pc\times3\times10^{13}(km/pc)}{3\times454km}=4.4\times10^{16}s=1.39\times10^{9}\text{년}=13.9\text{억 년}$$

툴리의 관측 자료

$$t=\frac{2}{3H}=\frac{2}{3\times65.8km/s/Mpc}=\frac{2\times1s\times1Mpc}{3\times65.8km}$$

$$=\frac{2\times1s\times10^{6}pc\times3\times10^{13}(km/pc)}{3\times65.8km}=3.0\times10^{17}s=9.5\times10^{9}\text{년}=95\text{억 년}$$

❹ 1929년 당시 지질학자들이 추정한 지구의 나이는 20억 년이었다. ❸에서 허블의 관측 자료를 이용하여 결정한 우주의 나이로 인해 어떤 문제가 발생하였을까?

우주의 나이가 지구의 나이보다 작다는 모순이 발생하였다.

❺ 1929년 허블은 세페이드 변광성을 이용한 방법, 은하에서 가장 밝은 별을 이용한 방법, 은하의 전체 밝기를 이용한 방법을 사용하여 은하까지의 거리를 결정하였다. 이 3가지 방법 중 가장 큰 오차를 발생하는 것은 무엇인가? 그 이유는?

은하 전체 밝기를 이용한 방법이 가장 크다. 이는 3가지 방법의 오차율이 같더라도 가까운 경우는 거리 오차가 작지만, 먼 경우 거리 오차가 증가하기 때문이다.

❻ 허블의 관측 자료를 이용하여 결정한 허블 상수와 툴리의 관측 자료를 이용하여 결정한 허블 상수는 큰 차이가 있다. 그 주된 요인은 무엇일까?

허블이 은하까지의 거리를 측정하는 과정에서 오차가 크게 발생하였다.

첫째, 우리은하와 가까이 있는 은하와의 거리는 세페이드 변광성을 이용하여 결정하였다. 1956년 월터 바데(W. H. Walter Baade, 1893~1960)에 의해 세페이드 변광성은 종족 I 형 세페이드 변광성, 종족II형 세페이드 변광성이 존재한다는 사실이 밝혀졌는데, 허블이 관측하였을 당시에는 이러한 사실을 알지 못했다.

둘째, 우리은하와 멀리 떨어져 있는 은하는 구상성단의 밝기가 일정하다고 가정한 후 거리를 결정하였다. 그리고 이보다 더 먼 은하는 은하 전체의 밝기가 일정하다고 가정한 후 거리를 결정하였다. 실제 은하의 밝기는 일정하지 않아 오차가 발생하였다.
셋째, 허블이 관측할 당시 성간 물질에 의한 성간 소광*을 고려하지 않아 오차가 크게 발생하였다.
또한 허블이 은하의 속도를 측정하는 과정에서 오차가 발생하였다.

7 1956년 천문학자 월터 바데는 안드로메다은하의 변광성을 연구하는 과정에서 변광성에는 종족 I 세페이드 변광성과 종족II세페이드 변광성이 있음을 알게 되었다.

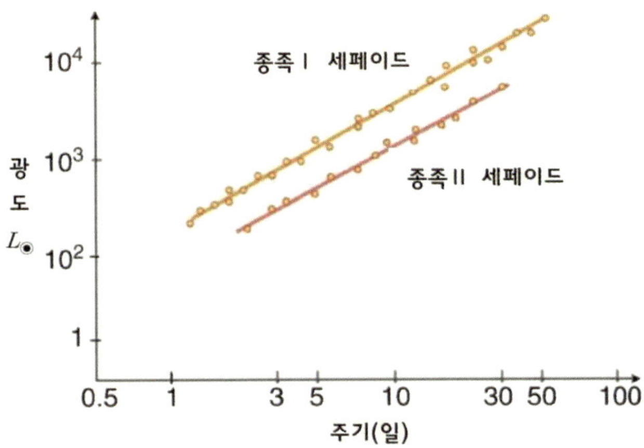

세페이드 변광성의 주기- 광도 관계

ⓐ 1929년 허블은 종족 I 세페이드 변광성을 관측하였고, 섀플리는 종족II세페이드 변광성을 이용하여 세페이드 변광성의 주기-광도 관계식을 결정하였다. 이로 인해 허블 상수 값은 어떻게 되었을까?

---

* 먼 곳에서 오는 별빛이 성간 물질에 의해 차단되어 어둡게 보이는 현상

바데가 결정한 세페이드 변광성의 주기-광도 관계를 살펴보면 종족II세페이드 변광성은 종족 I 세페이드 변광성보다 4배 정도 어둡다. 만일 허블이 관측한 종족 I 세페이드 변광성이 실제로는 밝은 별인데 멀리 있어서 어둡게 보인 경우, 종족II 세페이드 변광성을 이용하여 결정한 주기-광도 관계식을 사용하면 그 별은 원래 어두운 별이라는 판단이 나온다. 따라서 그 별이 포함된 은하까지의 거리는 실제보다 가깝게 측정된다. 즉, 허블 상수는 더 커지게 된다.

ⓑ 바데는 1929년 발표한 허블의 관측 자료를 종족 I 세페이드 변광성과 종족II세페이드 변광성으로 구분하여 다시 계산한 결과 허블 상수는 $100km/s/Mpc$이었다. 바데가 구한 허블 상수를 이용하여 우주의 나이를 계산해 보자. (단, 우주의 나이는 $\frac{2}{3H}$이다.)

$$t=\frac{2}{3H}=\frac{2}{3\times100km/s/Mpc}=\frac{2\times1s\times1Mpc}{3\times100km}$$

$$=\frac{2\times1s\times10^{6}pc\times3\times10^{13}(km/pc)}{3\times100km}=2\times10^{17}s=6.34\times10^{9}\text{년}=63.4\text{억 년}$$

ⓒ 바데의 결과는 우주의 나이에 대한 논쟁에 어떤 영향을 미쳤을까?

지구의 나이가 우주의 나이보다 더 많다는 모순을 해결할 수 있었다.

5. 그림은 천문학자들이 다양한 방법을 통해 결정한 허블 상수가 시간에 따라 변화하는 양상을 나타낸 것이다.

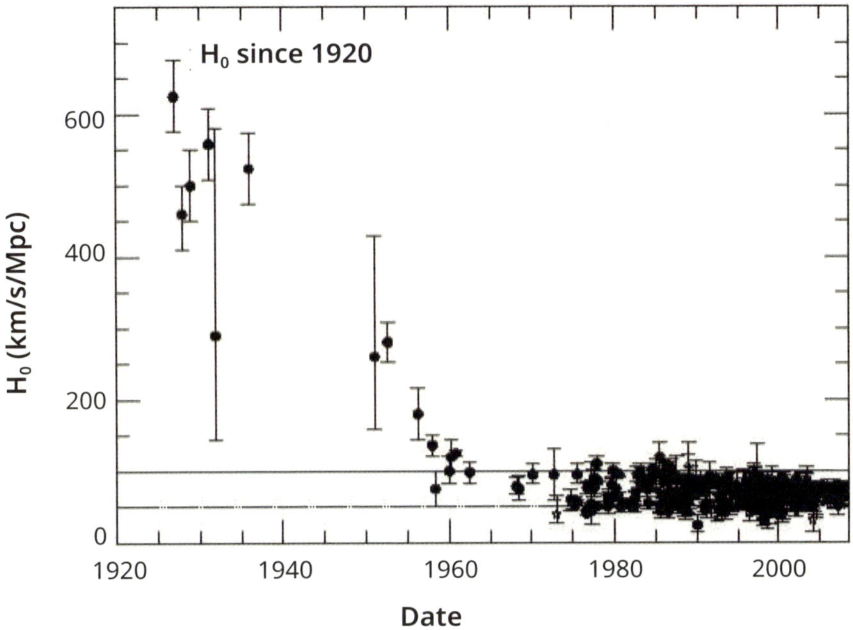

❶ 허블 상수는 시간이 지나면서 어떤 경향을 보이는가?

허블 상수는 점차 줄어들어 현재에 가까워질수록 거의 70 부근에 수렴하고 있다.

❷ 허블 상수를 구하는 방법은 은하까지의 거리를 측정하여 결정하는 직접적인 방법과 우주배경복사를 이용하여 결정하는 간접적인 방법으로 구분된다. 다음 그림은 최근 천문학자들이 결정한 허블 상수를 나타낸 것이다. 문제점을 찾아보자.

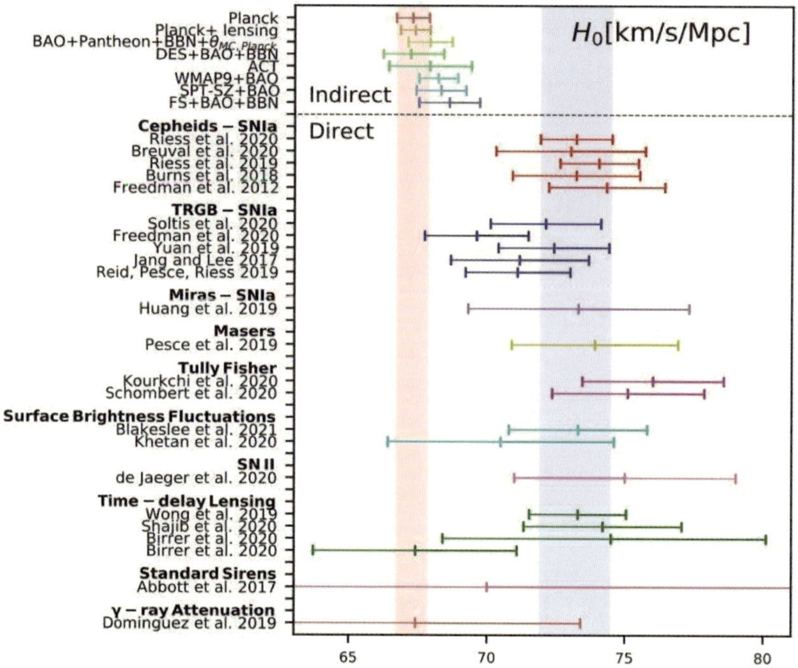

두 가지 방법으로 결정한 허블 상수에 차이가 보인다. 은하까지의 거리를 이용한 직접적인 방법은 허블 상수가 73.5로 수렴하고, 우주배경복사를 이용한 간접적인 방법은 67.4로 수렴한다. 천문학자들은 관측 방식에 따라 허블 상수가 다르게 나오는 문제를 허블 텐션(Hubble Tension)이라 부르는데, 이는 21세기 천문학이 해결해야 할 가장 중요한 난제가 되었다.

22 퀘이사의 미스터리

분류	은하의 관측	난이도	★★★
준비물	자(30cm), 계산기		
탐구 목표	퀘이사의 스펙트럼과 광도곡선을 이용하여 퀘이사의 정체를 밝힐 수 있다.		

세상에는 정체 모를 사람이나 자연 현상이 있듯이, 천문학에도 정체 모를 천체가 있다. 바로 퀘이사이다. 1950년대에 퀘이사의 스펙트럼을 처음 보았을 때, 천문학자들은 이를 어떻게 해석해야 할지 난감해했다. 당시까지 한 번도 보지 못한 특이한 스펙트럼이었기 때문이다. 최근 퀘이사에 대한 연구가 많이 진척되어 그 정체가 조금씩 밝혀지고 있다.

역사적 배경

별은 아니지만 별처럼 점광원에서 전파를 방출하는 천체가 발견되었다. 이를 '별처럼 보이는 전파원(QUASi-stellAR *rad*io source)'의 약자로 '퀘이사(QUASAR)'라 불렀다. 그런데 관측 횟수가 증가하면서 전파를 방출하지 않는 천체도 발견되어 이 천체를 '준항성체(QSO : Quasi-Stellar Object)'라 불렀다. 현재에는 모두 퀘이사라 부르고 있다.

사진으로 찍으면 구체적인 형태가 보이는 은하와는 달리 퀘이사는 겉보기에도 별처럼 보였고, 종종 단기간에 밝기 변화가 관측되어

퀘이사 0957+561A/B

많은 학자들은 퀘이사가 우리은하 내에 있는 천체일 것이라 추측하였다. 하지만 퀘이사의 빛을 분광하여 얻은 스펙트럼은 당시까지 알려진 그 어떤 별과도 일치하지 않았는데, 퀘이사의 스펙트럼에서 적색편이가 매우 크게 발생하여 정체를 알 수 없었기 때문이다. 나중에 퀘이사에 나타난 흡수선이 수소선이라는 것을 알아냈고, 이를 통해 퀘이사는 우리은하 내에 위치한 별이 아니라 수십억 광년 이상 떨어진 천체라는 사실이 밝혀졌다.

하지만 곧 퀘이사가 그렇게까지 먼 거리에 있다면 우리은하보다 수십, 수백 배나 밝아야 한다는 점 때문에 퀘이사의 정체에 대한 논란은 2000년대 초반까지 이어졌다. 특히 어떤 퀘이사들은 수시간~수일에 걸쳐 밝기 변화를 일으키는 것으로 보였는데, 이는 태양계 크기 정도의 막대한 에너지를 방출해야 가능했다. 당시 지식으로는 그토록 좁은 공간에서 퀘이사 정도의 에너지를 내는 메커니즘은 존재하지 않았다. 블랙홀도 1970년대에 존재가 증명되기 전까지는 이론상으로만 존재하던 천체였다.

퀘이사의 스펙트럼을 분석하여 적색편이를 계산하면 퀘이사는 매우 빠른 속도로 멀어지는 것을 알 수 있고, 이는 퀘이사가 우리로부터 수억~수십억 광년 떨어져 있음을 의미한다. 달리 말하면 수억~수십억 년 전에 출발한 빛이 현재 우리에게 도달함을 의미한다. 퀘이사에 대한 여러 복합적인 연구가 가능해진 오늘날에는 퀘이사가 우주 초기에 활발하게 형성 중인 원시 은하 핵이라는 주장이 정설로 받아들여지고 있다.

결과 및 토의

1. 그림 (가)는 은하, 별, 퀘이사의 모습을, (나)는 3C 273 퀘이사를 나타낸 것이다.

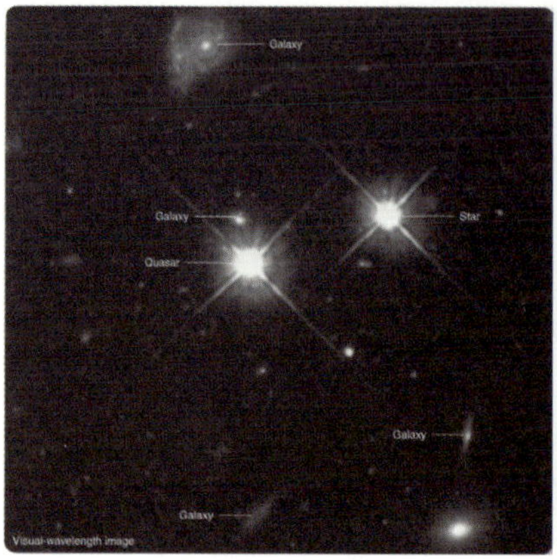

(가)

(나)

❶ 사진에서 은하, 별, 퀘이사의 차이점은 무엇인가?

은하는 넓게 퍼져 있고, 별과 퀘이사는 둥근 점으로 보이며 십자 모양의 선이 나타난다.

❷ 사진에서 퀘이사와 별의 차이점은 무엇인가?

차이점이 없다.

❸ Quasar(Quasi-Stellar Object)의 의미는?

Quasar는 '거의 별과 같다'는 의미이다.

❹ 3C 273 퀘이사 사진에서 특이한 현상은 중심에서 제트(jet)*가 방출되는 것이다. 그런데 제트 분출은 별에서도 은하에서도 확인

* 천체의 회전축을 따라 방출되는 물질의 흐름

할 수 있다. 그렇다면 퀘이사가 별에 해당하는지, 아니면 은하에 해당하는지 어떻게 확인할까?

퀘이사까지의 거리를 측정해야 한다. 거리가 가까우면 별에서도, 은하에서도 제트 분출을 관측할 수 있다. 그런데 거리가 먼 경우 별에서 분출되는 제트는 관찰하지 못하지만, 은하에서의 제트는 관찰할 수 있다.

2. 그림은 3C 273 퀘이사의 스펙트럼을 나타낸 것이다.

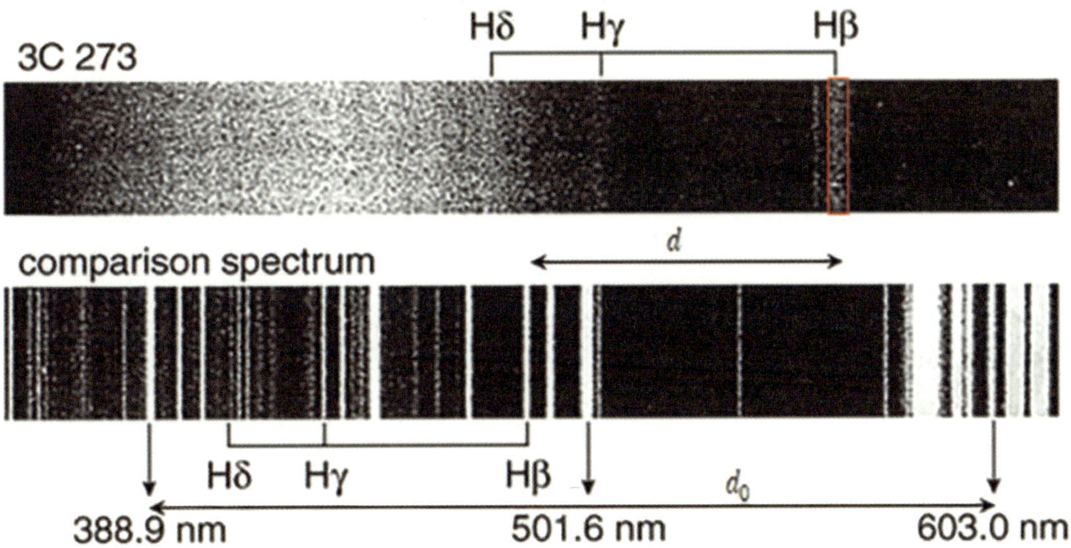

① 그림은 대표적인 별의 스펙트럼을 나타낸 것이다. 3C 273 퀘이사는 어떤 별의 분광형에 해당하는가?

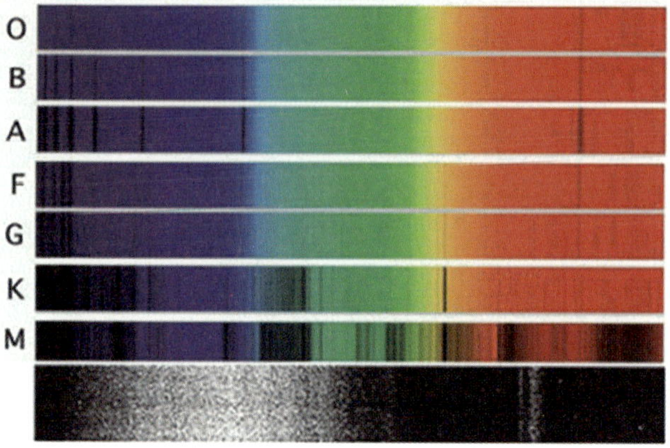

어느 것에도 해당하지 않는다.

② 천문학자들은 퀘이사의 스펙트럼을 관측한 후 무척 당황했다고 한다. 이러한 종류의 스펙트럼을 처음 보았기 때문이다. 천문학자들은 3C 273 퀘이사의 흡수선을 어떻게 알아냈을까?

은하에 가장 많은 원소는 수소이므로 수소선이 가장 강하다. 스펙트럼의 흡수선에 편이가 발생하여도 H_β, H_γ, H_δ 사이의 간격은 일정하다. 이 점을 이용하여 수소선이라는 사실을 알아냈다.

③ 퀘이사는 우리에게 가까워지고 있는가, 멀어지고 있는가? 그 근거는?

멀어지고 있다. H_β, H_γ, H_δ선이 오른쪽, 즉 긴 파장 쪽에 위치하기 때문이다.

④ 퀘이사의 이동속도와 거리를 구해 보자.

ⓐ 603.0nm와 388.9nm 사이의 길이(d_0)는 몇 mm인가?

111mm

ⓑ 비교 스펙트럼의 H_β와 퀘이사의 H_β 사이의 거리(d)는 몇 mm인가?

41mm

ⓒ 퀘이사의 적색편이는 얼마인가? (단, H_β=486.0nm이다.)

$111mm : (603nm - 388.9nm) = 41mm : x \quad x = 79.08nm$

$H_\beta = 486.0nm + 79.08nm = 565.08nm$

적색편이 $z = \frac{\lambda - \lambda_0}{\lambda_0} = \frac{565.08nm - 486.0nm}{486.0nm} = 0.162$이다.

※ 3C 273 퀘이사의 적색편이는 0.158이다.

ⓓ 퀘이사의 이동속도는 얼마인가?

퀘이사와 같이 이동속도가 큰 경우 $z = \frac{\lambda - \lambda_0}{\lambda_0} = \sqrt{\frac{1 + \frac{v}{c}}{1 - \frac{v}{c}}} - 1$이다.

$0.162 = \sqrt{\frac{1 + \frac{v}{c}}{1 - \frac{v}{c}}} - 1 \qquad 1.162^2 = \frac{1 + \frac{v}{c}}{1 - \frac{v}{c}} \qquad 1.35 - \frac{1.35v}{c} = 1 + \frac{v}{c}$

$0.35 = \frac{2.35v}{c} \qquad v = \frac{0.35}{2.35} \times c = \frac{0.35}{2.35} \times 3 \times 10^5 km/s = 44{,}680 km/s$

※ 3C 273 퀘이사의 후퇴속도는 43,589km/s이다.

ⓔ 퀘이사까지의 거리는 얼마인가? (단, H=71$km/s/Mpc$이다.)

$v = Hr$에서 $r = \frac{v}{H} = \frac{44{,}680 km/s}{71 km/s/Mpc} = 629Mpc$

※ 3C 273 퀘이사의 거리는 749Mpc이다.

ⓕ 아인슈타인의 방정식에 의하면 '적색편이는 빅뱅 이후 지나간 시간의 비율'을 의미한다. 편평한 우주에서 그 비율은 $\frac{1}{(1+z)^{3/2}}$이다. 빅뱅 이후 3C 273의 언제 모습에 해당하는가?

$1/(1+z)^{3/2} = 1/1.162^{3/2} = 1/1.252 = 79.8\%$

우주의 나이는 138억 년이므로 138억×79.8%=110억 년이 된다. 즉, 빅뱅 이후 110억 년 후에 형성되었다.

5 3C 273 퀘이사의 겉보기등급은 12.9등급이다. 이 퀘이사는 태양보다 몇 배 밝은가?(단, 태양의 절대등급은 4.83등급이고, $m-M=-5+5logr$이며, $m_1-m_2=-2.5log\frac{l_1}{l_2}$이다.)

$m-M=-5+5logr$에서 $12.9-M=-5+5log(629\times10^6)$ $M=-26.09$

$m_{quasar}-M_{sun}=-2.5log\frac{l_{quasar}}{l_{sun}}$에서 $-26.09-4.83=-2.5log\frac{l_{quasar}}{l_{sun}}$

$\frac{l_{quasar}}{l_{sun}}=10^{(-30.92/-2.5)}=10^{12.37}$

6 5의 결과를 근거로 퀘이사의 밝기는 별의 밝기에 해당하는가, 은하의 밝기에 해당하는가?

퀘이사의 밝기는 태양 밝기의 $10^{12.37}$배로 은하 밝기에 해당한다.

7 퀘이사 흡수선의 선폭은 별의 흡수선에 비해 무척 넓다는 특징이 있다.

ⓐ 퀘이사의 흡수선의 선폭이 넓은 이유는 무엇이라고 생각하는가?

퀘이사가 빠르게 회전하기 때문이다.

ⓑ 퀘이사가 빠르게 회전 운동 한다고 가정한 후, 퀘이사의 회전 속도를 계산해 보자.

퀘이사의 스펙트럼에서 H_β의 선폭은 $2.7mm$이다. 퀘이사가 회전하는 경우 적색편이와 청색편이가 동시에 발생한다. 따라서 회전에 의한 실제 편이량은 1/2인 $1.35mm$이다.

$111mm:(603nm-388.9nm)=1.35mm:x$

$x=\frac{(603nm-388.9nm)\times1.35mm}{111mm}=2.60nm$

퀘이사의 H_β의 파장은

$H_\beta=486nm+79.08nm=565.08nm$이다.

$\frac{\Delta\lambda}{\lambda_0} = \frac{v}{c}$에서 회전 속도 $v = \frac{2.60nm}{565.08nm} \times 3 \times 10^5 km/s = 1,380 km/s$이다.

3. 그림은 3C 273 퀘이사의 광도곡선을 나타낸 것이다. 물음에 답하시오.

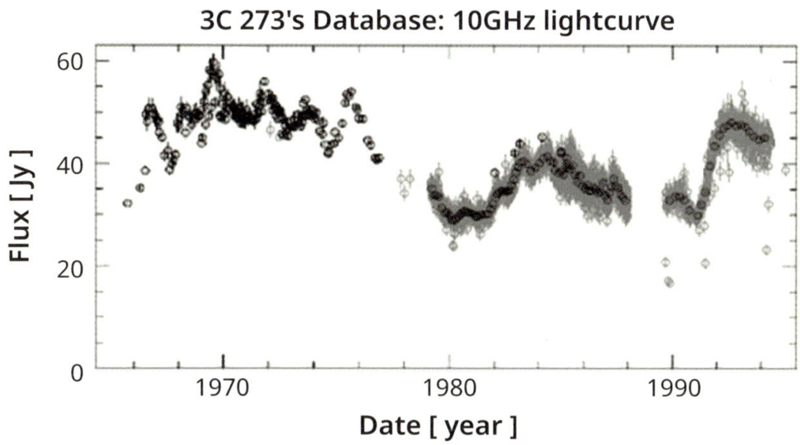

❶ 퀘이사의 밝기 변화 주기는 얼마인가?

곡선에서 1967년부터 1977년 사이에 밝기 변화가 5회 정도 반복되었다. 따라서 밝기 변화 주기는 대략 2개월이다.

❷ 퀘이사의 밝기 변화 주기를 이용하여 퀘이사의 크기를 추정하여 설명해 보자. (단, 우리 은하의 지름은 10만 광년이다.)

만일 퀘이사의 지름이 1광년인 경우 퀘이사의 앞쪽에서 나오는 빛은 뒤쪽에서 나오는 빛보다 우리에게 1년 더 일찍 도착한다. 즉, 처음에는 앞쪽에서 출발한 빛이 우리에게 도착하고, 1년이 지난 후 뒤쪽에서 출발한 빛이 우리에게 도착할 것이다. 이때 각 지점에서 아주 짧은 시간 동안 밝기가 변한 경우 퀘이사 밝기의 변화 시간은 1년이 되고, 반대로 각 지점에서 아주 긴 시간 동안 밝기가 변한 경우 퀘이사 밝기의 변화 시간은 1년이 넘게 된다. 그런데 3C 273 퀘이사의 밝기 변화 주기는 2개월이다. 만일 각 지점에서 아주 짧은 시간 동안 밝기가 변한 경우 퀘이사의 지름은 2광월이 되고, 각 지점에서 긴 시간 동안 밝기가 변한 경우 퀘이사의 지름이 2광월보다 더 작아야 밝기 변화 주기가 2개월이 된다.

다시 말해 퀘이사의 밝기 변화 주기가 2개월이라는 의미는 퀘이사의 지름이 최대 2광월이거나 이보다 더 작아야 한다는 것을 의미한다.

❸ 퀘이사의 질량을 태양 질량으로 표현해 보자.

ⓐ 퀘이사의 반지름은 얼마인가?

퀘이사의 크기는 2광월이므로 반지름은 1광월이다.

$$1\text{광월} = 3\times10^{8} m/s \times 30 day \times \frac{24h}{1day} \times \frac{60min}{1h} \times \frac{60s}{1min} = 7.7\times10^{14} m$$

ⓑ 퀘이사의 질량은 태양 질량의 몇 배인가? (단, $M = \frac{rv^2}{G}$이다.)

$$M = \frac{rv^2}{G} = \frac{7.7\times10^{14} m \times (1,380\times10^{3} m/s)^2}{6.674\times10^{-11} m^3/kg/s^2} = 2.19\times10^{37} kg$$

$$= \frac{2.19\times10^{37} kg}{2\times10^{30} kg/M_{\odot}} = 1.09\times10^{7} M_{\odot}$$

❹ 퀘이사의 정체는 무엇이라 생각하는가?

매우 작은 공간에 엄청난 질량을 채울 수 있는 거대 질량 블랙홀이라 생각된다.

❺ ❹의 결과를 어떻게 확인할 수 있을까?

3C 273 퀘이사의 중심 부분을 끝이 둥근 막대로 가리면 퀘이사 주변으로 희미한 은하 같은 것이 관측된다. 이를 통해 퀘이사가 속한 모은하(host galaxy)의 모습을 관찰할 수 있다.

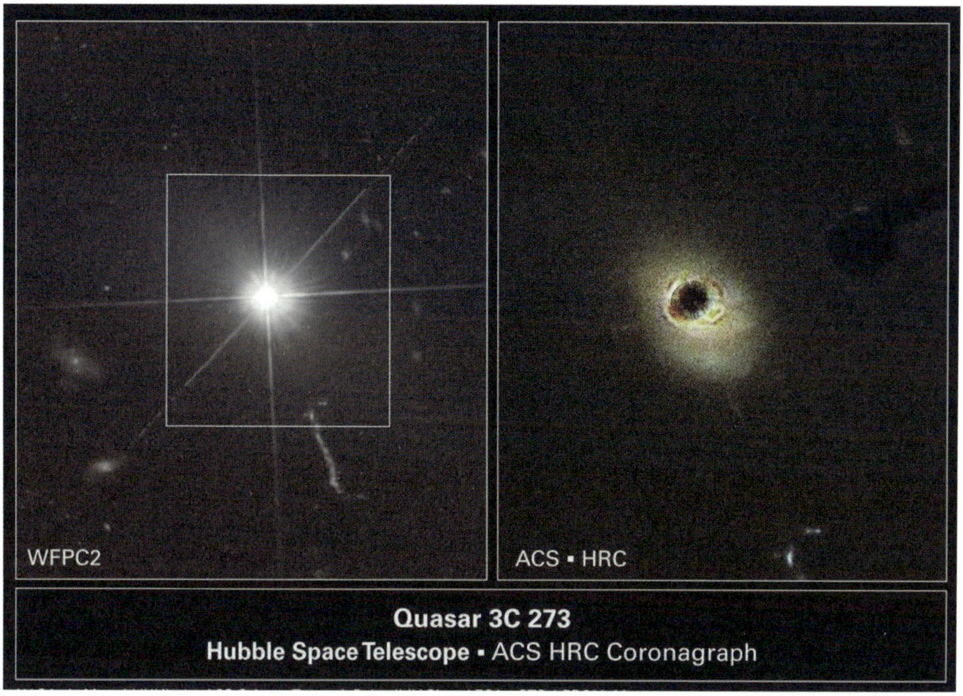

Quasar 3C 273
Hubble Space Telescope ▪ ACS HRC Coronagraph

❻ 퀘이사는 가시광선뿐만 아니라 감마선부터 전파에 이르기까지 모든 전자기파의 파장에서 매우 강한 에너지를 방출한다. 그리고 매우 멀리 있지만 지구에서도 관측된다. 즉, 방출하는 에너지 양이 매우 크다. 이를 어떻게 설명할 수 있을까?

거대 질량 블랙홀의 경우 강한 중력에 의해 주변 물질이 블랙홀로 유입되는 과정에서 강착원반을 형성한다. 그리고 강착원반*의 속도 차로 발생하는 마찰에 의해 고온 상태에서 엄청난 에너지를 제트 형태로 방출한다. 바로 이 제트가 퀘이사의 에너지원이라고 추정할 수 있다.

---

* 주변 물질이 중심 천체 주위로 떨어질 때 물질이 원반 모양으로 나타나는 구조

4. 3C 273 퀘이사의 거리, 밝기, 밝기 변화 주기, 질량 등을 참고할 때 이 천체는 어떤 천체라고 판단할 수 있을까?

지구에서 아주 멀리 떨어진 우주 초기의 은하이며, 거대질량 블랙홀을 갖고 있으며, 아주 강력한 제트를 방출하고 있는 천체이다.

부록

1. 각도와 라디안

가. 각도

원의 둘레는 360°(도)이다. 그런데 1°를 60칸으로 나누었을 때
이 한 칸을 1′(분)이라 하며, 1′은 1°/60이다.
그리고 1′을 60칸으로 나누었을 때 이 한 칸을 1″(초)라 하며,
1″=1′/60이다. 따라서 1″=1′/60=1°/60/60이고,
달리 말하면 1°=60′=360″가 된다.

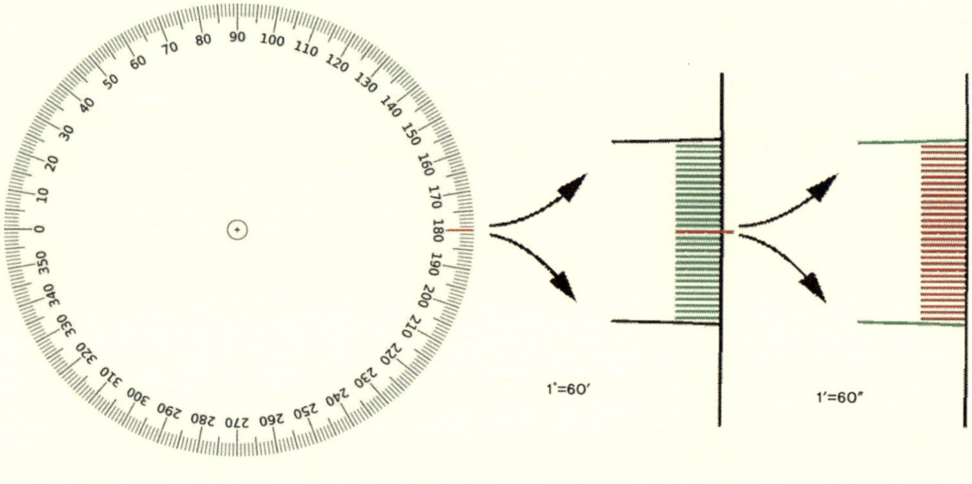

나. 라디안

라디안(Radian)은 호의 길이(r)가 반지름(r)과 같게 되는 만큼의
각을 '1라디안(Radian)'이라 정의한다. 라디안은 절대적인 각도이며
1라디안은 57.2958°에 해당하는 값이다.

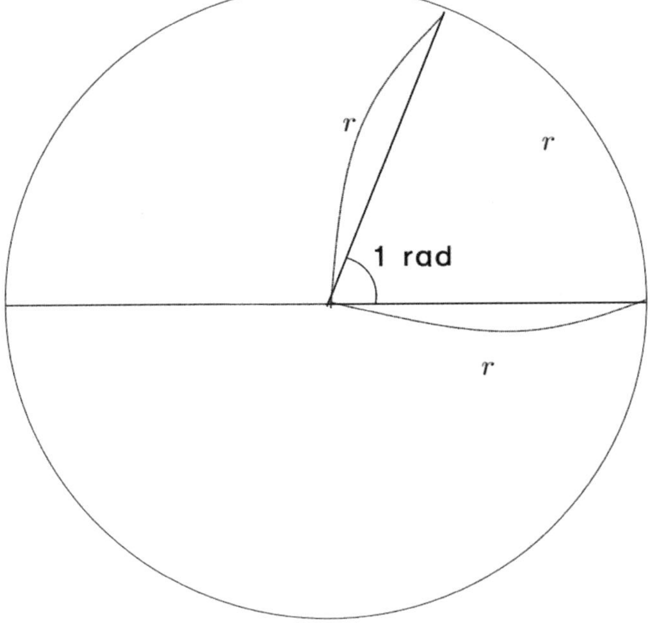

그런데 우리가 편리하게 사용하는 도(°)가 있는데, 왜 라디안을 사용할까?

예를 들어 $l=r\theta$에서 거리의 단위인 m과 각도의 단위인 °를 곱한 경우, 단위는 m°가 되어 물리적으로 의미가 없다.

그런데 도(°)를 라디안으로 바꾸면 라디안은 단위가 없으므로 m°는 m이 되어 물리적으로 의미를 지니게 된다.

그리고 사람이 인식할 수 있는 도(°)는 컴퓨터에서 인식하지 못한다. 따라서 라디안으로 변경해 주어야 한다.

$1rad=57.2958°$이므로 180°는 $180°/57.2958(°/rad)=3.14159$ $=\pi(rad)$이다.

즉, $180°=\pi(rad)$이다. 이를 달리하면 $180°=180°\times\frac{60'}{1°}\times\frac{60''}{1'}$이므로 $1rad=\frac{180°}{\pi}\times\frac{60'}{1°}\times\frac{60''}{1'}=206,265''$가 된다.

2. 아크사인 함수, 아크코사인 함수, 아크탄젠트 함수

아크사인 함수는 사인함수의 역함수로 $arcsin$ 또는 sin^{-1}로 나타낸다.

$sin\theta = \frac{1}{2}$인 경우 θ가 30°라는 사실을 우리는 쉽게 알아낼 수 있다.

그런데 $sin\theta = 0.567$인 경우 θ는 몇 °일까? θ가 30°가 조금 큰 것이라 추측할 수 있지만 정확한 값은 알아내기 쉽지 않다.

이때 사용하는 것이 아크사인 함수이다.

$sin\theta = 0.567$인 경우 $\theta = arcsin 0.567 = sin^{-1} 0.567$로 표시하며, 전자계산기나 컴퓨터에 입력하면 θ값을 알아낼 수 있다.

정답은 0.602859246(rad)이며 34.54°이다.

사인뿐만 아니라 코사인, 탄젠트도 동일하다.

$arcsin 0.567$과 $arctan 0.567$의 값을 찾아보자.

$\theta = arcsin 0.567 = sin^{-1} 0.567 = 55.45°$이고,

$\theta = arctan 0.567 = tan^{-1} 0.567 = 29.55°$이다.

3. CLEA 프로그램 설치

CLEA(CONTEMPORARY LABORATORY EXPERIENCES IN ASTRONOMY) 프로젝트는 게티즈버그 대학(Gettysburg College)과 국립과학협회에서 1994년부터 개발한 천문실습 프로그램으로 16개의 탐구활동이 개발되었고, 실제 천문학자들이 하는 활동을 CLEA 프로그램을 통해 실제 경험할 수 있는 매우 유익한 프로그램이다.

CLEA 프로젝트 홈페이지는 구글에서 'CLEA'를 입력하면 다음 사이트로 이동한다.

http://public.gettysburg.edu/~marschal/clea/CLEAhome.html

아쉬운 것은 CLEA 프로젝트 사업이 종료되어 Window 7, 8 사용자는 15개의 탐구활동을 모두 실시할 수 있으나, Window 10에서는 몇 개만 가능하다.

그런데 천만다행으로 총 15개의 탐구활동 중 7개의 탐구활동을 하나로 묶은 VIREO(THE VIRTUAL EDUCATIONAL OBSERVATORY)는 Window 10에서도 잘 작동된다.

이에 필자는 VIREO를 이용하여 활동 자료를 개발하였으며, 독자들도 이를 설치하여 사용하길 바란다.

VIREO는 CLEA 프로젝트 홈페이지에서 다운로드하거나 독자들에게 제공하는 첨부파일 QR코드를 이용하여 다운로드할 수 있다.

4. 물리 상수

물리량	기호	값
광속	c	299,792,458m/s
중력 상수	G	$6.674 \times 10^{-11} m^3/kg/s^2$
플랑크 상수	h	$6.62607015 \times 10^{-34} J \cdot s$
슈테판-볼츠만 상수	σ	$5.670374419 \times 10^{-8} W/m^2/K^4$
표준 중력 가속도	g	9.80665m/s^2
지구의 적도 반지름		6,378km
지구의 극 반지름		6,357km
지구의 공전 속도		29.78km/s
지구의 공전 주기		365.256363
지구의 공전궤도 이심률		0.0167086
항성일		0.997269day(23h 56m 4.1s)
태양일		1day(24h 00m 00s)
달까지의 거리		384,400km
달의 적도 반지름		3,476km
달의 극 반지름		3,472km
항성월		27.3일
삭망월		29.5일
태양까지의 거리(AU)		149,597,870km

물리량	기호	값
태양의 절대등급		4.83
태양의 겉보기등급		-26.74
태양의 질량	$M_{\odot}$	$1.9891 \times 10^{30} kg$
태양의 광도	$L_{\odot}$	$3.827 \times 10^{26} W$
태양의 적도 반지름	$R_{\odot}$	$6.955 \times 10^{5} km$

참고문헌

탐구활동 2. 달까지 거리 구하기

1. 안상현, 2017년, 우주의 측량, 동아시아, P57~67

탐구활동 4. 달의 공전궤도 이심률 구하기

탐구활동 5. 태양의 자전주기 구하기

1. 조장현, 2020년, 갈릴레오의 흑점 연구와 태양 자전에 관한 논증, 서울대학교 대학원
2. soho.nascom.nasa.gov
3. Owen Gingerich and Richard Tresch-Fienberg, 1982, Laboratory Exercise in astronomy - The Rotation of the sun, Sky and Telescope
4.

탐구활동 6. 일식을 이용한 일반상대성 이론의 검증

1. Lick Observatory Bulletin number 346, Observations on the deflection of light in passing through the sun's gravitational field
2. Roger Culver, An introduction to experimental astronomy, An observational workbook, P154~159

탐구활동 7. 지구의 반지름 구하기

1.
2. 한국천문연구원 천문우주지식정보 홈페이지 > 생활천문관 > 일출일몰시각계산

탐구활동 8. 지구의 공전 속도 구하기

1. Darrel hoff, 1972, Laboratory Exercise in astronomy - The Earth's orbital velocity, Sky and telescope

탐구활동 9. 목성의 질량 구하기

1. Roger Culver, An introduction to experimental astronomy, An observational workbook, P58~67

탐구활동 10. 빛의 속도 측정

1. CLEA Project, Jupiter's Moons and the Speed of Light

탐구활동 11-1. 내행성과 외행성의 공전궤도 그리기

1. Owen Gingerich, 1983, Laboratory Exercise in astronomy - The Orbit of Mars, Sky and Telescope

탐구활동 11-3. 지구는 원 운동을 할까? 타원 운동을 할까?

1. soho.nascom.nasa.gov

탐구활동 12. 지구에서 태양까지의 거리 측정하기

1. CLEA Project, Transits of Venus and Mercury
2. 안상현, 2017년, 우주의 측량, 동아시아, P53~57, P87~98
3. GONG(Global Oscillation Network Group)
4. G. H. Pettengill, 1962, A Radar Investigation of venus, The astronomical journal, Volume 67, P181~189
5.

탐구활동 13. 61 Cygni 별의 고유 운동

1. Owen Gingerich, 1964, Laboratory Exercise in astronomy - Proper Motion, Sky and telescope

탐구활동 14. 버나드 별의 운동

1. Roger Culver, An introduction to experimental astronomy, An observational workbook, P80~86
2.

탐구활동 15. 별의 스펙트럼 탐구하기

1. CLEA Project, Spectral Classification of Stars

탐구활동 16. 플레이아데스성단의 거리와 나이 측정

1. CLEA Project, Photoelectric Photometry of the Pleaides

탐구활동 18. SN1987A까지의 거리 구하기

1. The ESA/ESO Astronomy Exercise series, Measuring the distance to Supernova 1987A

탐구활동 21. 허블의 법칙

1. CLEA Project, The Hubble Redshift Distance Relation
2. Aneurin Evans, 1978, Laboratory Exercise in astronomy - Hubble's Law, Sky and telescope
3. EDWIN HUBBLE, 1929, A RELATION BETWEEN DISTANCE AND RADIAL VELOCITY AMONG EXTRA-GALACTIC NEBULAE, The Astronomy, P168~173
4. EDWIN HUBBLE, 1931, The velocity-distance relation among extra-galactic neublae RELATION BETWEEN DISTANCE AND RADIAL VELOCITY AMONG EXTRA-GALACTIC NEBULAE, Astrophysical journal, P43~80

탐구활동 22. 퀘이사의 미스터리

1. Darrel hoff, 1972, Laboratory Exercise in astronomy - Quasars, Sky and telescope

찾아보기